JN336606

エコ社会主義とは何か

The enemy of nature : THE END OF CAPITALISM OR THE END OF THE WORLD?
by Joel Covel

ジョエル・コヴェル 著
戸田清 訳

緑風出版

The enemy of nature

THE END OF CAPITALISM OR THE END OF THE WORLD?

by Joel Covel

Copyright © 2007 by Joel Covel

Japanese translation published by arrangement with

Zed Books Ltd,London & New York

through The English Agency (Japan) Ltd.

目次・エコ社会主義とは何か

The enemy of nature

THE END OF CAPITALISM OR THE END OF THE WORLD?

なぜなら生けるものすべては神聖なのである。　ウィリアム・ブレイク[訳注1]

神聖なものはすべてけがされる　カール・マルクス[訳注2]

本書を私の孫たちに捧げる　ローワン、リーアム、トラン、オーウェン、ジョセフィンへ

訳注1　ウィリアム・ブレイク（一七五七～一八二七）は英国の詩人、画家、銅版画職人。この表現は、『天国と地獄の結婚』『アルビヨンの娘たちの幻覚』『アメリカ　一つの予言』『ヴァラもしくは四つのゾア』に出てくる。『対訳ブレイク詩集』松島正一訳（岩波文庫二〇〇四年）二四九頁を参照。

訳注2　マルクス、エンゲルス「共産党宣言」村田陽一訳『マルクス＝エンゲルス全集』第四巻、大内兵衛・細川嘉六監訳（大月書店一九六〇年）四七九頁。

第二版のまえがき
(2007年)

私は二〇〇七年一月六日に、ニューヨークでこの新版のまえがきを書き始めている。この日付は、将来「冬の死」として記憶されることになるだろう。温度計は華氏七二度［摂氏二二度］を示していた。昼休みに私が出かけた街路には神経質な笑いを浮かべた人々があふれていて、多くはショートパンツだった。ザ・ウェザーチャンネル［米国の天気予報のみのチャンネル］はこの話題に忍び笑いしていた。ワオ！と驚きを表しながら、『ニューヨーク・タイムズ』は、町にこんなに長く雪が降らないことはかつてなかった、と報じた。しかし紙面には「地球温暖化」という言葉はなかったし、この調子ではいまの市民が生きているうちに他の沿岸部の都市とともにニューヨークも水没するのではないかといったたぐいの予言もなかった。なぜ楽しみを台無しにする必要があろうか。(原注1)

私は、真実――十分に多くの広範な真実と付け加えてもいいだろう――が私たちを自由にする、という原則にしたがって『エコ社会主義とは何か』(邦題)を書いた。もし真実が私たちの住む世界に明確さと定義を与えるのなら、意志を吸い取り、精神を欺いて疎外する力への従属から私たちを解放するのなら、そして人びとを力づける共通のプロジェクト――私たち自身が歴史を作る希望を与えるプロジェクト――で他者と協力できるなら、たとえ明らかになった真実を見るのが恐ろしくても、なぜ真実が私たちを自由にするといえるのだろうか。それは希望を抱くことなく、暗くて想像がつかないものの中に正体不明の恐怖を見るよりも良いことであるし、資本主義秩序の庇護のもとで生気のない鈍重な生を生きるよりも良いからだ。

『エコ社会主義とは何か』はそのような理想に奉仕するために書かれた。本書は、すべてを支配する資本主義的生産システム――人類が考案したあらゆる自然の改変様式のなかで最も巨大で、最も尊大なものであり、現代文化と現代国家の組織に決定的な影響を及ぼしている――が自然の敵の核心におり、したがって同様に人類の死刑執行人でもあるという、新しいまだ不完全な認識に形を与えようとするものである。

もし私たちの社会の支配層がそのようなアイデアを把握できるならば、そもそもエコロジー危機は起こらなかっただろうし、本書も書かれることはなかっただろう。したがって、『エコ社会主義とは何か』は闘争の中で闘争のために生まれたものであり、できるだけ長期的な視野をもとうとするものだと言える。

だから、この第二版が生まれた。初版は、支配層からは無視されたが、民衆のあいだでは活力にあふれた生命を持ち、ある種のサミズダート（ロシアの地下出版物）のようなもので、疎外され不満を抱いた人々のあいだで口コミによって広がり、インターネットを通じて販売されたり、あちこちで学習会が開かれたり、いくつかの外国語訳が出版されたりした。

しかし、議論を新しい状況に即したものにするために、第二版が必要であった。『エコ社会主義とは何か』は終わりのない仕事である。それは常に全体がまとまった状態にあり、総合的にならねばならない。というのは、本も人間労働のあらゆる産物と同様に、ある種の生態系だからである。過去五年間に私が五大陸の各地で行った、本書をベースにした数え切れない講演のひとつひとつが、本書を改訂し、状況の変化と危機の果てしない展開に照らして書き直すきっかけとなった。それぞれの講演の場での聴衆のみなさんのご意見が大いに参考になり、本書［第二版］に反映されている。

私はテキストの中心的なアイデア——それらはますます確かな裏付けを得てきたように思われる——を書き直す意図はないが、基本的な論理に忠実であるためには、絶えざる改訂が必要である。そうした改訂は主に初めと終わりに見られるであろう。本書の初めの部分は読者を危機の展開の現段階にふれさせるものであり、終わりの部分はエコ社会主義の概念の成熟を知らせるものである。そのあいだの部分は、資本の批判、自然の哲学、エコロジー的形態におけるマルクス主義の解釈、自然のジェンダー化された分岐(訳注1)の概念、そして著作の内部構造を含むその他の記述であり、初版と大きな違いはないが、あちこちに若干の改訂・改良を加えてある。私はいま構想をあたためている、より大部な著作で、これらのテーマをさらに詳細に検討するつもりである。

『エコ社会主義とは何か』ではしかしながら、資本は蓄積を確保するために、自身を再構成あるいは改革することはできるかもしれないが、それが呼び起こすエコロジー危機を修復することはできないと主張している。この点については私が間違っていることを望むが、本書の初版刊行［二〇〇二年］以来の五年間に起こった様々な出来事は、私の考えを捨てさせるものではなかった。私が日々の展開に遅れをとらないために利用している環境情報サービスのサイトは、「今日の良いニュースを見逃さないでください」と閲覧者に呼びかけている(原注2)。調査結果はローカルな環境浄化作業のたわいもない寄せ集め、あれこれの種類のグリーンウォッシュ［企業活動などを環境に優しいように見せかけること］、環境に優しいと称する資本家たちの押し売り、様々な技術的応急処置、政府機関の騒ぎなどである。確かにいくつかの勝利は得られたが、それらはみなローカルで部分的なものであり、ほとんどすべては企業の不法占有などを追い詰める草の根運動の努力の成果である。しかし大きなスケールのニュースはほとんど常に悪いものであり、地球のエコロジーの断続的で非線形だが着実な解体を詳述するものである。中国が破滅に向かって進み、世界を道連れにしようとするのを見よ。珊瑚礁が崩壊し、ホッキョクグマが［北極圏の氷の減少によって］おぼれ、インドの農民が農薬を飲んで自殺し、ミツバチが巣に帰ることができず、私たちの体液［血液やリンパ液］に有害物質があふれるため、終わりなき医学の奇跡にもかかわらず癌が増え続け、［アフリカの］ニジェール・デルタ［の油田］が燃えて小さな子供たちの肺を破壊する……そしてもちろん、地球温暖化の容赦なさを忘れてはいけない。

昨年［二〇〇六年］は、資本が自ら作り出した危機を抑制する能力がないことにますます多くの人が気づき、怒りが高まるのが見られた。危機を克服するためには資本を一掃しなければならないとするなら、資本に何ができるだろうか。五年前にははるかに限られていたけれども、いまでは、問題はあれこれの企業や「工業化」、技術といったものではなく、運悪いことに、あらゆるものを食い尽くす資本なのだという想定が広がっている。これは健康的な真実であり、精神を鋭利にし、そうした精神が活動の基盤となれる真実である。人間の知性はひるませることができるが、消し去ることはできない。資本のプロパガンダ・システムやその環境を修復する大きな装置とはかかわりなくエコロジー危機は進行し続け、資本の正当性もすり減り始める。これに伴って、新しい思考の可能性があらわれて、開花し始め

訳注1　自然に対して比喩的にジェンダー（社会的文化的性別）を割り振ること。たとえば、太陽が男で月が女、人類が男で地球（自然）が女というように。それから派生して、「男が文化で女が自然だ」というような発想も出てくる。もちろんこの分岐は男性支配を強化するメカニズムのひとつであり、階級支配との関連にも目を配らなければならない。本書第6章を参照。

る。一方では、システムは崩壊するだろうという予見可能な不可避性があり、他方では、もはや資本蓄積と生態系の漸進的な解体に依存しない新しい形の社会があらわれるかもしれないという、現実にもとづいているが、希望にすぎないものがある。だから、この『エコ社会主義とは何か』第二版の使命、つまり本書の主要な目標は、常に、資本のシステム論理の解体を促進し、私たち人間の本性にふさわしい存在様式を招来させるのを助けることであろう。

ここで詳細な謝辞を繰り返すことはできないだろう。過去五年のあいだに希望に満ちた対話に貢献してくれた数え切れない人々をどうやって数えたり列挙したりできるだろうか。しかし何人かの名前をあげてこの間の支援について感謝の意を表明しておく必要がある。アビー・ロックフェラー、ジョージ・バーグスタイン、デリア・マークス、マイケル・ローウィ、ムゲ・ゾクメン、デレク・ウォール、カレン・チャーマン、デイヴ・チャノン、エディー・ユン、今は亡きウォルト・シースビー、サム・ファスビンガー、ジョン・クラーク、ロッド・クネマン、グレートヒェン・ズドロウスキー、テリサ・ターナー、レイ・ブラウンウェル、イアン・アンガス、ペーター・ネス、シーン・スウィーニー、ゼッド出版の同志たち、特にエレン・マッキンレー、ジュリアン・ホシー――彼らは暗い時代に信念を保持してきた――といった人々である。

初版のまえがき
（2002年）

ますます多くの人々が、資本主義はエコロジー危機の制御できない原動力であり、その洞察の恐るべき含意が示すようにそのまま身動きがとれないだろうということを認識し始めている。将来の可能性そのものがこの概念にかかわるものであるということを考慮して、それが真実であるかどうか、もしそうなら、いかにしてそうなったのか、そして最も大事なことであるが、われわれには何ができるのかを理解するために、私は包括的なやり方を採用することにした。

このプロジェクトがどのようにして始まったかを少し述べてみよう。私が住んでいるニューヨーク州のキャッツキル山地の夏は、たいていはとても快適なものである。しかし一九八八年に、激しい干ばつがこの地方を六月中旬から八月まで襲った。何週間もすぎて植生が乾燥し、井戸が干上がるにつれて、私は最近読んだあることについて考え始めた。産業活動によって排出される気体が太陽熱を大気中にとじこめ〔温室効果をさす〕、気候をますます不安定にするという問題である。最初はその考えは縁が遠いように思えたが、私の庭が荒廃したのでその問題は驚くほど身近になった。干ばつは天気の偶然なのだろうか、それとも私が考えるように、間違った方向へ進んだ文明を正すための仕事を求める警鐘なのだろうか。乾燥した植生は何か恐ろしいものの前兆で、私たちに行動を呼びかけているように見える。そして本書の準備を始めたのである。十三年後、たくさん書き、講義し、組織し、緑の党とともに活動して一九九八年の連邦上院議員選挙に出馬して、二〇〇〇年の大統領選挙では緑の党の大統領候補の指名を求めたあと、そしていくつかの草稿を書き、書き直したあと、『エコ社会主義とは何か』を公刊する準備ができたのである。

干ばつを単にもうひとつのおかしな天気として軽くあしらうことは理解できるだろう（それ以来同様

の異常気象は起こっていない)。しかし私は、時の権力者にかかわることに関しては、最悪の事態を想定して対処するようになった。そして産業活動は体制の核心部の近くにあるのだから、その気候への影響も私の疑いを招くのであり、それは当初はベトナムで、その後は中央アメリカで——そこでは米国に対してニカラグア革命を擁護する苦しい闘争が干ばつのように悲惨な終末を迎えつつあった——アメリカ帝国主義が私に疑いを抱かせたのと同様である。ニカラグア革命の敗北は苦いもので、間違いなく私のいらだちを呼び起こしたのだが、重要な教訓も残したのである。それは主に、そのデモクラシーと人権尊重の表向きの主張の裏側で体制側が示す執念深さについてのものである。

ここに、信心深さからはほど遠く、資本の容赦ない拡張圧力の効果がみてとれる。帝国主義はそうしたパターンを有することが、政治的に一目瞭然であり、国境を越えるものだった。しかしこの同じ絶えず拡張する資本はまた、そのはき出すものが太陽エネルギーをとじこめる産業システムの監督者であり、取り締まり人でもあった。帝国との関係で資本について真実であると証明された事柄は、したがって自然の領域にも適用できるのであり、同じ兆候として人間の犠牲とエコロジーの不安定化をもたらすのである。実際のところ、気候変動はもうひとつの種類の帝国主義であった。気候変動は、資本の絶え間ない成長の唯一の有害なエコロジー的影響でもない。生物圏への有機塩素化合物やその他の巧妙だががさつな有害物質の散布、「緑の革命」の結果としての土壌の浪費、途方もない生物種の絶滅、アマゾン生態系の解体、さらに多くの人間と自然の関係における螺旋状に増大し浸透する触手のような大きな危機もあった。

この見地から、その生態系への特別な傷害が気候災害であるような、より大きな「エコロジー危機」

があるように思われる。これにはさらなる含意がある。その役割がわれわれには居心地が悪いとしても、人間は自然の一部だからである。したがって、森林や湖水のエコロジーと同様に、人間のエコロジーがある。かくして、より大きなエコロジー危機がエコロジー的に病的な社会によって創出され、そのなかへと拡張するということになる。物事をこの視角からみると、より豊富な展望が得られる。もはや狭い経済的決定論にとらわれることなく、資本を単純な物質的配置以上のものとしてとらえると、資本は、資本主義経済によって作り出されるとともにその作り手でもある人間の精神のなかに住まう何か癌のようなものとして、見ることができる。それはまったく奇妙な獣の形をとり、他の何よりも全体的な存在様式をとる。もしそれが変革を必要とする全体的な存在様式であるならば、「何がなされるべきか」という本質的な問題は新しい次元を帯び、エコロジーの政治は外部の環境を管理すること以上のものとなる。それはむしろ率直に革命的な用語で考えられねばならない。しかし革命は、自然の敵である資本に対するものであるから、エコロジー的に正しく合理的な社会を求める闘争は、不名誉な終わりに至った、前の一世紀半を騒がせた社会主義運動の論理的な後継者でもある。われわれは「次の時代の」社会主義に出会い、社会主義がエコロジー的になるために最初の時代の社会主義の致命的な欠陥を克服することができるだろうか。

これらのアイデアには、ごく少数の人々しかそれを真剣にとらえていない大きな問題がある。私はこのプロジェクトの始まりから、前述の結論は私を主流の意見から遠く隔たったところにおくことを強く自覚していた。資本主義の勝利の時代に——当然のことながら、分別のある人々は「市場メカニズム」を少しいじくるだけでエコロジー的困難を乗り越えることができると考えるように仕向けられている——それ以外のことがありうるだろうか。そして社会主義については、時代に適応した精神をもつ人々がそんな古くさい問題を考える、ましてやその間違った過去［現存社会主義の失敗］を克服しようとすることがあるだろうか。

これらの困難は、断片化され分断された左派の論壇——古い社会主義の情熱を継承する「赤派」の左派であろうと、エコロジー危機への自覚の高まりをあらわす「緑派」の左派であろうと——にまで広がっている。社会主義は、資本は自然の敵であるという考えを表明する用意ができているが、自らが自然の友であるかどうかについては確信がもてないでいる。ほとんどの社会主義者は環境をもっときれいにすることを支持するけれども、エコロジー的な次元を真剣にとりあげることは躊躇している。彼らは労働者の状態が改善されて汚染が浄化されることを支持する傾向があるが、人間にとっての必要性、産業の運命、自然の固有の価値に関してエコロジー的な観点が含意するラディカルな変化を支持することには気が進まない。他方、緑派の人々は、後者の諸問題を献身的に再考しているかもしれないが、資本を問題の中心に置くことには抵抗する。緑派の政治は社会主義的というよりはポピュリスト的あるいはアナーキスト的になる傾向がある。というのは、適切に調節された資本主義——規模を縮小され他の形態と混合されたもの——が社会的生産を調節し続けるようなエコロジー的に健全な将来を構想することにまったく満足しているからである。そうしたものが本質的にラルフ・ネーダー——二〇〇〇年の大統領選挙の予備選で私は、勝つ意図も希望もないが、問題の根源は資本そのものにあるというメッセージを生かしておくためだけに、彼に挑戦した——の立場である。

私たちは支配的な秩序に対するオルタナティブ（人間と自然との共生）の観点で考える人々が、洗練された知的社会から排除されるような時代に生きている。私〔一九三六年生まれ〕の若い頃は何世代も前であるが、資本主義は包囲されており、それが存続できるかどうかはわからないという合意が存在していた。しかし最近二十年ばかりは、新自由主義の隆盛とソビエト連邦の崩壊に伴って、この体制は不可避であり不死のものでさえあるというオーラ〔独特の雰囲気〕を獲得した。何事も永続しない、あらゆる帝国は没落する、二十年間の権勢は時の流れのなかでは一瞬にすぎない、といった周知の教訓を無視して、知識階級がいかにやすやすと羊のように、これらの馬鹿げた結論に翼賛するかを目撃するのは、実に驚くべき体験であった。しかし最近死去した〔倒産した〕ドットコム企業〔インターネット関連企業〕のマニアになったのと同じメンタリティが、資本主義を神々からの贈り物で不死を運命づけられているとみなす人々にもあてはまる。終わりのない膨張に基礎を置く社会がその自然的基盤を崩壊させるに違いないというあまりにも明白な事実によって、公式シナリオへの懐疑の一瞬がやってくると考える人もいるかもしれない。しかし、素晴らしく効果的なプロパガンダ装置と、権力によって作り出される知的欠陥のおかげで、必ずしもそうはならないのである。

変化はもし訪れるとするなら、支配的コンセンサスの外側からやってくるに違いない。そのような覚醒が起こりつつあるという有望な証拠がある。グローバル化した体制に亀裂が走りつつあり、それを通して抗議の新しい時代があらわれつつある。世界貿易機関（ＷＴＯ）の会合がカタールで混乱を避けるために閉幕を余儀なくされたこと、あるいは周囲に壁をめぐらしたケベック市の一角に閉じこもったこと、あるいは大統領に選出されたジョージ・Ｗ・ブッシュが就任式で抗議デモに直面してペンシルバニア通りを封印されたリムジンに乗ってこそこそ逃げ出したとき、新しい精神があらわれたこと、何の罪もないのにエコロジー危機に見舞われた世界に投げ込まれた世代が成熟しつつあること、立ち上がってみずからの手で歴史をつくろうとしていること、を指摘してもよいかもしれない。『エコ社会主義とは何か』は彼らのために書かれたのであり、未来を勝ち取るために既存のものを打ち破る必要を認識したすべての人々のために書かれたのである。

ある拒絶の態度が私に、一九八八年の干ばつをエコロジー的に破滅した社会の前触れとして見るように条件づけた。しかしそれは私が力を入れた唯一の仕事ではない。私はサンディニスタ、とりわけそのラディカルな司祭たちに触発されて、拒否は肯定と結びつかない限り価値のないものであり、既存のものを乗り越える勇気を奮い起こすために衆知を結集する必要があることを認識するために、『歴史と精神』という著書を執筆中であった。一九六八年〔世界同時的な学生運動、民衆運動の昂揚〕に語られた素晴らしい言葉があるが、それは厳しい時期を乗り切るための導きとなってくれる。それは「現実的であるためには不可能に挑む必要がある」という言葉である。だから立ち上がってそうしよう。

多くの人々が本書執筆の長い道程を助けてくれた。あまり多すぎてすべての方のお名前をここであげることはできないだろう。特にその背景の多くを提供した政治的キャンペーンのあいだに出会った何百人もの人々のことを考慮するならば。しかし本書の主要な知的源泉をあげることは難しくない。私がエコロジー危機と対決しようと決意したすこしあとで、私は『資本主義・自然・社会主義（CNS）』という雑誌の創刊者であり、私にとって最も重要な意味を持つエコロジー的マルクス主義の学派の創始者であるジェームズ・オコンナー(訳注2)と連携しようとも決意したのである。それは私のキャリアの中で最も幸福な瞬間のひとつであり、いまも活発な共同作業へと導いてくれたことがわかった。私にとって政治経済学的な事柄についての師匠であり、最も辛辣な批評家であり、しかも親友であるジムの影響は、本書の至る所に感じ取れるだろう（しかしわかりきったことだが、本書の欠点は全て私の責任である）。私に知的な本拠地とフォーラムを提供してくれたこと、そして数え切れない同志的な支援をしてくれたことで、私は『CNS』誌のコミュニティに多くを負っている。それはバーバラ・ローレンスに始まり、ニューヨークの編集グループ――ポール・バートレット、ポール・クーニー、マールテン・デカット、サルバトール・エンゲル・ディマウロ、コスタス・パノイオタキス、パティ・パーマリー、ホセ・タピア、エドワード・ユン――を含み、ボストン・グループのダニエル・ファーバーとヴィクター・ウォリス、そしてアラン・ルディをあげておこう。

多くの人々が執筆の様々な段階で原稿の一部を読んでくださり、有益な助言をいただいた。スーザン・デーヴィス、アンディ・フィッシャー、ディーディー・ハレック、ジョナサン・カーン、コンビス・コスラヴィ、アンドリュー・ナッシュ、ウォルト・シースビー、ミシェル・シヴァーソンといった人々である。これらの人々に感謝したい。さらにミシェル・シヴァーソンには、本書の執筆後期に大きな支援をいただいた。

本書の執筆の様々な段階で支援をいただいた人々のなかで、次の人々に感謝したい。ロイ・モリソン、ジョン・クラーク、ダグ・ヘンウッド、ハリエット・フラード、アリエル・サレー[訳注3]、ブライアン・ドロレット、レオ・パニッチ[訳注4]、バーテル・オルマン、フィオナ・サーモン、フィンレー・エフ、ドン・ボリング、スターレン・バンキン、エド・ハーマン[訳注5]、ホワン・マルチネス＝アリエ[訳注6]、ナジャ・ミルナー＝ラーソン。ミルドレッド・マーマーはいつものように、私にとってあまりにも豊かすぎる真実の世界への導きをしてくれた。そしてロバート・モルテノとゼッド出版の人々に、光栄にも同社の出版物に私の著書を加える支援と機会を与えていただいたことに感謝したい。

そして最後にいつものように、最も幼かった時期は別として私を支えてくれた家族に感謝したい。これは私のディーディーに始まり、そのために闘わなければならない将来世代の子供たちを代表する孫たち――ローワン、リアム、トラン、オーウェン、ジョセフィンへと広がるものであるが、彼らに感謝したい。

訳注2　ジェームズ・オコンナーは米国の経済学者・社会学者。カリフォルニア大学サンタクルス校名誉教授。邦訳に『現代国家の財政危機』池上惇、横尾邦夫監訳（御茶の水書房、一九八一年）、『経済危機とアメリカ社会』佐々木雅幸ほか訳（御茶の水書房、一九八八年）。「持続可能な資本主義はありうるか」戸田清訳『環境思想の系譜　2』小原秀雄監修、戸田清ほか編（東海大学出版会、一九九五年）がある。

訳注3　アリエル・サレーの邦訳に「ディープ・エコロジーより深いもの―エコフェミニズムからの問題提起」松丸久美訳『環境思想の系譜　3』小原秀雄監修、戸田清ほか編（東海大学出版会、一九九五年）がある。

訳注4　レオ・パニッチは経済学者。邦訳にレオ・パニッチ、サム・ギンディン『アメリカ帝国主義とはなにか』渡辺雅男訳（こぶし書房、二〇〇四年）、レオ・パニッチ、サム・ギンディン『アメリカ帝国主義と金融』渡辺雅男、小倉将志郎訳（こぶし書房、二〇〇五年）がある。

訳注5　エド（エドワード）・ハーマンの邦訳にノーム・チョムスキー、エドワード・ハーマン『マニュファクチャリング・コンセント　マスメディアの政治経済学』全二巻、中野真紀子訳（トランスビュー、二〇〇七年）がある。

訳注6　ホワン・マルチネス＝アリエはスペインの経済学者。バルセロナ自治大学教授。邦訳に『エコロジー経済学：もうひとつの経済学の歴史』増補改訂新版、工藤秀明訳（新評論、一九九九年）がある。

第1章
序　論

一九七〇年に、地球環境の危機についての懸念が高まり、新しい意識と新しい政治があらわれた。四月二十二日に第一回「アースデイ（地球の日）」の行事が開催され、そのとき以来、環境の保全と浄化を訴える年次イベントになった。ふつうの人々だけでなく、注目すべきことだが、ローマクラブと呼ばれる団体に結集したエリート層の一部によって影響された環境運動は、権力者がこれまで決して考慮したことのないテーマさえ掲げた。それは一九七二年のローマクラブ報告書『成長の限界』にあらわれている(原注1)。

三十年後の二〇〇〇年アースデイでは、俳優レオナルド・デカプリオとビル・クリントン大統領の対談があり、自然を救おうと呼びかけた。この三十周年記念日は、「成長の限界」の三十年の成果を点検するのに便利なまたとない機会になった。新しいミレニアム（千年紀）が始まる直前であったが、次のような「成果」が見られる。

・世界人口は三七億人から六〇億人に増えた（六二％増加）。
・石油消費は一日四六〇〇万バレルから七三〇〇万バレルに増えた。
・天然ガスの採取は年間三四兆立方フィートから九五兆立方フィートに増えた（一フィートは三〇・四八センチ）。
・石炭採掘は二二億トンから三八億トンに増えた。
・世界の自動車保有台数は二億四六〇〇万台から七億三〇〇〇万台へと三倍に増えた。
・航空交通量は六倍に増えた。
・樹木を伐採して紙に変える量は倍増して年間二億トンになった。

・人類の炭酸ガス排出は炭素換算で年間三九億トンから六四億トンになった。一九七〇年には知られていなかった地球温暖化問題についての認識が高まって削減努力がなされたにもかかわらず、である。

・この温暖化については、平均気温の上昇は華氏一度（摂氏〇・六度）とわずかであるが、変動は不均等なので、破局的な気象現象（歴史上最も破壊的な暴風一〇件のうち七件は過去十年間に起こっている）が起こることがあり、予測できず制御もできないエコロジー的トラウマが次々に——二〇〇〇年の北極の氷の融解は過去五千万年間で最大であったし、その翌年には「キリマンジャロの雪」[訳注1]の消滅の兆候があらわれた——起こっている。この頃から極地や高山の氷の大規模な融解は定例行事になった。

・生物種は過去六千五百万年間[訳注2]になかったほどの速度で絶滅しつつある。

・漁獲量は一九七〇年の二倍になった。

・農地の土壌の四〇％が劣化した。

・森林の半分が消滅した。

・湿地の半分が干拓、埋め立てあるいは排水された。

訳注1　ヘミングウェイの『キリマンジャロの雪』の発表は一九三六年であり、彼が人民戦線側の志願兵として参加することになるスペイン内戦勃発の年であった。

訳注2　六千五百万年前（中生代の終わり）には恐竜などが絶滅した。

・米国の海岸の半分は漁業や水泳に適さない状態になった。
・オゾン層破壊物質の排出を抑制する努力がなされてきたにもかかわらず、南極のオゾンホールは二〇〇〇年に過去最大になり、その面積は米国本土の面積の三倍であった。その間、毎日二〇〇〇トンのオゾン層破壊物質が排出されてきた。(原注2)
・一九九九年に米国で七三億トンの汚染物質が環境に放出された。(原注3)

われわれは他にも直接的な人的被害をあげることができる。
・第三世界の債務は一九七〇年から二〇〇〇年までに八倍に増えた。
・国連によると、豊かな国と貧しい国の格差は一八二〇年には三対一であったが、一九五〇年には三五対一、環境に敏感な時代の始まりである一九七三年には四四対一になり、一九九〇年には七二対一になった。(訳注3)世界人口の約三分の二が貧しいと言ってもよい。
・二〇〇〇年までに十八歳以下の女性が毎年一二〇万人、グローバルなセックス産業の犠牲になる状況になった。
・一億人の子どもたちがホームレスとなり、路上で寝ている。

これらの数字はほとんどが二〇〇〇年頃に集められたものであり、本書『エコ社会主義とは何か』の初版(二〇〇二年)の執筆の前提として役立ったものであるが、これらは注目すべき数字であるのにその意味があまり認識されていないのである。一九七〇年頃に始まる環境保護主義の時代は、また最大の環境破壊の時代でもあったのだ。そして人間と自然の関係に対する深刻な脅威についての認識が表面化するとすぐに、この認識の外側でより大きな力によって圧倒されるようになってきた。

上記の観察された現象のそれぞれには、特別な原因がある——ある種の気体の生産、自動車市場の動態、絶滅のおそれある生物種の生息地の動向など——が、そのような一連の憂慮すべき事態の急速な加速、そしてそれと必然的に結びついて、これらの現象のあいだのますます混乱した相互関係の出現を説明する、より大きな問題もあるに違いない。したがって、いくつかのより大きな力が働いており、危機の無数のあらわれを引き起こし、それらをハリケーンの風のなかの折れた小枝のように回転させているのである。

本書が探求しているのはこのより大きな力であり、その探求は現在の支配的な環境意識に大きな見落としがあるため、私たちの義務となっているのである。私は「義務」というが、それは現在の危機の重大性ゆえである。もし私たちがこの危機を十分に深刻に受け止めるならば——人類の歴史のなかでこれ以上に重要で急を要するものが他にあるだろうか——私たちのアプローチ全体をラディカルに再考することが私たちの義務である。幸いなことに、ある種の専門家を含むますます多くの人々が、いまや危機の広がりと何が問題になっているかを認識するようになっている。残念ながら、彼らの大半は本

訳注3　国連開発計画の『人間開発報告一九九九年版』によると、豊かな国に住む世界人口の五分の一と貧しい国に住む世界人口の五分の一の所得格差は、一八二〇年の時点で三対一であったが、一九五〇年に三五対一、一九七三年に四四対一、一九九二年に七二対一になった。南北格差の拡大としてよく引用される数字である。

質的な力関係に気づいていない。したがって、広い範囲にわたる勧告は、これまでに失敗した試みのたわいのない焼き直しである。もっと倹約して暮らせとか、人間が自然のなかの存在であることを認識して尊重せよとか、リサイクルせよとか、より良い技術を見つけて適用せよとか、環境に責任を持つ政治家に投票せよとかいった忠告のことである。これらの忠告のそれぞれにはもちろん利点はある。包括的なアプローチのなかにそれらは適切に位置づける必要がある。しかしそのアプローチを包括的なものとするには、その衝動が危機を進行させている「より大きな力」を認識することから始める必要がある。

読者のみなさんは本書『エコ社会主義とは何か』のサブタイトルから、その力の名前を知っているだろう。サブタイトルは、私たちが「資本主義の終わり」と「世界の終わり」のどちらかの選択を迫られているというものである。だから、推理小説で必要とされるような謎解きはないようにみえる。「敵」は本のカバーのうえに殺人犯の名前を漏らすことによって基本的なルールを破っている。しかし犯罪は特定されておらず、暴露は表面的であって、読者の注意を引き、このとんでもない資本主義システムが自然を破壊しているという、生じつつあるがまだ形の定まらない認識に強く働きかけるために選んだものであることを告白しなければならない。本当の仕事はその先にある。この認識を明確なものにし、資本とは何であり自然とは何であるかを明らかにし、自然に対する資本の敵意を理解し、それを単なる経済システムとしてではなく、人間のプロジェクト全体との関係で理解し、その先行形態と帰結を理解し、そして最も大切なことは、それについて私たちに何ができるかを探ることである。

確かに無駄にすべき時間はない。『エコ社会主義とは何か』初版刊行以来の五年間は、その基本的な告発を打ち消すものを何も提示しなかった。二〇〇六年の環境の健全性についての世界野生生物基金［世界自然保護基金］（WWF）の『生きている地球』年次報告は、人間社会が自然を消費し劣化させる程度をあらわす指標である「エコロジカル・フットプリント」(訳注4)が、『エコ社会主義とは何か』初版が印刷にまわされた年である二〇〇一年に比べて二〇％増大したことを示した。(原注4)

これは同じ道をたどる他の唯一のグローバルな変数すなわち資本の蓄積――それは婉曲に「［経済］成長」として表示される――の文脈で理解されねばならない。私は資本蓄積が自然界の破壊と正確に並行していると言いたいのではない。そういうことはありえない。なぜなら、資本はその本質において直接に自然の一部であるということはまったくないからである。それはむしろ自然の創造物（私たち人間）の精神のなかにある観念の一種であり、貨幣という外的な形態をとって、人間に資本が意味するものをより多く追求するように仕向けるのである。これからみていくように、経済と社会を通じて自然を破壊するのは、この追求である。こうして、運動する貨幣である資本は、ある種の人を酔わせる神となり、また私たちの自然との関係に災いを及ぼすような仕方で分裂させる「力の場」と呼ぶべきものにもなるのである。私たちは自然の創造物であったのだが、資本の操り人形になってしまった。

これについてのヒントは、資本の経済プロセス自体に対する優位を描く最近のレポートに垣間見ることができる。最新の計算がなされた二〇〇五年の時点で、地球上でせわしなく運動している貨幣（株

訳注4　エコロジカル・フットプリントは、資源消費や汚染浄化に要する土地や海洋の面積を数値化したもので、先進国は当然その数値が大きい。『エコロジカル・フットプリントの活用』マティース・ワケナゲルほか、五頭美知訳（合同出版、二〇〇五年）、エコロジカル・フットプリント・ジャパン　http://www.ecofoot.jp/　などを参照。

式、債券、その他の金融資産）の総計は、一四〇兆ドルという途方もない金額であった。『ウォール・ストリート・ジャーナル（ＷＳＪ）』に出たある記事がいうように、これはその年に創出された商品とサービスの総量の三倍以上であった。[原注5] 経済活動を駆り立てているのはこの貨幣的な富の運動である。したがって資本のフローは自然の変形のフローを引き起こす。そしてフローが速くなるほど、すなわち見境のないものになるほど、自然にとってはいっそう破滅的になる。これはもちろんＷＳＪの結論ではなくて、私たちが引き出す結論である。この記事は単に、二〇〇五年までに、国境を越えるフローが六兆ドルに、つまり『エコ社会主義とは何か』初版が出た二〇〇二年の二倍以上になったことを示しているにすぎない。これがグローバル化の外観であり、資本が地球上を競うように動き、自然と人間をその口に吸い込んでいるのである。さらにグローバルな金融フローは今後いっそう加速しそうである。「金融資産の取引の増加は商品とサービスの取引の増加より五〇％速く進行していると、ハーバード大学の経済学者ケネス・ロゴフは言う」。言い換えると、自業自得だということだ。

これについて説明し、その変革への道を指摘するために、『エコ社会主義とは何か』は三部構成になっている。「第Ⅰ部　容疑者」では、資本がエコロジー危機の「始動因」と呼ぶべきものであることを示す。しかし最初に、この危機そのものを定義する必要があるが、それが次の「第2章　エコロジー危機」の役割であり、危機の規模を扱えるエコロジー的概念を導入し、因果関係の問題を提起することによってそれを行う。「第3章　資本」では、告発の主要な条件を設定するが、インド・ボパール災害の事例研究から始め、資本とは何であるか、それが生産の諸条件を劣化させ、広範に無慈悲な膨張を通じていかに強く生態系に影響を与えるか、についての議論へと進む。次の「第4章　資本主義」では、資本の生産のために構築された特殊な形態の社会を考察することによって、そのフォローを行う。資本の膨張の様式を、社会関係の質や支配階級の性格とともに、そして決定的なこととしてその適応性とともに、探求する。というのはもし資本主義がその基本的なエコロジー的経路を変えることができないならば、ラディカルな変革の必要性が明らかになるからである。

これらすべては言うまでもなく、大きな挑戦課題である。エコロジー危機を熟考することは知的に困難で恐ろしいことであり、その結果は常に確実な証拠の領域を越えるものであるに違いない。さらに、ここで追求する考察の路線は、極めて困難で見慣れない政治的選択を伴うものである。たとえそれを表面的に受け入れたとしても、その恐ろしい性質ゆえに実際的な含意に対する抵抗は避けられないだろう。ここで展開した議論は多くの人にとって、信頼され尊敬されている守護者――そのうえ生涯にわたり大きな権力を持っている――が実は冷血な殺し屋であり、生き残るためにはそいつを打倒しなければならないとわかったときのようなものである。それがどんなに本質的なものだとしても、簡単な結論は引き出せないし、とるべき容易な道はない。しかしそれは私の問題であり、もし私が祈りの効果を信じているならば、私の能力でその仕事を十分にできることを祈るであろう。

本書の中間部分である「第Ⅱ部　自然の支配」では、より広い基盤を確立するために、事件についての直接的な告発をいったん離れる。これは多くの理由から必要であるが、主として、狭い経済主義的な解釈を避けるためである。この部の最初の章である「第5章　諸エコロジーについて」では、自然と人間的自然（ヒューマン・ネーチャー）についての哲学をもっと突っ込んで論じることに着手する。

これは単に環境的なアプローチから純粋にエコロジー的なアプローチへの移行を伴うものであり、その目的のために人間の生態系の観点から、そして人間の生態系への適合性すなわち人間的自然について語る必要がある。もし私たちの努力の目標が自然と調和した自由な社会をつくることであるならば、私たちはいかに資本が自然全般と人間的自然を侵害するかを吟味する必要があり、そして私たちが、いかに自然とのより全体的な関係を再建できるかも理解する必要がある。これらのアイデアは「第6章 資本と自然の支配」でさらに追求されるが、そこでは歴史的な枠組みおよび他の様々なエコロジー哲学との関係で取り上げる。ここで私たちは資本が自然からの離反の全体の終わりに位置しており、自然からの離反を自己のなかに組み込むことを理解する。だから単なる経済的お膳立てからはほど遠く、資本は人類と自然のあいだの古くからの病気の頂点なのである。私たちはジェンダーを通じた支配がこの起源にあり、その後に続くあらゆるものを自然のジェンダー的分岐と呼ばれるべきもので覆っていると論じるであろう。これは私たちが資本を単なる経済的諸制度の一群としてではなく、全体的な存在様式としてみなすべきであることを意味している。したがってエコロジー危機を克服するためには、この存在様式をラディカルに変革しなければならない。たとえその変革が「経済的資本」とその執行役である資本主義国家の打倒という道を通らねばならないとしても、である。私たちはこの章をいくつかの哲学的考察でしめくくるが、それには「弁証法」というわかりにくい概念が演じる役割についての簡潔な記述も含まれる。

それから「第Ⅲ部　エコ社会主義への道」で「何をなすべきか?」という問題に取り組む。いまや議論は政治的なものとなる。私たちは最近では社会変革の議論から遠ざかっているので、議論はユートピア的思考と批判的思考が混じったものになる。本書と初版の重要な違いは、温室効果をもたらし、地球温暖化の最も目立つ原因である炭酸ガス排出についてどうすべきかに照らして、これらの代替案が強調されることである。これには前副大統領アル・ゴアと彼の著書『不都合な真実』を批判的に検討することも含まれる。「第8章　現存エコ政治の批判」では、私たちの自然との関係を修復するために、資本を立ち退かせる可能性を評価するために、何がなされてきたかを理解するための、現存するエコ政治の概観から始める。この批判のひとつの側面は、もし一般的にその価値が正当に評価されないならば、まったく平凡なものである。私たちは、生産力がその実現の可能性から分離したことによって資本が生じたことを強調している。それは本質的には、労働の拘束であり、人間の潜在的可能性――エコロジー的社会において完全で自由な発展を必要とする潜在的可能性――の成長阻害である。したがって、あらゆる現存のエコ政治は、それらが労働を自由にすることにどれだけ成功しているかという基準から、いわば変革能力の基準から判断されねばならない。この章では、比較的よく確立された道から、周辺に追いやられたものに至るまで、広い範囲を扱っており、一般には現存の戦略に足りないものがあることを見いだす。章の最後に、エコロジー運動が反動的に、あるいはファシスト的にさえなるかもしれないという、不十分にしか評価されていない危険性についての議論でしめくくる。

いままで何がなされてきたかを概観したあと、私たちは最後の二つの章でこれから何がなされうるかについて検討する。「第9章　未来の先取り」では、資本の束縛から逃れるために何が必要かという一般的な問題を扱う。これには「使用価値」というマルクス主義の概念への寄り道が必要である。経済システムのその特別なポイントがエコロジー的変革に開かれているからである。そして、過去において労働を解放しようと試みたが、本質的には失敗した努力の記録としての社会主義の込み入った歴史へのもうひとつの寄り道が必要である。最後にこの章では、エコロジー的な、生態中心的な生産――この目的でジェンダーの解放と自然の解放を結びつける理論であるエコフェミニズムとの総合を用いる――という重要な問題に取り組む。私たちは、活動のキーポイントは「未来の先取り」である――そのなかに変革の芽生えを含むという意味で――こと、そして資本主義社会に広く散在するという意味で「間質性」[訳注5]であることだという観察でしめくくる。最後の章である「第10章　エコ社会主義」では、現在の分散し弱められた抵抗の諸条件から資本主義そのものの変革までの見取り図の作成を試みる。「エコ社会主義」という用語は、デモクラシーの強固な開花のなかで労働者が生産手段と再結合しているという意味で明確に社会主義的であるとともに、「成長の限界」が最終的に尊重され、自然が固有の価値を持つことが認識されて固有の展開の道を回復することが許されるという意味で明確にエコロジー的な社会である。このエコ社会主義を想像することは、厳密に未来を予測したいという神のような願望ではなく、致死的な資本への根本的なオルタナティブの観点から考えることができるし、そうしたほうがいいということを示すための努力である。そのために、多くの関連した問題を検討するが、その試み全体が簡潔で思弁的な省察によっておだやかになっている。

議論に入る前に、いくつかの注意点を述べておこう。私は本書の中で人口問題に十分な重みを与えていないという批判を予想している。たとえば、本書のどこでも、過剰人口がエコロジー危機の主要因あるいは始動因の候補としてはとりあげられていない。これは私が人口という重大な問題を軽く見ているからではなく、それを二次的［派生的］な因子と見ているからである。それは重要度において二次的ということではなく、システムの他の因子によって規定されるという意味で二次的なのである。[原注6]私は再来しているネオマルサス主義に強く反対する。彼らはもし被支配階級が過剰な生殖をやめさえすればすべてがうまくいくだろうと主張しているのだ。そして人間は、特に女性が社会的存在の諸条件を左右できる限りは、人口を調節するのに十分な力を持っていると主張する。私にとって、民衆に力を与えることが主たるポイントである。そのために私たちはもはや被支配階級のいない世界、すべての人が自己の生をコントロール出来る世界を必要としているのである。もし人々が自発的に家族に子どもは一人と制限するならば、世界人口は二二世紀には約十億人に減るだろう。言うまでもなくそれは非常に問題のあるオプションであるが、可能性を示してはいる。

『エコ社会主義とは何か』はマルクス主義の伝統のなかで考えることについて、そして社会主義の基本的な信条に忠実であることについて弁解する必要はない。それらのなかの主要なもの、これから見ていくように本書の理論的な基礎をなすものは、労働の解放の必要性、あるいはマルクスが『共産党宣言』と『資本論』第一部［第一巻］（商品の物神性［呪物的性格］についての章［第一章第四節］[訳注6]）で言って

訳注5　コヴェル博士は医師であるから「間質性」という医学用語を使ったのであろう。間質とはその臓器（肝臓、肺、脳など）の機能を直接担うのではなく、臓器の枠組みを支えたり、主たる細胞に栄養を提供したりする部分である。肝細胞や肺胞の周囲の結合組織、脳細胞の周囲の神経膠細胞などである。たとえば間質性肺炎とは、肺胞細胞周囲の間質組織（結合組織）の炎症である。

訳注6　岡崎次郎訳「資本論」第一部第一章第四節『マルクス＝エンゲルス全集』第二三巻第一分冊、大内兵衛・細川嘉六監訳（大月書店、一九六五）一〇六頁参照

いるように、生産者の「自由なアソシエーション」を発展させることの必要性である。しかし本書のアプローチは伝統的なマルクス主義のそれではない。マルクスが後世に伝えたものは、与えられた歴史的時期の特別な形態への忠実さを要求する方法と観点であり、歴史の発展につれて自らのビジョンを変化させることである。マルクス主義はエコロジー危機が熟するよりも一世紀前に登場したのであるから、私たちはその受け取った形態が、私たちの社会のような高度の生態系崩壊を伴う社会に取り組むときには、不完全であり、欠点があることを予想するであろう。したがってマルクス主義は、人類とともに自然についても発言する潜在能力を実現するために、もっと十分にエコロジー的な思想になる必要がある。実践において、これは資本主義的生産を、自然の固有の価値に開かれた使用価値の再興を通じて、エコ中心的な社会主義的生産によって置き換えることを意味する。

多くの人が『エコ社会主義とは何か』の観点はあまりに一方的だと感じるだろうと私は予想する。ここには資本主義への憎しみがあり、それが「開かれた社会」を含めてそのすべてのすばらしい達成や驚異的な回復力を過小評価することにつながるのだと言われるだろう。確かに、私が資本主義を憎んでおり、他の人にもそうしてもらいたいと思っていることは、その通りである。実際、この敵意が私に変革目標への困難な道を追求する意志を与えたのである。いずれにせよ、もし本書で表明されている観点が厳しすぎてバランスを欠いたものに見えるのなら、資本という主人の偉大さへのホサナ（神をたたえる声）を聞き、いわゆるもっと微妙な見解を聞く機会は他にいくらでもあるだろうと答えるしかない。急いで付け加えるが、資本への憎しみは資本家への憎しみと同じではない。資本家のなかには犯罪者として扱われるべき人物は多いし、彼らの魂を腐敗させ、文明の自然的基盤を破壊する道具を彼らから取り上げるべきなのであるが。この後者のグループ（資本家）には資本家の賭け金を置く場所に放り込まれた他の何百万人の人々とともに、私自身も含まれるのであるが（たとえば私の場合は、取引可能な有価証券の形をとる年金基金によって。すべての場合に銀行口座の保有やクレジットカードの使用によって）。資本主義というシステムの驚異のひとつは、いかにしてすべての人にその作動に関与している――あるいはむしろ、成功しようと試み、たいていはうまくいく――と感じさせるかということである。しかしそれは成功するとは限らない。その成功を防ぐひとつの方法は、資本を乗り越えてエコロジー的に分別のある社会を求める闘いにおいて、私たちは単に生き残るために闘争しているのではなく、より根本的に、すべての生きもののためのより良い世界とより良い生活を打ち立てるために闘争しているのだということを認識することである。

第2章
エコロジー危機

環境破局の概略

ミレニアムの変わり目［千年紀の終わりの西暦二〇〇〇年］付近のある時期に、私たちがそのただ中にいる危機は、環境難民の人数が戦争難民の人数を凌駕する時点に到達したことである。(訳注1)国際赤十字・赤新月社連盟の『世界災害報告一九九九年版』――この年は「自然災害」の記録では史上最悪であった――によると、約二五〇〇万人（難民総数の五八％）が前年に干ばつ、洪水、森林破壊、土地の劣化ゆえに難民になったとのことである。

国際赤十字・赤新月社連盟は洗練された組織であり、［純粋な］自然災害などというものはほとんどないということを承知している。この機会に同連盟のアストリッド・ハイベルグ総裁が述べたように、状況は本質的に「社会」と「自然」が複合したものである。

「誰もが一方に地球温暖化、森林破壊のような環境問題があり、他方に貧困の増大や貧民街［スラム］の膨張のような社会問題があることに気づいているが、この二つの要因が衝突したときには、新しい規模の破局が生じる」。［さらに］ハイベルグ博士は、「人類がもたらした気候変動と社会的経済的諸条件の急速な変化が組み合わさると、破壊の連鎖反応が開始されて超破局をもたらすだろう」と予測した。……現在の傾向はさらに何百万人もの人々を潜在的災害への途上に追い立てている。世界の無秩序に広がる貧民街には一〇億人もの人々が生活しており［ほとんどの人は自然環境の崩壊を含む一連の要因によってそこに追い込まれた」、最も急速に人口が膨張する五〇の都市のうちの四〇は地震地帯に位置している。さらに一千万人が洪水の常襲地帯に生活している。(原注1)

これは、環境からの破局的な影響が人間の攻撃性に由来する影響［戦争など］を凌駕しつつあるという恐ろしい分岐点である。しかし国際赤十字・赤新月社連盟の総裁が示すように、自然災害と人災の区別は、基本的なメカニズムの違いというよりは、記録上の便宜によるものである。確かにここでは、会計士の正確な計算のようにこちらの枠に自然の破局があり、あちらの枠に人間の攻撃があるというものではない。病気、作物の不作、干ばつによってもたらされる紛争のように、人間の攻撃は常に社会の自然的基盤の攪乱と大いに関連しており、自然の攪乱はほとんど常に人間の活動――あまりにもしばしば「攻撃」を伴っている――と関連している。戦争は人間に対する攻撃であると同時に自然に対する攻撃ではないだろうか？　実際、「環境」そのものにはほとんどいたるところで人間の手が加えられており、私たちが自然と呼ぶものはひとつの歴史――ただしまったく新しい局面に入った歴史――である。

訳注1　米国ワールドウォッチ研究所の『地球白書一九八九年版』では、一九八〇年代末の時点で戦争難民一二〇〇万人、環境難民一〇〇〇万人以上と推定していた。アンドリュー・シムズは、環境難民の人数は増加傾向にあり、政治的難民（戦争や迫害を逃れる）の人数を超えたと述べている（Ecological debt: global warming and the wealth of nations.Andrew Simms, Pluto　Press, 2009, p.148）。「激増する環境難民の悲劇」（ＮＨＫ、ＢＳドキュメンタリー、二〇〇八年六月七日放映）も参照。

しかし、もし自然が歴史であるならば、それは人間から切り離されて「あそこに」あるものではない。言い換えれば、それは、人間の居住地のまわりにあって、私たちに役立つ「環境」ではない。それは私たちの一部であり、あるいはもっとうまく表現するとすれば（私たちには自然的部分と非自然的部分があるわけではないから）、私たちのすべてではないにしても、絶対に不可欠な私たちの側面である。確かに、私たちが身体と呼ぶ自然の一部は、このような観点から見る必要がある。破局から逃れる何百万もの難民は、私たちの身体的存在のゆがみとして、もっとなじみのある言葉で言えば病気として、内なる破局をかかえているのである。病気の大量発生、たとえばエイズの流行のような事態が現在の危機に大きく寄与していることを無視するような愚かな人はいないだろう。もしそうならば、この危機を環境の危機と呼ぶことは誤解[訳注2]を招くことになる。

社会と自然は、ビリヤードの球のようにお互いを排除しあう独立した実体ではない。したがって、この危機は私たちの外側にある「環境」をめぐるものではなくて、人類の自然との関係における古代の病巣が恐るべき早さで加速した進化をめぐるものなのである。そのような関係の観点から考えることがエコロジー的な思考であり、それは私たちが世界を相互に結合した全体として見ることを要求する。この見地から見ると私たちは全体の一部であり、その自然との関係が自然の変形を必要とする自然的生物として私たちはその全体と結びついている。言い換えると、私たちの「人間的自然」は、自然という全体の一部であると同時に、私たちが自然に対してなすことによって自然から区別される存在でもある。この境界は生産と呼ばれる。それは人間という種に特異的な活動で、私たちを定義するものであり、その帰結は政治形態、文化、宗教、そして身体を用いる技法である。こうして人間の生活は、知的な人なら誰でも知っているように、複雑で、落ち着きのない、紛争に満ちたものになるのである。

私たちは環境の危機に見舞われているのではなく、エコロジー的な危機に見舞われているのであり、その経路のなかで私たちの身体、私たち自身、外的な自然の全体が深刻な動揺をこうむっているのである。生産は人間的自然への鍵であるから（本書の第5章と第6章でもっと掘り下げる予定のテーマである）、エコロジー的な危機はまた私たちが生産の諸条件と呼ぶものをめぐる危機でもある。生産の諸条件のなかには、エネルギー資源、テクノロジー、そしてまた毎日働かなければならない身体も含まれる。したがって、「ピークオイル」のような問題――それは枯渇する燃料をあとどれだけ長く、この経済は使い続けることができるのかという明らかに重要な問題をめぐるものである(原注2)――がエコロジー危機のなかに入ってくるであろう(訳注3)。しかし外的要因によっていかに影響されようとも、病気のパターンもそうなるであろう(原注3)。そして戦争やテロリズム――これらは意識的に計画された意図的なプロセスであり、私たちが「破壊行為」と呼ぶもので、手足を身体から、社会を食糧供給から切り離すように、結びつけられるべきものを引き裂く――によって引き起こされるパターンもそうであろう。結果的にこれは地球のエコロジーを引き裂き、解体するであろう。戦争は国家によって考案された手段によるテロを伴うものであり、テロは広範な恐怖と士気喪失を意味する。したがって戦争は人を殺し破壊行為の種をまくだ

訳注2　つまり「環境」は「取り巻くもの」という意味なので、主体（人間）が含まれないと誤解される。

訳注3　石油生産が減少に転じるピークオイルについては、石井吉徳『石油ピークが来た：崩壊を回避する「日本のプランB」』（日刊工業新聞社、二〇〇七年）などを参照。

けでなく、ある種の感情とともに作用するのである。この理屈を延長すると、主観性がエコロジー危機の一部となる。

エコロジー危機は自然と人間の相互作用にかかわるので、どの末端から見るかに応じて二種類の説明によって示すことができる。自然を含む関係の側面から見ると、私たちは宇宙である大きな全体を通じて内的に関係し相互に結合する自然世界の多くの集合体を見る。私たちはこれらを生態系と呼び、それらが客観的に見た危機の単位であり、危機が展開している場所――地球温暖化が起こっている大気や、炭酸ガスの吸収場所（メキシコ湾流のような海流を生じる）、魚類の生息場所、珊瑚礁の場所としてこれに様々に関連する海洋など――である。世界の偉大な驚異のひとつであるこれらの珊瑚礁については、炭酸ガスの濃度増大が海洋のわずかだが重大な酸性化を引き起こすことを学ぶとき、別の生態系の危機が視野に入ってくる。この酸性化は貝殻や珊瑚礁の形成に必要なカルシウムの沈着を阻害し、そのことが今度はこれらと相互作用するすべての生物に影響を及ぼし、最終的には他のすべての生態系に影響する。それぞれが互いに拘束され、内的に関係しており、他方では他のすべての生態系と結合していることが、生態系の本質的な性質である。こうして自然という端から私たちが読む自然は、すべての生態系の総体として定義される。

人間という別の端から見ると、同じプロセスが人間の社会的世界を通じて屈折しているのが見える。人間は大きなスケールのものごとの中ではちっぽけなものであり、私たちがピークォド号［ハーマン・メルヴィルの長編小説『白鯨（モービー・ディック）』（一八五一年）に出てくる捕鯨船］の溺れる水夫たちのように消えたあと、「海の大きなとばり」がしたように、自然が覆い尽くすだろう。しかし人間は自らの愚行を通じてこの危機を招来させたのであり、私たちの生存は数え切れない罪なき生きものたちの生存と同様に、この危機の解決にかかっているのである。自然の観点から客観的であるものは、人間の観点からみると、私たちがステージで失敗するときに構築される物語である。

これらのいくつかは束になって、恐ろしい破局的なスペクタクルをもたらす。それらは歴史に属しており、危機の進化を特徴づける。本書の初版の刊行以来、私たちは国際赤十字・赤新月連盟の総裁が「超破局をもたらす破壊の連鎖反応」の到来について警告するのを見てきた。

終わりなき国家テロ的戦争

「二〇〇一年十一月」と題した付記が『エコ社会主義とは何か』初版の序文に追加されたが、これは本書が印刷に回された直後に起こった九月十一日の事件に言及するためであった。「エコロジー危機は世界規模で増大する自然の支配のなかに放たれた悪魔がテロリズムと同じような仕方で主人につきまとう悪夢のようなもの」であり、自分たちの社会への帝国の侵入の結果として尊厳を奪われた人々の暴力的な反応のようなものだという観察結果が述べられた。その文章は次のように続く。「恐怖とエコロジー的破壊の弁証法は、石油の体制のなかで結びつく……エコロジー危機の主要な物質的力学と……紛争が続いている土地の帝国的支配の組織原理としてつながるのだ」。

私たちは紛争が過去五年間［二〇〇三年以来のイラク戦争］のあいだどのように展開したかをあまりにもよく知っている。言うまでもなく、紛争がどのように終わるかはまだわからないのだが。(原注4) にもかかわらず、イラク侵攻は次のことを明らかにした。

(1) 現代の帝国的国家――ここではアングロ・アメリカン〔米英同盟〕――は、終わりなき戦争を続けるためのマシーンである。

(2) この戦争は他の国家に対するものではなく、他の社会に対するものである。したがって、「万人の万人に対する闘い」というホッブス的ジャングル(訳注4)の様相をますます呈するようになる。

(3) したがってこの過程において自由民主主義は、ますます再発した原理主義に取って代わられるようになる。自由な国家は啓蒙時代以来の獲得物を投げ捨て、人身保護令の放棄のような野蛮主義に退行する。そうした野蛮は過去八百年間続いたものであり、拷問を組み込んだシステムである。

(4) 戦争の推進力は石油時代の終わりの帝国中心部の認識によるものである。石油時代は、自然はその主人たる人間に限りないエネルギーという贈り物を提供するという仮定によって過去二百年間のあいだ駆動された向こう見ずな膨張の時代であった。

イラク侵攻は大国が自国の資源が不十分だと認識した(一九三〇年代のドイツと日本のように)のではなく、世界の資源がもはや〔経済〕成長体制を維持できないという認識にもとづいて行動した最初の事例である。言い換えれば、イラク侵攻は恐怖をかきたてることによって正当化されたのだが、主として地球規模のエコロジー危機によって条件づけられた最初の戦争であった。(原注5)

多くの人はブッシュが二〇〇八年(訳注5)にホワイトハウスを去れば、その悪影響はなくなるだろうと希望している。しかしながら、あまりにも多くの構造的な要因がはたらいているので、大きな改善は期待できないのだ。他方、ブッシュ・ジュニアはおそらくアメリカ帝国の衰退の始まり——その数え切れない含意はこれから効いてくるであろう——を決定づけるほど破滅的な在職期間を過ごしたということは言えるだろう。

水が来たとき

石器時代は石が枯渇したときに終わったのではないし、石油時代も石油が枯渇するときに終わるのではないだろう。まず水がなくなるだろう。……水分または水の不足、洪水と干ばつ、そして何よりも海面上昇。本書の初版で私は「信頼できる科学者たちが、そもそも地球温暖化は起こっているのか、それは炭酸ガスやメタンの増大に関係しているのか、永久に続くのか、悪いことなのか、といったことについて意見が一致していない」と書くことができた。それから五年がたち、もはや正直な人間がそのような発言をすることはない。科学者の世界では、温暖化が起こっていること、その問題の大きな原因は炭酸ガスの排出であること、それは当面続くものであり、せいぜい影響を和らげることができるにすぎないこと、非常に悪いことであること、について意見の不一致はない。事態がどのように進展するかについての意見の不一致はまだ起こると思われるが。他方、企業部門と政治家と広告の専門家たちは

訳注4　トマス・ホッブス（一五八八～一六七九）は英国の思想家。主著は『リヴァイアサン』（一六五一年）。
訳注5　厳密に言うと、ブッシュ大統領の退任（新大統領オバマの就任）は〇八年十二月ではなく、〇九年一月であった。

まだこの現象に疑問を投げかけようとしている。どれだけの利害がかかっているかを考慮するならば、彼らはそうしない限り解雇されるだろう。しかし少なくとも、私たちは何か前例のない事態に直面していること、将来は私たちがどのように対処するかにかかっていること、に気づく人々が増えている。したがって、地球温暖化は全体としてのエコロジー危機のなかの決定的な争点となった。

地球温暖化について、それに対して何がなされるべきかについて、多くのすぐれた研究がなされており、最近数年のあいだに蓄積された大量の知識をここで再点検する必要はない。(原注6) プロセスは様々な非線形のカオス的な展開をするであろうし、その全体的な重要性については急速でおそらく破局的な事態の悪化がかなり近い将来に訪れる可能性が高まるという新しい知見に言及するにとどめよう。最初のパターンについては、ツンドラ地帯の氷が溶けてとじこめられている大量のメタン——炭酸ガスよりも温室効果係数がずっと高い——の放出をもたらすだろうという予測がなされている。そして第二に、いまは広く見られる北極の氷が溶けて、太陽エネルギーが氷によって反射されるアルベド効果のほとんどがなくなるだろうという予測である。同じ量の太陽熱が［白い氷ではなく］暗い海水によって吸収されると、プロセス全体が指数関数的に暴走し、新しいカオス的な要因をもたらすだろう。(原注7)

私たちはすでに十分に恐ろしい前兆、たとえば、二〇〇三年夏の欧州における何千もの熱射病による死亡を目撃した。しかし、エコロジー危機の結果として人類を待ち受ける運命をハリケーン・カトリーナほど典型的に示してくれる災厄は他にないだろう。それは二〇〇五年八月二十八日に聖書のノアの洪水のような事態となってニューオーリンズ市の大部分を破壊したのである。ハリケーンから十七ヶ月ほど後にこの文章を書いているのであるが、この都市はまだショック状態にあり、多くの市民はまだ避難場所におり、教育システムはアメリカのゲットーの水準に照らしても大混乱の状況で、殺人事件が頻発し、深刻な精神的障害が流行していて、市民社会の解体状況が見られるのだ。(原注8)

カトリーナは明らかに超災害のカテゴリーに入るが、もし地球温暖化のシナリオに真実性があるとしたら、一連の災害の最初のものにすぎず、さらに多くの破局的な事態が起こるだろう。それぞれの災害がもちろん独特のものであり、ある程度は予測不可能なものである。しかしそれらはまた、展開の別個の経路がカオス的に交錯し、集積結果が一連の制御できない生態系の解体——全体としてのシステムがうわべだけ安定した状態になり、生態学的に退行するようなことに至るまで——を意味する仕組みも示している。カトリーナの場合には事態は次のように進展した。

(1) ハリケーンの力は地球温暖化によるものであり、それはメキシコ湾の水を前例のないほど加熱したのである。大西洋でカテゴリー1であった嵐がフロリダ半島で失速し、メキシコ湾にさまよい出て、極度に暖かい海水に刺激されて、カテゴリー5の怪物のような嵐に成長し、世界の人々に恐怖を与えた。

(2) その嵐は、長年にわたる怠慢と官僚的無能力によって脆弱なままに放置された都市を襲った。最も驚くべきことは、襲ってくる水から都市を守るために必要な堤防が、都市計画の不備のために改修されない状態だったことである。さらにミシシッピー川のデルタ地帯では湿地保護が恐ろしく遅れており——いずれも米国ではよく見られることである——富の蓄積に貢献しないときにはインフラの整備が放置されていたことである。

(3) これと結びついて、政府——単位自治体、州政府、連邦政府——は状況に対処するうえで恐るべき無能力を示した。縁故主義、汚職、利益供与のスキャンダル、無関心があらゆるレベルに蔓延しており、それぞれのレベルに固有の特徴はあるものの、黒人の多い自治体での予算不足と士気の低下や、ブッシュ政権の著しい冷笑的態度と汚職――FEMA〔連邦緊急事態管理庁〕のトップであるマイケル・ブラウン（「お前はすごい仕事をしているな、ブラウニー」と言われた）とその上司のマイケル・チャーノフ（国土安全保障省の長官）に典型的に見られた――などが見られたのである。これは結局のところ大統領自身の行動に示されたのであるが、彼はニューオーリンズの破局的事態を聞くとすぐに、〔被災地ではなく〕サンディエゴ〔海軍の町として知られるカリフォルニア州南部の都市〕に向かったのである。かれは、常に「政府」――私的利益の追求に制限をかける公的機関――に不信を抱く政治文化の延長である。

(4)　この種の緊急事態に救助活動をする機関――たとえば州兵部隊――が活用できなかったこと。彼らはどこにいたのか？　もちろんイラクにいて、帝国主義に給水していたのだ。[訳注6]彼らの不在はイラク戦争を推進する勢力によって規定されたが、それは嵐の強さが地球温暖化を駆動する力に規定されるのと同様である。[原注9]これらの力は資本主義という向こう見ずな利潤追求のシステムに収斂する。

(5)　この都市にとって特に重要だったのは、人種差別と貧困の浸食効果であった。これらは怠慢のあらゆる局面を特徴づけており、嵐の打撃に効果的に対処できるような連帯の出現を妨げていた。この混乱のなかでは独立の変数とはいえないかもしれないが、人種差別がある種の不可視性をもたらす傾向がある限りは、特別な注意を必要とするだろう。いずれにせよ、もし人間が自然の一部ならば、社会は何よりもまず人間の生態系であり、人種に関連した貧困を伴う人種差別的な社会は病んでおり、あるいは後に述べるように解体しつつある生態系であって、変化する状況に適応し、受けた傷を修復することができないのである。

(6)　最後に、私たちが検証しているような種類の社会に特徴的なことであるが、ニューオーリンズを激しく襲撃して都市環境を破壊した災厄は、今度は営利企業が参入する機会――典型的な資本主義的やり方で、破壊された状況を利用して大金を稼ぐ――を与えたのである。カトリーナはある種の都市浄化となり、それが民族浄化をもたらし、企業の利潤にあまり貢献しない（生産者としても消費者としても）貧困層と黒人は、嵐のあとのがらくた〔災害廃棄物〕のように町から追い出されたのである。彼らが生活していた土地にはいまでは「贅沢な分譲マンション」などが建てられようとしている。(原注10)他方、アンダークラス〔貧困層〕は悲惨のなかに放置され、社会の人種差別的な核心は悪化している。

エコロジーの崩壊

読者のみなさんは、資本主義がもたらす永久的な戦争、内的な腐敗、エコロジー危機からの報復の

訳注6　イラク戦争の泥沼化に伴い、州軍も次々連邦軍に編入され、災害救援に向かう州軍部隊が手薄になっていた。なお、ハリケーン・カトリーナの被災とその背景については『ルポ貧困大国アメリカ』堤未果（岩波新書、二〇〇八年）などを参照。

せいで、史上最も豊かで強力な米国が衰退してきているのに気づかれるであろう。これはもちろん帝国に起こりがちなことであるが、生産の支配的なシステムによって解き放たれた地球規模のエコロジー危機の前で争わねばならない帝国はこれまでになかった。ローマ帝国が崩壊したとき、欧州は衰退していったが、イスラムの勃興とペルシャ、インド、中国の偉大な社会がスムーズに力の空白を満たした。いまでは地球全体が、一隻の沈没しつつあるボートのように、打ちのめされつつある。中国は米国の覇権を継ごうと待っているわけではない。中国と米国は生産者（非常な低賃金の）と消費者（債務にうめきつつある）として互いに結びついており、何よりも向こう見ずな［資本］蓄積ゆえに双子のように生態系を不安定化させつつある。それぞれが内部の腐敗とその結果としての衰退に直面している。

この見地から見ると、危機はメトロポリスから、さげすまれている周辺部にまで及んでいる。ペルシャ湾岸はたとえばソマリアという不幸な国と同じカテゴリーで米国の一部を代表している。どちらもある種の社会解体が、評論家によってカオス的結果を伴う「失敗国家」と呼ばれるものの出現に伴って生じている。確かに二つの事例のあいだには、アフリカを訪れたことのある人なら気づくように、大きな距離がある。しかし問題となるのは方向性であり、この災厄を米国に負わせたのは、産業資本主義社会の基本的諸条件がはたらいている限りは、それ自体の奥深いところから、残っているエネルギーによって生じているプロセスである。エコロジー的解体の兆候が進展するなかで、ニューオーリンズは言わば米国のモガデシュ［ソマリアの首都］であり、エコロジー危機の衝撃のもとで一般化する失敗国家の前兆とみなせるかもしれない（原注11）。

過去数百年のあいだに多くの災厄が降り注いだアフリカの不幸な諸国は、常にそうだったわけではない。欧州が最初に彼らを見つけて侵略を開始したとき〔一五世紀〕にも、アフリカの人々はトラブルがなかったわけではないことは言うまでもない。人間の社会にトラブルがないなどということはないからだ。しかし彼らは尊厳と社会的一体性を持っていた。多くの観察者は彼らが北方の人々〔欧米人〕と同等の発展水準だったと言っている。いかにして彼らがそこまで転落したかをここで詳述することはできない。しかしその事態の複雑さがどうであれ、彼らの子孫はエコロジー的変形の偉大な法則に従った。自然との相互作用のなかで生活している社会は、彼らの存在の骨組みがかき乱されたときには――アフリカの場合は主に帝国の侵入、奴隷貿易などによって――解体するのだという法則である。特定の社会を複雑で発展しつつある生態系として考えてみてほしい。そして他の社会と相互に作用し、果てしない自然、すなわち生態圏とも相互作用しているすべての社会を含む全体としての地球生態系について同じように考えてほしい。そしてその機能が生態系に形を与える結びつきの細い糸を壊すことであるようなエージェント〔因子〕の系統的な侵入について想像してみてほしい。この「骨組み」を比喩的にイガ〔鱗翅類の昆虫〕によってむしばまれるウール〔羊毛〕のセーターのようなものとして想像してほしい。最初は大きな影響を見つけることなどできないだろう（そうしたことは諸社会では特に戦争の形でほとんど確実に起こっているのだが）。その代わりに起こっていることは、セーターに形を与えている糸をランダムに切ることである。しばらくのあいだは何も気づかれない。そして観察者はあちこちに小さな穴があいているのに気づく。それからさらに大きな穴があき、小さな穴がつながって大きな穴になるのを観察する。穴はその範囲も規模も増大し、セーターに形と機能を与えているつながりが壊れる。つまり解体するのである。結局、全体としてのセーターは解体し、手のなかでばらばらになる。

それはゴミ箱に投げ込まれ、「廃棄物」として自然の偉大な循環に再びつながる。
　個人が死ぬときにも同じようになる。社会も同様である。帝国に支配されるアフリカの諸社会であろうと、帝国そのものであろうと。いずれも形の骨組みを解体するエージェントにとりつかれたときには、解体する傾向があるだろう。アフリカにとっては、アメリカ先住民と同様に、これらのエージェントは帝国であった。他方、帝国そのものは、周辺部への影響の逆流として、その内的な崩壊のプロセスに屈服する。

　自然という端から見ると、この危機は自己を修復できないこととして、あるいは人間という名の子供によってもたらされる生態系の破壊を緩衝できないこととして、あらわれる。もっと形式的に言うと、歴史の現在のステージは、人間の生産との関連で自然の緩衝容量を系統的に解体し、最終的に超過し、予測できないが相互作用的で膨張的な一連の生態系解体を引き起こす諸力によって構造化されているものとして、特徴づけることができる。エコロジー危機はこの局面によって意味されているものである。そのなかに私たちは生物のライフサイクルの時間的な乱れと生物種および生物個体の解体が、人間および人間以外の生態系の断片化や、種の構成やものごとのより形式的な環境的側面の大きな変化をもたらしているのを観察する。(原注12) 人間は単なる危機をつくった加害者ではなく、その犠牲者でもある。そして私たちが犠牲となる兆候のなかには、私たちが危機を克服できないどころか、認識することさえできないことも含まれる。

　エコロジー危機の帰結を予測することは、二重に不可能である。何よりもそれが数え切れないほど広大な生態系プロセスの非線形でカオス的な相互作用に依存しているからである。もし私たちが一度に数日以上先の天気を予測できないとしたら、次の数十年のあいだの全体としての生態圏の健全度をどうやって予測できるだろうか？　第二の理由は、より重要である。というのは、それはまだわからないからである。それは人類が危機への自覚の増大にどれだけ反応するかということの関数であり、それはまだわからないからである。諸国家は彼らの内的な腐敗と失敗を回避するために、より権威主義的でファシスト的な手段にさえ訴えようとするであろうか？(原注13)　人々は目覚めて、挑戦課題に立ち向かい、生産を再構成する、すなわち、新しい種類の社会をつくり、エコロジー的に合理的な技術をもつ世界をつくろうとするだろうか？　これはよく言われるように、難しいところであり、本書の結論部分の焦点である。

にもかかわらず、『エコ社会主義とは何か』初版の出版以来、ものごとは若干の予測を可能にするような方向に進んできた。私に言わせれば、私の見るところ、危機は私たちを無傷のままにすることがありうるという意見は論外だ。現在生きている人たちの生涯のあいだに（間違いなく私の孫たちもそうだ）、大規模な居住地の変化（特に海面上昇による）と森林破壊、土壌と水の喪失、新しい世界的流行病といったプロセスによる生産の多大な攪乱の相乗効果から生じる大いなる「衰退」の時代が訪れるだろう。

これらを数えあげてみるとぞっとするが、それは差し迫った解体によっても人口あたりの資源消費量が変わらない場合を除いて、人口そのものをかなりの論争点とみるようなものであろう。しかし私はこの大いなる崩壊が人類の絶滅につながると考えるつもりはない。解体に核戦争が伴い、「核の冬」による終焉が続いて起こる場合でない限りは。こうしたことがなければ（まったくありうることなのだが）、人類はたとえ破局的な地球温暖化の高温条件のもとでも存続するだろうと思う。私たちは何と言っても、資源の豊かな適応力に富んだ生物種であり、あまりにも多くの知識を持っているので、完全にあきらめることはできないのである。結局のところ、私たちは、いずれは消え去るだろう。あらゆるものが消え去るに違いないのだから。しかし私も読者のみなさんも生きて目撃することはないと思うのだが、私たちがエコロジー危機と呼ぶものは、いつか、おそらく今世紀の終わりまでには訪れ、私たちの最も興味深い歴史の新しい局面の到来を告げるであろう。

この危機がとる形は、資本という主人がもっとエコロジー的に合理的な生産方法によって取って代わられることを伴うだろう。(原注14) これについては、私たちの強力な［資本主義］経済のなかに埋め込まれた自然に対する憎しみを十分に近くで目撃する人がいるだろうと確信している。将来のための方途を準備するためには、いまがちょうどそのような観点をとるべき時期だということである。

第3章
資　本

事例研究（インド・ボパール事件）

自然界には存在しないが、二〇世紀に産業界によって生態系に導入されたイソシアン酸メチル（MIC）という物質がある。単純な構造だが強力な化学物質であるMIC（分子式は CH_3NCO）は、反応性が高く、生物に対して致死的な効果を与えるので、殺虫剤や除草剤の製造に広く使われている。米国環境保護庁（EPA）のウェブサイトによると、

MICはイソシアン酸（HNCO）のエステルである。（中略）イソシアン酸は弱い酸であり、シアン酸（HCNO）との平衡状態で存在する［互いに異性体である二種類のHNCOの違いは、原子の空間的配置にある］。MICの沸点はまだ十分に明らかになっていない。(訳注1) これは揮発性が高く、可燃性の気体であり、その蒸気は大気より比重が大きい。室温で乾燥した中性の状態では安定しているが、酸、アルカリなどの存在のもとでは激しく反応することがある。イソシアン酸エステル類の中心炭素の周囲は電子が不足気味（親電子的）であり、したがって電子の豊富な（親核的な）物質、たとえば水、アルコール、フェノール、アルカリなどと反応するであろう。

大気より比重が大きいので、MICの蒸気は拡散することはなく、付近にとどまる。もし水分を含有する身体組織にさらされるならば、激しく反応し、その生物の通常の保護機構によって抑制できない変

化をもたらす。その後の反応によって放出されるエネルギーは、身体の熱を調節する機能をすぐに圧倒してしまう。その結果、生物の機能にとって重要な分子の多くが分解されたり、異常な変化を起こしたりするし、有害物質も生成される。簡単に言えば、身体は激しい火傷になるのである。特に、肺や目のような水分に富み、外気にさらされる器官はそうである。胸部の痛み、呼吸困難、激しい喘息がすぐに生じる。もし暴露量が多ければ、視力を失うとか、激しい細菌性および好酸球性の肺炎、あるいは喉頭浮腫や心臓停止が生じる。

これまで述べてきたことによって、MICを吸入した人が、眠っているときに、死の危険にさらされることがありうる理由が、生理学的なレベルで説明できる。この枠組みのなかで、われわれは、MICが病気や死を引き起こすと言うことができる。言うまでもなく、そうした説明では、別の疑問点については何もわからない。つまり、なぜそんなにMICのそばで眠っていたのか、さらには、そもそも身体に反応するような近い場所でイソシアン酸が何のために使われていたのかといった疑問である。それでは、どういうわけでMICがその激しい化学的性質が身体に影響を及ぼすような場所にあったのだろうか。言い換えると、MICは病気を引き起こしうるが、勝手に人間に近づいていくわけではない。一般的に言うと、MICを人間のそばに置いたり、近づけたりするような人為的［工業的］な原因が必要である。われわれが原因の「効果的な働き」（始動因）ということで問題にするのは、他の原因を働か

訳注1　イソシアン酸メチルの沸点は、神奈川県環境科学センターのサイトでは一一九℃、ウィキペディアの「イソシアン酸メチル」では三九℃とされている。約八〇℃もの差があり不可解である。

せるようなこうした性質なのである。

ＭＩＣをその場に「もたらす」ものは、自然が人間の目的——この場合は、農業開発［農薬製造］に関連した工業的目的——に役立つように意識的に変形されること、つまりＭＩＣが合成されるという事実である。しかしながら、工業は大量の見慣れない物質を合成するだけではない。それはまた人間のエコロジーを変形し、ある人間たちが別の人間たちに奉仕するようにさせるのである。ＭＩＣが生体組織にどのように影響するかを理解するには、化学が必要であろう。しかしながら、工業生産は、ＭＩＣのような物質を作り出し、特定の用途に向けて——この場合は近代農業のために農薬を製造する——動員するために、科学と自然を理解する。だから、できごとの全体を理解するためには、生物への病理的影響にとどまるのではなく、生産、その工業化、農薬生産の特殊性——さらにこの場合は、なぜこのような致死的な物質が隔離されることなく人体に到達したのか——の歴史と社会関係を把握することが必要になる。そしてもし同時に多くの人の肺が毒物にさらされたのなら、なぜ彼ら［特にインドの都市貧困層］はＭＩＣの致死性にさらされるような場所に無防備にいたのかということが問題になる。

読者のみなさんは、これまでの記述で、私が特定の生態系にとって破局的な出来事に言及しようとしているのだということを推察されるであろう。すなわち、一九八四年十二月四日に、インドのボパールで、アメリカの多国籍企業ユニオン・カーバイド社の農薬製造工場から、四六・三トンのイソシアン酸メチルが漏れ出したという事件である。このガスは真夜中近くに漏れだしたので、眠っているボパール住民——彼らの多くは工場の近くで生活していた——に到達したのである。これが引き起こした苦しみを言葉で伝えることは難しい。しかしいくつかの結果は列挙することができる。推定八〇〇〇人の住民がその場で死亡し、その後に同じくらいの人数の人が死亡し、五〇万人以上が傷つけられ、そのうち五万人から七万人が永久的な傷を負ったのである。(原注1) 事件から十五年後でも、人々はまだ飢えており、一ヶ月に一〇人から一五人が餓死していた。もう事件から二十年以上になるが、死亡と病気は続いており、工場の跡地はまだ都市の外観を損なっていて、有害物質を環境に放出し続けている。(原注2)

史上最悪の産業災害であるボパール事件は、工業が人類に及ぼす災害の同義語、エコロジー危機そのものの象徴となった。ボパール事件の原因を理解することは、危機の原因についての扉を開くかもしれない。このような恐ろしい事故によって危機が構成されているという意味ではなく、ボパール事件の重大さに全体としての危機のあらゆる要素が集約されているからである。しかしながら、私たちはボパール事件を理解するために、思考を生理的次元から広げて、人間の社会的組織［営利企業など］が演じる役割をイデオロギー的含意とともに考察の対象に含める必要がある。ひとつではなく何千［何万］もの生命が損傷されたこの出来事を理解するためには、競合する主張と現実についての異なる観点について判断する必要がある。身体損傷の原因としてのイソシアン酸メチルは、化学的性質の帰結において、動機も関心もない無言の殺し屋である。しかしながら、私たちがボパール事件の原因を理解しようと試みるときには、分子レベルの出来事の向こう側を考える必要がある。たとえば、貨幣という要素が画面に入ってくる。単に災害の結果として巨額の損失が生じた――インド政府が当初請求した損害賠償額は約三〇億ドルであり、ユニオン・カーバイド社が最終的に同意したのは四億七〇〇〇万ドルであった(原注3)（さらに法的経費として五〇〇〇万ドルと、地域病院の建設のために提供された二〇〇〇万ドル）――というだけではない。人間社会における貨幣の権力という問題でもある。要するに、ボパール事件を理解するためには社会秩序全体を考慮する必要があり、社会のさまざまな行為主体の権力、意味、相互関係がかかわっているのである。そして私たちは、これらの特殊な人間的・エコロジー的諸問題をもっともうまく説明できる因果関係のモデルを探している。具体的に、一九八四年の恐るべき夜に、ボパールで何が起こったかを考えてみよう。本質的に、疑問点は次のように定式化できる。そもそもボパールでMICはどんな役割を果たしていたのだろうか。なぜMICはあのような仕方で環境に放出されたのだろうか。なぜ住民はMICに暴露され、わずかな手当しか受けられなかったのだろうか。そして責任を負うべき機関（企業と政府）について言えば、彼らの行動を支えた原動力は何だったのだろうか。

最初の疑問点の答えは、ユニオン・カーバイド社が、会社の目的のためにその物質を保有していたということである。つまり、その会社が好きなときに好きな場所に工場を立地したのである。文字通りの意味で言えば、これはばかげた説明である。ユニオン・カーバイド社はどこにでも何でも置ける一人の人間ではないし、MICを扱う工場を実際にボパールに建設したのは、たくさんの労働者、建築技師、供給業者である。彼らのほとんどは会社（UCC社）に直接関係を持っておらず、請負業者（建築業者）に雇われたのである。しかし私たちは、彼らの使った道具が必要だが部分的な技術的手段であったのと同様に、これらの労働者たちが必要だが部分的な仕上げの要員としてのみ工場の建設にかかわったと主張することしかできない。したがって、工場あるいはその他の社会的製品を誰が建設したのかという疑問に対する答えは、建設に必要な社会的労働を効果的に組織した主体（UCC社）であるというものである。そして労働はものごとを実現させる人間の能力であるから、他者の労働を動員して工場を建設させる主体が、工場建設の原因〔始動因〕なのである。

労働者が自らの生産活動をコントロールする社会のような、あるいはアボリジニ［オーストラリア先住民］の社会のように共同体の全員が同じことをする場合のような、異なる種類の社会においては、実際に工場を建設した人々が工場建設の原因であるとみなして説明を終えることができるだろう。しかし、私たちのような種類の社会〔高度資本主義社会〕においては、そうした説明は間違いである。なぜなら、資本の体制のもとでは労働者は自己の活動を自己決定できないからである。したがって多くの個人の活動から成る社会組織を理解するためには、私たちは生産において彼らを指揮統制する主体に目を向けなければならないのであり、この場合はそれがユニオン・カーバイド社［の幹部］に違いない。同社の本社は何千マイルも離れた場所にあり、その幹部たちが関心を示すためにボパールはもちろんインド国内に足を踏み入れる必要さえないにもかかわらず、そうなのである。

だから、建設工事に携わった労働者などはボパールの工場の「道具的原因」であり、ユニオン・カーバイド社は「始動因」［アリストテレスの用語］であると言うことができる。すなわち、ユニオン・カーバイド社は工場の建設と、いったん工場が建設されれば、中間原料のＭＩＣを含むあらゆる製品の製造、分配、販売に必要なすべての要因を組織し結びつけることのできる主体である。いかなる複雑な現象においても、原因にかかわる多くのプロセスが働いている。しかしその現象が全体として機能している限り、道具的原因を作動させ、調節し、目的へ向けて方向づける――現象全体を変えるためにはその目的の変更が必要である――ような、包括的で統合的な種類の原因を見つけることができる。始動因とは、そのようなものをさすのである。[原注4]

それぞれの原因は、効果が発揮されるレベルにおいて特異的である。ユニオン・カーバイド社（UCC）がボパール工場の始動因であるのと同様に、身体に吸入されたときにそれを破壊する始動因はイソシアン酸メチルである。しかしユニオン・カーバイド社を駆り立てていたものは何か。そしてそれは一九八四年十二月の事件とその社会的後遺症の原因となったものは何か。何がその事件をもたらし、それは「始動因」の問題とどのように関係しているのか。ここでは競合する解釈が強く押し出されている。なぜなら、大きな利害関係がかかわるからである。ユニオン・カーバイド社は、ボパール市に同社の工場が立地されており、MICがその製品であったこと――実際そのことおよびそれが発展途上国の食糧増産に寄与したいわゆる「緑の革命」で果たした役割を自慢している――は否定していない。会社がそのウェブサイトに書いているのは、「皮肉なことに、ボパールの工場はもともと人道的な目的を持っていた。それは、インドの農業生産を保護するための農薬の供給である」ということである。もっと一般的に言うと、「専門知識を提供し、インドの法律を遵守し、インドの消費者市場を開発するための漸進的アプローチを受け入れる」ことを通じて「インドの農薬工業の発展を支援するためであった」。「ユニオン・カーバイド社の投資は大いに歓迎された、あるいはそう思っていた」というのである。安全基準と品質管理の健全性を主張しながら（「一九三〇年代以来、当社は厳格な内部基準を遵守している」とのことである）、同社は「典型的な多国籍企業の悪党で、インドの民衆と資源を搾取している」という間違ったイメージを持たれてきたこと、「明らかに」ユニオン・カーバイド社の金融資産にアクセスするために考え出された戯画」について深く苦慮しているそうだ。あの悲劇的な事件については、それに関して「最初の日から我が社は同情と哀悼を表明しており、自らの調査によれば災害の原因は「明らかに破壊活動(サボタージュ)によるものである」とUCCは主張する。[訳注2]「ボパール工場の従業員が意図的にイソシアン酸メチルの貯蔵タンクに水を入れたことを示す証拠がある」というのだ。「その結果、有毒ガスの雲が生じたということを証明した」と主張する。しかし、この真相はインド政府の「ボパールの犠牲者の苦しみに対する明らかな無関心」によって理解されないままになっているというのだ。

それは同社の一貫した主張である。ボパールの災害はユニオン・カーバイド社の落ち度ではなく、恨みを抱いていた従業員の仕業であり、インド政府の冷淡さと無責任によって事態はいっそうひどくなっているというのである。法的措置と甚大な財政的結果(同社が法廷で自己を弁護するために支出した五〇〇〇万ドルを想起されたい)が絶えずつきまとっている社会的空間においては、因果関係は法的に決定されるべき責任と同義である。同様の議論がエコロジー危機をめぐる言説にも広くみられるが、それは法的責任――および責任にもとづく財政的分担――が判断基準となるような一連の個人の行為に還元される傾向がある。

責任、過失、法的責任をめぐる議論は、犠牲者にとって、ある程度の正義と賠償を分配するときには不可欠である。この場合にも、運命の夜の理解に関連した膨大な証拠が辛抱強い調査によって発掘され

訳注2　事件が起こるとしばしば破壊活動説が出てくる。二〇〇八年に日本で問題となった中国製冷凍ぎょうざの農薬中毒事件でも、怨恨説(解雇された元従業員が農薬を混入した)が仮説のひとつとして提示された。ボパール事件の場合には、ユニオンカーバイド・インド社の経営陣はボパール工場の技師モハン・ラール・ヴァルマがMICのタンクに水を入れたと中傷したが、証拠がないので法廷に持ち込むことができなかった(ラピエールとモロ『ボパール午前零時五分』長谷泰訳、河出書房新社、二〇〇二年、下巻、二四〇頁)。

たという事実を前提とすれば、解明することは困難ではない。この恐ろしい環境災害の詳細な分析を行うために、そして幅広い理解の方途を指し示すために、得られた証拠を要約してみよう。

・ユニオン・カーバイド社は破壊活動者の氏名を明示していないし、司法の証拠規則のもとでの法廷での主張も行っていない。むしろ工場の構造の分析から破壊活動の存在を推定しているだけであり、それ以上の議論をしていない。(原注5)

・同社は工場に大量のMICを貯蔵していることについて、行政当局への報告を怠った。さらに、酸にさらされると腐食する炭素鋼でできた弁を用いることによって、事故がある程度避けがたい方法で工場を設計した。

・一九七八年以前には、ユニオン・カーバイド社は中間原料のMICを用いずに農薬セビン(訳注3)を生産していた。同社は生産費が安くつくという理由でこの致死的な中間原料を用いる合成方法に転換したのであり、一九八〇年にボパールでMICの製造を始めた。実際、ドイツ企業バイエル社は、MICを使わずにセビンを合成しているが、その合成方法は(MICを用いた合成法に比べて)安全性が高いがコストも余計かかる。

・地方行政当局はMIC合成施設をボパール市の別の場所に——住宅の少ない工業地域に——立地するように促したのであるが、ユニオン・カーバイド社はコストがあまりに高くつくからと言って拒否した。

・農薬の需要が減ったために工場の収益は減少しており、工場は慢性的にMICの過剰生産状態にあったが、ユニオン・カーバイド社はその過剰分を中間原料として消費できなかった。
・こうした状況のもとで一九八二年にコスト削減の努力が始まった。カーズマンの言葉を引用すると「……コストを切り下げるのは難しいことだった。そのように生産費を削減すれば、品質管理のきびしさをゆるめ、結果として安全規則がずさんになるということだ。パイプから何かが漏れたとする。取り替える必要はない、と従業員は命じられた。穴をふさいでおけばいいんだ。MIC部門の労働者にはもっと訓練が必要なのに、それほど訓練しなくてもうまくやれるさ、という返事（ほとんどの労働者が読めない英語の指示マニュアルの使用についても言える）。昇進は停止され、従業員の士気に大きな影響を与えた。もっとも熟練した労働者の何人かは他の会社に職を求めて去っていった」（原注6）（松岡信夫訳、四三頁）。MIC担当のオペレーターは当初一二人であったが、一九八四年末までには［リストラで］わずか六人に減らされていた。監督作業員の人数も半減された。夜間のシフトではメンテナンスの監督作業員は配置されていなかった。こうして、インディケータの目盛りの確認は操作手順で要求されている一時間おきではなく、二時間おきになっていた。

訳注3　セビン（Sevin）は当時のUCC社（この農薬を開発した）による商品名である。ポリカーバメート系殺虫剤で、国際一般名はカルバリル（carbaryl）、日本の農水省による一般名はNACである。動物実験で発ガン性があり、環境ホルモン作用もある。ボパール工場の主力製品だった。NACの日本での農薬登録は一九五九年三月三十日。『農薬毒性の事典　改訂版』植村振作ほか（三省堂、二〇〇二年）三〇一頁参照。MICを用いる方法では、ホスゲンとメチルアミンを反応させてMICをつくり、MICにナフトールを加えてセビンをつくる。MICを用いない方法では、まずホスゲンとナフトールを反応させ、それにメチルアミンを加えてセビンをつくる。『死を運ぶ風』カーズマン、松岡信夫訳（亜紀書房、一九九〇年）、三七頁参照。

・一九八一年末に工場で有害物質の吸入事故が起こり始めた。米国から専門家がやってきて、MIC貯蔵タンクの中での「暴走反応」について警告した。これは一九七九年と八〇年の警告に続いて三回目であった。インド政府当局のいくつかの警告も無視された。一九八二年十月にMICの漏洩事故で五人の労働者が入院した。

・地方行政当局は工場付近の大気汚染を監視する機器を設置していなかった。

・工場の労働者たちが労働組合を通じて労働災害について抗議したが無視された。十五日間のハンガーストライキをした労働者は解雇された。

・労働者たちは当初は防護服を着ていたが、職場規律のゆるみが広がったため放棄された。七〇％以上の労働者が規則による安全対策から逸脱したとして減給された。その間、MICをできるだけ迅速かつ安上がりに製造しろという圧力は続いていた。

・事故の夜、炭素鋼のバルブの漏れが発見され、しかもその場所では水がMICタンクに流入してしまうようになっていたが、これは修理されなかった。時間がかかりすぎる――言い換えるとコストがかさむ――と思われたからである。

・さらに、タンクのアラーム［警報］が四時間のあいだ、作動しなかった。米国で使われている四段階のシステムの代わりに、ひとつの手動のバックアップシステムだけがあった。漏出したガスを焼却するためのフレア・タワーは五ヶ月のあいだ、停止されていたし、ガス排出孔のスクラバー（気体洗浄装置）も同様であった。MICの気化を防止するために設置された冷蔵システムも、電気料金を節約するために止められていた。また操業中にパイプをきれいにするために設計された蒸気ボイラーも同じ理由で停止されていた。運転停止装置からモニタリング装置、温度計に至るあらゆる安全装置が不足していたり、機能低下したり、設計が不適切だったりしていた。ＭＩＣの貯蔵温度は、マニュアルは四・五℃での貯蔵（この低い温度は言うまでもなくボパールの平均気温より低いので、維持するのにコストがかかる）を求めていたのに、二〇℃になっていた。さらに、ユニオン・カーバイド社のボパール工場では、致死的なガスの漏出が始まったあと、主要な安全システム――そうした漏出を「抑制」するために設置された散水装置――は、漏出したガスに届くほどの高さまで散水することができなかった。要するに工場の安全システムの設計には欠陥があった。内部文書によると同社は災害の前にこのことを知っていたが、何も手を打たなかった。(原注7)

・最後に、爆発したタンクは一週間のあいだ、機能が低下していた。その問題に対処する代わりに、工場の幹部たちは他のタンクを使い、問題のタンクは「シチューのようにとろとろ煮られる」に任せていた。「煮られる」ことの結果のひとつは、どんな料理人でもわかるように、圧力と温度が上昇することであり、それが問題の物質のさらなる反応の引き金になったのである。

だから、ボパールの恐怖について誰の責任が問われるべきかについては、明らかである。空涙と哀れっぽい抗議にもかかわらず、ユニオン・カーバイド社はまさに否認しようとしている「典型的な多国籍企業の悪党」に他ならないことが暴露されたのである。実際、このレベルでの唯一残っている疑問は、会社がなぜ犯罪的過失について十分に責任を問われなかったのかということである。しかしながら、法的責任を問うことは必要ではあるが、ボパール事件の意味を把握するためにはそれだけでは不十分であるし、因果関係についての疑問点を明らかにすることはできない。

ＭＩＣはその分子の構造が生きた生態系の微妙なバランスを引き裂き不安定化する力を持っているので、身体危害の始動因であると言うことができる。ちょうど同じように、ユニオン・カーバイド社はボパール工場建設の始動因である。しかし、この事件を理解しようとすると、私たちには、ユニオン・カーバイド社自身も他の諸力にさらされていること、始動因の概念はこれら諸力にも十分な留意がなされるのを求めていることがわかる。ここには謎はない。前述したほとんどすべてのポイントにおいて、私たちはユニオン・カーバイド社がコストを削減するために、あれこれの措置をとったこと、さらに「あれこれの」措置が相まって、恐ろしく危険なＭＩＣ（それ自体もコストを削減するために選ばれた中間原料であった）の漏出のリスクを高めたこと、さらに、ユニオン・カーバイド社の責任が問われるべき理由は、コストを削減するためにボパール市民を危険にさらした冷淡で自己中心的なやり方にあったということを了解できる。同社が法的責任を回避しようとしたことは、特別の法的および広報的な操作から、インドのような古くて誇り高い国が国民の権利を守ることができなくするような国際的構図に至るまで、この（競争に勝つための）コスト削減の必要をめぐる社会的空間のなかで理解する必要がある。

だから、ここでの始動因は、単なる個別企業の特別な貪欲さに還元することはできないのであり、コストを削減するために、あるいは他面では利潤を得るために、企業に際限ない圧力を加える（資本主義の）システム自体の問題を包含しなければならないだろう。しかし同社は金を儲けるために農薬をつくっている。現代的なタイプの典型的な資本主義企業であるから、ユニオン・カーバイド社は、その主人である資本によって構成された世界で生き残るために、金を儲けなければ——ますます早く金を儲けなければ——ならないのである。

「事故」というのは、状況の連鎖の統計的に予測できない結末にすぎない。したがって、事故は、より目立たないが、同じように破壊的な一連の不安定化と連続しているのである。十分な数の「利潤のためのコスト節約」が行われるところでは、いつか事故が起こるのを待っているようなものである。(訳注4) 時には、事故は人間のエラー——おそらくそれ自体も同じような複合体（たとえば訓練が不十分で士気の低下した疎外された従業員）の産物である——によって促進され、あるいは引き起こされるかもしれない。しかしながら、「人間のエラー」は、利潤の複合体によって人々が形成され、ゆがめられる度合いに応じて、独立の原因としては後景にしりぞく。ここでユニオン・カーバイド社自身の説明はまやかしなの

訳注4　ボパール事件についてのベストセラーを書いたフランスのジャーナリスト、ラピエールは、ボパール惨事の要因を次の四つにまとめている（『ボパール午前零時五分』ラピエールほか、長谷泰訳、河出書房新社、二〇〇二年、下巻、訳者あとがき二五四頁）。

(1)　実際の農薬需要を大幅に上回る生産規模の工場が建設されたために、敷地内に大量の有害な中間原料MICを貯蔵しなければならなくなったこと。

(2)　ユニオン・カーバイド社が人口六〇万人の都市の人口密集地近くに工場を建設したこと。また、農薬をつくるには極めて危険な中間原料を使用しなければならないことを州政府当局にまったく知らせなかったこと［六〇万人と言えば長崎市を上回り、熊本市に近い人口である］。

(3)　ある時点で工場に赤字が生じており（工場の収支計算書からわかった）、その結果、予算の大幅な削減が決まり、安全面での経費削減があったこと（人員、MICの冷蔵、工程監視、漏出ガスの処理などで）。

(4)　ユニオン・カーバイド社が極秘裡に工場施設のブラジルへの売却を決定したため、最後の数か月にはもはや工場にかける金がなく、誰もそのことを知らなかったこと。

だが、正しいと仮定してみよう。工場を破壊したのは単なるエラーではなく、その晩悪意をもってガスを放出した破壊活動者だと想定してみる。彼はなぜそんなことをしたのか。それは不可解な悪だったのか、それとも利潤追求の力の場のなかでの決定要因の連鎖の産物だったのか。彼は経費を節約するのを拒んだために「懲戒」されたのか、それともストライキに参加したため解雇されたのか、あるいは最悪の人間の生態から彼のうえに降ってきた原因の連鎖によって単純に非人間化されたのか。彼は精神障害者だったのか。もしそうなら、これはある種の遺伝的プログラミングなのか、それとも彼の生活世界を包含する大量の疎外、その構成において支配的な社会システムが常に最終原因となっているのが見いだされる疎外に由来するものなのか。

合わさることによって、事故、あるいはそれを越えてエコロジー危機そのものを引き起こす因果関係の過程のネットワークに他の要因がないわけではない。反対に、複雑な出来事が過剰な要因によって決定されている限り、他の要因も存在するに違いない。しかしそれらは個別の要因として散在するのであって、それらを通じて、またそれらの周囲に、大きな力の場がそれらを形成し、結合して、世界を効果的に動かす出来事にさせるのである。これらの出来事を私たちがもっとグローバルに全体的な観点から見るようになれば、私たちは個別の法的責任を考えたり、合理的なプロセスになったはずのものを破壊した「事故」を探し求めたりすることは少なくなる。私たちはプロセスがそもそも合理的なものなのかどうか、この観点から見ると「事故は起こるのを待っている」と言えるのかどうかを探求しているのだ。私たちはまた、このシステムの平常の、事故を起こさないときの作動がそれ自体、環境破壊的なものかどうか——もしそうであれば、それは何らかの種類のエコロジー破壊を継続的に発生させるシステムであり、変革されなければならないことになる——という、より大きな問題に行き当たることになる。[訳注5] 個別の出来事の特別な輪郭だけに注意を限定するならば、より大きなパターンを見失うことになる。つまり、農薬自体のメリット、より一般的に言うと、農薬を不可欠の構成要素として包含する「緑の革命」[原注8] のメリットが、［資本主義の］世界システムのなかでインドのような南の国家［発展途上国・新興経済国］がさらされている絶えざる難儀とともに、問われなければならない。

そして結末があった。インド政府の姿勢が後退して、ユニオン・カーバイド社をこれ以上訴追しないことに同意したちょうどその日、あたかも奇跡であるかのように、同社の株価はニューヨーク株式市場で一株あたり二ドル上昇したのである。この一見小さな数字は、四億七〇〇〇万ドルの和解がユニオン・カーバイド社の株主にとって一株あたりわずか〇・四三ドルの費用しかかからなかった事実に照らしてみると、意味を持っていることがわかる。したがって、ユニオン・カーバイド社の株主たちは、ボパールの市民に降りかかった悪夢を引き起こした結果として同社が「苦しんだ」あとで、一株あたり一・五七ドルずつ豊かになったのである。

しかしユニオン・カーバイド社の株価はなぜ上昇したのか。その答えは残酷なほど明らかである。この会社が——いわゆる第三世界あるいは南の国で操業している多国籍企業に影響する初めての大規模な産業事故において——いまもこれからも、殺人を犯しても逃げることができることを証明したかである。

訳注5　利潤追求を優先し、南北格差を特徴とする資本主義世界システムは、平常の作動においても自然に対する構造的暴力なのか（「原発は事故を起こさないときの平常運転でも環境破壊的なのか」という問題と似ている）ということを著者は問うている。

らである。そのときウォール街は、ビジネスを続けられること、南からの利潤の抽出はいっそう確実なものになったことを知ったのである。

ウォール街（より正確に言うと「金融資本」）は、システムの指揮統制センターである。そのテープに明滅する小さな数字は、支配的秩序の多数の活動地点に展開する資本の拡張の可能性の共通の低減である。このように、個別の工場と、それらに影響する経営的意志決定は、より大きくより包括的な全体に照らしてみると、その影響範囲――その範囲を絶えず拡張しようとしているとしても――においてあらゆる出来事を分極化する巨大な力の場になる。このようにしてゲームのルールが展開される。ユニオン・カーバイド社の幹部の個別の動機が、広報材料としての意義を除くと意味がないことにもなる。この出来事についてワード・モアハウスは次のように書いた。「もし［ユニオン・カーバイド社の経営陣が］純粋に前面に出て、災害の大きさにふさわしい規模の本当に無私の援助を申し出ていたとしたら、彼らはほとんど確実に、企業資産の不適切な扱いについての経営陣の責任を問う株主からの訴訟に直面していただろう（原注9）」。

かくして、ユニオン・カーバイド社を制約するのは資本である。しかしもうひとつの側面があり、これを「もし豚が翼を持ったら空を飛ぶだろう」という類の議論にする。純粋に前面に出て、無私の援助をする人々は、巨大な資本主義企業の経営者にはなれないのである。やさしい心を持った人々は、出世競争の階段からはじき出されてしまう。というのは、資本はこれらの出来事を作り出す類の人々を形成するとともに選別するからである。

ボパールとそれについての企業の悪党の物語は続く。ユニオン・カーバイド社は農薬ビジネスから撤退したが、二〇〇一年二月七日に、農薬会社であるダウ・ケミカル社に吸収合併された。ダウ・ケミカル社はベトナム戦争で使われたエージェント・オレンジ(訳注6)をつくった会社である。この新しい化学産業の巨人は、一六八カ国で操業し、二四〇億ドル以上の収益をあげている。ダウ・ケミカル社の会長兼社長は、この吸収合併で年間五億ドルの節約ができるが、残念ながら二〇〇〇人の雇用が失われると述べた。ボパール事件を起こした過失のある男たちが法的責任を問われたことはないし、これからも決してないと思われる。

成長の秘密が明らかに

「巨大な力の場」は資本のメタファーである。それは遍在しており、非常に強力で、われわれの社会を駆動する大いに誤解された発電機である。体制側の見方によれば、資本は投資の合理的な要因であり、金を使って様々な特徴をもつ経済活動を有益に結びつける方法である。カール・マルクスにとって、資本は「オオカミ人間」であり、「吸血鬼」であり、労働を貪欲に消費し、労働者を傷つけるものであった。どちらの概念も真実である。第二の概念は、労働と同様に自然にも適用され、エコロジー危

訳注6　エージェント・オレンジはベトナム枯葉作戦の代表的な農薬の暗号名。枯葉作戦に関与した農薬会社はダウ・ケミカル社、モンサント社など数十に及ぶ。『アメリカの化学戦争犯罪：ベトナム戦争枯れ葉剤被害者の証言』北村元（梨の木舎、二〇〇五年）などを参照。ダウ・ケミカル社の環境や健康にかかわる企業不祥事の歴史については、*Trespass Against Us: Dow Chemical and the Toxic Century*, Jack Doyle (Common Courage Press, 2004) を参照。

機のあらゆる本質的特徴を説明する。エコロジー危機の観点から見ると、ユニオン・カーバイド社のような企業は資本の歩兵であり、システムのより高いレベルにある諸機関、たとえば株式市場、国際通貨基金（ＩＭＦ）、連邦準備銀行（ＦＲＢ）、財務省のような機関は、資本の参謀将校である。ひとたびこのような関係が理解されるならば、ボパール事件のより明瞭な位置づけがわかるようになる。それは個別の事故であって、もし産業が十分に注意深ければ、その繰り返しは避けることができるだろう。そして、より本質的なことは、それは資本に固有の反エコロジー的な傾向のあらわれであって、資本が社会的生産を組織している限りは、遅かれ早かれあらわれるだろうということである。後者の論点には次の三つの意味がある。

(1) 資本はその生産の諸条件を悪化させる傾向がある。
(2) 資本は存在するためには、終わりなく拡張しなければならない。
(3) 資本はますます貧富に分極化する混乱した世界システムをもたらすものであり、エコロジー危機に十分に対処することはできない。

その結びつきが、資本が支配する限りは、あれこれの浄化はなされるにしても、たえず増大するエコロジー危機を鉄のような必然とするのである。(訳注7)

私たちはなぜあたかも自らの生命を持つものであるかのように資本について語るのかを検討する必要がある。資本は合理的な機能の限界を超えて、癌のように成長するために生態系を消費する。言うまでもなく、資本自体は生物ではない。それはむしろ、生きている人体に侵入する癌ウイルス(訳注8)によってつくられる関係に似た、ある種の関係であり、エコロジー的健全性を侵害し、自己複製構造を設定し、巨大な力の場を分極させるよう、人間たちに強制する。生態系を破壊するのは、資本として生活する人間、つまり資本の化身となる人々なのである。

このような存在様式をもたらすファウスト的（すべてを体験し、無限に拡大しようとする）取引は、信じられないような富が何よりも金儲けすることによって、金儲けを通じて得られるものによって実現する、という発見を通じて、なされるようになる。資本主義的生産は利潤のためであって、使用のためではないということは、誰でも知っている。もしそれを知らない人がいたら、ウォール街が、利潤追求の基準に従わない企業を懲らしめるのを見ることによって、直ちに学ぶであろう。資本家たちは、これらの基準が技術革新、効率性、新しい市場を求める原動力とともに押しつける絶え間ないダイナミズムを祝福する。彼らはある側面から見て機知に富むことや立ち直る力のように見えるものが、別の側面から見れば中毒現象であり、忘却に向かう終わりのない仕事になることを、認識できない――彼らの存在のなかにある種の認識の失敗が組み込まれているがゆえに――のである。

訳注7　それでは「旧ソ連の環境破壊はどうなのか」という議論が必ず出るだろう。権威主義的社会主義は資本主義の代案になりえないし、やはり構造的難点をかかえている。訳者あとがきを参照されたい。

訳注8　ヒトに感染する癌ウイルスとしては、成人T細胞白血病ウイルスが代表的なものである。なお、現代資本主義を癌になぞらえる論考として、カナダの哲学者マクマートリー（9・11事件真相究明運動にも参加している）による次の著書がある。*The cancer stage of capitalism*, 1999　邦訳は『病める資本主義』ジョン・マクマートリー、吉田成行訳（シュプリンガー・フェアラーク東京、二〇〇一年）。

商品は経済活動の幕開けのときにあらわれ、商品生産が資本の到来とともに一般化する。資本の胚珠がそれぞれの商品に挿入され、消費を通じてのみ解放されうるのであり、これによって、望ましいものが貨幣に転換する。マルクスによって用いられた形式――これからの叙述を通じてわれわれの概念を表現するのに有益であることがわかると思う――を用いるならば、あらゆる商品は「使用価値」と「交換価値」の結合である。(原注10) 使用価値はたえず発展する様々な人間の必要と欲求における商品の位置を意味するのであり、交換価値は「商品存在」すなわち、量的次元と貨幣でのみ表現できる抽象としての一般化された等価性を意味する。より広く言えば。資本は、商品生産において交換価値が使用価値に優越するレジーム［体制］を代表する。そして資本についての問題は、いったんそれが設定されたならば、プロセスが自己を永続化し、拡張するようになるということである。

もし生産が利潤のためであるならば、すなわちそれに投資される貨幣価値の拡張のためであるならば、価格は出来るだけ高く、コストはできるだけ低く維持されなければならない。実際のところ、システムに固有の競争によって価格は低くおさえられるであろうから、コスト削減は資本家の最優先の関心事になる。しかし、何のコストか？　明らかに、商品の生産に必要なコストである。その多くは他の商品、たとえば燃料、機械、建築材料、などのコスト、および決定的なのは労働者が賃金を得るために売る労働力のコスト――それが資本主義システムの心臓部である――によって表現できる。しかしながら、もし同じ分析が後者（労働力のコスト）についてなされるなら、ある時点で私たちは、商品として生産されないが、資本主義を規定する大きな市場ではそのように扱われる実体に到達する。これらは前述の「生産の諸条件」であり、それには公的に生産される施設、すなわちインフラストラクチャー、労働者自身、そして最後にあげるが決して軽んじることのできないものとして自然――たとえこの自然がほとんど常にそうであるように、すでに人の手を加えられたものだとしても――が含まれる。

そのプロセスは使用価値に対する交換価値の優位のあらわれであり、二重の地位低下を伴っている。第一に、自然の商品化であり、その自然には人間と人間の身体も含まれる。しかしながら、私たちが本書の第Ⅱ部でみていくように、自然はそのようにうまくいくことはない。資本のイデオローグが何と言おうと、自然の法則には貨幣化という現象は決して含まれない。自然の法則はむしろ生態系の文脈のなかに存在するのであり、その内的な諸関係は貨幣形態への転換によって侵害される。資本主義システムの枠内での環境経済学のための本質的な議論は、自然を私物化することによって、人々は財産としての自然に配慮することを学ぶのだというものである。(訳注9) しかしながら、問題は、自然は財産にされることで、生態系的な存在様式からアプリオリ（生まれながら）に切断されるということである。したがって、貨幣化と交換によって自然を絶えず商品化することは、生態系の特異性と複雑性を破壊するのである。これに付け加えられるのは、価値の引き下げ、あるいは配慮の基本的な欠如であり、それは利潤の源泉にならない自然物にあてはまる。ここでいわゆる「外部性」が生じるが、それは汚染の貯蔵場所になる。利潤を実現するための容赦ない競争的原動力を伴う資本関係が優勢になるにつれて、いずれかの時点での生産の諸条件の劣化が確実になるが、それは要するに、自然生態系が不安定化し、分断されると

訳注9　たとえば、「共有資源は乱用されるので私有化すればよい」というギャレット・ハーディンの「共有地の悲劇」の議論（本書第10章）を参照。また炭酸ガスや硫黄酸化物の排出量取引（本章）も大気環境の商品化である。

いうことである。ジェームズ・オコンナーがこの現象についての先駆的な研究で明らかにしたように、この地位低下は、収益性そのものに矛盾した効果を及ぼすであろう（「資本主義の第二の矛盾」）。生産の自然的基盤を汚染して崩壊させることによって直接的に、あるいは規制措置が、労働者の健康管理のための支出を強制するなどにより、環境に放逐したコストを再び内部化するような［外部不経済の内部化］場合は間接的に、効果を及ぼすのである。(原注11) ボパール事件の場合には、地位の低下による影響はひとつの場所に集中していた。他方、全体としてのエコロジー危機の影響はひとつの場所に集中しているのではなく、広い場所に拡散しているように見えるかもしれないが、災害はいまや地球規模でゆっくりと訪れているのである。

これに対応するのは、生産の諸条件の劣化を緩和するために、あるいはその過程で儲けるために、非常に多くの対策技術――たとえば、汚染防止装置、汚染物質の商品化(訳注10)など――が次々に導入されているということである。これらはある程度は効果を発揮するであろう。実際、もしシステム全体が均衡しているならば、第二の矛盾の効果は抑制され、私たちはそこからエコロジー危機を外挿する［予想する］ことはできないだろう。しかし、これは私たちを資本主義の第二の大きな問題点に導く。つまり、いかなる種類の均衡や制限も資本にとっては受け入れがたいということである。

蓄積

この点について、マルクスは『グリュントリッセ（経済学批判要綱）』のなかで次のように書いている。

しかし富の一般的形態——貨幣——を代表するものとしての資本は、自己の限界をのりこえようとする、制限も限度ももたない衝動である。どんな限界でも、資本にとっては制限であるし、また制限たらざるをえない。さもなければ資本は、もはや資本——自分自身を生産するものとしての貨幣——ではなくなってしまうであろう。資本が一定の限界をもはや制限と感じとらないで、限界としてそこに居心地よさを感じるようになると、資本自身は交換価値から使用価値へ、富の一般的形態からその規定された実体的存立へと落ちこんだことになろう。資本そのものが一定の剰余価値をつくりだすのは、それが一時に無限の剰余価値を生みだすことができないからである。しかし資本は、より多くの剰余価値をつくりだそうとする不断の運動である。剰余価値の量的境界は、資本にとっては、たえずそれを克服し、たえずそれをのりこえようと努める自然制限、必然性としてだけ現われる[原注12]（『マルクス資本論草稿集 ①』資本論草稿集翻訳委員会訳）。

マルクスの洞察の深さを評価すべきであろう。資本はその核心において量的なものであり、世界に量の体制を押しつけるのである。これが資本にとっての「必要」である。しかし資本は同時に、必要性には**耐えられない**。それはたえず自らが設定した限界を乗り越えようとする。そして均衡に安住した

訳注10　汚染防止装置とは、たとえば火力発電所に設置される排煙脱硫装置や排煙脱硝装置などであり、汚染物質の商品化とはたとえば排出量取引［排出権取引］である。

り見いだしたりすることはできない。それは修復できないほど自己矛盾的なものである。あらゆる量的増大が新しい境界となり、それは直ちに新しい障壁へと変形されねばならない。境界／障壁のアンサンブル［集合体］は、新しい価値の場所および新しい資本形成の潜在的可能性になる。それが今度は別の境界／障壁となり、それが無限に続いていくのである。少なくとも資本の論理的図式においては。他の何よりも資本のための生産に基礎をおいて形成された社会が常にダイナミックであること、新しい富の形態を導入し、絶えず過去の形態を陳腐化すること、変化と獲得にとりつかれていること――そしてそれがエコロジーにとって災厄であること――は驚くにあたらない。

そのような境界／障壁は商品形成の場所であるから、これは「一般化された商品生産」の処方箋となり、これが資本のお家芸のひとつである。あたかも資本家たちが周りにすわり、新しい商品のスポットを選ぶかのように、そのプロセスがきれいに進まないことは言うまでもない。もちろんある程度はきれいに進む――新しいホームコメディを制作しようとするテレビ局の重役たちを、あるいは新しいデザインのSUV（スポーツ用多目的車）を構想する自動車メーカーを想像してみよう（訳注11）。しかしもっと興味深い例は、システムの計画されない多かれ少なかれ自発的な行為が新しい局面を作りだし、それが今度は収益性のある新しい活動の場所として掌握されるような事態である。汚染クレジットの取引（排出量取引）からビジネスを作り出す資本家にとっての大切な展望とか、エコロジー的不安定化そのものから出てくる新しい病気に対処する新しい抗生物質を探索する製薬業界などは、そうしたたぐいの例である。システムの絶え間ない運動による不安とニーズの絶えざる創出は、新しい商品活動の循環へと絶えず注ぎ込まれる。資本主義は、その生存のために市場に依存することを必要とする、孤立した不安にさいなまれる自我を作り出すのだろうか。だから、資本はまた、この存在の緊張した自己陶酔的な状態に奉仕するために商品の創出に踏み出すのである――こうしたものや文化的装置が付随した技術でファッションやイメージの品目を作る。ファッションの場合には、雑誌、化粧品、性的広告、写真スタジオ、広告代理店、広報会社、心理療法などの全体がそうである。

資本の収益性の体制は、恒久的な不安定と落ち着きのなさの体制である。支配階級においてさえ、永久に自己を改良することなしには誰も「支配」できないのであり、利潤率を増大させないCEO（最高経営責任者）はすぐにその地位から放り出されるであろう。誰も与えられたもので満足できないのであり、絶えずそれを拡張しようとしなければならない。成長は資本家にとっては生き残りと同一視されるのである。というのは、成長できない者は退場するしかないのであり、彼の資産は別の人間が獲得するのである。どれだけたくさん物を持っていても、何も決して本当に持つことはできない。あらゆるものは翌日改めて存在を証明されなければならない。だから、ブルジョワジーのよく知られた傾向が出てくる。彼らがいかにリッチになったとしても、常にもっとリッチになる必要がある。ウォルマート社やマイクロソフト社の行動を見てみよう。最近数十年の夢のような「成長」はいずれも、さらにもっと蓄積しようという原動力を少しも減少させなかったし、資本が支配する限りはずっとそうなのである。所有の感覚が他のすべての感覚を支配するのは、まさにその現実が決して確かなものとはならないからで

訳注11　ＳＵＶの弊害については、次の本を参照。『ＳＵＶが世界を轢きつぶす　世界一危険なクルマが売れるわけ』キース・ブラッドシャー、片岡夏実訳（築地書館、二〇〇四年）。

ある。厳密に言えば、個々人はこの車輪から降りることができる。財産をつくって引退し、ポロ用のポニー［小型の馬］を育てたりキャベツを栽培したり、環境運動の教祖になることもできる。しかし彼らはそれによって資本の化身であることをやめるのである。そして直ちに他の者たちがその役割を引き継ぐ。貨幣――資本主義的価値の形態――はあらゆる諸関係を抽象化し、溶解させ、それらを現金の結びつきで置き換えるのである。これが資本に固有の容赦ない競争を始動させるのである。というのはもし貨幣が唯一の真の結びつきであるならば、真の結びつきは何もなく、普遍的な羨望、懐疑、不信が支配するからである。競争のために「システムが作動し」生き残りの代償としての永久の成長を強制する動力装置となるのである。そして貨幣はその物質的素材が自然法則によって制約されているとしても、容易に拡張できるのであるから、絶え間ない取引からあらわれる資本の巨大なプールは、成長の出発点を提供する。そしてそれらが集まると、さらなる拡張を強要するのである。資本主義的成長の圧力はしたがって指数関数的なものであり、つまり放出を求める蓄積された資本の総計に比例するのである。マルクスは同じ著作で次のように述べている。

> 制限は、克服されねばならない一つの偶然性として現われる。もっとも皮相的に見るばあいでも、このことは明らかである。資本が一〇〇から一〇〇〇に増加すれば、いまや、一〇〇〇が出発点であって、そこから増加が進行しなければならない。一〇〇〇となって一〇倍にふえることなどなかったのと同じである。利潤と利子はそれ自体ふたたび資本となる。剰余価値として現われたものが、いまや単純な前提などとして、資本の単純な存立そのもののなかにとりこまれたものとして現われる（原注13）

（『マルクス資本論草稿集　①』資本論草稿集翻訳委員会訳）。

もし私たちが、この高度に圧縮された記述（『グリュントリッセ（経済学批判要綱）』はマルクス自身の研究覚え書きとして書かれたものであり、出版の予定はなかった）を読み解くならば、マルクスは、資本の体制においてはいかなる当初の利潤も出発点にすぎないと言っているのである。もし同じプロセスが第二の循環を通じて推進されるならば、同じ拡張力が、しかしより高いレベルで働いているのが観察されるだろう。もし最初の循環で一〇の貨幣単位が一〇〇になるならば、第二の循環では一〇〇〇になる傾向があるだろう。したがって、資本主義的生産は拡張的であるだけでなく（貨幣が資本となるためには循環のなかに投入されなければならないからであり、剰余価値が獲得される必要があるからである）、指数関数的にそうなのである。マルクスが『資本論』で述べているように、

買うために売ることとの反復または更新（原注14）（W―G―W）は、この過程そのものがそうであるように、限度と目標とを、過程の外にある最終目的としての消費に、すなわち特定の諸欲望の充足に、見いだす。これに反して、売りのための買い（G―W―G′）では、始めも終わりも同じもの、貨幣、交換価値であり、すでにこのことによってもこの運動は無限である（『資本論』第一部第二篇第四章、大内兵衛・細川嘉六監訳）。

というのはより多くの貨幣はそこに書かれているより大きな数字のついた貨幣にすぎないのであ

り、したがって、

貨幣は、運動の終わりには再び運動の始めとして出てくるのである。それゆえ、売りのための買いが行われる各個の循環の終わりは、おのずから一つの新しい循環の始めをなしているのである。単純な商品流通——買いのための売り——は、流通の外にある最終目的、使用価値の取得、欲望の充足のための手段として役だつ。これに反して、資本としての貨幣の流通は自己目的である。というのは、価値の増殖は、ただこの絶えず更新される運動のなかだけに存在するのだからである。それだから、資本の運動には限度がないのである(原注15)(『資本論』第一部第二篇第四章、大内兵衛・細川嘉六監訳)。

資本が、乗り越えるべき障壁としての意味を除いて境界に無関心であることは、この基本的な性質に由来する。現実世界におけるあらゆる境界は、貨幣化され、G—W—G′(貨幣—商品—貨幣)循環——その終わりで別の循環が始まらなければならない——のなかにおくことができない限りは、資本にとっては役に立たない。この流れの遅れあるいは遅滞は、致命的な脅威として認識される。もし境界あるいはフィードバック・プロセス、あるいはエコロジー的警戒信号がある投資サイクルによって作り出されたら、これが別のサイクルにとっての出発点になる。単なる障壁としての境界について語ることは、少し誤解を招くことでさえあるかもしれない。資本が動き続ける必要がある限りにおいてそうなのであり、あらゆる境界を拒否しなければならないのである。しかし障壁—境界はまた投資、商品化、交換の地点でもある。したがって資本は成長の場所として障壁—境界を必要とし、求める。それは真珠をつくる貝類が砂粒を求めるようなものであるが、生態系に住む軟体動物やその他の生きものの生命活動が精妙な内的調節によって規定されているのに対して、資本の成長は向こう見ずな薬物中毒のようなものであり、それは資本主義的指揮命令体系における位置に直接比例して諸個人にとりつく傾向がある。もちろんある程度の慎重な計算も同様に絶対条件である（次章を見よ）。しかしこれは蓄積のプロセスに内在的なものではない。それはむしろ情熱を可能にする方法として外部から適用されるのである。かくしてすべての改良は成長が制約されずに進行できるように設定されるのである。

誰かがこの魅了するものを疑うかもしれないので、一九九七年初頭の世界システムのめまいを起こさせるような拡張の瞬間からとった次のような事例を考えてみよう。このニュースはあたかもキリストの再臨の兆候であるかのように歓迎された。『ウォール・ストリート・ジャーナル』一九九七年三月十三日付の大きな記事で、著者のG・パスカル・ザカリーは、経済システムの最高レベルの専門家たちの意見の分布を調べ、彼らが地球規模の資本の恒久的勝利を一致して宣言していることを見いだした（唯一の例外は疑い深いジョージ・ソロスで、彼はブームは「一世紀だけで終わるかもしれない」と考えた）。「明るい側面はめくるめくようなものだ」とハーバード大学の経済学者ジェフリー・サックスは述べた。他方、アルゼンチンの新自由主義的構造改革（まもなく破綻して、経済をほとんど破壊することになる）の立案者であるドミンゴ・カバロは「われわれは黄金時代に突入した」と付け加えた。この「黄金時代」というフレーズは、新しい国連事務総長コフィ・アナンの言葉にも出てきたが（原注16）、他方で、当時世界銀行のチーフエコノミスト――まもなく辞任することになるが、この当時は経済学者のあいだでの理性の声であると広くみなされていた――であったジョセフ・スティーグリッツは、今後二十年間に予測される「継続可能な」四％の世界経済の成長率でもって、「経済成長は歴史的なレベルに到達し、それが今度は先進諸国に新しいフロンティアを開くだろう」と付け加えた。

同じ新聞の四月二十八日付で、当時世界貿易機関（WTO）の事務局長であったレナート・ルギエロは朗報についての見解を述べた。世界貿易がわれわれにこの祝福をもたらしたのであり、それは過去四十年間で一五倍に伸びたのだという（そして本書執筆時点である十年後には二十倍となった）。単純計算すれば、二十年続く年率四％の成長というのは、商品とサービスの生産が倍増することを意味する。[訳注12]だから、二〇二〇年頃には二〇〇〇年の二倍の商品が生産されていることになるだろう。自動車が二倍、ジェット機が二倍、殺虫剤が二倍、中国とインドの物質的富が二倍というわけである。WTOの指導者によれば、これらすべてが、貿易（「開かれた経済」）は一九七〇年から一九八九年までに平均四・五％で成長し、「閉鎖」された経済ではわずか〇・七％だったという。そして今日では閉鎖された経済はほとんど残っていない）と、資本のために開放された市場のおかげだという。それは米国の多国籍企業群をほとんど「目が回るほど興奮させた」のである。たとえばボーイング社は今後二十年でジェット旅客機の数を倍増させる（発注の四分の三は海外から来る）ために一兆一〇〇〇億ドルが使われるだろうと見込んだ。中国には米国の四倍のエスカレーターが建設されることになる。その間世界は消費主義の拡張を経験することになるが、ひとつの例をあげれば、シティコープは一九九〇年のスタートラインから始めて、一九九七年までにアジアで七〇〇万人、ラテンアメリカで二〇〇万人のクレジットカードの顧客を獲得した。「政府資産の大規模な売却のような、成長をさらに加速させる嬉しい驚きの可能性もある。民営化について言えば、われわれはまだ表面をかすっただけなのだ」とシティコープの主任企画担当者シャウカット・アジズは述べた。

振り返ってみよう。一九七〇年は時間のスパンでいうとわずか三十年前なのだが、資本に関する限りでの永続性については、「成長の限界」の概念が世界のエリートをとらえており、少なくとも彼らのうちの重要な一部の人々が「ローマクラブ」の後援で『成長の限界』(一九七二年)という報告書を出した。一世代たつかたたないうちに、「成長」を抑制する、いわば資本に制約をかけるという概念は、支配階級の集合的精神のなかから一掃されてしまったのである。

破滅的な炭酸ガス排出量取引

エコロジー危機のなかで恐らく最も重大な地球温暖化については、将来展望がどれだけ恐ろしいものであり、したがって支配層の狼狽も大きなものであることを、ようやく認識し始めたところである。しかし大混乱の世界システムは事態の進展にはるかに遅れをとった対応を続けており、資本のシステム論理は失敗が約束された提案さえ行っている。これは残念ながら、よくあるように、地球温暖化は資本主義の終焉か、世界の終焉かのどちらかしかないことを客観的事実によって思い出させるからである。資本に駆動された経済的生産物の膨張に他ならない「[経済]成長」そのものが、このプロセスを

訳注12　大まかな計算としては、年増加率(%)と倍増に要する期間(年)の積は約七〇になる。つまりGDPでも人口でも、三・五%成長が二十年続くとほぼ倍になる。

ますます不吉な結末へと推し進めているからである。(原注17) アル・ゴアが副大統領の職にあった一九九二年から二〇〇一年までに、米国の炭酸ガス排出量(訳注13)は炭素換算で年間一三億八八〇〇万トンから一五億六九〇〇万トンへと一一%増加した。その基本的な理由は、この期間の経済成長が大きかったからである。対照的に、一九七〇年から一九八二年までの不況の時期には、炭素排出量は横ばいであった。この期間の最初も最後も約一一億六〇〇〇万トンであり、この時期は搾取極大化のネオリベラル（新自由主義的）な様式への資本の転換点であった。(原注18) 資本は望んだものを手に入れたのであり、地球は手に負えない地球温暖化を手に入れたのである。それこそが本当に「不都合な真実」である。

主な企業が避けられない知見をあいまいにしたり、遅らせたりする努力の問題はしばらく脇におこう。(原注19) あるいは最大の破壊者であるブッシュ［ジュニア］政権のもとでの米国による時間稼ぎの努力、あるいは資本蓄積がすすむ中国とインドの協定に加わらないための努力も脇におこう。経済成長についての前述のばかげた議論のなかで一九九七年末に採択された京都議定書——気候調節の高遠な目標とみなされている——だけに注目し、地球温暖化のコントロールを他ならぬ資本家階級に引き渡すことが京都レジームの目的であるという事実をじっくり考えてみよう。(訳注14)

その設計が幻想的なほど複雑で、実施が事実上不可能な京都議定書は、二段重ねの領域で進行する。工業国のあいだで汚染する権利を取引する新しい市場を創設することであり、また南での「クリーン開発メカニズム」というスキーム（計画案）——樹木のプランテーションのように建設プロジェクトの炭素排出を相殺するもので、その目標は炭素の固定である——を創設することである。この全世界に影響を及ぼす巨大な構造は、二つの前提条件をおいている。私企業セクターと資本主義国家に地球温暖化抑制の主導権を与えること、そして大気中の炭素を新しい市場および新しい蓄積様式の場所にすることによってその主導権を与えることである。これらは同じコインの表と裏である。その固有の論理によって低減するはずのプロセスのコントロールを資本にゆだね続けること、そのなかで排出削減によっても金を儲けられるようにすることである。(訳注15)

この巨大な大失敗の欠陥は多岐にわたるものである。スキームは内在的な一貫性がない。というの

訳注13　私たちが見かける炭酸ガス排出量の数字には「炭酸ガス排出量」と「炭素換算の炭酸ガス排出量」の両者があるので注意が必要である。炭素Cの原子量は一二、炭酸ガスCO²の分子量は四四であるから、炭酸ガス排出量に〇・二七をかけると炭素換算排出量になり、炭素換算排出量に三・六七をかけると炭酸ガス排出量になる。『環境白書』は炭酸ガス排出量を用いており、平成十八年版によると、二〇〇三年の世界の排出量は二五二億トン、米国のシェアは二二・八％なので約五七億トンになる。年間一人あたり炭酸ガス排出量は、米国約二〇トン、英国と日本約一〇トン、インド約一トンで、覚えやすい数字である。他方、よく参照される日本エネルギー経済研究所編『エネルギー・経済統計要覧』（省エネルギーセンター）は炭素換算の炭酸ガス排出量を用いている。二〇〇八年版によると、二〇〇五年に米国は一五億九九〇〇万トンであり、一人あたり排出量は米国五・三九トン、日本二・六七トン、インド〇・二九七トンである。係数三・六七をかけて炭酸ガス排出量に換算すると、米国一九・八トン、日本九・八トン、インド一・一トンで、当然のことながら前記の二〇〇三年の数字とほぼ同じである。

訳注14　著者はここで京都議定書の排出削減目標（もちろん目標値は不十分なものだが）を批判しているのではなく、いわゆる京都メカニズム（国際排出量取引、クリーン開発メカニズム、共同実施）を批判しているのである。市場主義的な京都メカニズムに批判的な文献として、たとえば、『「京都議定書」再考！：温暖化問題を上場させた〝市場主義〟条約』江澤誠（新評論、二〇〇五年）、「温暖化対策としての排出量取引の問題点と展望」佐藤洋（『日本の科学者』二〇〇九年七月号）がある。

訳注15　排出が増えても減っても儲かるということは、プットオプションなどに見るように、株価が上がっても下がっても儲かるということと似ているかもしれない。

は、測定したり比較したりできない無数の点を含むからである。これは本質的にそうなのであって、合理的な政策――そもそも地上での炭酸ガス排出を抑制すること、言い換えると資本に制約を加えること――のポイントを回避しようとするからである。(訳注16) そのようにして、京都議定書はあらゆる種類のごまかしに機会を与える。それは周辺部および南の世界全体にとって、そしてもちろんそこで暮らす人々にとって、特に炭素固定のための様々なばかげた計画によって追い出される女性たちにとって、本質的に破壊的なものである。すでに帝国主義的拡張の最新バージョンは、相当数の小農民を追い出して過密な大都市に流入させ、それが世界を破滅させ、セックス産業で働くしかない人々も大量に生み出している。

最後に、最も啓発的なことは、このスキームがまさに成功する限りにおいて失敗するだろうということである。というのは、企業の協力を得るために賄賂が使われ、そうした金はまったく無駄になるだろうからである。それはマルクスが退蔵と呼んだものにならないように、資本の大きな循環に入り、投資を通じて炭酸ガス排出につながるであろう。そのような方法で作り出される富は、より多くの金を儲けるための使い方しか知らない人の手にわたる。その投資先は新しいゴルフ場だろうか。旅客航空の拡張だろうか（二〇〇六年の秋に、英国では、炭酸ガス排出削減と、すでに過密なはずの航空交通を二〇二五年までに三倍にする計画をいかに両立させるかが、議論されていた）。誰にわかるだろう。それはポイントでさえない。というのは、資本蓄積と環境破壊のあいだに直接のつながりはないからである。いかなる代価を払っても「経済成長」を求める不断の圧力を通じて両者は媒介されているのであり、その成長は癌の増殖のようなもので本質的に環境破壊的なものであり、われわれが概要を示してきたような、

不可避的に地球環境を飲み込むような手段を通じてなされるのである。（原注20）

地球温暖化は本当に資本を裁判にかけて責任を問うようなものであり、資本蓄積ではなく価値ある生命の生き残りにコミットしている人々にとってはここが正念場になる。ものごとを理解できる人たちが、経済的製品の絶え間ない拡張のうえに築かれたシステム全体を変革しない限り、――それとともに、数億年前に地中に貯蔵された化石燃料エネルギーへの中毒を克服しない限り――私たちはまともに生き残ることはできないだろう。しかしながら問題を複雑にしているのは、この必要性の認識が資本主義社会――資本蓄積のために構築された社会的存在様式――のただ中でなされなければならないということである。それは本当に困難なことである。

訳注16　たとえば日本政府は九〇年を基準に六％減らさないといけないのに七％増えてしまった、一三％減らす（資本の活動を制約する）のは無理だから、数％減らして、残りは旧共産圏から排出量を購入したり、発展途上国を利用してクリーン開発メカニズム（ＣＤＭ）で減らしたことにしたり、原発で減らしたことにしたり、などの抜け道を考えている。営業の自由には手をつけられない。たとえば、コンビニが二十四時間営業を続け、変則的な会計システムを採用し、過剰に発注させ、値下げを禁止するなどの手法で利潤を拡大しているのはわかりやすい例である。『セブン－イレブンの正体』古川琢也ほか（金曜日、二〇〇八年）参照。また、日本の電力業界は、ＣＤＭのプロジェクトとしてブラジルでのユーカリ植林などに注目しているようである。「原子力発電とユーカリ　21世紀の日伯関係構築の可能性」森田左京　http://www.bizpoint.com.br/jp/reports/morita/0010.htm.

ユーカリ植林の弊害（小農民の追い出し、環境破壊など）については、『沈黙の森・ユーカリ：日本の紙が世界の森を破壊する』紙パルプ・植林問題市民ネットワーク（梨の木舎、一九九四年）、『ユーカリ・ビジネス：タイ森林破壊と日本』田坂敏雄（新日本新書、一九九二年）などを参照。原発をＣＤＭとして認知させようとする馬鹿げた試みはもちろん失敗している（『原発は地球にやさしいか』西尾漠、緑風出版、二〇〇八年）。ＣＤＭの弊害については、*Climate Change*, Melanie Jarman, Pluto Press. 2007 も参照。

第4章
資本主義

エコロジー危機に対する資本の責任は、資本の力の場の影響力のもとでの企業の行為や政府機関の行為までたどっていくことによって、生態系破壊を経験的に示すことができる。あるいはそれは、生産の諸条件を劣化させる総体的な傾向と（資本主義の第二の矛盾）、癌のような膨張［拡大再生産、経済成長］への衝動から推測できる（第一の矛盾は、資本と労働の対立）。第二の矛盾は個別の状況では、リサイクル、汚染コントロール、クレジット取引［排出量取引など］によって相殺できるかもしれないが、膨張への衝動は、常に長くなる周辺部の長さとともに、エコロジーを継続的に浸食し、回復努力を圧倒するか追放し、次々に起こる不安定化を加速する。時々、資本膨張の力は直接見ることができる。ジョージ・W・ブッシュ大統領が二〇〇一年三月――株式市場が暴落した翌日であり、資本蓄積の危機が増大している状況のもとで――に、炭酸ガス排出を削減するという約束を突然反故にした（訳注1）［京都議定書離脱のこと］。もっと広げて言うと、資本主義社会という資本蓄積のための巨大なマシーンのなかに埋め込まれた多くの中間段階を通じてそれは作動している。

私たちはこの社会が地球上でどのように動いているかをもっとよく見る必要がある。あまりにも多くのものが危機にさらされているので、抽象的な法則の提示によって議論を終わらせることはできない。資本は自動的なメカニズムではなく、それが従う法則は、意識によって媒介されているので、傾向にすぎない。私たちが「資本はこれをする」とか「あれをする」と言うときには、私たちは資本の論理に従ってある種の人間活動が行われていることを意味している。したがって、これらの行為は何であり、どのようにして変えられるかをできるだけ学ぶことは、私たちの義務である。

資本は労働の搾取とともに発生し、これが貨幣の特別な諸力に従うときに形をあらわす。その核心は、人間の変革力の、市場で販売される労働力への抽象化である。初期の資本主義経済は、封建国家によって育成され、それから、その国家を乗っ取り（しばしば革命を通じて）、それを資本蓄積の支援に専念させた。これによって、資本主義的生産様式が確立された。その後は、資本はそのイメージにしたがって社会を転換させ始め、エコロジー危機の諸条件を創出した。私たちが正当にもエコロジー破壊者とみなす巨大企業[訳注2]は資本の全体ではなく、その主要な経済的道具にすぎない。したがって、資本は企業を通じて作動するが、社会にいきわたっており、人間の精神にも浸透しているのである。

幅広く言えば、これは三つの次元――実存的、時間的、制度的――で起こってきた。言い換えれば、人々はますます資本の条件のもとで生活するようになったのである。そうなるにつれて、彼らの生活の時間的ペースは加速した。最後に、人々はますます拡張する領土、グローバリゼーションの世界を通

訳注1　資本主義社会とは「資本蓄積を第一義的課題とする社会」であり、「文明の過剰」によってその役割を終焉しつつあるという大西広（京都大学）の理解は大変参考になる。大西広「問われているのは資本主義文明の克服」『日本の科学者』二〇〇八年十月号一〇～一五頁（日本科学者会議）を参照。

訳注2　たとえばモンサントをとりあげた「モンサントの世界戦略」ＮＨＫ－ＢＳドキュメンタリー、二〇〇八年六月十四日放映、*Le Monde selon Monsanto*, Marie Monique Robin, Paris: La Découverte, 2008（邦訳は作品社近刊）。『遺伝子組み換え企業の脅威：モンサント・ファイル』エコロジスト誌編集部編、日本消費者連盟訳（緑風出版、一九九九年）、ダウ・ケミカルをとりあげた *Trespass Against Us: Dow Chemical and Toxic Century*, Jack Doyle, Boston: Common Courage Press, 2004. 自動車ビッグスリーをとりあげた『クルマが鉄道を滅ぼした　ビッグスリーの犯罪』増補版、ブラッドフォード・スネル、戸田清ほか訳（緑風出版、二〇〇六年）、東京電力をとりあげた『東京電力　帝国の暗黒』恩田勝亘（七つ森書館、二〇〇七年）、多くの企業をとりあげた『世界ブランド企業黒書』クラウス・ベルナー、ハンス・バイス、下川真一訳（明石書店、二〇〇五年）、『アメリカの巨大軍需産業』広瀬隆（集英社新書、二〇〇一年）などを参照。

じてこれを確保するために制度が配置されている世界で生活している。このように社会、そして存在の全様式が生態系の健全性に対して敵対的なものとして創出されたのである。

生活世界への侵入

資本主義世界は商品がまき散らされた生産、流通、販売の巨大な装置である。ウォルマート社[訳注3]の平均的な店舗には、一〇万品目の商品がストックされており（ウェブサイトでは六〇万品目が購入できる）、アメリカ全土をドライブすれば、ウォルマート社の店舗――二〇〇〇年のはじめの時点で約二五〇〇店舗あり、毎週一億人の買い物客が訪れていた――が巨大な毒キノコのように道路沿いに屹立しており、町の景観を壊してその残骸を餌にしているのが苦々しく確認できる。[原注1]二〇〇六年までに、この企業は地球全体に広がり、中国にも三〇〇店舗のウォルマートをつくる計画を公表した。これには単なる商品の小売り以上のものがある。資本が社会に浸透するにつれて、資本が社会に浸透する諸条件ができるにつれて、生活の構造全体が変わる。

それぞれの生きものは「生活世界」に住む。それは住まわれ、経験される宇宙の一部である。[原注2]生活世界は言わば、そのなかの個別の生きものの見地から見える生態系である。商品の有用性を示す使用価値は、生活世界に挿入され、挿入の地点は欠乏あるいは欲望として主観的に、一連のニーズとして客観的に登録される。資本が生活世界に浸透するにつれて、それは主として不満足あるいは欠乏の感覚を導入することによって、生活世界を、資本蓄積を育むように改変する。だから資本主義のもとでは幸福は禁止されており、興奮と渇望によって置き換えられると言うことは真実である。このようにして、子供たちは、カフェイン入りの、砂糖入りの、あるいは人工甘味料入りのソフトドリンク(訳注4)への渇望を育むのであり、彼らはそうした商品を積極的に必要とする（彼らの行動はそれらの摂取なしには解体してしまう）と言ってよいかもしれない。あるいは大人たちは、巨大なスポーツ用多目的車（SUV）への同様なニーズを育み(訳注5)、ガソリンを燃料とするリーフブロワー（落ち葉集めのための機械）が生活必需品だと思いこむのである。あるいはテレビ画面から生活を受動的に受け取り、ショッピングモールや見渡す限り広がる巨大な駐車場が社会の「自然な」景観だと思うのである。

二重の変化に気づいてもらいたい。そのようにして導入された商品、たとえばSUVは、環境破壊的であるとともに、企業に利潤をもたらす。そしてニーズが変わったがゆえにそれらを使ったり欲望したりする人々は、自らを「反エコロジー的」な方向へ変えるのであり、つまり彼らは資本主義的生活を自然によって命じられたものとみなし、エコロジー危機の共犯者となり、それに抵抗する行動がとれなくなるのである。人間のエコロジーでは、「自然」は何よりも多くのものとの関係を意味する言

訳注3　世界最大の小売り企業であるウォルマートについては、『格差国家アメリカ』大塚秀之（大月書店、二〇〇七年）、『ニッケル・アンド・ダイムド　アメリカ下流社会の現実』バーバラ・エーレンライク、曽田和子訳（東洋経済新報社、二〇〇六年）、前掲『世界ブランド企業黒書』、『ディープエコノミー』ビル・マッキベン、大槻敦子訳（英治出版、二〇〇八年）などを参照。

訳注4　「人工甘味料入りのドリンク」にはたとえば、アスパルテーム入りのコカコーラライトがある。

訳注5　SUVについては、『SUVが世界を轢きつぶす：世界一危険なクルマが売れるわけ』キース・ブラッドシャー、片岡夏実訳（築地書館、二〇〇四年）を参照。

葉である。自然は過去であり、私たちの前にあり、私たちを取り囲み、広大で、無口で、冷酷である。畏怖すべきあるいは［人間より］劣った他者であり、無限に従順なものである。資本――自然の本当の敵――は、高度な技術でこれらの意味を演じる。そのイデオローグは私たちに、資本主義は人間の本性［ヒューマン・ネーチャー＝人間的自然］にとって真実であると語り、いかに人々が資本蓄積において割り当てられた役割を演じるために教化［洗脳］されるかは無視するのである。同時に、自然は完全に克服され、資源として消費され、ナノチューブやバイオテクノロジーによる加工を待つＤＮＡのように、最も微細な構造においてさえ無限に加工されるべきものである。身体はサイボーグであり、バイオニック［生体工学的］であり、連続的に加工される。資本蓄積が進行できるように、あらゆるものが引き裂かれるべきであるとされる。だから資本の向こう見ずなまでに前向きの態度があり、それは近代の論理に固定された鉄の錠前である。

　私が初めてこのことに気づいたのは、資本が意味するものについて一貫した認識を持つよりも前のことであった。私は一九六一年にオランダの植民地支配から独立したばかりでまだ西欧の雰囲気が色濃いスリナム[訳注6]に熱帯医学を学ぶ医学生として派遣されていた[原注3]。その経験は首都パラマリボ、郊外の小さな町、そして最後に広大な赤道熱帯雨林にインディオのガイドに伴われた三週間の丸木舟での旅といったような広範な実地研修を含むものだった。私はまだ比較的保存された熱帯雨林生態系のなかでの部族の人たちの生活を、そして第三世界の都市化の一部分をじかに見るチャンスを得た。読者のみなさんは私が前者［熱帯雨林］を好み、後者［都市］に反発したと聞いても驚かれないだろう。私は古い西洋的願望の虜になったのである。それはメルヴィルやフンボルトがこのような土地に遭遇したときに感じたに違いないものであった。[訳注7] 私は雄大な自然に心を奪われながら旅をしたが、川岸で出会った活力と尊厳のある諸文化、先住民美術で素晴らしく飾られた明るくて清潔な村にも同じように魅せられた。すべての生活が儀礼的で、音楽とダンスに満ちており、陽気なもので、完全なものに見えた。そういう言葉がもし一九六一年にあったとすれば、川沿いの村を完全な人間生態系と呼ぶこともできただろう。それに引き替え、アルミ会社の支配下にあるほこりっぽい荒涼とした町は、住宅としてのバラックと至る所に白人文化があり、私がこれまでに見たなかでもよそよそしい場所であった。それ自体がぞっとするようなものであり、川沿いの村の若者たちがこの従属的な文化に明らかに引きつけられているのは特に愕然とさせられた。私たちの基準ではそれらは小さな村だったが、村によく見られるような栄養不良や貧困の兆候はなかったのに、若者たちはできるだけ村から離れたがっていた。現金を得られる仕事への誘惑、コカコーラの魅惑、小さな町の彼方にある都市の魅惑——本質的には資本の魅惑——これらすべてが切実なものであった。

一九六一年にスリナムの先住民を不安定化させたものについて単なる思弁以上の理解を得るためには、私の滞在はあまりにも短く、私の観察力はあまりにも弱かった。しかし典型的には、部族社会の生

訳注6　スリナムはカリブ海に面する南米の小国。旧オランダ領ギアナ。六一年当時、著者コヴェルは二五歳（コロンビア大学医学部博士課程）。
訳注7　ハーマン・メルヴィル（一八一九〜一八九一）は米国の作家。『白鯨（モビー・ディック）』（一八五一年）で有名。アレクサンダー・フォン・フンボルト（一七六九〜一八五九）はドイツ（プロイセン）の博物学者・探検家で、南米探検も行った。

活世界を崩壊させたものは、土地へのいくつかの不法侵入であった。社会の生産的基盤が撹乱され、できごとの複雑で解体的な連鎖が動き始めた。古いやり方はもはや意味を持たなかった。ある種の欲望が解き放たれた。そしてこれがいまや相対的に形も境界もないものであるから、資本というウイルスは、無限の富と神のような変化を約束しつつ、地歩を築くことができた。これには一般に大衆文化の侵略が伴っており、それは商品の形で資本のロゴを記号化していた。いったん「コカコーラという本当のもの」が伝統的な現実に置き換わると、周辺部社会の乗っ取りを完成する内面的な植民地化が進行する。

　膨張する資本主義は、初期の征服における膨張するカトリック教のように、植民地化された生活世界と妥協するので、ただ自己だけを押しつけるということはない。だから実際の結果は融合的であり、先住民的な形態もかなり残存する。ポストモダンの愛好家は一般にこれを喜ぶのであり、彼らはそれを「レジスタンス」「多様性」といったようなものの確認とみなすのである。しかし彼らは資本以上にそれを喜ぶことはできない。資本は多様性を新しい使用価値の源泉として祝福する。

　マクドナルド社は二〇〇〇年の時点で一一九カ国に二万六九九六ほどの店舗を持ち、資本の地球規模の浸透の特に強固な事例を提供している。[原注4] 一九五五年以来、マクドナルドは食事の「ファストフード」という儀式化されたイベントへの転換を通じて食の工業化のパイオニアであり続けてきた。これに対するひとつの推進力は、労働者からより多くの剰余価値を搾り取るために技術を利用する資本の限りない欲望によって作り出される過剰生産である。食品の過剰に伴ってその価格は下がるので、もし商品に埋め込まれている価値が実現されなければならないとするなら、大量消費を増大させる新しい方法が見つけ出されなければならない。したがってファストフードと工業化された食への教化［洗脳］

が登場する。資本主義文化の攻撃のもとでは古い方法は意味をなすことができないので、新しい融合的な欲望、ニーズ、商品が挿入される。アジアとラテンアメリカの増大する顧客に［アメリカ式の］ビーフバーガーを単純に押し込むよりもむしろ、マクドナルドはインドにベジタブル・マックナゲット、日本にテリヤキ・バーガー、ウルグアイにマックウェボス(訳注8)などを提供するのである。うわべだけは文化的記号の残存のように見えるものも、同時により深いところではある種のトロイの木馬(訳注9)であり、資本に伝統への植民地化的接近を可能にさせ、土着の文化形態をすり減らし、牛肉文化(訳注10)への抵抗を弱めるのである。あらゆる商売上のトリックが実行に移される――道化師、子供のゲーム、遊び場、広告予算といったものである。資本は商品を得て、人々は生活世界をさらに解体させ、新しい欲望とニーズを発明する異国風の共同体を得るのである。

資本の侵入は文化と自然の双方を包含する生態系的多様性を横断して起こり、商品形成の地点が至る所で生じる。この見地から見ると、出来事の象徴的な側面と物質的な側面を区別することは人為的である。マクドナルド化(訳注11)のある種の物質的効果は言及する価値があるのだが。たとえば、マクドナルド

訳注8　ウェボス・ランチェーロス（トルティーヤの上に目玉焼きをのせて、トマトソースをかけたメキシコ料理。朝食に供されることが多い）という料理があるが（「スペースアルク」サイトによる）、これを模したものであろう。
訳注9　トロイ戦争（紀元前一二五〇年頃）でギリシャ連合軍はトロイ軍を欺くために空洞の大きな木馬に兵士を潜ませた。ホメロスの『イーリアス』と『オデュッセイア』を参照。トルコのトロイ遺跡に巨大な木馬の模型がある。
訳注10　米国の牛肉文化については、『脱牛肉文明への挑戦　繁栄と健康の神話を撃つ』ジェレミー・リフキン、北濃秋子訳（ダイヤモンド社、一九九三年）、『永遠の絶滅収容所　動物虐待とホロコースト』チャールズ・パターソン、戸田清訳（緑風出版、二〇〇七年）を参照。

が香港に最初に旗を立てて以来、二〇〇〇年の時点では、世界中で売上げ上位の五〇店舗のうち二五までが香港にあり、当地のティーンエイジャー〔十代の少年少女〕の平均体重は一三％増え、少女の初潮年齢は十二歳まで下がった――大陸中国での初潮は十七歳であるのに――のである。いまや香港は、子供の血中コレステロール濃度が、フィンランドに次いで世界で二番目に高い。他方、マクドナルドが日本に上陸[訳注12]してから二十八年のあいだに、その二〇〇〇の店舗（一九九七年の時点）は日本のハンバーガー市場の六〇％を支配しており、人口あたりの脂肪摂取量は三倍になった[原注5]。これらの効果はアメリカおよび世界中の状況と並行しており、世界ではかつてなかったほどの肥満と飢餓の増大が見られ、過剰体重の人数と飢餓人口がほぼ同じになるような地点に立ち至ったのである[原注6]。これは、繰り返すならば、大いに賞賛され模倣されているシステム〔資本主義世界システム〕の正常な作動によるものであり、ボパール事件[訳注13]のような事故の結果ではないのである。そのような数字は通常の「環境」評価には入ってこないのだが、ダイオキシン汚染（その身体への蓄積は、食事中の脂肪量に比例していると付け加えることもできる）と同様[訳注14]にエコロジー危機の一部なのである。

同様のプロセスがジェンダーの領域にも見られる。資本主義のもとで生態系は分解され、再配置されるので、大都市地域における女性はかなりの自立と機会を獲得するのであるが、世界の多くの女性の諸条件ははっきりと悪化する。これは世界のスウェットショップ〔労働搾取工場〕（そこでは細かい手先の熟練や、家父長的に押しつけられる従順さが評価される）における女性比率の高さに明らかである。自由貿易の時代に急成長するセックス産業――そこにはいまも無数の女性がいる――は奴隷制度のようなものになった（スウェットショップの多くの労働者と同様に）。同様に強姦と配偶者虐待の一般的な増加は、解体する社会秩序の付随物であり、最近のユニセフ〔国連児童基金〕報告書は世界の女性の半数近くが最も身近な男性から攻撃されていると述べている。(原注7) これは資本主義以前の社会の事例では決してなかった。

訳注11　マクドナルド化については、『マクドナルド化する社会』ジョージ・リッツア、正岡寛司監訳（早稲田大学出版部、一九九九年）、『マクドナルド化の世界：そのテーマは何か？』ジョージ・リッツア、正岡寛司監訳（早稲田大学出版部、二〇〇一年）、『マクドナルド化と日本』G・リッツア、丸山哲央編著（ミネルヴァ書房、二〇〇三年）、『肩書きだけの管理職　マクドナルド化する労働』安田浩一、斎藤貴男（旬報社、二〇〇七年）などを参照。『ファストフードが世界を食いつくす』エリック・シュローサー、楡井浩一訳（草思社、二〇〇一年）、『ファストフードと狂牛病』エリック・シュローサー、楡井浩一訳（草思社、二〇〇二年）、米国映画『ファーストフード・ネイション』（シュローサー脚本、二〇〇六年）、『ファーストフードの秘密　あなたの子供は何を食べさせられているか？』M・F・ジェイコブソン、S・フリッチナー、浜谷喜美子訳（技術と人間、一九八八年）、『マクドナルドはグローバルか　東アジアのファーストフード』ジェームズ・ワトソン編、前川啓治、竹内惠行、岡部曜子訳（新曜社、二〇〇三年）、『マクドナルドの勝手裏』青木卓（技術と人間、一九九一年）などもある。また、マクドを食べ過ぎるとどうなるかを自分で人体実験した米国映画『スーパーサイズ・ミー』（モーガン・スパーロック監督、二〇〇四年。ビデオはレントラックジャパンから二〇〇六年発売）も話題になったが、その単行本は『食べるな危険！　ファストフードがあなたをスーパーサイズ化する』モーガン・スパーロック、伊藤真訳（角川書店、二〇〇五年）。さらに榊原英資『食がわかれば世界経済がわかる』（文春文庫、二〇〇八年）の「第5章　ファストフードの侵略」も参照。

訳注12　マクドナルド（東京ではマック、関西ではマクドと略す）の日本一号店は一九七一年七月に東京の銀座。〇六年七月には東京の三店舗で上陸三十五周年の「ハンバーガー無料キャンペーン」が行われた。

訳注13　インドのボパール事件（一九八四年）については、本書第3章を参照。

訳注14　ダイオキシン（正式にはポリ塩化ジベンゾ・パラ・ダイオキシン）などの有機塩素化合物は脂溶性なので人体の脂肪組織や血中脂質に蓄積する。『ダイオキシンは怖くないという嘘』長山淳哉（緑風出版、二〇〇七）、『実は危険なダイオキシン』川名英之（緑風出版、二〇〇七）参照。

資本が浸透するにつれて、そのエコロジーへの解体作用は境界領域で最も劇的に見られる。これはなぜ北米自由貿易協定（ＮＡＦＴＡ）のような道具が米国・メキシコ国境地帯の町にとって破滅的なものであったかという理由である。環境汚染についてはよく記録されているが、[原注8] 人間生態系への影響、特にジェンダーに関連したものはそれほどよく知られておらず、国境地帯の最大の諸都市のひとつから例を引くことでよく理解できる。

エルパソ（米国テキサス州の都市）から見て国境の向こう側のフアレスの町は単純に砂漠の上に投げ出されたように見える。こんな場所に人口の集積があるはずはないし、もし地球最大の市場［米国］にそんなに近くなかったならば、ここに都市が出現することはなかっただろう。しかし、南から人の波が次々に到着し、彼らは貧民街あるいはコロニアス［集落］に住み、マキラドーラ[訳注15]すなわちＮＡＦＴＡが提供する利点を活用するために建てられた加工工場群で生計をたてることを望んでいる。労働者の多くは若く、十七歳かそれ以下であり、ほとんどが女性である。フアレスでは一七万人のマキラドーラ労働者の六〇％ほどは週に六日働いて二〇〜二五ドル稼ぐが、ここでは生活費は少なくとも米国の九〇％はかかり、労働者の離職率は年に一〇〇％を越える。

公平な推測ではフアレスに二〇〇万人が住み、多くの人が市のなかの一一〇〇マイルもあるきたない道路の上の段ボールや波形板金の掘っ建て小屋でぎりぎりの生活をしており、電気を無断で引いたり、トラックから水を買ったりしているが、下水管はない。そこは、毎朝マキラドーラの経営者がレクサス［トヨタの高級車］でやって来る別の郡のコミュニティのすぐ隣であることも少なくない。フリードリヒ・エンゲルス——彼は一八四四年に英国マンチェスターの労働者階級の生活を記録[訳注16]して、産業資本主義のもとでのプロレタリア生活についての最初の自覚を呼び起こした――ならば、地形、天候、文化などは違っているにしても、ファアレスの貧困を認識したであろう。しかしながら、エンゲルスは、この都市の暴力だけでなく、拠り所の無さの程度にも驚愕したであろう。暴力もまた、急速に変化する都市ならどこでもそうであるように、一九世紀半ばのマンチェスターでも確かに特徴のひとつだったが、拠り所のなさもマンチェスターの労働者の特徴のひとつだった。

ファアレスはしかし何か別のものである。地域の商人の言葉によると、「悪魔でさえここに住むのはおびえるだろう」ということである。チャールズ・ボウデンが国境の町の地獄についての強力な証言で述べているように

> ファアレスは賃金統計や経済学的研究がとらえることができないような点で、「他の同じように貧しい地域とは」違っている。ファアレスでは、希望を維持することができない。……私たちはアメリカの「ママ」都市にはギャングと殺人があると自分に言い聞かせる。これは真実だが、ファアレスの現実にあてはめることはできない。私たちは町はずれの暗さや、悪い地区について話しているのではない。私たちは暴力によって織りあげられた都市全体について話しているのだ。(原注9)

訳注15　マキラドーラ（国境地帯の無関税輸出加工地域）についての「ウィキペディア」英語版の解説などを参照。
訳注16　『イギリスにおける労働者階級の状態　一九世紀のロンドンとマンチェスター』上下、エンゲルス、一条和生・杉山忠平訳（岩波文庫、一九九〇年）を参照。

その織物は、一九世紀の資本主義社会では知られていないある種の要素から出来ている。宗教の腐敗、麻薬の密売、好き勝手に入手できる襲撃用の武器、ギャング集団（ファレスに二五〇ほどあると推計されている）などが社会の解体によって生じ、超大国がＮＡＦＴＡやマキラドーラのような道具によって社会の血を吸うことから来る道徳システムの解体とともに、自らに課せられる法律となっている。これらすべてが、資本が欲望とエロチシズムを商品化することによって絶えず存在する文化によって演じられているのだ。人間の潜在的可能性を肉食獣のような無慈悲さで殺すニヒリズムがあり、そうしたものは急成長する世界のメガシティ［百万人都市］――ラゴス、ナイロビ、ムンバイ、ジャカルタ、マニラなどで、そこではグローバル化した資本によって承認された人々が恐るべき状況のなかで生活を再構築しようとする――で見られるような極度の疎外の条件によって育まれるのだ。

　ファレスの人口がわからないのと同じように、殺人の発生件数もわからない。ＮＡＦＴＡ以前の時期である一九九一年に比べると少なくとも倍増したことについては一般に同意されているのだが。毎年数百人の人々が単純に消えているが、多くの人はただ通過するだけで誰にも知られていないので、彼らの運命を判断することはできない。他に何十人もの人々が、身元のわからないひどく腐乱した死体としてゴミ箱から発見されたり、砂漠に散らばっていたりする。遺体の多くは強姦と性的な傷害の兆候を示す思春期の少女である。大量の性的殺人者が追及されている。定期的に、ギャングや暴力団員が指名手配され、逮捕される。それから遺体の捜索が再開される。

　デビー・ネイサンは殺人のパターンを発見した。マキラドーラによって支払われる賃金は、ぎりぎりの生計を支えるだけではない。それらはまた伝統的な家族や共同体の絆が分解する溶媒でもある。これらの絆が家父長的に女性を抑圧しているときには、家庭から出て工場で働くことは、解放的なものとして経験されることがありうる。オペラの『カルメン』(訳注17)――仕事場の色っぽい女性についての男性のファンタジー――と同様に、力のない若い女性が容易に飛びつく。十代のマキラドーラ労働者は、テレビCMや広告写真で宣伝されている「文化的」な食事で育てられるが、金持ちで年配の男性によって見いだされ、必要な苦労を経たあと彼を勝ち取る貧しいが立派な少女というテーマに魅せられる。そしてそれには、無限のバリエーションがある。マキラドーラでは、この物語の要素が提示され、完全にエロチックにされる。しばしば質素な作業着の下に着飾っており、女子労働者たちは男性の監督者の注意を奪い合う。その男性は彼女らにお世辞を言い、デートを申し込み、悪巧みの網の目をはりめぐらす。そのプロセスは美人コンテストや水着コンテストまで続けられ、殺風景な職場をロマンチックな成就の桃源郷に変える。

ファンタジーは仕事の後の時間まで及ぶ。カルメン気取りの女子労働者が暗くなってから赴く性的な刺激のある夜のストリップショーで、労働力の他に彼女たちが持っている唯一の価値あるものを売る機会はたくさんある。公然としたあるいは隠れた売春が、工場労働の周辺あるいはその場で繁栄する。買う気を起こさせるために、クラブは［美人］コンテストを「最も大胆なブラジャー」「濡れたひも

訳注17　オペラ『カルメン』はアンリ・メイヤックとリュドヴィク・アレヴィがプロスペル・メリメの小説『カルメン』（一八四七年）を脚本化したもの。一八七五年にパリのオペラ＝コミック座で初演。ヒロインのカルメンはタバコ工場で働くジプシー［ロマ］の女性。

状のビキニ」のように宣伝し、たいてい週給を上回るような賞金がある。このようにして、不幸な女性たちは死刑執行人の罠に落ちるかもしれず、ファアレスのような場所――その殺人発生率は資本主義的ニヒリズムの恐ろしい指標となる――ではびこるマッチョな野蛮主義の餌食になるのである。(原注10) 今日では、この物語が書かれたより十年ほど後であるが、ファアレスでの若い女性に対する殺人は続いており、解決していない。(訳注18)

資本循環の加速

資本の絶え間ない膨張は主として時間――その貨幣との等価性はメタファー以上のものである――に関して生じる。これは「ファストフード」の場合に生き生きと示されるが、その浸透についてはすでに観察した。この食品の「ファスト(迅速)」たるゆえんがその消費にあてはまるだけでなく、生産プロセスについても言えることは、次のような二〇〇〇年の『ウォール・ストリート・ジャーナル』のトップ記事からもうかがえる。

「注文をお伺いしてよろしいですか?」とウェンディーズ〔チェーン店〕のオールドファッションのハンバーガーを売るドライブスルーのグリーター〔客を迎え入れる役割の従業員〕が言う。この挨拶には一秒しかかからない。ウェンディーズのガイドラインに示されているよりも二秒も短いのである。そのスピードは一月に設置されたハイテクのタイマーによって測られる。ほんの三ヵ月のあいだに、タイマー――ドライブスルーの仕事のほとんどあらゆる側面を計測する――はこのレストランでの平均的なテイクアウト商品の提供時間を八秒も短縮することに貢献した。しかしマネージャーのライアン・トムニーはもっと先を望んでいる。「一秒ごとにビジネス［の利益］が失われるんだ」と彼は言う。

ウェンディーズ――その広告はデイヴ・トーマス（訳注19）を親切でゆっくりと体を動かすどこか混乱したボスの慈愛にあふれたイメージで宣伝しているが、ファストフードのチェーン店のなかで一番早い（「ほとんどのチェーン店は商品をそんなスピードで売りたいだろう」とある研究者は言う）。これらの大規模小売店の空間的拡張の余地がないときには、その成功は時間あたりの利潤の増大へと翻訳される。ドライブスルーで六秒間が節約されるごとに、売上げ金額は一％増大する。利潤率の増大はドライブスルーの窓口の強調を意味し（普通の店舗での販売の三倍の増加率である）、それが今度は後述のオートモビリア（訳注20）の

訳注18　マキラドーラでの若い女性を狙う犯罪の多発については、原賀真紀子「メキシコ発『五百人の美少女が強姦・惨殺されている！』」『週刊朝日』二〇〇八年九月五日号、を参照。また、これをテーマにした米国映画『ボーダータウン　報道されない殺人者』（二〇〇七年、監督グレゴリー・ナヴァ、出演ジェニファー・ロペスほか）も二〇〇八年に日本で公開された（『週刊金曜日』二〇〇八年十月二十四日号に紹介）。

訳注19　デイヴ・トーマスはウェンディーズ（一九六九年に一号店、日本進出は八〇年）の創業者で八九年に引退、二〇〇二年に死去。

訳注20　辞書では automobilia の説明は「自動車関連のコレクション対象物品。語源は automobile + memorabilia」とある（「スペースアルク」のサイト）

文化を強化し、あらゆる種類の廃棄物を助長する。そしてこれらの二次的なことへの影響があり、人間は次のようになる。

ドライブスルーを科学に変えようとする試みは不可避的に二つのワイルドカード［どんなカードとしても使えるトランプのカード。転じて予測不能な出来事、何をするか分からない人物］に出会う。従業員と顧客である。大きなチェーン店の経営者は、従業員はタイマーが好きだ、なぜならそれが仕事をゲームに変えるからだ、と主張する。一個あたり七秒以内で三〇〇個のサンドイッチを続けて作れるか、といったようなゲームである。しかしセンサーとアラームの新しい世界で働くことは、常に愉快なものとは限らない。

本当にそうだ。トムニー氏は、注文への対応が完了するまでに要する時間を、現在の業界をリードする一五〇秒から九〇秒に短縮したいと思っている。「新しいタイマーが助けになるだろう。それは注文への対応が一二五秒以内に完了しないたびに、一連の大きなビーッという警告音を発する」。これはファストフード店（この業界では、年間で平均して二〇〇％の離職率がある）で働く楽しみのいくぶんかを奪うことになりがちだろう。

確かに、七人のドライブスルー従業員は最近の昼食時間帯に信じられないほどの集中と努力を示した。グリラー［肉焼き職人］はグリルの上で常時二五個の正方形のバーガーを、ジュージュー音をたてさせ続け（「十分ではない」とトムニー氏は言う）、客の注文から五秒以内にひとつをバン［丸いパン］にのせる。肉をバンにのせると、グリラーの手を離れてサンドイッチ職人の手に移るが、彼らは顧客の注文に応じて商品を完成させるのに七秒しかかからない。

作業を見ながら、トムニー氏は時間を節約する方法を探している。バンつかみ職人は彼女のヘッドセットから顧客の注文を聞いた瞬間に暖め機からバンを取り出す。しかし彼女が顧客の注文を待っているのを見て、トムニー氏は［何かに気づく］。彼女の手は位置についていない。「注文が出されているとき、二本の手をバン温め機のドアにおけ。ちょうど身体検査の姿勢をとるときと同じように」。彼女の上司は、両手を壁に向かわせ、両足を少し開いてみせる。(原注11)

いまの「行け行け社会」の寸描としては、よく選ばれたイメージであることを認めざるをえない。私たちがいま観察したように、資本の指数関数的な成長は、指数関数的な速度の技術変化――初期の産業時代の機械的技術から、「情報時代」と不適切に名付けられた時期の電子的技術（前述のタイマーのような）へ、そしていま進行中の今世紀のバイオテクノロジーやナノテクノロジーへ――と並行している。(原注12)この世界の商品は資本にとっては価値の貯蔵場所にすぎないのであり、これらの商品が流通され、貨幣と交換され、消費され、つまり実現されない限り、解放されることはない。従って資本が「成長する」為には、その実現が加速されねばならない。これは日常的には流通時間の短縮――生産点での当初の投資から、労働者の「生産性」の加速、消費点での次の循環の開始に至るまで――を意味する。資本にとっての時間の意義は、自然からの乖離と密接に結びついている。交換価値と貨幣は自然的な基盤を持たない。それはあるものを他のものと等価なもの――つまり観念のうえでの等価性――にする事柄の抽象化でしかありえない。労働に適用されると、これが意味するのは、それによって異なる人間の労働が貨幣的条件で、すなわち生産に要する時間で比較できる唯一の基準があることとなる。この機能と、その複雑で技術的に調整された生産装置の同じように重要な機能のあいだで、資本主義は時間に取り憑かれた社会(訳注21)となる。それは主観的に経験される時間性の深遠な変化――生態系の複雑で相互連関的な時間性によって調節された世界から、単一の画一的で線形の基準が現実に課せられ、それを支配するようになる世界へ――なしには、存在することはありえなかった(原注13)。自然的時間と労働現場の時間の非同期化はしたがって、人間と自然の離断へと道を譲り、資本が効率的にエコロジー危機を引き起こすための土台となったのである。私たちは、資本は時間を拘束し、線形の時間性と社会統制に軛をかけて、時計とその化身――ウェンディーズのトムニー氏のような――によって監視される体制をつくったと言うことができよう(原注14)。マルクスが痛烈な嘆きをもって述べているように。

労働の量そのものが［労働の］質にかかわりなく価値の尺度の役をつとめるということは、これはまた、……このことは、人間の機械への従属または極端な分業によって諸労働が平等化されていることを、労働のまえで人間が影をひそめていることを、時計の振子が、二つの機関車の速さの正確な尺度であるのと同様に、二人の労働者の相対的活動の正確な尺度になっていることを、前提にするのである。それゆえに、甲の一労働時は乙の一労働時と等価であると言ってはならないのであって、むしろ一労働時の甲は一労働時の乙と等価であると言わなければならないのである。時間がすべてであって、人間はもはやなにものでもない、人間はたかだか時間の残骸であるにすぎない。もはや質は問題にならない。量だけですべてが決定される。一時間にたいしては一時間、一日にたいしては一日、である。(原注15)(マルクス『哲学の貧困』平田清明訳、八二〜八三頁、『マルクス＝エンゲルス全集』第四巻、大内兵衛・細川嘉六監訳、大月書店、一九六〇年、所収)。

拘束される時間は、生きられる生が強制的［強迫的］なものとなり、自然の循環から疎外され、攻撃される生態系に無関心となったことを意味する。その加速は多くのフロンティアにおいて演じられる。

(1) 販売メンタリティの強化。自己を含むすべてが商品形態に還元されるからである。これとともに、真実への軽蔑が社会全体に広がる。ウソをつくことが収益性への圧力に埋め込まれており、収益性は誰かにその人が本当には必要としていないものを売り手にとって最も都合の良い価格で買うように説得することに依存している。(訳注22) 私は電話会社とケーブルテレビ会社のあいだの何かの争点に関する連邦議会下院の公聴会についてのCスパン(訳注23)の放送を何となく見ていたときのことを

訳注21　資本主義と時間についての寓話として、たとえば『モモ』ミヒャエル・エンデ、大島かおり訳（岩波少年文庫、二〇〇五年）がある。
訳注22『浪費するアメリカ人　なぜ要らないものまで欲しがるか』ジュリエット・B・ショア、森岡孝二監訳（岩波書店、二〇〇〇年）などを参照。
訳注23　Cスパンは、ケーブルサテライト広報ネットワーク。米国の非営利ケーブルテレビ局。一九七九年設立。議会中継などを放送。http://www.c-span.org/（スペースアルクによる）

思い出す。参考人のひとりが勤務日に何をするのかと聞かれていた。この質問の理由は聞き逃したが、彼の答えの率直さは忘れられないものだった。「はい、いつも私たちがしているのと同じことです」と彼は答えた。「顧客をうまく引っ掛けることですよ」。誰もその答えを気にかけなかった。どうして気にかけることがあろうか？　その男はシステムの論理を表現したにすぎないのである。資本の命令の枠内で――そこでは広告は非常にあからさまにウソをつくので、自身を物笑いの種にし、堕落を冗談に変えなければならない――顧客を引っ掛けることをわざわざ問題にすることは、呼吸する必要性を問題にすることのようなものだ。バドワイザー社［ビール会社］はこれを最も巧みにやっているように見える。特にアルコール中毒という道徳的世界をセールスポイントに変えてしまう「ライトな」ビールについて大酒飲みがコマーシャルの中で父や兄弟たちやそのときのガールフレンドに「これが好きだよ、兄弟」と告白するときには。そのときに飲むものは何でもいいのだが、例外的に弱くて味のない混合飲料だと付け加えてもいいだろう。

資本の階級制度はその本質的な不正義を隠すために、欺瞞の終わりなき置き換えをもたらす。人間が人員になるとき、人工的な絆が伝統社会の有機的な絆に取って代わる。ここでのエートス［指導原理］は「経営的」なものであり、操作的なテクニックであるが、それは人間関係を操作するための膨大な装置に裏打ちされた私たちの時代のひとつの兆候である。そうしたテクニシャン［技術者］のひとりが書いた最近の記事は次のように題されている。「従業員に出て行けと命じる［退職を促す］ときには人間味を見せなさい」。その要点は、企業は「人員削減の場面でさえ、文化を強め、信頼を維持」すべきだというものである。この明らかな偽善は、経営者の頭のなかでは何の問題もない[原注16]。人々がこのような道徳観念を受け入れることができることは言うまでもない。そうでなければ、とっくの昔に暴動が起こっていただろう。経営学は労働者を使い捨て商品に還元するときでさえ人間性のごまかしを土台としているだけでなく、労働者が同じやり方で顧客を扱うことを教え込み、彼らが幸せな顔を装い、長く視線を合わせ、お互いにまたあらゆる客と話すように訓練する。このレッスンは、ほとんどの労働者があまりにもよく内面化している。あるセーフウェイ[訳注24]の従業員が言ったように「彼らが私に教え込んだのは、相手が誰でも私たちがそうしてほしいようなやり方で扱うというプライドですよ。私たちはいつもポジティブでいることについて話しているのです。私たちには消極性を一掃して情熱を育むための研修［クラス］があります[原注17]」。情熱の研修！　仕事での研修だけでなく、次のことも付け加えよう。学校での授業［クラス］も同じことをやっているし、教会も、もちろんテレビや映画のスクリーンも同じなのだ。

(2)　売買の加速において、商品の使用時間の短縮を導くこと、もっとエコロジー的に刺激的な言葉を使うならば、廃棄物の系統的生産すなわち「使い捨て社会[原注18]」。使い捨てられるもののなかに、私たちはまず人間をあげなければならない。伝統社会では美徳はライフサイクルのあらゆる局面に認められており、高齢者の英知も含んでいるが、資本主義社会では加速が生活に影響を与えるだけでなく、生活そのものになる。この点では、『ニューヨーク』誌の二〇〇〇年の「三十五歳でボロ

訳注24　セーフウェイ・ストアズは、薬品の小売でも強い米国の大手スーパーマーケットチェーン（スペースアルクによる）。

ボロになる」という記事は啓発的である。その記事のサブタイトルは次のように問いかける。「まだそれをやっていないの？　野心に満ちた二十三歳の人が次の事務所でＩＰＯ（新規株式公開。自社株を初めて売り出すこと）を計画しているのは誇大妄想だと感じませんか？」「彼らはみんな年をとることを心配している」と「アンチエージング（老化防止）」を専門とする内科医が顧客企業について言う。「彼らは企業がいまでは非常に若いイメージを要求していると言うんだ。もしそれができないのなら、昇進できないだろうとね。彼らは職を保持することさえできないかもしれない。私たちは二十代後半の連中について話しているんだ」。要するに、「若さはますます価値のある商品になった」。もちろんいまでは、これは資本主義が長らくそうだったことが分かっている。新しさのカルト［崇拝］と、老化と死の否定がある。しかしそのトレンドが資本そのものとともに加速していることに留意することが重要である。三十一歳の大物実業家が言うように、「私にはあと三年しか残っていない。……燃え尽きるまでに三年だ。……これは競争だ。ものごとはかつてよりも五倍、十倍の早さで動いている。……自分をブランド［ブランド商品］にしようと思ったら、このとても小さな窓しかないんだ」。「ブランド」になることが人生目的のすべてだと想定されているのだ。[原注19]

(3)　時間の圧縮と関連して、私たちは空間の均質化と圧縮を見る。時間と空間がそのようにお膳立てされているので、個人と共同体の生活世界のあらゆる側面への資本の侵入は加速される。[原注20]これは単に人口圧力の機能ではなく、その最も注目すべき特徴は監視と行動統制の増大である。完全に管理された社会が資本のテロス［アリストテレス哲学の目的因］であり、その加速に深く染み込んでいる。

(4) 情報技術の進展によって可能になった容赦ない加速とともに、仕事と家庭生活の境界は、身体と機械の境界とともに、急速に消えつつある。この「すばらしい新世界(訳注25)」において、マイクロコンピュータと携帯電話が、労働者と生産システムのあいだの半永久的なリンケージを形作る身体の付属物となる。家庭は「無情な世界における天国」であった。いまでは、その両極性は、たとえ逆転していないとしても、大きく消されている。近未来の典型的な人間は、昼も夜も、資本の再生産のために、時空間連続体のなかに全面的に吸収されているであろう。

(5) 資本の回転率の容赦ない増大は、ますます急かされ、混雑させられ、死に物狂いになる存在のペースに道を譲る。消費主義的な生活を送るようにという金融的な圧力と結びついて、普通の人々は沈まないためにもっともっと働かなければならない。人格的な債務の亡霊はヨハネの黙示録［新約聖書］の五人目の騎士(訳注26)になる——平均的な労働者は家と車を失わないようにするためには、給与二ヵ月分の余裕しかないと言われている。人々はますます奪い合い、ますます貨幣に取り憑かれ、システムの奴隷になる。大げさに賞賛されている資本主義経済は、終わりなき機会とともに、生活世界を吸収する無限の掃きだめとなる。

訳注25 「すばらしい新世界」はオルダス・ハクスリーの小説（一九三二年）のタイトル。邦訳は、『すばらしい新世界』松村達雄訳、『世界SF全集』第10巻、早川書房、一九六八年、所収、講談社文庫、一九七四年。

訳注26 四人の騎士については、新約聖書のヨハネ黙示録六章を参照。四人は勝利、戦争、飢饉、疫病を象徴するとされている。

驚くべきことではないが、この条件はプロパガンダ装置によって祝福される。人々は他にどうやってそれに耐えることができるだろうか？　ここにはいくぶん拡張され、狂乱状態の、しかしにもかかわらず模範的な大手メディアの広告頁の見本がある。これは『ニューヨーク・タイムズ』一九九六年六月二十六日A二〇面の全頁広告で、アメリカン・エクスプレス社［クレジットカードの会社］のものである。次に引用するのはこの全頁広告の全文である。

あなたが誰であろうと、あなたが何をしていようと、私たちはあなたの子供さんの教育計画を手助けするためにいます。そして子供さんが大学に入ったときあなたがそれでも退職［隠居］できることを示します。私たちはあなたが第二の住宅ローンを交渉するのを、二台目の自家用車を購入するのを、二回目の新婚旅行に行くのを手助けするためにいます。私たちはあなたがミューチュアル・ファンド(訳注27)、年金プラン、財形貯蓄を選ぶのを手助けするためにいます。私たちはあなたが納税するのを手助けするためにいます。私たちはあなたのアイデアをビジネスに変えるのを手助けするためにいます。私たちはあなたのビジネス旅行を休暇に変えるのを手助けするためにいます。私たちはあなたにどこへ行くべきかを助言するためにいます。私たちはあなたが弁護士、会計士、医師、銀行家に相談するのを手助けするためにいます。私たちはあなたが旅行代理店、俳優のマネージャー、レンタカー代理店に相談するのを手助けするためにいます。私たちはあなたがレンタカーを壊してしまったり、他人のレンタカーを壊してしまったりした場合に手助けするためにいます。私たちはあなたが記念日のためにパリで週末を過ごすのをアレンジする手助けをするためにいます。私たちはあなたが最もロマンチックなビストロ［居酒屋］、最も快適なホテルを見つけるのを手助けするためにいます。私たちはあなたが米ドルをフランに、フランを英国ポンドに、英国ポンドをリラに、リラを何でもお望みの通貨に、またこれらを逆の方向に変えるのを手助けするためにいます。私たちはあなたがオデッサ・ステップ（ママ）に登り［訳注28］、ピサの斜塔から景色を眺めるのを手助けするためにいます。私たちはあなたがビザやパスポートやその他のローカルな習慣に対処するのを手助けするためにいます。私たちは、もしあなたの旦那様、奥様、パートナーの方が海外で病気になったら手助けするためにいます。私たちは、あなたがガソリンスタンドで車を満タンにする必要があるときに費用を節約する手助けをするためにいます。私たちは、あなたがしたいときに贅沢をするのを手助けするためにいます。私たちは、あなたが贅沢しないときに倹約するのを手助けするためにいます。私たちはあなたの仕事量が多すぎるときに緩和するのをお手伝いするためにいます。私たちはあなたが世界を見るのを手助けするためにいます。私たちは万一航空会社があなたの手荷物を紛失したときに着替えのための支払いをお手伝いするためにいます。私たちはあなたがメキシコのソンブレロ、インドのトーピー［熱帯地方でかぶるヘルメット型の帽子］あるいはコルクの飾りをのせたオーストラ

訳注27　ミューチュアル・ファンドは、継続的に株式を発行し、株主からの申し出によって資本額をその時価で計算して株式を売買する投資信託会社（スペースアルクによる）。

訳注28　ウクライナのオデッサ州のステップ地帯は山ではないので「登る」わけではない。

リアの帽子を買うのを手助けするためにいます。私たちは誰かがあなたのトラベラーズチェック［旅行小切手］を盗んだとき手助けするためにいます。私たちはあなたがハリウッドのスターを見たり、サンフランシスコ湾の月光を見たりするのを手助けするためにいます。私たちはあなたが公園でシェークスピア演劇を見たり、屋外でモーツアルトの音楽を聴いたり、ガーデンでバスケットボールをしたりするのを手助けするためにいます。私たちはあなたがフットボールや野球や慈善舞踏会の席の予約をするのを手助けするためにいます。私たちはあなたがホームレスを支援するのを手助けするためにいます。私たちはあなたがクレジットカードやチャージカード［特定の店だけで使えるクレジットカード］やその組み合わせで勘定を済ませるのを手助けするためにいます。私たちはあなたが支払いを延期したり一括清算したりするのを手助けするためにいます。私たちはあなたがサイバースペースから支払うのを手助けするためにさえいます。私たちはあなたが好きなロック音楽のグループを鑑賞するのを手助けするためにいます。次の晩にまた行くのにも。次も。次も。私たちはあなたが新しい趣味を始めたり、昔の恋人を誘うのを手助けするためにいます。私たちはあなたが新しい家のための預金口座を開くのを手助けするためにいます。私たちはあなたが古い家を改修するのを手助けするためにいます。私たちはあなたが401k［米国の確定拠出型の企業年金制度］を理解するのを、そしてたぶん401kへの支払いを節約する方法を示すのを手助けするためにいます。私たちはあなたの将来の生活設計を手助けするためにいます。私たちはあなたが思い出をたどる旅を計画するのを手助けするためにいます。私たちはあなたが「何てこった［ちくしょう］」と言うのを手助けするためにいます。私たちはあなたが言いたいときに「もうたくさんだ」と言うのを手助けするためにいます。私たちはあなたがもっとゴルフや、テニスや、何でもしたいことをするのを手助けするためにいます。私たちはあなたが書類仕事を減らしたり、仕事を減らしたり、とにかく何かを減らしたいときに手助けするためにいます。私たちはあなたがもっとたくさんの時間を子供と一緒に過ごすのを手助けするためにいます。私たちはあなたがもっとたくさんの時間を誰かと一緒に過ごすのを手助けするためにいます。私たちは外国の道路標識を認識したり、外国語をしゃべったり、外国の通貨を理解したりするためにいます。私たちはあなたが行き先の土地のもめ事から脱出するのを手助けするためにいます。私たちはあなたがパブロフの犬やシュレディンガーの猫(訳注29)を勉強したいときに手助けするためにいます。私たちはあなたが快適な条件で退職するのを手助けするためにいます。私たちはあなたが何かで不意打ちを食らったときに世界中の一一万八〇〇〇カ所のATM〔現金自動預入支払機〕で換金するのを手助けするためにいます。私たちは世界中の一七〇〇以上の旅行サービス事務所であなたを手助けするためにいます。私たちはあなたが何百万ものレストラン、店、ホテルで勘定を済ませるのを手助けするためにいます。私たちは一日に二十四時間、週に七日、一年に三百六十五日、あなたを手助けするために待機しています。私たちは世界中のあらゆる町で、あらゆる都市で、あらゆる国で、あなたを手助けするために待機しています。私たちはあなたがチャンス

訳注29　ロシア・ソ連の生理学者イワン・パブロフ（一八四九〜一九三六）は条件反射の実験で犬たちを条件付け、ベルを聞くと唾液を分泌するようにした。オーストリアの物理学者エルヴィン・シュレディンガー（一八八七〜一九六一）は放射性物質の量子的な問題を説明するために猫の生死の確率についての思考実験をした。どちらもノーベル賞学者。

を活用し、次の機会のために計画するのを手助けするためにいます。私たちはあなたが望むことについて、あなたが望む場所で、あなたが望むときに手助けするためにいます。私たちはあなたがもっと見たり、もっと回避したり、もっと学んだり、もっと見つけたり、もっと節約したりするのを手助けするためにいます。私たちはあなたをもっと手助けするためにいます。

この広告は、投機中毒の目がくらむような時代の一見したところ努力のいらない魔術的な「ノウハウの」蓄積を発散しており、新しいデミウルゴス[訳注30]——万能で全知の金融会社——を導入することによって投機をするのである。消費者はただ傍観しながら、アメリカン・エクスプレス社（＝貨幣＝金融資本＝資本そのもの）に魔術的にあらゆるものを終わりのない豊富さで提供させるのである。そのような奇妙なアイデアは金融の現実的だが妖怪のような力のあらわれとして生じるだろう。毎日、資本市場を通じて文字通り何兆ドルものお金が電子的に動き回り、数に過ぎないものを操作することを通じて大きな財産がつくられ、毎日、株式市場の最高のギャンブルを含めて、ギャンブル操作を通じて数十億ドルが動き、資本の世界全体がカジノの性格を帯び——そのなかでは努力と結果の結びつきが破壊される——単なる偶然として容易に経験できるものによって置き換えられる。それは存在の物質性そのものが不便な後知恵に見えるような世界である。

資本がもたらす機会に付随するものは幻想と魔術である。これは混乱した幻影のかたまりのなかで砂漠から無機的に生じたラスベガスがなぜ現代を象徴する都市になったのか、という理由である。かつては暴徒がはびこる田舎であったが、ラスベガスは次第にディズニー化されて、家族全員に娯楽を提供する華やかな場所になった。あそこにはルクソールのスフィンクスと寺院［の模型］があり、あそこにはコカコーラの瓶の形をしたビルがあり、ここには株式取引所、エンパイアステートビル、ブルックリン橋を備えたマンハッタン島［の模型］があり、［ブルックリン］公立図書館の大きな読書室のレプリカさえある。すべてが兆候、表象、様々な形でライトアップされる価値の流れであり、パチンコの機械のような都市である。

カジノ資本主義(訳注31)で重要な意味を持つ言葉は、「より多く」である。増加は、主観的側面と客観的側面の双方で、資本蓄積の過程を表している。アメリカン・エクスプレスの広告で、みごとに際立っているのが、この「より多く」という言葉だ。同社の美味いもののリストから唯一脱落しているのが自制である。もっと厳密に言えば、自制もまた、このどこにでも存在する企業が使える品目である。自制そのものが商品だからだ。時間と空間は、いまや企業のしもべとなり、資本がすべてをまかなっている。「逃避」でさえ、アメリカン・エクスプレスがその条件を設定しさえすれば許されるのだ。つまり、「より少なく」と「より多く」は資金契約のもとで一体化しているのである。ただし、この計算では、「より少なく」と「より多く」は対等ではない。ドル契約のもとに組み込まれている「より少なく」は、（アメリカン・エクスプレスは——驚くに値しないが——利益にならないことは一切しない。もし期限以内に請求額

訳注30　デミウルゴスはキリスト教の異端であるグノーシス派（主義）などの世界の創造主で、最高神に仕える神。プラトンの著作の中で造物主として描かれた（スペースアルクによる）。

訳注31『カジノ資本主義』スーザン・ストレンジ、小林襄治訳（岩波現代文庫、二〇〇七年）、『マッド・マネー：カジノ資本主義の現段階』スーザン・ストレンジ、櫻井公人ほか訳（岩波現代文庫、二〇〇七年）などを参照。

を払い損ねたら、いやがらせをしてきて罰金を科し、ハンセン病患者のようにのけ者扱いにした挙げ句に、クレジット警察に突き出すだろう）増加することに価値がある「より多く」に従属している。「より少なく」は、言ってみれば種類の異なる「より多く」である。アメリカン・エクスプレスは「より多く」ではなく、「より少なく」を勧めてくるだろう。ただし、「より多く」はそれでもやはり、「より多く」をもたらすのである。つまり「より多く」には終わりがなく、あるのは自己再生産の拡大——資本制度の永久の成長だけである。純粋な力の論理で、ばかげた金額と拡大の贈り先は、すでに充分な資産のある富裕層である。要するに、裕福な人びとは贅沢極まりない報酬を受けているのである。それがあまりにも巨額であるために、より裕福な階級のごく一般的な人は、史上の権力者の誰にも勝る生活を送っている。そのほかの人びとはおこぼれにあずかるだけとなり、自然は荒廃してしまうのだ。先進資本主義の文化は社会を商品消費の中毒者——「ビジネスにとって良い」条件であり、したがって生態系にとっては悪い——に変えることを目的とする。悪は二重である。向こう見ずな消費が汚染と浪費をもたらし、商品中毒がエコロジー危機を理解できない、ましてや抵抗できない社会をつくる。いったん時間が資本主義的清算に拘束されると、生態中心的な感受性のために必要な自然のリズムへの微妙な同調は挫折させられる。これは絶えず増大する資本蓄積という自殺的な狂気が自然な状態に見えることを可能にする。カジノ複合体によってゆがめられたメンタリティを持つ人々は、限界やバランスとの関係でものごとを考えたり、あらゆる生きものの相互承認を考えたりするようにはならないだろう。これは今後二十年間での経済的生産の倍増という悪夢のような見通しに対して、知的とみなされている権威［当局］から送られる賛美のコーラスの理由を説明してくれるだろう。

このように資本は終わりのない富を生産するとともに、貧困、不安定、浪費をも、生態系の解体の一部として生産する。自動車以上にこれを含意する単一の商品(実際には商品の広大な体系)はないので、私たちは「オートモビリア」[自動車関連のコレクション対象商品。語源は automobile + memorabilia]とそれに関連した症候群――運転中の激発(訳注32)という新しく発見された病気を含む――についての若干の考察でこの節を締めくくることができるだろう。(原注21)オートモビリアは、どのようにして部分のレベルでの合理性が全体のレベルでの非合理性になるかということについての、典型的な事例である。個別的には、自動車は一世代前よりもずっと良くなった。より安全になり、信頼性が向上し、(訳注33)燃費がよくなり、耐久性がよくなり、より快適になった。適度に改善された自動車の中では、「家庭のあらゆる快適さ」を味わえる。豪華な調節できる座席、携帯電話、すばらしい音響システム、注意深くコントロールされた空気、すなわちセールスマンの言う「パッケージ全体」である。自動車の内部は技術的ユートピアのイメージ――多くの人が多くの時間を車内で過ごすので、便利なものである――を投影する。しかしひとたび車の外に出ると――たとえば渋滞した道路でガソリンを入れるために――内部化された秩序を補って余りある無秩序の外部化が明らかになる。すさまじい不協和音が身体と魂を襲う。滝や、人間の景観を組織する列車とさえ違って、自動車はただ怒号を発する。パターンも、語るべき特別な物語もない。

訳注32　運転中の激発(road rage)とは、交通渋滞でのイライラ。車の運転中に突然キレること。直訳すると「道路での怒り」。

訳注33　このあたりからは著者コヴェル(もともと精神科医)のクルマ社会論であるが、日本については、杉田聡(哲学)、上岡直見(技術論)などの一連の著作を参照されたい。

それには統合されたエコロジーはない。ただ終わりのない、資源浪費的な交通があるだけである。何億年ものあいだ蓄積された太陽光［石油のこと］が慣性の運動量に転換され、個人が資本主義的な自由のなかで我が道を行けるようになるのである。それが何千もの場所で日夜繰り返される。炭酸ガスが大気中に放出され、地球温暖化を引き起こす。その他の物質も排出され、光化学スモッグやオゾン層の破壊をもたらす。微少な粒子状物質（コンクリートの上で何億本ものタイヤがすり減らされることを考えてみよ）が肺のなかに入り、喘息の地球規模の流行や、心臓病、呼吸器疾患を引き起こす。前述の騒音もまた公害である。景観が引き裂かれ、舗装され、都市と田舎との境界をこれまでなかったほどに解体し、商店街や派手な看板の集まりを台無しにし（車に乗って絶え間なく動く人々がどうやって商店街に目をとめることができるだろうか）、私たちが資本の循環のなかで多くの赤血球のように突進する大きな無料高速道路――他の何にもまして人間のエコロジーの網の目を分解するもの――がはりめぐらされる。

オートモビリアの破滅性は、グローバル経済における絶対に不可欠な役割――石油、ゴム、セメント、建設、修理などの産業と密接に結びついた全体とつながっている――と結びついている。同様に、生きられる生活の景観全体に埋め込まれていることから、自己の形成そのものとつながっている。ニーズの深遠な変化がオートモビリアの成長に伴っている。もし息がつまるような現実にとらわれているのなら、車のドライブで現実から抜け出すことは、たとえ渋滞した道路を回るだけだとしても（もちろんその新たな一台も渋滞に寄与しているが）、自己解放として意識されるだろう。これは巨大自動車企業が、人々に無邪気にドライブし、見渡す限り他の車がなく、（訳注34）実際には彼らが壊している景観を横切る場面や、自動車製造におけるエコロジー的進歩――個別の車体についてはそれが真実だとしても、自動車台数の増加によって相殺されてしまう――を描くようなグリーンウォッシュ[訳注35]広告を簡単に打ち出せる理由のひとつである。

迫り来る過剰生産の予感が自動車産業をおおっているが、[訳注36]それは資本主義的生産一般にあてはまることであり、自動車の場合は、世界の生産能力が年間八〇〇〇万台であるのに対して、販売台数は五五〇〇万台ほどにすぎない。その実現されない差である二五〇〇万台は、資本主義の精神においては大きな裂け目であり、自動車的価値の終わりない推進に対する激励［刺激］である。一九七〇年から二〇〇〇年までに、米国の自動車保有台数は三〇％ほど増大した――その間、運転免許保有人口は六〇％以上増加し、自動車登録台数は倍増に近く、自動車走行距離は倍増以上の増加を示した。[原注22]注目すべきことだが、この間に道路延長は六％増えたにすぎない。この数字は一連の希望なき選択の結果である。それは、悪夢のような交通渋滞のなかで滅ぶか、それとも巨大な道路面積によって生活空間をさらに破壊するか（そして結果的に交通渋滞はさらに激化し、ガスが空間を埋めるように自動車が新設の道路を満たす）という選択である。六％という比較的低い増加率でも、ある種の戦略的配置の大きな変化に翻訳される。たとえば、ロサンゼルス無料高速道路に増設されるレーンの数（ある時点では、私の目測によると、各方

訳注34　トヨタや日産のテレビＣＭでも、交通渋滞が描かれることはなく、広い景色のなかを車が一台だけ走っているのが普通である。

訳注35　グリーンウォッシュとは、企業活動を環境にやさしく見せかけること。『グローバルスピン　企業の環境戦略』シャロン・ビーダー、松崎早苗監訳（創芸出版、一九九九年）に詳しい。

訳注36　二〇〇八年九月のリーマン・ブラザース・ショックに始まる世界の「自動車産業危機」を想起されたい。

向に八車線があり、さらに一車線ずつ増設中である）に驚かされ続けるだろう。（原注23）

オートモビリアの論理が展開するにつれて、新しいレベルの解体があらわれ、自動車文明の様式に深く同化している人々でさえ、現代の自動車生活の緊張に押しつぶされそうになる。運転中の激発という新しい「心の病気」はその結果のひとつであり、「別のクルマのうしろにぴったりくっついて走る、混雑したレーンをうまくすり抜ける、他のドライバーに向かってクラクションを鳴らしたり叫んだりする、侮辱したり極端な場合は発砲したりするといったような攻撃的な行動」が直接間接に年間二万八〇〇〇件ほどの交通事故死を引き起こしている。この数字は［米国の］連邦高速道路主任安全管理官リカルド・マルチネスが提示したものであるが、推測が混じっているかもしれない。しかし他の調査も、年間一五〇〇件の殺人が交通と直接関連していることを示している。ハワイの心理学者レオン・ジェームズによると、「自動車運転と常習的な運転中の激発は、事実上切り離せないものとなった。現代は怒りのメンタリティの時代である」。ジェームズは寄与している要因として、「厳格に拘束されている制御された人格類型」――彼らにとってはドライブが「通常の欲求不満に満ちた生活」からの解放を提供し、「全能の幻想」を与える――をあげている。問題となっている人格類型そのものが、資本主義市場への適応であり、第二の要因である、ドライブによって提供される欲求不満からの全能感を伴う解放は、自動車の使用価値の基本的な構成要素であり、映画の中のカーチェイス［自動車による追いかけっこ］やロマンチックな自動車広告によって銘記させられるものであることに注意されたい。運転中の激発はメンタルな病気であるかもしれないが、資本主義のオートモビリアという世界の中に完全に組み込まれたものなのである。（原注24）

グローバル化すなわち膨張過程を監視する地球規模の体制の確立

グローバル化の概念は、資本の膨張、植民地化、浸透がいまや地球規模で起こっているという事実を表現している。ひとつの視角から見ると、これは癌のような成長の単純な論理的延長である。しかしそれはスムーズに起こったのではなく、一九七〇年代の厳しい資本蓄積の危機——それは第二次大戦後の偉大な拡張の時代の終わりとともに、福祉国家とケインズ的リベラル時代の終わりを告げていた——の結果として生じたものである。ネオリベラリズム〔新自由主義〕という改造されたイデオロギーのもとで、資本は労働と自然の搾取(訳注37)の中核部分を再確保することに乗り出した。サッチャー、レーガン、コール(訳注38)によって表現される政治的な右傾化とともに、体制は「成長」を回復させるためにできることを行った。これが何よりも意味するのは、資本の限界を追い払う傾向に絶対的な優先順位を与えることであり、そのなかで貿易額は急増し、地球規模のエコロジー的破壊への障壁は撤去され、イデオローグたちの合唱が新しい楽園の到来を告げた。

訳注37　労働の搾取と自然の搾取をセットでとらえる必要性については、『エコロジーとマルクス』韓立新（時潮社、二〇〇一年）を参照。

訳注38　マーガレット・サッチャー（保守党）の英首相任期は一九七九～九〇年。ロナルド・レーガン（共和党）の米大統領任期は一九八一～八九年。ヘルムート・コール（キリスト教民主同盟）の西ドイツ首相任期は一九八二～九八年。ついでに言うと、中曽根康弘の首相任期は一九八二～八七年である。

グローバル化はしたがって、いつも通りの事業であるとともに、新しいレベルの資本蓄積であり、新しい制度形態を伴い、そしてもちろん新しいエコロジー的および政治的な含意を有する。資本の永久に休みのない、危機に駆動されるダイナミズムは、新しいレベルに到達し、限界が乗り越えられ、再編成されようとしている。グローバル化の時代はしたがって、ある種の世界規模のステージ――そこで闘争が上演され、新しい道具の構築がなされる――の到来を反映している。その力にもかかわらず、資本の勝利はまだ先のことであり、世界のかなりの部分、たとえば小農民は伝統的な資本主義以前の生産様式にとらわれており、他の人々はいわゆる「インフォーマル」経済(訳注39)――資本の蓄積は部分的に地歩を築いているにすぎない――の枠内にいるということを、認識しておく必要がある。グローバル化した体制の基本的な使命は、まだ相対的に資本蓄積のエンジンの外部にいる世界経済のおよそ半分を、完全な従属的参加者へと転換することであり、自然資源を支配し、安価な労働力を消費し、それに埋め込まれた価値が実現するように商品をころがし、そして何よりも資本が好きなときに好きな場所に好きなように移動できるように分散した場所を活用して、新しい「無駄のない」生産様式を達成することである。

グローバル化の局面は、資本主義権力の中心がどこにあるかについて、重要な問題を提起する。たとえば一般的な見方によれば、企業がいまや世界を支配しており、国民国家に取って代わったのだという。しかしこの観点はいくつかの大いに重要な諸問題に注意を促すが(それはたとえば、ゼネラルモーターズ社の資産がフィリピンの「GDPの」二倍に相当することを認識するのを助ける)、この結論は精査に耐えることができない。ひとつの理由をあげると、企業はグローバル化の主体であるとともに、客体でもある。私たちがボパール事件の場合について見てきたように、企業そのものが、企業がそのなかに浮遊している巨大な資本の力が働く場によって動かされるのであり、資本蓄積を育む度合いに応じて生命を与えられる。もうひとつの理由をあげると、国家は資本の蓄積において、企業と同じくらい基本的な役割を演じている。もしそのプロセスが全面的に企業中心になったとしたら、つまり規制し執行する政府が存在しなくなったとしたら何が起こるかを想像してみるだけでいいだろう。

だから現実の問題は、資本そのものの形態変化と、国家権力の構造変化をめぐるものである。前者については、グローバル化の時代は部分的には金融資本――貨幣形態の資本――の重要性の増大の帰結である。貨幣は常に他の何よりも資本の心臓部の近くにあり、資本主義のもとでは貨幣の役割は常にモノあるいは人間の役割よりも早く成長する。(原註25) だから大まかに言って、グローバル化は過剰な貨幣資本――反応が遅い人間と機械材料に直面しており、それらを絶えず拡張する規模の動きに引き入れようとしている――が限界を打ち破る効果を示している。結果的に、経済と社会を通じてより大きな圧力が感じられるのであり、前述の軸に沿って地球規模の生態系の不安定化へと形を変えるのである。

金融資本は他のいかなる種類の資本――土地、機械、人間に体現されているような資本――よりも、流動的であるとともに、即時的な見返りに飢えているものである。これが交換可能性の特質であって、金融形態においては他のいかなる形態のときよりも、資本はより純粋であり、その本質に近いという

訳注39　とくに発展途上国の貧困層（子どもを含む）が行う小さな屋台や路上販売（渋滞する車のあいだを走り回るので危険なことも多い）などによって構成される非公式な（国の経済統計にのらない）経済活動。税金逃れや犯罪につながるとみなされることも少なくない。

事実を反映している。繰り返すならば、資本は何かの物ではなく、何らかの種類の物に自らを埋め込む（「投資する」）関係なのである。したがってそれが貨幣形態に到達するとき、資本は純粋な関係性に最も近くなるのである。それは自身になる……しかしまだそこにはいない。決してそこにはおらず、絶えず動いており、世界を一緒に引きずっている。というのは、貨幣でさえ慣性を持っているからである。貝殻や金のような材料に結びついていた初期の時代にはより多く持っていたが、脱物質化して電子的手段［電子マネー］で動き回るようになるにつれてそれは少なくなっていった。資本はこの重荷を振り払うことを永久に求めている。しかしそうするときに実際、より非物質的になり、その物質的大地への効果はより大きくなる。それはより早く広がり、世界のより多くを自己のなかに引き込み、生産、流通、交換、消費を再構築して、地球全体を支配的経済秩序の軌道の中に押し込む論理の中で、ますます増大する圧力に適応できるようにする。

これは既存の国家のあいだに新しい様式の組織化を引き起こす。それは欧州、アジア、西半球で大きな地域ブロックを発生させ、言わばヘゲモン［覇権国］の事務所――現在では地球規模の憲兵の役割を主張できるほど強い米国が占有している――をつくりだす。しかしそれはまた、いまや拡張した全世界を調節するために――特に貿易の監視を通じて――新しい超国家的な機構を設置させる。(原注26)

資本は三段構えの超国家的機構を通じて地球規模の組織化を達成する。第一に、貿易そのものが直接の監視を必要とする規模に到達する。第二に、貿易とその他の資本の道具が刺激され適切に循環できるように、必要な資金を従属的な「周辺部」に注入するための貸付機関が必要である。最後に、債務およびその他の金融的不規則事態――この配置のもとでは不可避的に発生する――を取り締まり、巨大な機械のすべての部分を良好な作動状態に保つための機関が必要である。それは肉体と血、弾丸を扱う警察と軍隊に先立って出動する金融警察である。要するに、貿易機関、地球規模の銀行、金融執行機関――世界貿易機関[訳注40]、世界銀行および国際通貨基金［IMF］――が融合して多国籍資本蓄積のための鉄のトライアングルとなり、多国籍ブルジョワジーに奉仕する。[原注27]

もちろんこの装置のあいだに、国家システムの異なる構成要素のあいだに、支配階級の機関で常に見られるように重要な違いがある。米国が主に采配を振ってきたし（主として財務省と連邦準備銀行から）、第二次大戦の終結とともに「アメリカの世紀」が始まって以来不可欠な役割を担ってきた。[原注28]一九七一年に世界から一方的に金標準を取り上げて、為替レートの変動相場制を許し、それらを最強の通貨であるドルに固定［ペッグ］させたのは、リチャード・ニクソン大統領であった［ニクソン・ショック］。このようにして、ベトナム戦争における帝国主義的行為のせいで債務国に転落した米国は、ペナルティ［罰則］なしに債務国にとどまることを許されたのであり、世界の管理を担当する債務国として経済を拡張するための資金を調達することができるようになったのである。IMFによって弱小な債務国に適用される「構造調整プログラム[訳注41]」（SAP）――この鉄槌は、公的資産の売却、政府支出の削減、経済の輸出への方向づけ、周辺部諸国をWTOが後援する貿易体制に服従させることによって、市民社会と

訳注40　このうちの世界貿易機関（WTO）は、二〇〇八年七月二十九日に米国と中印などの対立でジュネーブでの新多角的貿易交渉（ドーハ・ラウンド）の閣僚会合が決裂した。
訳注41　構造調整プログラムの問題点については、『顔のない国際機関』北沢洋子・村井吉敬編（学陽書房、一九九五年）を参照。

地域経済を解体する――が米国に適用されることはない。ライオン［超大国］にはある法律、ウシ［弱小国］にはまた別の法律という二重基準は健在である。グローバル化が国民国家の没落を意味するといった単純な考えは、もはや破綻した。どの国民国家が没落するのかと問われねばならない。ボスと用心棒なのか、それとも従属階級と供給者なのかと。

いずれにせよ、貿易は資本の論理の直接的表現であり、すべてを征服する。ブレトンウッズ体制(訳注42)による固定相場制が一九七一年に放棄される前には、国境を越える資金の流れは一日あたり七〇〇億ドルほどであった。三十年後にはこの数字は二十倍以上に増大した。米国ではGDPに占める貿易のシェアは二倍に増大し、民主党と共和党の絶対的二党制によって促進された。二大政党は人工妊娠中絶や学校バウチャー制度(訳注43)の是非をめぐっては争うかもしれないが、資本の自由な流れが論点になるときには、何を優先すべきかについて意見が異なることは決してない。

グローバル化が資本蓄積のメカニズムを地球全体に広げるにつれて、諸社会は次々に生態系破壊の渦の中に押しやられる。巨額の債務を伴う従属的で不均等な発展がこのプロセスの助産師となる。債務を負わされるところではどこでも、生態学的健全性を犠牲にすることによってそれを返済させようとする圧力がかかるだろう。インドネシアのスハルト大統領はグローバル化の偉大な友人であったが、構造調整プログラムを発動されたあとで、このことを明瞭に示した。［人口が］世界で四番目に大きい国(訳注44)の愛想の良い指導者は心配する必要はないと述べた。インドネシアはいつでもその森林を外貨に替えて銀行に返済できるからと。南の諸国［発展途上国］に対する地球規模の債務の破滅的効果は(原注29)、グローバル資本にとって当惑させられるものでありうる。同国の不名誉な事態は重荷を軽減するための努力の混乱につながったが、結局二〇〇〇年に五〇〇億ドルほどの債務が返済されていた。悲しいかな、南の諸国は当時約二兆三〇〇〇億ドルの債務――二十六倍も多い――をかかえており、債務免除の条件が彼らを資本蓄積の車輪から解放するわけでもなかった。ある説明が述べているように、「IMF、世界銀行、米国その他は、アフリカ諸国が債務削減を継続させるために、グローバル経済に対して市場を開放し、浪費的な国内支出とインフレーションを制御しなければならないと述べた」(原注30)。言い換えると、他の手段によってあなたがたの森林と安い労働力を私たちに下さい、そうすればいかなる状況のもとでも払えない債務は免除してあげます、というわけである。

債務の不正義ゆえに、IMFは通常、グローバル化のレジームの大悪党だと考えられている。「死のドクター」と『タイム』誌は二〇〇〇年にIMFを呼んだ(原注31)。これは少なくとも九〇カ国の貧しい諸国に

訳注42　ブレトンウッズ体制（固定相場制）とサミット体制（変動相場制）の対比については、栗原康『G8サミット体制とはなにか』（以文社、二〇〇八年）がわかりやすい。

訳注43　ウィキペディアの「教育バウチャー」では、「私立学校の学費など、学校教育に目的を限定したクーポンを子供や保護者に直接支給することで、私立学校に通う家庭の学費負担を軽減するとともに、学校選択の幅を広げることで競争により学校教育の質全体を引き上げようという、私学補助金政策である」と説明し、「米国では地域の教育をほぼ独占的に行ってきた公立学校の質の低下に対する懸念から、一九五〇年代に提案され、一九九〇年代に入ってから大きな議論になってきた教育政策である」。「支持する側は、バウチャーの配布により私立学校が受け入れた生徒の数に応じて補助金額が決定されることになり、学校はより多くの生徒を集められるよう質の向上を図るはずだと主張する」。「反対する側は、バウチャーの配布は私立学校のエリート化を加速し、学校間の階層格差を拡大するだけだとしている」などと述べている。

訳注44　人口一億人以上の国は、人口の多い順にあげると、中国、インド、米国、インドネシア、ブラジル、パキスタン、バングラデシュ、ロシア、ナイジェリア、日本、メキシコの一一カ国である。

呪縛をかけた組織についての妥当な評価である。しかし、ＩＭＦすなわちグローバル化の「悪徳警察官」だけが問題の根源として名指しされるべきではないというのが、一九九六年から一九九九年十一月まで世界銀行のチーフエコノミストをつとめたジョセフ・スティーグリッツの最近のエッセイによって呼び起こされた印象である。読者のみなさんは覚えておられると思うが、第三章でスティーグリッツを引用した。際限なき成長の驚異を褒めそやす世界経済の指導者の合唱に唱和する人物のひとりとして、である。しかしいまや彼は、内部告発者のような存在となり、『ニュー・リパブリック』のある論文である種のセンセーションを巻き起こした。そのなかで彼は、いかにまったく秘密主義で、反民主的で、容赦なく短期の収益性を追求するかという最悪の容疑をＩＭＦについて断言したのである。一九九七年から一九九九年にかけてのアジアとロシアの金融危機への対処を例としてあげながら、スティーグリッツは「民衆よりも利潤を」優先することが世界の多くの地域でホロコーストのような規模の災厄を引き起こしたことは疑いないと述べた。しかし彼は資本主義システム全体に疑問を投げかける意図は示さず、この災厄はＩＭＦと財務省にいる悪い資本家たちの失敗なのだと私たちに信じさせようとした。さらに、彼らの罪は世界銀行やその上級エコノミストと良い資本家たち――彼らもみんな民衆よりも利潤を優先することはよく知られているのだが――の助言を採用しなかったことにあるとほのめかしたのである。(原注32)

どこかに高潔ですべてを知っている資本家を、つまり不正に経営されているグローバル経済を救済してくれる魔法の王子様を見つけることができるという幻想がはびこっている。この事態では世界銀行が「良い警察官」を演じているように、疑いもなく何人かの善意の個人はそのために働いてきたので

（ちょうど銀行や、モンサント社やシェブロン社その他、ＩＭＦやユニオン・カーバイド社においてさえそうであるように）、多くの人々は世界のスティーグリッツのような人々が卓越した専門的英知で私たちを救ってくれると信じ込まされている。素朴な人々が奇跡の治癒を求めてルルドを訪れるとき[訳注45]、インテリたちは彼らを迷信的だと主張する。しかし多くの人々は、資本蓄積に奉仕するために技術的知性をつぎ込む営利企業としての銀行を信用したがるが、そうした銀行はユニオン・カーバイド社のボパール工場のような企業への融資を支援したのである。そしてボパール工場がそのために建てられた生態系破壊的な緑の革命を実現させたのも、スハルトの大きな支援者であったのも、南の諸国の多くに化石燃料を消費する巨大プロジェクトを推進しながら地球温暖化を抑制する必要性についておしゃべりしてみせるのも、銀行である。[原注33]

最近のプロパガンダによってこのヒョウは斑点を変えたと考えるように[訳注46]説得された人々は、南米の最貧国であるボリビアの事例をじっくり考えてみるといいだろう。世界銀行から航空路線、電力系統、国有鉄道を私企業に売却するように圧力をかけられていたが、この絶望的な国家はついにその上水道系統[訳注47]を米国の巨大建設企業ベクテル社[訳注48]に率いられたコンソーシアム――イタリア、スペインの企業とボリビア国内の四社が参加――に売却するように強制された。生命の不可欠な基層［飲料水］を商品化

訳注45　スペイン国境に近いフランスのルルドで一八五八年に「発見」された「奇跡の泉」がカトリックの巡礼地となっている。ウィキペディアの「ルルド」などを参照。

訳注46　ヒョウは自分で斑点を変えられない（leopard can not change its spots）は英語の慣用句。「持って生まれた性質は変わらない」という意味で日本語の「三つ子の魂百まで」に相当する。

するのは進行中のグローバル化の正真正銘のスペクタクルである。世界銀行のおかげで、投資家たちは数百万ドルの水道システムを入手するのに二万ドル以下の当初資本金を準備するだけでよい。世界銀行のローンにより、コンソーシアムは様々な河川を方向転換させようとしており——明らかにこの種の企業が通常払う程度の生態学的配慮をもって——それから費用を回収し、再び世界銀行の支援を得て、水道料金を一カ月二〇ドルにまで値上げしようとした。この国の平均的な労働者家庭の月収は一〇〇ドルだというのに。

その結果、大きな抗議行動が起こった。これらは先住民のレジスタンスの新しい法律家たちに脚光を浴びさせ、世界銀行とベクテル社を後景に退かせた。彼らはまた軍隊を動員させて住民八人を殺害させ、世界銀行のジェームズ・ウェルフェンソン総裁に、公共サービスを放棄することは不可避的に浪費をもたらし、ボリビアのような国々は「適切な代金請求システム」を持つ必要があるとまで言わせた。高い教養を持つ元ウォール街金融業者[訳注49]は、水道民営化は決して貧困層に敵対するものではない——たとえ世界銀行が一九九九年七月に「水道料金値上げを緩和するための助成金は認められるべきでない」とか、最貧困層を含めてすべてのユーザーは地域の水道システム延長のフルコストを反映した料金を払うべきだと言ったとしても——と述べた。

これ以上のコメントは必要ないだろうが、次の補足説明は必要である。ベクテル社[原注34]（同社はまたイラクの「再建」においても特別に恥ずかしい役割を演じた）は、かつてはレーガン政権の国務長官であったジョージ・シュルツの縄張りであり、［ボリビアで］抗議者たちに発砲した兵士のひとりは、米国陸軍米州学校[訳注50]（SOA：スクール・オブ・アメリカズ）——ジョージア州に設置されており、西半球の［米国企業にとって」良き秩序を維持するために考案された機関——で訓練を受けていたということである。このため彼はボリビア大統領、その州の知事、コチャバンバという町——水道民営化が試みられた町——の市長の仲間であった。みんな同じ母校の出身だったのである。だから、グローバル化の装置の限界がどこにあると言うのか[原注35]？。

グローバル資本主義は連邦準備銀行の尊敬される総裁から、最もたちの悪いロシアの暴力団員、コロンビアの麻薬密売組織のボスにまで広がる連続体として存在している。すべては大きな力の場によ

訳注47　世界銀行の水道民営化方針は、世界の水企業やゼネコンにとって大きなビジネスチャンスとなっている。『世界の〈水道民営化〉の実態　新たな公共水道をめざして』コーポレート・ヨーロッパ・オブザーバトリー、トランスナショナル研究所、佐久間智子訳（作品社、二〇〇七年）、『世界の〈水〉が支配される！　グローバル水企業（ウォーター・バロン）の恐るべき実態』国際調査ジャーナリスト協会、佐久間智子訳（作品社、二〇〇四年）、『ウォーター・ビジネス』モード・バーロウ、佐久間智子訳（作品社、二〇〇八年）、『ウォーター・ウォーズ』バンダナ・シヴァ、神尾賢二訳（緑風出版、二〇〇三年）などを参照。後述のようにボリビアのコチャバンバでのベクテル・グループによる水道民営化は激しい住民闘争によって白紙に追い込まれた。

訳注48　共和党と癒着したベクテル社の企業戦略については、『ベクテルの秘密ファイル：ＣＩＡ・原子力・ホワイトハウス』レイトン・マッカートニー、広瀬隆訳（ダイヤモンド社、一九八八年）、『ブッシュの世界支配戦略とベクテル社』江戸雄介（冬樹社、一九九〇年）などを参照。

訳注49　ウェルフェンソン（一九三三年シドニー生まれ）は、ソロモン・ブラザーズ（米国の投資銀行）の重役などを歴任。ウィキペディア英語版のJames Wolfensohnなどを参照。

訳注50　ＳＯＡが様々な国家テロに関与したことについては、『テロリストは誰？　第三世界に対する戦争　僕がアメリカの外交政策について学んだこと』グローバルピースキャンペーン、きくちゆみ監修、二〇〇四年、ＶＨＳビデオ所収の「スクール・オブ・アメリカズ　暗殺者学校」『アメリカの国家犯罪全書』ブルム、益岡賢訳（作品社、二〇〇三年　）などを参照。米国のＮＧＯ、ＳＯＡ　Ｗａｔｃｈ（米軍アメリカ学校監視）のサイトを参照 http://www.soaw.org/

って命令されており、その呪縛のもとにある。見事な世紀末の論説のなかで、クリスチャン・ドブリ(訳注51)は、「近代資本主義の膨張と密接に結びつき、政府、多国籍企業、マフィアという三つのパートナーの連合に基礎をおく一貫したシステム――〔そのなかでは〕金融犯罪が最初の最も重要な市場であり、繁栄して構造化され、供給と需要によって支配されている」――を描いている。それぞれのパートナーは相手を必要としている。たとえその必要性を頑強に否認するとしても。要するに、システムへの正直な一瞥は、私たちをネオリベラリズム〔新自由主義〕の輝く約束からはるかに先へと連れていく。公式のイメージとは反対に、現実の企業文化は病原体の一群を繁殖させる。

制限的な慣行、カルテル、優越的な地位の乱用、ダンピング、強制販売、インサイダー取引と投機、競争相手の乗っ取りと再編成、貸借対照表の偽装、会計操作と移転価格、税金逃れのためのオフショア助成金と幽霊会社〔ダミー会社〕の利用、公金横領、契約偽造、汚職と賄賂、企業資産の不正な蓄財と乱用、監視とスパイ活動、脅迫状と裏切り、雇用の権利と労働組合の自由、健康と安全・社会保障・汚染と環境についての規制の無視、世界のますます増加する自由貿易地区――欧州、フランスのものを含み、特に社会保障、租税、金融に関して通常の労働法が適用されない――については言うまでもない。

「その全容は決して知られることのない、信じられない略奪」が起こるが、一方では国家の黙認によって、他方では地下世界〔暴力団の非合法世界〕への浸潤によって条件づけられている。地球全体で、しかしとりわけ南の諸国［発展途上国］において、「労働者たちはボスが雇ったやくざ、御用労働組合、スト ライキ破り、私設警察、暗殺部隊と対決しなければならない」。要するに、企業資本のいかがわしい慣行と暴力団の組織犯罪のあいだに隠された相互関係がある。

……銀行とビッグビジネスは、組織犯罪の収益――資金洗浄された――を手に入れたがっている。麻薬、ゆすり、誘拐、ギャンブル、あっせん（女性と子どもの）、密輸（アルコール、煙草、医薬品の）、武装強盗、偽造と偽装納品書、脱税と公金横領、新しい諸市場もまた繁栄している。これらには違法労働者と難民の密航、コンピュータによる海賊行為、芸術作品や骨董品、盗品の自動車や部品、保護されている動植物種と人体臓器の不正取引、文書偽造、武器、有害廃棄物、核物質の不正取引、など。

ときどきこれらの兆候が、キャンペーンへの寄付、ひどいアフリカの内戦、中国からの不法移民やロシアのマフィアによって不満を抱く海軍士官から購入された潜水艦の海岸への漂着などをめぐるスキャンダルの際に表面化する。しばしばそれは南の都市にはびこる街頭犯罪へと移っていく。この頂上の下にある氷山の完全な見積もりがなされることは決してないだろう。その大きさは年間の「犯罪総生産」が一兆ドルという推計によってほのめかされるのであるが。（原注36）

訳注51　クリスチャン・ドブリ（ジャーナリスト）の邦訳に「ヨーロッパ人の歴史を求めて」（岡林祐子訳）がルモンド・ディプロマティックの日本語サイトに掲載されている。http://www.diplo.jp/articles03/0308-5.html

道徳的な含意を脇におくとすれば、この広大な影の国の存在は、資本主義が基本的に制御できないこと、したがってそのエコロジーとデモクラシーの危機を克服できないことを意味している。この見地から見ると、エコロジーの危機は、生態系の見地から見たグローバル化の効果であり、資本の大きな波が生態学的防御壁にぶち当たり、浸食するときに起こるものである。同様に政府ではなくデモクラシーが、グローバル化の大きな犠牲者である。グローバル資本が我が道を行くときに、システムからいっそう多くの利潤を搾り取ろうとする努力のなかで、民衆の意思はますます解体される。その過程で、グローバル資本の道具は政治的な機能を帯び始め、地方の司法システムを解体し、自らをある種の世界政府として再構築していく。しかしそのレジーム〔体制〕は、通常の国家、独裁的な国家でさえ要求するもの、すなわち正当化のいくつかの手段を欠いている。近代という貴族制以後、神権政治以後の世界において、民主的な前進――今日では通常のものとして通用する偽のデモクラシーでさえ――は諸社会を統合するのに必要な接着剤である。資本がグローバル社会のなかでその実現を求めて動くときにこれ〔民主的な正当性〕を備えることができないことは、その操業にますます地球規模のクーデターのような外観を帯びさせるであろう。これは時代の大いなる政治的矛盾であり、私たちに抵抗の噴出を引き起こしているのである。

責任者たち

「ここだけの話だが、世界銀行は発展途上国への公害産業の移転を奨励すべきではないだろうか？

大量の有害廃棄物を最も賃金の低いところに流出させようという経済の論理は避けがたいものだと私は考えている。このことを直視すべきだ……いつも思うことだが、アフリカの過疎の国々はほとんど汚染されていない。その地域の大気汚染の程度は、ロサンゼルスやメキシコシティーとは比較にならないほど低いだろう」(訳注52)（ローレンス・サマーズ、世界銀行副総裁在職当時）。

「ご存じのように、世の中には負け組の人たちがいます。負け組の国家もいくつかあります。もし彼らの債務を免除するとしても、たいした違いはないでしょう」（ジェームズ・ウェルフェンソン、世界銀行総裁(訳注53)）。

「五〇％とか六〇％くらいは容赦なくコストを削減しなければならない。人員を削減しろ。人を追い出すんだ。やつらは仕事を台無しにしている」（ジェフリー・スキリング、エンロン株式会社社長(原注37)(訳注54)）。

訳注52　このサマーズ・メモ（一九九一年）については、『環境的公正を求めて』戸田清（新曜社、一九九四年）一二三頁でも言及している。サマーズ（一九五四年生まれの経済学者・政治家）は二十八歳でハーバード大学史上最年少の教授になり、世界銀行を経て、クリントン政権の財務長官、ハーバード大学学長（女性差別発言で批判される）などを歴任。また「ウィキペディア」の「ローレンス・サマーズ」でもサマーズ・メモが紹介されている。サマーズがオバマ政権の経済政策ブレーン［国家経済会議議長］でもあることは言うまでもない（『オバマの危険』成澤宗男、金曜日、二〇〇九年、一一頁）。

訳注53　ウォルフェンソンの総裁任期は一九九五～二〇〇五年。その後の世銀総裁は、ポール・ウォルフォウィッツ（二〇〇五～〇七）、ロバート・ゼーリック（二〇〇七～）。

訳注54　二〇〇一年に発覚したエンロン社の不正会計スキャンダルでは、二〇〇六年五月二十五日テキサス州ヒューストンの連邦地裁で、ケネス・レイ元会長が証券詐欺等で、ジェフリー・スキリング元ＣＥＯ（最高経営責任者）がインサイダー取引等で有罪との評決がくだされた。同年七月にスキリングは心臓発作で死去。享年六十四。

資本主義社会の大まかなエコロジー的輪郭を示すことと、資本が打倒されない限り容赦なくエコロジー的破局につながることを証明するのは、別の問題である。ここで問題は、資本が生態系、人間、自然に対してしていることではなく、自然的基盤の解体がすすむなかで資本が適応してやり方を変えることができるかどうか、あるいはもっと正確に言うと、自然との関係を修復することが可能な時期にそれができるのかということである。誰もが資本の適応能力は驚くほどのものだということを評価している。それは再三再四、破滅を回避してきた。そういうわけで、エコロジー的破壊に適応する能力もまた高いものだと思われている。

市場社会は富を生産することにおいて、信じられないほどうまくやってきた。そうならば、エコロジー的健全性の生産も同じようにうまくやっていけないことがあろうか、と［欧米の］標準的な議論では言われている。しかしこうした議論が捉え損なっているのは、今回は資本主義的生産そのものから障害が生じているということである。これまでの危機で苦しめられてきた問題は、何らかのストレスによって中断された成長パターンをいかにして再開するかということであった。しかしいまや、まさにその成長のパターンそのものが問題を引き起こしているのである。そうだ。資本は「環境にやさしい商品」や「公害防止装置」を生産することができる。それは資源やエネルギーをリサイクルしたり保全したりすることができる。しかし資本としてそうするのであるから、何よりもまず自身を生産することによってそうするのである。そしてこの資本の集結する世界は環境破壊的な効果をもたらし、回復の努力によって得られたわずかな成果を押し流してしまうであろう。この命題は、その反対――資本はエコロジー危機をうまく乗り切るだろうという通俗的な考え――と同じくらい証明可能である。むしろ問題は、それがより説得力があるかどうかということであり、この目的で私たちは別の考え方を導入することができる。

資本主義的生産には一般化された商品生産に入ってくるすべての諸力が含まれる。これらには、生産に入ってくる一般的な人間の配置が含まれる。資本主義は自然の認識から目をそらすある種のメンタリティを育むと言うことが真実なら、これはエコロジー危機をより扱いにくくする要素（マルクス主義の用語で言うと「生産力」）のひとつとして理解すべきだろう。わかりやすい言葉で言うと、資本主義に伴う最大のエコロジー問題のひとつは資本家だということである。

もし支配階級――［生産手段などの］所有や統制を通じてシステムの支配権を握る人々――が、私たちがどれだけの困難に直面しているかを判断できることを証明したいのならば、彼らは間にあうように必要な変化を導入することができるだろう。しかし、もし彼らが危機に対処することが構造的に不可能であるならば、それはここでなされる告発を大いに強化することになる。私がここで構造的と言うのは、エリートの行動が貪欲や支配のような通常の動機に還元できない――事実彼らは貪欲であり、支配欲が強いかもしれないが――からである。私たちが階級的利害について、またいかに諸個人が大きな制度化された力を人格的に体現するかを論じるときには、人間の精神を興味深いものにする数え切れないバリエーションがあっても、人々の行動は少数の基本的な規則に従うのであり、行動の注目すべき画一性が広がることがわかる。もちろん、エリート［的集団］の個別のメンバーは反抗したり、身を引いたりすることはできる。しかし彼らのアイデアが階級的意見の優勢な力によって押し流されるならば、少数の資本家が仲間と違うように考えるとしても、何ほどの効果があるだろうか。実際には、ものごとを根本的に違ったふうに見るエリート集団のメンバーは、もとの路線に戻るか、さもなければ力を剥奪されることになる。彼は単純にエリート集団のメンバーであることをやめて、資本のニーズにもっと従順な誰かがその後任者になる。残りの人たち［非エリート］については、システムは強力で画一的な制約をかける。支配的な社会的勢力がある種の心理学的要素を誘発したり、別の種類の要素を阻害したりするとか、理想、合理化、行為の規範、要するに、そのなかで行動が形成され、構造を与えられるある種の道徳的世界を提供するといった具合である。

それぞれの社会は、そのニーズに役立つ人の性格の類型を選択する。このようにして、大きな範囲にわたる性格を画一的な階級的目的のために型にはめるのは、まったくありうることである。資本主義的市場で成功し、トップにのぼりつめるために、人は硬くて冷たくて計算高いメンタリティ、自分を売り込む能力、権力への強固な意志といったものを必要とする。これらの特性のいずれも、エコロジー的感受性や思いやりとまったく関連していないし、すべては投資の決定を形作る同じ力の場によって誘発されるものである。

前述のエリート的個人による三つの発言はもちろん、支配階級の代表として世界の公衆の前に出る人によるものではない。実際、サマーズは自分の意見の意図は「皮肉」なのだと主張した。しかし、もしそうなら、メンツを保つひねりをもって真実を告げる皮肉である。というのは、この意見の実質は、ウェルフェンソンやスキリングの意見とともに、資本の実際の運動の軌跡を反映しているからである。資本はこれらの強力な人物たちの口を通して、冷酷な計画性、儲からないものをいとわず投げ捨てること、自然を資源とゴミ捨て場に還元することを見せつけながら語るのである。だから彼らが語っていることは、たとえそれが否認されるとしても真実である。このようにとらえるならば、資本主義のエリートは「貪欲」あるいは何らかの内面的に駆動される心理状態によって動機づけられるものとみなす必要がなくなる。もちろん貪欲さもあるだろう。ゲームのルールに従って途方もない財産を築くことができるときに、貪欲さが関係ないなどということがありうるだろうか。しかし問題は、貪欲さとか権力の追求、あるいは冷たく計算高い思考様式といったものがどれだけ盲目性や硬直性をもたらすかということなのである。これらは目立った特性であり、心理的傾向と資本家の具体的な生活世界の交錯から生じるものである。これが環境破壊的に作用するいくつかの経路を考えてみよう。

(1) システムが大きくなるほど——要するに、膨張という宿命をよりよく成就するほど——資本家的思考様式はいっそう仰々しいものになる。そして仰々しいものになるほど、現実から隔たったものになる。仮にあなたがマンハッタンの世界金融センターに事務所を持ち、自家用ジェット機で飛び回り、コンピュータのキーを叩いて何十億ドルもの操作を行い、河川を付け替えたり火星に探検隊を送ったりできるような生産装置を支配している人物であるならば、［アッシジの］聖フランチェスコの謙虚さや、レーチェル・カーソン(訳注55)の辛抱強い不屈の精神を経験することはありそうにない。そうしたものが欠けているならば、アフリカの貧しい人々にも、人間以外の生きもの

訳注55　レーチェル・カーソン（一九〇七〜六四）は米国の生物学者。DDTなどによる環境破壊を警告した『沈黙の春』（一九六二年）などで有名。

たちにも、仲間意識を持つことはなさそうだ。要するに、エコロジー的意識は、支配階級の地位によって阻害されるのである。

(2) この仰々しさは、個人的に脆弱でないという感覚——それは最終的な損益に影響する場合を除いて、資本家を彼らの行為の結果から隔離してくれる——によって大いに強化される。普通の人々はそんなに保護されていない。たとえば、それほど多くの有色人種居住地域に有害廃棄物処分場が立地される理由は（六〇%も占めると推測されている）、明らかに、それらの人々が公害企業の経営陣のなかにあまりいないからである。(訳注56) 対照的に、経営陣［高学歴白人男性が多い］は、自分たちの居住地域や子どもたちの近くに毒物が来ないように注意している。このため、エリートは資本主義的生産がもたらす不安定効果の直接的証拠を目にすることがあまりないのである。それが自然の不均衡から自分たちは常に保護されているという幻想を育むのだ。

(3) たとえエリートが大失敗したとしても、彼らの報酬は確保される。実際、失敗した重役に残念賞が与えられたが、その物語は一九九七年にマスコミの注意を引いた。『ニューヨーク・タイムズ』が言うように、「最高経営陣にとって、失敗——かつてはひどくバツの悪い事態は、企業の都合のいい言葉で隠ぺいされるか、完全にもみ消されるかした——はいまや報われるものになった。特に素早く失敗したときには」。AT&T、(訳注57) ディズニー、アップルコンピュータ、スミス・バーニー［証券会社］の失敗した最高経営陣の人々はそれぞれ二六〇〇万ドル、九〇〇〇万ドル、七〇〇〇万ドル、一二〇〇万ドルの支払い［退職金］を受けて叩き出された。自分たちがやっていることに大いに気をつけろという動機づけにはほとんどならないだろう（読者のみなさんは九年後にシステムが示した進歩に印象づけられるだろう。ホーム・ディーポー[訳注58]のCEO〔最高経営責任者〕が解雇されるときには、二億一一〇〇万ドルのゴールデン・パラシュート[訳注59]をもらったのである)。こうしたことの構造的な理由は、経営トップの交替率の増大——それ自体が資本の加速の関数である——が経営者にセーフティネットを要求させ、同時に企業の上層部での忠誠心、一貫性、大きなビジョンの減少をもたらしていることにある。[原注38]

(4) これとともに、資本主義企業の規模がますます増大するので、配慮の対象としての自然との接触がなくなっていく。官僚制の分厚く、一見したところ終わりのない網の目に隔離されて、何でも造り、イメルダ・マルコスが靴を替えたように[訳注60]子会社を混乱させる企業を支配しながら、資本家のボスは、エコロジー的な存在様式に不可欠な緊急性と相互承認を無視するためのあらゆる理由を見つけ出す。彼らの相互関係の秩序は、完全に反エコロジー的な原理——交換の法則——によって支配されている。貨幣資本の支配が増大すると、自然はますます単なる抽象へと還元され、

訳注56　こうした環境人種差別の問題については、『草の根環境主義』ダウィ、戸田清訳(日本経済評論社、一九九八年)、『現代アメリカの環境主義』ダンラップほか編、満田久義ほか訳(ミネルヴァ書房、一九九三年)、『環境レイシズム』本田雅和ほか(解放出版社、二〇〇〇年)などを参照。
訳注57　AT&Tは米国最大手の電話会社。AT&Tは、旧社名The American Telephone & Telegraph Company の略。
訳注58　ホーム・ディーポーはDIY(Do It Yourself)のチェーン店。全米にある。
訳注59　ゴールデン・パラシュートは、高額の退職金。企業が吸収合併されるときに、買収された側の会社のトップ経営者が有利な(高額の)退職手当をもらえるところから、金のパラシュートで落下するというイメージができた(スペースアルクによる)。
訳注60　フィリピンのマルコス大統領の夫人だったイメルダは、数千足の靴のコレクションで有名だった。

先ほどのローレンス・サマーズのメモがますます正当化される。金融の体制によれば、経済の論理はより多くの有害廃棄物を貧しい国々に投棄することに対して事実上「申し分がない」。それは単純にいかにしてより多く金を儲けるかということであり、それだけが「ものを言う」。

(5) 資本家のもうひとつの核心的な傾向は、テクノロジーへの物神崇拝である。テクノロジーは剰余価値の抽出速度を上げるので、収益性への鍵であり、資本の神のような力で投資されるようになる。資本家はしたがって技術的なものを過大評価するだけでなく、彼自身も機械のようになる。彼の硬くて冷たい計算高さにおいて、彼は「道具のように」考える[訳注61]、つまり還元主義的に、全体よりも部分の観点から考えるのである。それは人の行動の出来合いの合理化と、ある種のエコロジー的自覚を喚起しうるような傾向の孤立化と分離を可能にするので、二重に便利である。

(6) もちろん資本家は考えるだけではない。彼は情熱的で欲望する生きものである。問題は、資本が向こう見ずに生態破壊的で、特にいかなるコストを払ってでも勝つことを欲望するような情熱の持ち主を選抜することである。これの主なメカニズムは、システムの核心に組み込まれた容赦ない競争であり、それは資本の上層部をパトロールするために熱狂的に利己主義的で非情な者だけが選抜されるようにするのである。これには何も神秘的なところはないが、その重要性は資本主義文化のマッチョな世界のなかで容易に見過ごされる。これは資本の反エコロジー的な体制のなかで、単純な貪欲よりもはるかに効果的な要因である。この態度はコカコーラ社の会長でありCEOでもあったダグラス・アイベスター（二〇〇〇年に証言した）によって要約された。友情、崇拝、尊敬は「実は私の優先事項ではない」とアイベスターは述べた。「次にあげるのが、私が本当に望んでいるものである。私はあなたの顧客を望む、私は棚の上のあなたのスペースを望む、私は消費者の胃の中のあなたのスペースを望む。そして私はそこにある清涼飲料の需要増大のあらゆる可能性を望んでいる」[原注39]。したがって、ちょうど資本が決して膨張を止めることができないのと同様に、資本の人格化も、これで十分だということが決してないのである[訳注62]。この種の人々がエコロジー危機に目覚めることなど、一体どうして期待できようか?

(7)その効果は、金融資本の体制が短期的な収益性に力点をおくがゆえに、倍加される。資本が求める流動性そのものが、ただちにあるいはより早く利益が実現することをいっそう強く要求する。これは現在の体制のもとで地球温暖化について本質的な対策が何らなされないことの主な理由である。確かに、あらゆる種類の建設的な手段が構想されているが、それらを真剣に受け止めるならば、直接的利益を削減するという考えられない手段を持ち出してこざるをえない。もし資本家たちがあらゆる計画を一緒に実行できるならば、これは可能かもしれない。しかしそれが今度は競争の法則に反することになる。

(8)資本家たちがエコロジー危機に十分に対処することを妨げる最後の傾向も、言及するに値する。論理的なスタイルあるいは個人的な情熱は別にして、私たちは支配階級の判断能力を評価するこ

訳注61　フランクフルト学派の「道具的理性」の概念などが想起されるべきであろう。『道具的理性批判』マックス・ホルクハイマー、清水多吉編訳(イザラ書房、一九七〇年)などを参照。

訳注62　十分(enough)というキーワードについては、*How Much Is Enough?* という書名(邦訳は『どれだけ消費すれば満足なのか　消費社会と地球の未来』アラン・ダーニング、山藤泰訳、ダイヤモンド社、一九九六年)を参照。

とができる。言うまでもなく、個人が資本主義的ヒエラルキーを上昇しようとするならば、ある種の側面においてこれ〔判断力〕はかなり健全でなければならない。すなわち、大物実業家は、彼の仰々しさ、攻撃的な欲望、現実の状況のなかで可能なことの違いを識別できる必要がある。しかしこの原則は、収益性が判断基準となる領域にのみあてはまる。ここでは資本家の力が注ぎ込まれ、結果はたいてい印象的なものである。しかしそこでは、エコロジー的危機の場合と同様に、資本家は単純に首が回らなくなっており、彼の道具的な思考と機械的なメカニズムは必然的に現実の状況を間違って解釈し、彼は特に大きなこじつけに傾きがちである。これは彼の仰々しさ、「機械の回転の制御」をめぐる議論への没頭、広報活動やその他の種類の操作、そして市場で生きる者のあいだではまったくありふれた後天的な性格特性、つまり「楽観主義的な否認」〔不都合な現実を直視しないこと〕のゆえである。資本家はあるレベルでは完全に現実主義的でなければならないが、彼が商品交換に没頭している限りは、高度な希望的観測にもしたがうことになる。見極められない市場での成功は、このような商品は実際に売れるのだという信頼と確信を吹き込むことに大いに依存している。というのは、そういう商品が実際に売れるかどうかは、部分的には人々がそれを信じるかどうかに依存するからである。この態度は、強引なセールスマンや「急がせる顧客」にとっては不可欠であり、通常はある種の抜け目のなさによってバランスがとられている。しかしそこでは、エコロジー危機の場合のように、状況が理解できず、あまりにも人間的な現実否認の傾向と希望的観測への訴えが前面に出てくるがゆえに、抜け目のなさがはきちがえられるのである。実際は誰もエコロジー危機――あるいはそれを構成する生態系の脈絡――の結果を予測できないので、楽観主義的な否認の余地は残されている。要するに、問題の現実的な評価からよりも、むしろ楽観主義的な動機からの危険の過小評価と不十分な対応がなされるということだ。

告訴

資本主義は富を生産する――そして人間の本性の富を生産する側面を助長する――幻想的なまでの能力を持っているので、世界にそびえ立つ。その結果はこれまでに考案されたなかで最も強力な、そしてまた最も破壊的な人間の組織の形態である。資本の擁護者たちは、その破壊性は抑制できるし、資本は成熟するにつれて、その原始的蓄積(訳注63)の局面に見られた強奪を平和的に克服するだろう――バイキングの過去からスウェーデン人が進歩したようなやり方で――と主張する。もう少し時間をくれ、と彼らは論じる。グローバル化は本当に金持ちのヨットだけではなくて、あらゆるボートを浮上させ、富の一般的な増大によってこれらのボートの港である地球も居心地がよく明るいものにできるだろうと言うのだ。

ここでは反対の結論が論じられる。私はさきほど紹介した意見とは違って、資本主義的富の生産と

訳注63　封建社会が解体し資本主義社会が成立する過程での資本の原始的蓄積（本源的蓄積）が一六世紀英国のエンクロージャーのように暴力的なものであったことについては、マルクス『資本論』第一部［第一巻］第二四章を参照されたい。

ともに、そしてそれに組み込まれた一部として、貧困、恒久的な闘争、不安定、生態系破壊、そして最後にニヒリズムもまた生産されると考えている。生産がローカルであり、限定されている限りは、これらの付随物は外部化され、輸出される。しかし資本が成熟し、グローバルになるにつれて、逃避経路は封鎖され、その癌のような性格があらわになる。人間存在のあらゆる局面に浸透し、空間と時間のエコロジーを不安定化させ、地球をますます権威主義的(訳注64)かつ汚職体質になる体制にゆだねるのである。

エコロジー危機とは、グローバルな蓄積を伴うグローバルな生態系不安定化をさすものである。資本は驚異的な弾力性と、その交換の論理のなかにすべての矛盾を吸収する能力を示してきた。これはなぜ様々な反抗様式が来たりては去り、革命家チェ・ゲバラがビールの商標名になってしまったように、苦い記憶だけを残してきたのかということの、主な理由である。しかしエコロジー危機においては、交換の論理それ自体が不安定化の源泉となり、それ［市場交換］が浸透すればするほど、自然との関係がますます腐敗した不安定なものになるのである。資本はエコロジー危機を回復できない。なぜなら、「成長か死か」症候群にあらわれるようなその本質的存在がそのような危機を作り出し、それがどのようにするかを現実に知っている唯一のこと、つまり交換価値に応じて生産することが、まさに危機の源泉だからである。言い換えると、それは資本蓄積への影響というゆがんだレンズを通してエコロジー危機を見ているのである。後者［資本蓄積への影響］を是正しようとすること——現実にはそれしかできないのだが——により、資本は必然的に前者［エコロジー危機］を悪化させてしまう。このことは京都議定書のもとで設定された排出量取引［排出権取引］のレジームにはっきりと認められる。

そして最後に、富とともに貧困を生産し、貧富の格差を増大させる鉄のように強固な傾向は、資本主義的社会がその核心において権威主義的でなければならず、エコロジー危機に合理的に取り組むための協力的社会空間を発展させることができないことを意味する。人間の創造力を解放すること——エコロジー的崩壊を克服するにはそれが最良のチャンスだが——は、資本主義にとっては単純に受け入れがたいのである。

この議論の論理は、突然私たちを圧倒するある種の災厄の出現ではなく、非常に多くの小さな打撃の同時発生が崩壊をもたらすというもっとありそうな事態に限定されるわけでもないし、システムが何とか乗り切るだろうということでさえない。それは、資本主義が癌のような膨張によって発生させた危機のなかで文明を導く資格がまったくないことを示すことにむしろ基礎を置いている。上述の不測の災害はどこかで起こるかもしれないし、あるいはまったく起こらないかもしれないが、それらが起こりかねないこと、資本主義が改善策を提供することからはほど遠く、資本主義が自己を成就すればするほど災害が起こりやすくなることは、完璧に明らかである。

このことが、資本と資本主義の特性についての探究において、その危機との関係の明細よりもむしろ資本主義的生産の反エコロジー的特徴を強調した理由なのである。環境破壊の無数の事例について、大いなるプロパガンダ・システムとグリーンウォッシュ・キャンペーンについて、大手メディアによるエコロジー的責任の裏切りについて、個別の政治家や政党の背信行為について、［体制側による］環境

訳注64　政治学や社会学では権威主義は民主主義の反対概念である。権威主義がエスカレートしたものが独裁や全体主義である。

団体の取り込みについて、科学界の共犯性について、混乱した法的システムについて、環境主義者を抑圧し、脅迫する努力については、最低限の示唆を与えたにすぎない。これらのことについてはいくつかの良書が書かれており、[訳注65] 第8章で現代のエコロジー政治で十分かどうかを検証するときにそれらのいくつかには立ち返るつもりである。[原註40] しかし私たちは細部にこだわるあまりに全体像を見逃すべきではない。つまり、単一の世界を支配する秩序［資本主義］があること、それはまだ世界の隅々までは及んでいないにしても、改良することはできないし、あらゆるものを支配せずして満足することもできないこと、その諸目的に応じた諸機関を配置していることを見るべきである。いかなる個別の改良も資本が意図するものを網羅することはできないし、それを根源から追い出すこともできない。したがって、個別の改良にいかにメリットがあり、必要だとしても、対決し、打倒しなければならない──その展望がいかに手ごわい［気力をなえさせる］ものだとしても──のは全体としての資本主義であるという事実は残る。

訳注65　前出の『グローバルスピン：企業の環境戦略』シャロン・ビーダー、松崎早苗監訳（創芸出版、一九九九年）、『草の根環境主義』ダウィ、戸田清訳（日本経済評論社、一九九八年）などを参照。

第Ⅱ部　自然の支配

第5章
様々なエコロジーについて

資本が生態系破壊的であると言うことは、その体制のもとで自然界の広範囲の部分が壊されていきつつあると主張することである。厄介かもしれないが、これは十分に単刀直入である。しかし私たちは多くの箇所でそれが「反エコロジー的」であると述べた。それはまったく同じことを意味しているわけではない。後者の用語は新しい概念を導入している。そのエコロジー(訳注1)という言葉は自然のなかでの関係において価値をおかれるべき何かを意味しており、資本は自然や何かの一部を単純に劣化させるのではなく、宇宙の全体的な意味を侵害する。明らかに、これは私たちに、その意味が何でありうるかについて、もっと一般的に言うと、自然について語るとはどういうことかについて、何かを語ることを義務づけている。

自然の概念は、私たちの思考のレパートリーのいかなる概念と比べても理解しにくいもののひとつである。私たちがそれについて何を言おうと、自然は触れることができるものとして存在する。それでも自然はそれについて私たちが何か言う限りは、私たちにとってのみ存在する。自然についてのあらゆる命題は、最も秘伝的な研究やコスモロジー(宇宙論)から、廃棄物投棄の規制まで、イデオロギー的な左翼、右翼、中道派の著述――確かに本書の記述内容も含む――に至るまで、言語によって媒介されており、それは現実の不完全な鏡であるとともに、色濃く社会的および歴史的なものである。実際的に言えば、自然に対する私たちの印象には、二つの層がある。第一に、自然界は人間の影響によって、人間活動によって影響を受けていないような地球上の物質の配置や、その上下の経路を見つけることは困難であるほどにまで、実質的に再編成されてきた。(原注1)そして第二に、自然界についてのあらゆる命題は、何よりもまず、社会的な発言である。「自然」と呼ばれる何かについて私たちが語るとき、あるいは気づくとき、私たちは少なくとも、歴史を持つ何かを理解している。なぜなら、それについて語る様式は社会的な実践であり、私たちが関心を持つ多くの場合には、「自然的な」実体はそれ自体、人間の歴史的な刻印を受けているからである。

エコロジーという用語およびその様々な意味にも歴史があり、この場合には、その名前を保持する集積的な危機によって条件づけられている。（原注2）自然界の健全性が絶えず増大する脅威のもとにあるときには、その健全性と解体を説明するために用いられる概念は注目されるだろうということは、当然である。それが知的景観のなかに登場して以来の約百二十五年のあいだに、エコロジーは様々な意味づけを獲得してきた。次に述べるように、この用語には四つの意味がある。

1　生物学という自然科学の分野のなかに含まれる〔生態学という〕専門領域で、生物とその環境との相互関係を研究するものである。ここでの重要な変数は、たいてい自然界と相互作用する様々な生物の個体数〔人間の場合は人口〕である。

2　生態学的研究のために選び出された対象で、個体数自体ではなく、地球全体のなかでの場所を意味する。多かれ少なかれ特定の場所について語ることができるのであって、たとえばある小さ

訳注1　エコロジー（エコロギー、生態学）という言葉は、ドイツの生物学者・哲学者エルンスト・ヘッケル（一八三四～一九一九）が、ダーウィン進化論の影響を受けて、『有機体の一般形態学』（一八六六年）のなかで初めて定義したとされる。

な池やアマゾン盆地のエコロジーであり、ある規模の場合は生態地域（バイオリージョン）の名前をつけることができる。あるいは大気圏とか、高等動物の内分泌系のように、ある種の内部的関係をもつ自然界の部分集合として考えることもできる。ここでは問題の対象はシステム的な特徴を持っており、すなわち空間的および時間的に定義される諸要素から成る構造である。したがって私たちの研究の主要な対象を定義するために生態系（エコシステム）という名称が出てくる。それぞれの生態系には境界があるが、お互いに相互関係もしている（たとえば内分泌系は循環系と関係しており、海洋は大気圏と関係しているというように）。実際、生態系そのものというようなものはない。すべてが私たちに大いに影響するような方法でお互いに関係している。私たちは生態学の諸原則に応じて考慮される世界に言及するために生態圏（エコスフェア）という用語を用いるが、言い換えるとそれは「生態系的に」観察される地球である。そしてさらに高い抽象的レベルから、私たちは自然そのものをあらゆる生態系の総体として考えることができる。この総体という概念はまた、私たちが部分から構成される「全体」、ただし部分の単なる総和とは区別されるものとしての全体を考えていることをも意味する。哲学的用語で言うと、私たちはヒエラルキー的なシステム理論ではなく、発生の弁証法を発展させているのである。

3　人間世界の次元。私たちが人類は自然界の外にいるというナンセンスな立場を取るのでない限り、これは不可欠である。言うまでもなく、エコロジーについての社会的観点を発展させることは、あらゆる自然科学者の好みにかなうことはないかもしれない。そしていずれにせよそれは私たちに、言語、意味、歴史のような人間界に特有の次元を導入することによって、私たちの方法を拡張することを要求する。これらの特性は私たちに自然界の生物種としてのアイデンティティを与える。ひとたび私たちがものごとをこのように眺め始めるならば、さらに、都市、近隣、家族、さらには精神の生態学について語っていけない理由はない。(原注3)

4　価値は人間特有の現象であるから、私たちはエコロジー的内容を伴う倫理的立場を考慮することによって、論理的に視野を拡張する。そして倫理的立場は世界における行動の方向づけを導くので、私たちはエコロジーの政治についても語るのである。この後者の意味において、私たちは資本を「反エコロジー的」として告発するのであり、その「生態系破壊性」の告発は用語の第二の意味――生態系――にかかわるのである。エコロジー的に倫理的に振る舞うこと、あるいは「生態中心的」な価値――ここではその言葉を使うべきだろう――を保持することが意味するのは、エコロジーのあらゆる次元を統合する問題であり、「エコソーシャリズム」［直訳すれば生態社会主義］と名付けるべきその解決策が、本研究の目的である。

エコロジー的思考は諸関係と、それらのあいだの構造および流れにかかわるものである。あるレベルでは、これは単なる常識である。別のレベルでは、それは私たちが現実だと思っているものをひっくり返し、支配的なシステムとは対立する世界観と自然哲学にコミットさせるのである。そうしたものとしての自然は生命の現象を大きく越える。しかし生命は同時に自然の特別の事例として見ることも正当化されるのであり、ある点では自然のポテンシャルとして――特殊な状況のもとで自然が生み出す何かとして――おぼろげながら推測するのである。(原註4) 生命は、人間、アメリカスギ、粘菌などの基礎的な分子的構造がすべて共通祖先の存在を示しているという意味で、統一されている。しかし生命はまた私たちのおぼろげな感覚では想像できないほど様々な形態を取っており、生物のあいだの、そして非生物的環境との絶え間ない相互作用を通じて、三五億年以上にわたり豊富さ［多様性］をもたらしてきたのである。したがって生命を含むすべての生態系はまた、自然界の残りの部分――他の生きものであれ、地球のマクロ的物理的環境、つまり「環境」であれ、分子的、原子的、素粒子的な領域であれ、自然のコスモス［宇宙］への拡張であれ――と関係している。自然の大いなる領域を通じてのか細い繊維のようなつながりは、確かに私たちの科学によって十分に理解されたとはとても言えないが、自然のなかでの諸要素の関係性を十分真剣にとりあげる限りは、存在しているのである。この観点から私たちは自然を、あらゆる方向に広がり、地球の限界を超えるあらゆる生態系の総合として考える。総合について語ることは、有機体および全体の観点から語ることを意味する。言い換えると、エコロジー的ビジョンの体系的導入は、私たちに現実を、その無数の結節が絶えず発展する驚異を示す――資本がつけ込まない限りは――全体へと総合される相互に関係した網の目として想定することを促すのである。

生命とは何か？

生命と非生命の境界ははっきりしたものではないが、そのことは、もし生命が自然によって生み出される潜在的な形態であるならば予測されることである。自然は形成的（formative）なものであり、すなわち存在の特異的な結合を生み出すダイナミックな潜在的可能性を持っている。そして生命はその形成性の途中駅のようなものである。自然がその変数のあいだに分化［違いの形成］を持たない拡散した連続体――「ビッグバン」の瞬間にそうであったと想定されており、［宇宙の］熱死の延長された瞬間にまたそこに戻ると想定されているような――であったならば、そこにはまったく何も、特別な集合も、時間と空間の配分も、つまり塵やエネルギー的差異や銀河や恒星や恒星の周りの惑星や惑星の上の海と陸、陸の上の岩、水たまり、大気中と水中の化学物質の連鎖、温度と光のサイクル、要するにアルファ点［宇宙の誕生］とオメガ点［宇宙の熱死］のあいだの無限に長い年月にわたるコスモスの宿命である分化のどれもないのである。だから存在のカテゴリーは存在する「何か」によって占有されている。これらはその存在を内部化する限りは、すなわち「属性」をそれらの一部とする限りは、存在を含む。このように、あらゆるものは、他のものでない限りは存在である。この「存在の存在」は、他のものを組み込む程度に応じて関係しており、対象になるときでさえ、自己に内在的なものにするのである。存在は一時的である。それらは存在するようになるときと消滅するときに進化し、進化とともにより完全な内部化に至る。言い換えると、主体性に向かう内面性の動きはより高度に分化した客体的存在を伴う。発展の経路において、これは結局意識と精神の出現をもたらす。私たちが「発展」と呼ぶものが、存在の領域で、そしてより大きな主体―客体の分化を通じて――子どもの成熟［個体発生］であれ、生命の進化［系統発生］であれ――起こる。

生命は自己を維持し複製するある種の存在を示す。それは個体の生殖能力を通じて明確な個体を出現させることで自らの形態を増殖させる。しかし自然は形成的であるだけでなく、できた形態を消散させるものでもある。実際、そうでなければ形態そのものが存在しえないであろう。だから私たちの宇宙にとって、アルファ点とオメガ点のあいだの、始原の分化していない瞬間と、分化そのものが終わるがゆえにあらゆるものが存在をやめる終末――想像できないほど遠い先である(原注5)――とのあいだの軌跡がある。この偉大なループの経過は、有名な熱力学の諸法則(訳注2)――それだけに限るわけではないが――によって記述されている。熱力学の第一法則は、「無からは何も生じることはない」というエピクロス(訳注3)の教義のような古代の自然哲学の洞察を表現している。それは、物理的システムにおいて物質とエネルギーは保存されると述べている。熱力学の第二法則は、形態と形態の消散の概念を導入することによって、これを越えるものである。もし「エントロピー」(比喩的にいうと、物的・熱的な「汚れ」)が所与の物理的システムの確率的無秩序の対数的尺度であるならば、第二法則は、そのようなシステムによっては、室内空気であろうと、生体であろうと、あるいは地球全体であろうと、エネルギーも物質もシステムに追加されない限りは――つまりシステムが「閉鎖系」である限りは――エントロピーは時間とともに増大すると述べている(訳注4)。要素のランダムさの増大は、あるいは別の側からみると形態の喪失は、したがってエネルギーの注入がないときに生じるであろう。さらに、この変化の方向は「時間の矢」を定義している。したがってコップの水のなかの氷のかたまりは「時間とともに」溶けて、比較的ありそうにない状態をありそうな状態――すなわち、物理学者が位相空間と呼ぶものにおいてより大きな数のシステム確率に対応するもの――によって置き換えられる(原注6)。同様に、私たちが死ぬときには、生命形態に存在した分子の絶妙な組み合わせが宇宙の偉大な流れに戻る。その絶妙さを維持していたのが生命形態であり、それに対して自省的生物である私たち人間は、芸術的に反応する。

　ここには少しばかり中身をほぐす必要のあるテーマがいくつかある。第一に、私たちは生命がそれを生み出した宇宙とのあいだにある程度の緊張関係を持っていると理解している。宇宙あるいは自然は、その内部にコスモスの「自然的な」潜在的可能性としての生命を生み出した。しかし同時に、同じ自然の熱力学第二法則の作動を通じて、生命は宇宙のある種の法則に対立するものとなっている。生命はあるに違いないが……生命は存続することができない［個体も種も死すべき運命にある］。これら両極のあいだにバランスをとりながら、生命はその存在のために持続的に闘争しなければならない。もしそうでなければ、死んでしまう。

現在の正統思想［ブルジョワ思想］のもとでは、「闘争」はホッブス的[訳注5]あるいは社会ダーウィン主義的[訳注6]な意味を与えられている。闘争とは万人の万人に対する戦争であり、継続的相互攻撃の体制における最

訳注2　熱力学の第一法則はエネルギー保存の法則。熱力学の第二法則はエントロピーの増大など。なお熱力学の第三法則は、絶対零度でエントロピーがゼロになること（絶対零度より低い温度はありえないこと）。ウィキペディアの「熱力学」の記述はおおむね妥当と思うが、これも文系の人には難解だろう。物理が好きで詳しく知りたい人は『熱学思想の史的展開』山本義隆（ちくま学芸文庫、全三巻、二〇〇八年、〇九年）などを見られたい。

訳注3　エピクロス（紀元前三四一年～紀元前二七〇年）は古代ギリシャの哲学者。

訳注4　地球も生物も「閉鎖系」ではなく「開放定常系」であり、エントロピーを「捨てる」ことができる。『エントロピー』藤田祐幸・槌田敦（現代書館、一九八五年）、『資源物理学入門』槌田敦（NHKブックス、一九八二年）などを参照。

訳注5　ホッブス（一五八八～一六七九）については2章の訳注を参照。

訳注6　社会ダーウィン主義は、「適者生存」を人間社会に類推して権力者や資本家を適者とみなし、格差、不平等を正当化する思想。『アメリカの社会進化思想』リチャード・ホフスタッター、後藤昭次訳（研究社、一九七三年）などを参照。

適者の生存であるとされる。この概念はダーウィン自身のものではなく、イデオロギー的にゆがめられているだけでなく、事実としても間違っている。決してすべての生物がこのように振る舞うわけではない。実際、いかなる生物も、「ジャングルの王」でさえ、まったく捕食されずに生き延びるということはない。(訳注7)他方で最も単純な生物についていえば、生物圏全体がそれに依存している顕微鏡的な単細胞生物にとっては社会ダーウィン主義の概念は意味をなさない。英国の古生物学者リチャード・フォーティが指摘するように、最初の「持続可能な」システムであるマット状の微生物の群集あるいは「ストロマトライト」――その系譜は三十億年前の先カンブリア時代(より複雑な多細胞生物の誕生よりも約二十四億年前)にさかのぼるが、ある種の保護された地域ではまだその子孫が生きている――は原核生物である細菌の層〔藍藻〕で出来ており、その最上層は「紙一枚ほどの厚さ」の生きた膜で光合成を行っており、下方の層は上方の層の排泄物を発酵によって分解しており、全体は捕獲されたミネラルによって構造と栄養を与えられている。「これは持続可能な系であり、小規模ながらも一つの生態系なのだ。これが初期の生物界の状態を反映しているとしたら、協同と共存はごく初期の頃から生命の特性だったと言える。出発時においては、生存は、競争よりもむしろ、養分のやりとりという互恵的な関係にもとづいていたとも考えられる。……これらの慎ましい構造がエコロジーの誕生である」。(原註7)〔『生命四十億年全史』フォーティ、渡辺政隆訳、八三頁〕

生物が地上に存在した時間のうちの相当の部分を占めることを考慮するならば、ストロマトライトは自然界の残りの部分と生化学的な交換を行う微生物の静的なマットとして存在していたのであり、「闘争」の意味には競争と捕食だけでなく協力の諸形態も含まれ、実際、競争よりも協力のほうがより基本的なものだということになる。ストロマトライトには器官がなく、集めることもないし、狩りをすることもなく、狩りをされることもなく、いわゆる高等生物〔最近の六億年間ぐらい〕よりも長い期間、地上に存在してきたことになる。しかし彼らは生きており、「エコロジー」を持っていた。ストロマトライトにとって、そして基底では私たちにとっても、闘争することは従って、熱力学の第二法則に関係したある種の秩序だった組織を維持するために必要な物質とエネルギーの移動を行うことを意味する。死んでも、私たちの体を構成する無数の原子は本質的に変わることはないが、その相互の位置関係（複雑な分子の形成も含む）はしかしながら、劇的に再編成される。生命の消滅はランダムと分解の方向への再編成を示し、現在では、古いものの要素から自分の体を再構築する別の生物によって主として行われる。

したがって、生物とは組織を維持するものである。正確に言うと、低いエントロピーで組織を維持する。このために必要なエネルギーと秩序だった過程の集合体が、所与の生物あるいは生物種の特異的な生命活動を構成している。「より高等な」生物の狩猟や採集などは、その経路を進むためのより精巧な方法であり、より複雑な秩序だった構造の必要性に基礎をおいている。それぞれの生物は、その形態を維持するべく闘争するために、言わば存続するために、エネルギーを抽出しなければならない。そしてこれは、それぞれの生物が個体である限りはそれ自身では不十分であり、分離もするし、そこから分離したものもしたがって元のものに関係しており、異なるが結びついていることを意味する。一緒にならな

訳注7　人類の祖先がよく捕食されていたことについては、『ヒトは食べられて進化した』ドナ・ハート、ロバート・W・サスマン、伊藤伸子訳（化学同人、二〇〇七年）を参照。

いものは、存在しない。(訳注8)
あらゆる生物は全体の諸部分と内的および外的な関係を持っている。生物は熱力学第二法則と闘うためには他の生物および全体としての自然との関係のなかで存在しなければならないというこの性質は、生態系の概念を定義しており、身体の単なる集合よりもはるかに深いレベルにある。生態系は「統合する」場所を構成している。それらは出現と存続に潜在的につながるような方法で生物が相互作用する場所である。生態系は自然の形成性の場所であり、生物が存在するようになる活発な集合体である。より広い意味でのエコロジーは、そのような集合体の会話であり、目に見えない微生物からいま不安定化されつつある生態系に至るまでの地球生物の織りなす全体へと構築される。(原註8)
ある範囲の宇宙的可能性のなかでの状況の幸運な組み合わせのおかげで、生物は地球に——他の惑星での生命の存在可能性の問題はここでは脇においておく——出現した。ここでは自然が生命を作り出し、それが闘争を通じて、生態系という場所において、進化するようになった。しかし進化はあらゆる段階で生態系の絶え間ない変化によって条件づけられている。生態系で繰り広げられる生命自身の活動は(他の自然の影響、たとえば隕石、太陽フレア［太陽の表面に起きる爆発］など)生命を刺激するものであり、生存闘争の条件を変え、進化的発展をもたらす。エコロジーはしたがって、完全に進化とつながっている。所与の生態系は進化的時間をある時刻で切り取った断面であると言えるかもしれない。生命はその主要な特徴が形態の創出と維持である限りは、反エントロピー的なものとして定義される。生きているシステムは粗雑な精神では理解できない程度の秩序を示す。私たちが生物の明らかな比例やシンメトリー(対称)を見ようと、あるいはさらに印象的なものとしてはそれぞれの原子が小さな工房で配置されたかのように見える精妙な分子構造を見ようと、生命は熱力学第二法則に従わないだけでなく、それを積極的に軽蔑しているように見えるであろう。これこそまさに生存闘争の内容である。死んだもの、かつて生きていた生物の死体は、非常に急速にエントロピー増大の法則に従う。生命の働き、そしてそのなかに含まれるエネルギーと形態のダンスは、本質的に熱力学第二法則を回避し、逆転させようとする営みである。そのとき第二法則を反証することからはほど遠く、生命はそれに抗して闘うことによって法則の力を確証するのである。(原注9)

生命のエントロピーに対する闘争は、熱力学第二法則を否定するものではない。なぜなら、生命は決して閉鎖系ではないからである［開放定常系である］。生命がまわりの日光を植物の光合成を通じて有用な形態に変えるのであれ、動物がこの活動の産物を食べるのであれ、生命はその形態を維持するために低エントロピーのエネルギーを継続的に取り込んでいるのである。進化した生化学的活動のかなりの部分は、生命の工房の微細構造が進展できるように、小さな包み、主として高エネルギーリン酸結合の形でエネルギーを捕獲する能力から成っている。ここでは、細胞の驚くべきナノ単位(訳注9)の工場において、そもそも生命の誕生を可能にした原則が制度化されている。生命が構築され、繁殖するときには、反応物質が一緒にされ、エネルギーが小さくて利用できる量に転換され、微細構造全体が何兆回(訳注10)も反復されるのである。

訳注8　細胞分裂とか、生殖とか、群れをなすことを抽象的に述べている。
訳注9　ナノメートルは一〇億分の一メートル。
訳注10　人体は約六〇兆個の細胞でできている。

それらすべてを通じて、正味のエントロピーのパターンは熱力学第二法則の枠内にとどまる。生命を（相対的に）閉じた系のなかにおくことができる限りは、それは自身と周囲に含まれる総体のエントロピーを増大させるであろう。全体としての地球にとっては、それほど明らかではない。太陽のエネルギーを（そして少ない程度に潮汐や地熱のような直接重力にかかわるエネルギーを）引き出す生物の能力は、少なくともエコロジー危機が地球上でのエントロピー減少というパターンを逆転させるようになる最近までは、生活できるように閉鎖系の制約を乗り越えてきたのである。少なくとも、これは私が「ガイア」原則――それによると、地球そのものが超生命体であり、自己調節し、ある種の意識の兆候を示すことさえする――とみなす方法である。[原注10] どんなガイアの傾向が地球生態系によって証明されるのであれ、それは、地球を秩序づける生命の天才によって可能になった地球上の進化の累積効果のあらわれである。この図式では、「閉鎖」系は「地球および宇宙」であり、それに関してはエントロピーの全体的増大が、劣化した太陽エネルギーの宇宙への無害な再放射によって説明される。他方、生物進化は全体としての地球にとって、生命プロセスが個体のために行うこと、すなわち秩序とダイナミックな形態の増大を達成した。

もし生態学（エコロジー）がある時点での［共時的な］生命の秩序だった組織の読み取りだとしたら、進化は前方への通時的な動きである。したがって、ある時点でのものごとの生態学的状態は、起ころうとする進化のスナップショットのようなものである。しかしこれは、神によって推進される目的論的に秩序化されたプロセスとして、あるいはもっとイデオロギー的に理解された意味で、進化とは現在の支配階級や主人となる人種の主導のもとでの均衡の中における何かの実現を待つようなものだとして、解釈されるべきではない。自然における形成性の動きは、むしろもっとダイナミックな解釈を求めている。というのはもしエコロジーが定常状態にあるならば、進化への圧力はなく、生命形態の美しさと複雑さもないだろうからである。

生命の進化を条件づけているのは、欠乏、対立、生命とそれを取り巻くものとの絶えざる相互作用である。均衡のようなものは生命の特性ではなく、もっと一般的に言うと、そのなかである種のバランスが獲得する機能は、準安定な均衡、すなわち創造的な形成のなかでの諸要素の「まとまり」として考えたほうがよい。ヘラクレイトス(訳注11)は、宇宙の方法として消滅と生成を伴う絶え間ない動きを仮定したとき、ものごとの根源をつかんでいた(原注11)。

したがって、私たちが生態系の「安定性」について語るときには、単純に静的な状態を含意しているのではなく、単純な均衡を想定しているのでさえない。私たちはむしろ、そのなかで言わば「生命が前に進む」縮小できない非決定性を伴う存在の状態を想定している。新しい種(「より高等な」種ではないが)を進化させ、それらの秩序だった形態とダイナミックなプロセスを地上での働きを包含する生態圏に導入する状態である。

動いて進化することが生態系の性質のなかにあるので、私たちは生態系の安定性よりも統合性(integrity)を想起するほうがいいだろう。統合性の概念は、変化の速度としての安定性と、生態系の働きに

訳注11 ヘラクレイトス(紀元前五四〇年頃~紀元前四八〇年頃?)は、ギリシャの哲学者。「万物は流転する」(自然は絶えず変化する)という言葉が有名。

適合した［新しいものの］出現を含んでいる。その「極相」(訳注12)においてさえ、森林は進化し続ける。生理学的なレベルでは、新しい不測の事態に対応するために新しい抗体を導入することによる変化が可能であるならば、免疫系は安定している。現存する脈菅［血管やリンパ管］を維持し、外傷部位へと新しい脈菅を延長させなければならない循環系にとっても同じことである。

何かの統合性について語ることは、それが諸部分の統合として存在するという認識を意味する。一語で言うと、それは全体（Whole）である。生態学的統合性を保存することはしたがって、全体を保存し、その出現と発展を促進させるという問題である。私は促進すると言ったが、それは人間の世界においてこれをするかしないかという選択ができること――その選択は部分的には私たちが生態系の統合性に価値をおくかどうかに依存する――を意味している。なぜそうすべきであるかについては、私たち自身の生存がそれに依存しているが、必然的に、このような価値をおくことは私たち自身の本性を成就し、その統合性をも見いだすことを意味するからだと言うことができる。生命の地球に対する秩序づけ効果は単なるエントロピー克服の問題ではない。それらはまた、私たちが美しいと思うような実体とパターンをもたらす。この美の感覚はわがままではなくて、そこから存在が生じる自然への参加でもある。もし私たちが自然の美とエレガンスに驚嘆の念を抱くならば、私たちは自らを評価している自然なのであり、私たちの驚嘆は自然そのものの形態の一部なのである。私たちは生命の存続を促進しようとするかどうかを選択できる。「否」を選択することは、エコロジー的解体に通じる生活様式を続けるのを選ぶことであり、自らに反することを［自滅を］選ぶことでもある。これが私たちを、私たちは何者なのかという問いへ導くのだ。

人間は自然的生命のひとつであり、疑いもなく、ＤＮＡを含めて同じ分子の基本的セットを持ち、同じようにエントロピーの法則に従い、同じ根本的な基本設計図を持ち、進化的な時間と生態系への依存の枠内にある。すべての自然的生命と同様に、人間は刷り込み(訳注13)の機構を持つ。コウモリはソナー〔超音波探知機〕を持ち、クジラはダイビング〔そしてある種のソナー〕の特別な能力を持ち、ミツバチはダンスで蜜の位置を知らせ、ハエジゴク〔食虫植物〕は特殊な形態の肉食性を有する。自然におけるそれぞれの生命はその「本性」、その存在様式、その生態系的多様性への参入地点、特異な闘争様式を持っている。私たちはこの観点から「人間の本性〔人間的自然 human nature〕」「ハチドリの本性」「ミツバチの本性」「カエデの本性」を全体的に、エントロピーの法則によって条件づけられた生態系の世界での種特異的な闘争様式として、またもっと具体的なレベルでこの様式の表現を可能にする力、潜在的可能性、能力の集合体として見るのである。それぞれの生物種に特異的な本性については神秘的なところは

訳注12　裸地に植物が入ってくるときは、まず苔・地衣類が入り、草原となり、陽樹林〔日陰に弱いマツ、シラカバなど〕、陰樹林〔日陰に強いブナ、カシなど〕というように中心となる植物が変化していく〔遷移という〕。陰樹林になるとそれ以上の変化が少なくなり、これを極相林という。ウィキペディアの「遷移〔生物学〕」などを参照。

訳注13　ここではコンラート・ローレンツの動物行動学で言う刷り込みのことである。たとえば鳥の雛にある時期に人間が親のように振る舞うと、その人間が親鳥だと思いこんでしまう。

何もない。それは単純な論理である。存在することは闘争することであり、存在においてそれぞれが違う点は、闘争の異なる様式である。このようにそれぞれのやり方で、生命形態が生じて、生態系の多様性のなかで位置を占めるのである。

人間の本性［human nature］という概念は、進歩的な立場をとる人のあいだではしばしば評判が悪い。(訳注14) その概念のなかに本質主義的な思考体系を読み取るからである。本質主義とは、男の本性はこのようなものである（たとえば軍神マースのような）。女の本性はこのようなものだ（たとえば恋の女神ビーナスのような）、黒人とはこういうものだ、メキシコ系（チカノ）とは、などである。それは、彼らが安定した社会秩序のなかでとどまる一般的には従属的な［下位の］ランクを示唆する多かれ少なかれ暗黙の諸条件を常に伴っている。自然――および人間の本性――はこの観点から見ると、人間性の偽りの単純化としての本質であり、したがって人間性の可能性に対する束縛である。しかしこの観点は、たとえ善意だとしても間違ったものである。本質主義は明らかに、道徳的にも哲学的にも誤りである。なぜなら、それは人間を潜在的な［発展］可能性をもたない不活発な対象であるとみなすからである。それは、ある種の物象化［人間をモノ扱いする］であると言ってよい。(訳注15) しかし自然の観念について本質主義の非難を投げるアプリオリな理由はない。自然のカテゴリーは本質的に人間の自由や潜在的可能性を制約するとは必ずしも言えない。そのように使われる［悪用される］ことはあるし、権威と抑圧のイデオローグ［御用学者］たちは常にそのような含意を引き出そうとするであろうが。言い換えると、ゾウをハチドリと同一視できないのと同じように、人間を他の生物と一緒に扱う必要はない。社会的文化的決定論の観念はしばしば自然決定論(訳注16)に反論するために持ち出される。あたかも前者に自由の確保が内在しているかのように。しかし必ずしもそうであるとは言えない。たとえば黒人やラテン系についての本質主義的言説は、文化主義者が人種主義的用語によって表現することもできる。（訳注17）古典的には、人種差別は、差別の対象が、人間のタイプの中で（劣った）亜種であるとみなされているので、生物学的な本質主義である。（訳注18）しかしこの本質は、エスニシティやその他の文化的構造に移し変えることもできる。その場合には、（差別される本質は）［メキシコの］「貧困の文化」（訳注19）とか「黒人の部族」あるいは最新の流行語で言うと、自分たちの集団が人種的に抑圧されていると信じる文化に転移されるのである。（原注12）つたえられるところでは、それらすべては、問題となっている集団にわなをしかけて、自滅的な社会的仮定という世界へと追い込んでいく。

訳注14　たとえば昆虫の生態の研究で有名なエドワード・ウイルソン（ハーバード大学）には『人間の本性について』『社会生物学』などの著書があり、階級社会や男女差別を生物学的に正当化しようとしているようなので、左派のあいだでは評判が悪い。

訳注15　著者コヴェルはもちろんマルクス『資本論』などの物象化論を念頭においている。

訳注16　たとえば人間の本質は社会科学、人文学を待たずとも生物学によって解明できるという考え方は自然決定論である。

訳注17　「黒人は白人より本質的に劣っている」という言説は生物学的装いをとることも、人文学的装いをとることもあるという意味である。

訳注18　たとえば『人間の測りまちがい：差別の科学史』上下、スティーヴン・J・グールド、鈴木善次、森脇靖子訳（河出文庫、二〇〇八年）を参照。

訳注19　たとえば『貧困の文化』オスカー・ルイス、高山智博、染谷臣道、宮本勝訳（ちくま学芸文庫、二〇〇三年）を参照。

いずれにせよ、人間の本性という概念は、エコロジー危機の深い理解のためには必要である。その欠落は危機自体の兆候である。そのような観点がなければ、人間は自然の残りの部分から切り離されてしまう。そして純粋な生態学的観点は単なる環境主義によって置き換えられてしまう。もし私たちに本性（nature）がなければ、自然（nature）は常に私たちの外部にあるということになり、資源と道具的可能性の単なるグラブバッグ[訳注20]になる。また人間と自然のあいだのつながりは、人々とその「環境」のあいだの物理的移転のセットとして与えることもできない。生物は有機体的な全体として闘争している。つまり、生態系の世界で行動し、世界から作用を受ける全体的な存在であって、中身の漏れやすい単なる袋ではない。

あらゆる生物はその周囲と共進化するのであり、その過程で周囲を活発に変化させる。自然が形態を生み出し、生物はその形態を変化させる。それが、エコロジーの代わりに環境を語ることはものごとの摂理に反することになるという理由である。生命は他の生物から岩石の配置、大気の組成に至るまで、世界を積極的に変化させる。私たちが呼吸する大気は、生物によってつくられたものであり、土壌もそうである[訳注21]。あらゆる生物の形態は、他の生物によって規定される。

人間もまた［周囲を］変化させるのであるが、人間の本性を規定するような核心的な［他の生物との］違いがある。私たちはあらゆる存在に潜在的に内在する内面性を、主観性、あるいは自我へと進化させ、それは想像力という能力――内的に世界を表象する――を持っており、この想像力を通じて現実に働きかけ、変化させる。私は、私たちが想像力においてのみ生きると言おうとしているのではない。それはまったく生きないのと同じ事になってしまうからで、想像的世界がそれによって表象されるもとの世界よりも重要なのではなく、世界を内的に表象し、世界に住むのと同じように記憶したり期待したりする能力こそが人間を人間らしい存在にするのだ、と言いたいだけである。人間に特異的なものは、全体の動きであり、内的世界と外的世界を包含し、両者を相互に変化させる。人間の本性の独自性はその全体としての動きにあり、私たちの本性を構成する様々な力はこの動きが生じるのに必要な構成要素である。これらの力とその様々な基層はすべて、ちょうど自然の残りの部分と同じように、生態系的に進化したものであり、想像的世界に媒介されて共進化する人間圏が、ヒト以外の存在の圏とともに、エコロジー危機、ヒト以外の秩序に対して破壊的なエコロジー危機の時代に、ヒト以外の圏に浸透し、植民地化しながら進展してきたのである。それでもやはり、私たちは自然から逃れることができないのであり、自然を相手に好き勝手なことをすることもできないのである。誰もが食べ、排泄し、休息し、眠らなければならない。誰もが病気になり、死ぬ。私たちの生活は、量子の流れから、肉眼的な世界のニュートン力学、エントロピー法則のヘゲモニーに至るまでの自然の現実に条件づけられたままである。私たちがいかに巧みに自然を形作ろうとも――ゲノムの操作〔遺伝子操作〕や、新しい種類の生命の創出を含む――私たちはなお、人間の目的に使えるように自然の法則を学んでいるにすぎない。強調されなければならないのは、この驚くべき能力が私たちを進化の見せ場あるいは終点にしたのではない

訳注20　グラブバッグは、小さなプレゼントがたくさん入った袋。パーティーなどで、その袋の中に手を入れて一つだけつかみ取る（grab）（スペースアルクの英辞郎サイト）。
訳注21　たとえば光合成をする生物が活躍する前は、大気中の酸素濃度はもっと低かった。土壌については、『ミミズと土』チャールズ・ダーウィン、渡辺弘之訳（平凡社ライブラリー、一九九四年）などが古典である。

ないということである。というのは、自然の系譜の観点からみて、あらゆる生物が他の生物と同じように、進化の路線の到達点にいるからである。しかしそれは私たち人間に、他の生物がほとんど持てないような種類の力を与えたのであり、この力によって様々な妄想や機会も生じているのである。

人間の本性のより糸のいくつかを解きほぐしてみると、私たちは次のことを見いだす。

(1) 人間の本性によって与えられた自然選択上の利点のおかげで急速に進化する身体的諸要素の集合体。比較的大きな脳、精巧な声帯、対向性の親指［ものをつまみやすい］、直立姿勢、などであり、人間に特異的な存在様式の物質的基盤を提供している。

(2) 特に重要なのは、人間に特異的なコミュニケーション様式および世界の表象様式としての言語の出現であった。これは進化する脳の「配線」にかかわるものであり、進化する発話装置に調整され、進化する社会性の諸形態と決定的に統合され、その結果、諸個人の力が結合できるのである。

(3) 人間の社会性はある種の超身体としての社会を含意している。これには、共有された意味の体系として世代間で伝達できる文化が伴っている。社会とその文化は、並行した想像される領域の場所であり、自然との変化する関係における人間の秩序を包含している。

(4) 超身体［社会］と先に存在している自然との境界は、技術という手段によってつくられる。道具は身体の物質的自然への、自然の身体への移行点であると同時に、身体の延長でもある。技術は常に社会的に決定され、意味の担い手は言語を通じて構築される。それは道具のコレクションではなくて、社会的諸関係の網の目であり、そのある種のより糸は、自然を変化させるために道具へと変化させた自然である。

(5) 人間は新しい種類の主観性を伴っている。すでに見たように、すべての存在は他との相違——それらがあるものであり、他のものではないという事実——によって含意される潜在的な内面性を有している。人間の本性は、そのなかでこの内面性が言語の影響のもとで私たちの意識がとる特定の形態を通じて内部構造を獲得する発展として、あらわれる。すべての生物は互いに対して存在している。言語は再表象［代表］にかかわる。それは、表象されるものが、言語を伴う意味のおかげで表象され返す——再表象される——ところで生じる内面性の圏である。したがって、現実的なものは言わば二重にされる。この再表象は、主観性の想像的空間の形成作用である。想像の世界は、化学的メッセンジャー［フェロモンなど］が犬のエコロジーや蛾のエコロジーの一部であるのと同様に、人間のエコロジーの一部である。

(6) この内面的再表象の空間がアイデンティティを獲得するとき、それは自我となる。その形態は、I（主観的側面としての主我）とme（客観的側面としての客我）という言葉を伴う言語によって包まれた、それ自身の意識の程度によって与えられる。(訳注22) 人間という種の根本的に拡張された力はここで、世界が自我のなかで創造される空間で生じた。それが社会に作用する社会的集合性を規定す

訳注22　主我（I）と客我（me）というのは、自我の二側面であり、米国の社会心理学者・哲学者ジョージ・ハーバート・ミード（一八六三〜一九三一年）の自我論の用語である。『精神・自我・社会』ミード、河村望訳（人間の科学社、一九九五年）、『ジョージ・H・ミード——社会的自我論の展開』船津衛（東信堂、二〇〇〇年）などを参照。

る。ここで諸関係の集合体がかかわる。単に知性とか実際的な技能だけでなく、欲求もそうであり、それは実際的な知能を条件づけ、駆動する。これは人間の本能的な構造の根本的な無定型性から生じるのであり、それは文化に応じて再形成される。これに関連するのが分離と個人化のプロセスであり、それは子ども時代を基盤にして生じる。文化は世代間伝達を含意しており、それは子ども時代の事実に基礎をおき、他の生物種にはほとんど見られないものである。(原注13)

(7) 人間の社会性は独特である。ミツバチ、コヨーテ、ヒヒ、イルカの社会性も同じように独特であるには違いないのだが。それは他の社会性動物の社会性に還元することはできない。どんなに多くの面白い類似点が見つかるとしても、である。これは人間の経験において自我が中心的なものだからであり、またこの自我が常に必然的に社会的産物——言語と、発展しつつある個人と他者のあいだの相互認識を通じて形成された——だからでもある。この基盤が人間の自我に、永久に弁証法的な性質を与えるのである。すなわち、それは一連の矛盾——他者との相互認識のなかで、後には個人的利益と社会的つながりのあいだの矛盾のなかで自我が形成されるときに生じる——のなかで形成され、それとともに生きるからである。他者の印は常に自我に刻印され、その孤独性と孤立への恐れもそうである。この事実は私たちの自然に対する関係において重大な位置を占めるべきである。(原注14)

(8) 人間と欲求との独特の関係は、自我と認識の弁証法とともに、セクシュアリティとジェンダーが他のすべての生物と比べたとき、人間の生活において独特の強い役割を演じるということを意味する。エコロジー的危機にとってのこのことの重要性は、次章で探究されるであろう。

人間と自然のあいだには、逃れられない緊張関係がある。ひとつの側面から見ると、十分に統合された生物であり、宇宙のすべての法則に従っている。他の側面から見ると、自我を自然から区別し、自然に反抗することさえ選ぶ、頑固で誇り高く、意志に満ちた生物である。私たちは、自然と喧嘩し、所与の純粋な自然を拒絶さえするのが、人間の本性の一面であると言うこともできる。この概念は、全体としての人間の本性をあらわすのに役立つかもしれない。それは現象において、食物を料理したり、体を飾ったりするのと同じくらい遍在的であり、技術のように基本的であるように見える。身体の延長としてのそれぞれの道具には、自然的身体の限界に対するある種の反抗もあるのだ。そしてそれは、私たちが生命の終焉に関係するとき、私たちの精神の最も深い層を特徴づける。すべての生物は生きていくために闘う。しかし自我性によって定義される生物だけが、認知された存在の限界への反応として、死を思案し、死を恐れ、あるいは宗教を発展させるのである。したがって、考古学的記録における人類の最も明確な特徴のひとつは、葬式の証拠である。埋葬の最も単純な痕跡でさえ、特別に人間的なすべてのものを凝縮している。それは死の自覚つまり自我の終わりについての自覚であり、死への抗議であり、死んだ人への配慮であり、喪失の悲嘆と感覚であり、埋葬の技術である。そして集合体全体の条件として、社会と文化である。他の生物からは、そうした種類のものは得られていない(原注15)。

　自然との緊張関係として人間の本性を定義することは、私たちが、人間を規範的な拘束衣に閉じこめる本質主義的な立場を回避することを可能にする。それは人間存在の予測のつかなさ、遊び好き、美的な側面をも考慮に入れている。それはまた、世界を作り直し、他の世界を造る絶えざる必要としての人間の創造性についても、また人間という種を独特のものにする美の感覚についても表現している。

そして同時に私たちを自然のなかに根付かせ、エコロジー危機につながり、潜在的にもたらすものも含めて、私たちを特徴づける広大な範囲の生態学的存在様式をも可能にしている。

私たちが記述してきた一般的な機能は、生産として位置づけることができるかもしれない。それは自然の一部としての人間がすることを示す用語であり、人間の世界を通じてそれを媒介することによって自然の形成性を示すものである。私たちが生産するときには、私たちは自然を変化させる。私たちは生産する人間の性向を一般的な方法で表現するために「労働」という用語を用いるが、この意味を労苦という堕落した（あるいは「疎外された」）意味――これから論じるように、支配の生産を特徴づける――から区別するために注意している。同様に、人間の力がもっと精巧に表現されるように、生産が社会的に組織され、分業があり、生産されたものの広範な交換があるときに、経済というものが登場するのである。

社会的な生産と消費の両者が人間の本性の直接の表現であり、そのなかで各人が想像力と人間の力の集合体への関与を通じて自然を変化させる。生産――および労働という人間の能力――は、マルクスが主張したように、前方を見るという問題である。それが存在させるすべての対象は、現実のなかに存在するのに先立って、想像力のなかに存在する。あらゆる商品はその使用価値によって定義され、これがまた必然的に必要（need）な作用であり、それが今度は欠乏（want）の作用となり、それがまた今度は欲求（desire）の作用となる。純粋に機械的あるいは功利主義的な説明は商品の使用価値の意味を、したがって経済そのものの意味を与えることができない。想像力が関与する必要がある。[原注16]

しかし私たちは人間の本性なしですませることはできない。他のもっと複雑な性質が指摘されるべきである。

（1）　人間の本性によって与えられる自我と能力の特別なセットに常に影を投げる空虚さは、人間に、自然のなかでは他のどこにも見られない能力、すなわち、普遍的展望の達成の、そして全体に到達することの潜在的可能性とそれ自身を越えること――決してすべての場合に表現されるわけではないが――を作り出す。大まかに言って、これは私たちのスピリチュアル［精神的］な生活――それによって、あるいはそれの欠如によってエコロジー危機に入る諸形態――を意味する。(原注17)

（2）　さらに、私たちは形態を溶解させるエントロピー法則と前向きの生産のあいだに宙づりになっており、それぞれの社会に特異的な特別に社会的に条件づけられた時間性につながり、神話と語りのなかに生産される自我の特別な位置を認識する。人間の本性は所与のものを拒絶し、その世界を作ることによって、時間に応じて自身の説明を設定する。それは歴史を生産する。(原注18) 私たちは資本主義の特別な時間的諸条件――加速と時間の拘束を伴う――についてはすでに述べた。しかしながら、あらゆる社会は、エントロピー法則によって与えられる時間の矢から造られ、常に人間存在の一側面である自然との緊張関係を維持する特別な時間性を持っている。

（3）　人間のスピリチュアルおよび実際的なすべての力は、社会秩序に対処するために利用できるものであり、それを変化させる可能性をもっている。もし自然のなかに静止しているものがないとすれば、人間と社会こそその最たるものであろう！　すべてのものが過ぎゆくのであるが、私たちにとって意味のある質問は、資本主義秩序はそれが人類を滅ぼす前に退場してくれるのだろうか、ということである。しかし資本主義は自発的に退場してくれることはない。それは、エコロジー的に合理的な社会への意識的な変革を通じて、退場させなければならない。

生態系の統合と解体

生態系の境界は生物のなかにあるものだけでなく（「器官」およびその他の内なる生態系――神経、内分泌、免疫など）、生態系の分化の地点にも足場を提供する。(訳注23) 特別な生態系における生物のあいだの結びつきの性質は、それぞれの存在の特異な活動によって与えられており、決してひとつだけのものではない。森林のなかの樹木は、食物、隠れ家、巣作りの場所などとしてそれらに関係する無数の生物を通じて結びついているとともに、水、大気、日光などへのアクセスを通じてつながっている。そしてまた、菌類、根毛、といったものの地下ネットワーク――すべての樹木を効果的に結びつけて超有機体にする――を通じて互いに直接結びついている。

現存するシステム理論は、情報理論を含めて、機械的で粗野にヒエラルキー的な生態系要素間の関係のセットを仮定する傾向がある。これは人間と自然の関係における絶望的な矛盾につながり、それが総合的な観点の登場を妨げてきた。というのは人間の自然に対する関係は非常に微妙で弁証法的――つまり否定から進展する――であり、きっちりとあるいはヒエラルキー的にまとまっていないからである。機械論的還元主義が幅をきかせている限り、生態系のセットは自動車のように基本的に一緒にされるであろうし、それぞれの生態系は始動装置やタイヤのように部品とみなされる。必要なものは生命の形成性が根本的に異なる要素を導入するという事実――それを私たちはここでは単純に全体性と呼び、生態系の内部とあいだに獲得するダイナミックな流動性のなかにあらわれる――の認識である。生きている生態系の要素は分離できる部分として存在するのではない。それらはまた全体――それは形成的であり、部分のいずれにも還元できないし、部分の決定において役割を演じ、部分なしには存在できない――との関係でも存在する。個別的なものは全体との関係で存在し、したがってこの関係は事物のいかなる具体的な説明にも含められなければならない。私たちの存在そのものがこのように与えられるのであり、それが人間――私たちは深い内面性を与えられている――にとっては魂〔スピリット〕としてあらわれる。全体は生態系の形成的な概念である。それは生態系の知性を構成するある種のロゴスであり、その知性は生態系のなかの個別の存在によって利用され、私たちの場合は意識性に帰着する。私たちあるいは他の生物が真に考えるときには、私たちは全体との関係で考えているのである。そのなかでは、全体が私たちを通じて考えているとも言える感覚がある。

生態系における要素のあいだの境界プロセスはその統合性を決定する。これらのプロセスは生命形態そのものと同じくらい多様であり、形成性とエントロピーおよびその他の基本的物理法則の相互作用を越える共通特性に還元することはできない。しかし私たちは生態系の統合性あるいは「健全性」はこれらの境界プロセスがどのような種類のものであれ、いかにして生物を互いに内面的に、他の生態系

訳注23　人体（あるいは脊椎動物一般）の内部であると同時に外部にある特異な生態系としての、腸内微生物の生態系のようなものもある。

に外面的に、そして全体に関係づけるのかということの関数であると言うことができる。生態系の統合性は関係的な用語で表現できる。私たちはそれが要素のあいだの分化——そこではこの用語は個別性と結合性の両者を保持する存在の状態を記述する——の程度に依存すると言うことができる。別の角度からみると、生物が互いに認識する程度まで、それらは個別的であるとともに結合している。それらは他者への積極的な関係を通じて自身となる。この用法では、認識は明確な主観的要素を含意する必要はない。それはむしろ結合と個別性の両者を保存する相互の信号である。また分化は常に調和や均衡を含意するわけではない。それは生物のあいだの相互作用を可能にし、それがひとつあるいはそれ以上の死をもたらす。しかしにもかかわらず、死は全体の保存をもたらす。(原注19)生態系はすべての構成要素の出入りから成る。この終わりなき運動が全体を構築し、したがってそのなかで個体の死はそれらの特別な生活と同じくらい重要である。

もし分化が生態系の統合性を理解するための鍵であるならば、何が生態系の解体を助長するのだろうか？ ここで私たちは個体性と結合性の弁証法を妨害し、諸要素の分離、あるいは見方を変えると分裂をもたらす秩序だったプロセスを想定する。生態系の諸要素を互いから、あるいは結局同じ事になるが、全体から分裂させるものは、全体の発展を妨げ、新しい諸形態の進化を阻止し、結局はそのなかの個体を破壊する。分裂は認識の解体を伴う。どんなものであれ生態系を断片化し、その構成要素を分離し、相互作用の範囲を狭めるものは、全体の形成を妨げ、全体のなかの生物の発展を貧しいものにする程度にまで、その内部状態の劣化(訳注24)を引き起こし、さらにはおそらく絶滅に追い込むであろう。

これは、物理的な分離——いわゆる「島嶼効果」（離島などに住む動物は体が小さくなり、遺伝的多様性が少なくなること）であり、それによって生態系はそのサイズが生物的要素の適度な相互作用を可能にするよりも小さなものとなる[(原注20)]——の観点から見ることもできるだろうし、また新しい生物（「害虫」および病原体）や、生命プロセスを阻害し、生態系の存在を壊滅させるような新しい物質といったような、攪乱要素の生態系への侵入という観点から見ることもできるだろう。ボパールへのイソシアン酸メチルの侵入は、壊滅としての分裂の事例である。それは文字通り身体の統合性を分裂させた。生物圏に放出されてきた汚染物質については、もっと微妙なレベルで同じような議論を展開することもできるだろう。たとえばホルモン類似作用をして、内分泌生態系の統合性を断片化する［内分泌攪乱ないし環境ホルモン作用］有機塩素系化合物のように[(原注21)]。しかしながら、同じことは資本についても言える。資本は生産者を生産手段から分離［疎外］し、また後述のように貨幣の作用を通じても疎外をもたらす。これらの様式のすべては、生態系に永続的な分裂をもたらし、それが結局は生態系を解体する。分裂させられるものは存在の更新につながるのではなく、物理的にも主観的にも空虚と衰弱につながる。トラウマ的な記憶が分離され、自己の一部が疎外されるときのように。別の観点から見ると、願望のあきらめ（分裂とは違うが）を伴う自己の分裂した部分の領有は、人間の発展と癒しの試みの兆候であろう。

エコロジー危機は、自然についても人間についても、主観的にも客観的にも、生態系分裂の大きな増殖する一群であり、生態圏という織物のすり切れである。しかし骨折した腕が修復されるように、す

訳注24　劣化とは、たとえば個体数が激減して絶滅に近いアムールヒョウなどに見られるような、個体群のなかの遺伝的多様性の減少（近親交配の増加）である。

り切れたものも修復できる。ここでは骨折は腕の機能的単一性を分裂させるのであるが、治療者は、自然の再統合プロセスが再開できるように折れた部分を修復する方法を考案するのである。損傷された生態系についても同様である。繁栄する生態系の境界性を作り出すために、諸要素を回復させ、一緒にする方法を見つけ出さねばならない。自然の通常の機能においてこれと似たものがある。たとえば、細胞の構造的ダイナミクス——そこではエネルギーの小さな包み[訳注25]がミトコンドリアのなかのリボソームの素晴らしい配置を通じてやりとりされる——が、低エントロピー化合物の合成やおよびこれらによって構成される構造の構築が進展できるように、分子の複雑な配置を「まとめる」のである。これらの諸条件が生命そのものの起源にみられたものを形式的に再生産すると主張することは、あまりにこじつけだというわけではない。また別の例——そこにはあらゆる人が参加することを希望する——は、子供たちの保育であり、彼らとの生き生きとしたコミュニケーションであり、そして必然的に、子どもが独り立ちできるようになったときには行かせることである。これが人間の生活において個体性と結合性が統合されるやり方である。子どもを育てることの大いなる複雑性は、この単純なテーマについてのバリエーションである。それらは、諸要素のエントロピー的にありそうにない相互作用が起こりうる安全な空間の提供を意味する。そこに三十億年以上の進化が流れ込んでいることは、何ら不思議ではない。

この絶望の時代に、自然における最大の害獣である人間が、必ずしも有害な存在ではないことを想起することは重要である。すべての生産——私たちが自然に形態を与えること——は秩序と無秩序の集合体であり、エントロピー的なギャンブル［賭け事・博打］である。エコロジー的に「生産を作り出す」ことによって、私たちは生態系の統合性の方向にその可能性を導くのである。与えられたものを再配置しようとする芸術家の激情は、庭師が土壌を引き裂くのと似ている。「切られたみみずは鋤をとがめぬ」とブレイク[訳注26]はうたったが、破壊と生産が弁証法の結合された両側面であることを知っていたのである。

ガーデニングは、一般的に言うと、資本主義的消費主義の粗雑な適用（農薬、重機械など）から、「パーマカルチャー[訳注27]」――完全な生態系として庭を設計する意識的な努力である[原注22]――の実践を含む「有機農業的」介入の見事な様式に至るまで、様々なものでありうる。あらゆる良いガーデニングは、生態系の発展が起こりうるように別々の要素（種子、水、良い土壌、コンポスト、マルチ、光など）を一緒にすることによって、あらかじめ与えられたものを分化させることから成る。文化的に伝達される知識とともに、意識的な準備が必要である。このようにガーデニングは、完全に認識されたアソシエーションが光景に入る程度にまで高められた社会的プロセスである。実際、コミュニティ・ガーデンは、後述するように、エコロジー的社会への道の素晴らしいモデルである。

訳注25　高エネルギーリン酸結合を有する化合物ATPなどをさす。
訳注26　この一節は、『天国と地獄の結婚』所収の「地獄の格言」にある。『ブレイク全著作』梅津済美訳（名古屋大学出版会、一九八九年）第一巻二八三頁、『ブレイク詩集』土居光知訳（平凡社ライブラリー、一九九五年）一三〇頁、『対訳ブレイク詩集』松島正一編（岩波文庫、二〇〇四年）一九一頁。
訳注27　パーマカルチャーについては、『パーマカルチャー：農的暮らしの永久デザイン』ビル・モリソン、レニー・ミア・スレイ、田口恒夫、小祝慶子訳（農山漁村文化協会、一九九三年）を参照。

それぞれのガーデンの区画には歴史の全体が入ってくるのであり、そこで長年にわたって再開されるのである。これらの細い糸は人類の起源へと伸びており、私たち人間の本性の真性の核心――それは自然に創造的に介入することである――を明らかにする。新石器革命がヒエラルキー的社会〔階級社会〕への道を開くよりもずっと前に、人類は自然という書物を読むことを、そしてその生成的な方法に従うことを学んだのである。それは困難な学習であり、その教訓は「初期人類」を安易にロマンチックに描くなかで見失われている。というのはその初期人類そのものが、決して常に自然に優しかったわけではないし、彼らに自然への優しさを期待すべきでもないのである。たとえば太古の人々のうろつき回るバンド〔小集団〕は、多くの鳥獣とともにマストドン〔絶滅したゾウ目の哺乳類〕を〔過剰な狩猟によって〕絶滅に追い込んだということは実にありそうなことである。（訳注28）何故そうでなかったと言えるだろうか。集合的な行為と人類が獲得した技術の力が、その後の人類と同様に旧石器時代の状況のもとで繰り返しめちゃくちゃになる〔暴走する〕ことがなかったと言えるだろうか。そういうことがあったとしても驚きではない。むしろ驚異なのは、少なくとも一部の人類が、失敗から学んで、自然に配慮することを学習し、生態中心的な生活様式の本質を探り当てたことである。

もし私たちが資本主義に先立つだけでなく、本質的に市場以前の（私有財産、貨幣、交換といった要素が周辺的なものであったという点で）生産様式を振り返ってみるならば、私たちは人間が生態学的関係の全範囲を――創造的なものだけでなく無慈悲なものも――レパートリーとする能力があったことを見いだすだろう。後者〔無慈悲なもの〕は多くの絶滅などにあらわれていて、間違ったスタートであり、前者〔創造的なもの〕は次のように要約できよう。当初の諸条件のもとでは、人間は「自然と調和して」

生きることができただけでなく、さらに根本的なことは、疎外されない人間の知性は、それ自体も進化するとしても、自然の進化を助長することもできた。この意味では、私たちが「自然」と呼ぶものは、ある程度までは人間の産物そのものであり、だからエコロジーと歴史は共通のルーツを持っている。もし進化が生態系を通じての生物の活動によって媒介されているのなら、人間のトレードマークである意識的に対象を変化させる活動もまた進化の力であるというべきではないだろうか。

アマゾン盆地を考えてみよう。ここはエコロジー危機についての熱い論争が行われている地域である。地球上に住む生物の多く——人間にとって極めて有益な多くのものから、人間がまだ発見していない無数の生物種も含む——がこの偉大な子宮で発見された。この驚異的な生物多様性は何によって説明できるだろうか。全体としてのエコロジー危機を説明するために特定できる意味での単一の動力因[訳注29]〔作用因〕はない。しかし、明確に動力因的なパターンはいくつかあり、その主要なひとつが人間の介入にかかわるものである。生物種の多様化の主要な様式は「異所的種分化」として知られており、要するにその遺伝子を有する生物が分離され、多様な生態系的諸条件のもとで異なる発展を経るときに、共通の遺伝子プールがたどる異なった道のことである。有名な事例はガラパゴス諸島におけるフィ

訳注28　たとえばアメリカマストドンは六千年ほど前までは新大陸に生息していたので、人間〔アメリカ先住民の祖先〕による狩猟や森林減少〔野焼き〕などが絶滅の主因となった可能性もある。

訳注29　アリストテレス哲学の用語。アリストテレスは、『形而上学』や『自然学』において、世界に起こる現象には「質料因」と「形相因」があるとして、後者をさらに「動力因（作用因）」、「形相因」、「目的因」の三つに分け、合計四種類の原因があるとした。ものが何でできているかが「質料因」、そのものの実体であり本質が「形相因」、運動や変化を引き起こす始源（アルケー）は「動力因」、それが目指している終局（テロス）が「目的因」である。

ンチ［スズメ目アトリ科の小型鳥類］の多様な進化であり、ダーウィンによって発見された。祖先種の異なる個体群が異なる島に移動し、彼らが交配をやめると、異なる島の条件——それは種の活動によってさらに変化してきた——のもとで多様化があらわれ始め、結局は新しい種が出現するに至ったのである。

暑くて湿ったアマゾン盆地では、広大で多様だが［離島と違って］相対的に分断されていない約六〇〇万平方キロの地域が、組み合わせのための飛躍的に大きな遺伝子プールを作り出した。しかしながら、地理的に分断されていないこと自体は、［交配が可能なので］種分化の進行を妨げるように働くと見ることができる。というのは、様々な土壌や生息地にもかかわらず、島嶼的なものや山岳地域や、越えることのできない広大な水域のようなものはほとんどないので、［隔離による］異所的種分化が自然に起こるような生態系の分化はあまりないのである。むしろ、大洋のような規模の熱帯雨林が関連した遺伝子プールを絶えず混合させ、それによって多くの新しい種の出現を阻害すると考えたくなるだろう。しかしそのような考察は、生物が新しい生態系を作り出して、流動的で変わりやすい方法でそれらと他のもののあいだに境界を作る能力があることを考慮するのを忘れている。さらにこの生物は、好きなようにできるときには、何千年ものあいだ小さなコミュニティ［生物群集］にとどまり、その結果多くの種類の微生物生態系を作り出すだろう。(原注23) アマゾンの先住民は、新しい生態系を作り出しただけでなく、様々なパターンの猟獣をひきつけるような異なる配置で樹木類を植えるといったような方法で、種の多様性を促進するようなやり方を意図的に採用したのである。さらに、南北アメリカの多くの先住民と同様に、一定面積のコントロールした火入れ［野焼き］も行ったのである。(訳注30) 疎外され絶望した労働者や小農民による大量野焼きが過去二世代にわたって熱帯雨林を破壊してきたのとはまったく違って、この種の［伝統的な］野焼きは時期と速度を注意深くコントロールしながら小さな範囲で、その地域に直接住む諸個人によって行われている。スサンナ・ヘクトとアレックス・コックバーンがカヤポ民族［ブラジル・アマゾンの先住民］（全盛期にはフランスくらいの面積の地域に広がっていた）についてコメントしているように、火入れは「その潜在的な破壊作用を補償する諸活動と結びつけて」行われているのである。(原注24) その結果は、肥沃さの実際の増進（熱帯雨林の［土壌養分が比較的乏しいという］特別な条件を考慮すると必要である）と、急速な種分化をもたらす微生物生態系の提供である。

ここで人間はアマゾン盆地の表面に労働を加えることで、新しく多様な生命形態をもたらすという痕跡を残したのである。自然の先天的な敵などとはほど遠く、そのとき人間は、自然自身の豊富さを触媒するような自然の一部でありうる。しかしながらこのエコロジー的に創造的な活動は、その人間エコロジーが、人間と自然が結びついた生態系が解体し分裂するよりもむしろ統合され分化するように、相互作用する様々な自然のエコロジーと密接な関係をもっていたがゆえに、保持されるのである。この種の活動には、地球が私有財産として扱われるのではなく、あるいは同じ事だが、それを行う労働が自由に分化し、あるいは私たちの言葉で言えば自由に連合する［アソシエートする］ことを必要とするということが、認識される必要がある。人間の知性と意識性が生態中心的な形態をとることを学んだの

訳注30　たとえば日本の阿蘇地域で伝統的な火入れ（野焼き）によって草地の割合を高くしていたことなどを連想されたい。

は、そのような「当初の」条件のもとにおいてだったのである。彼らは、個々の植物種をひとつひとつ知っており、(原注25)異所的種分化に広大な機会を提供する小さくて集合的に管理されるコミュニティに住んでいた。この存在様式は、自然を分化させ、その教訓を現代人である私たちも学ぶべきであるような、本質的に生きている文化を創り出す(原注26)人々を作り出すのである。

第6章
資本と自然の支配

自然に対する癌の病理

資本の無慈悲な環境破壊性の根源は何か？　これを見るひとつの方法は、絶えざる資本蓄積を基礎として運営される経済という観点から見ることである。したがって、資本のそれぞれの単位は、ことわざも言うように「成長か死か」を選ばなければならない。そしてそれぞれの資本家は絶えず市場と利潤の拡大を求めなければならない。さもないとヒエラルキーのなかでの地位を失うのである。そのような体制のもとでは、経済的次元がすべてを覆い尽くしてしまい、フロンティアを拡大するとともに、利潤を追求するときに自然は絶えず低く評価され、不可避的にエコロジー危機に陥る。

いかにして資本が危機の動力因［作用因］[訳注1]となるかを把握するために、この推論は妥当であり、必要であると私は信じている。しかしそれだけでは不十分であり、資本とは何であるか、したがってそれに対して何がなされるべきかという謎を解明できない。たとえば、資本主義は人類の生まれつきで、したがって不可避的な帰結であるという意見は一般的に見られる。もしその通りであるならば、オルドバイ渓谷[訳注2]からニューヨークの証券取引所に至るまでの人類進化の旅は必然的な道であり、資本を超える世界を考えることは月に向かって吠える［無益なことを企てる］ことにすぎないということになる。

受け入れられている通俗的理解を打破するためには、簡単な考察が必要なだけである。人間の本性の潜在的可能性を考慮したときに、資本は明らかにありうる帰結のひとつであるが、その自然的不可避性を論じるイデオローグ［御用学者］たちの努力にもかかわらず、それ以上の結論は出てこない。というのはもし資本が自然的なものであるならば、何故それは何十万年もさかのぼる人類の記録の最後の五百年にあらわれたにすぎないのだろうか？　もっと言うならば、それが定着したところではどこでも、資本主義は暴力［本源的蓄積や植民地支配のような］を通じて押しつけられなければならなかったのだろうか？　そして最も重要なことは、何故それは絶えず暴力を通じて維持されねばならないのか、膨大な洗脳装置を通じて絶えず各世代に再び押しつけられねばならないのか、という疑問である。何故単に子供たちに好きなようにやらせて資本家と資本家のための労働者になってくれるのを待つだけではいけないのか？　ひよこは食糧と水と隠れ家［飼育施設］を与えれば鶏になるのを安心して待っていればいいだけなのに。資本主義は人間にとって生まれつきのものだと信じる人たちは、警察や文化産業なしでやっていけると主張しなければならないはずであるが、もしそう主張しないとするならば、彼らの議論は偽善的である。

しかしこれは、資本とは何であるか、なぜ資本主義への道が選ばれたのか、なぜそもそも人々は経済に従属し、金持ちになることばかり考えるのか、といった疑問を深めるだけである。たとえば、もし持続可能な世界を実現しなければならないとするなら、産業社会における消費の習慣は劇的に変えなければならないということは、広く認識されている。しかしこれは、人間のニーズのパターンそのもの

訳注1　前章の訳注で述べたようにアリストテレス哲学の用語で、運動や変化を引き起こす原因

訳注2　タンザニアのオルドバイ渓谷で一九五九年以来、リーキー夫妻らが人類の祖先（特に猿人）の化石を次々に発見した。人類は七百万年ほど前にアフリカ大陸で誕生した（チンパンジー属との共通祖先から分岐した）というのが通説である。また、現生人類（ホモ・サピエンス）も二〇万年前にアフリカで誕生したと言われる。

が変えられなければならないだろうということを意味し、それが今度は私たち人間が自然のなかに住む基本的な方法を変えねばならないだろうということを意味する。私たちは人々がこうした変化に抵抗するように、資本が強制的に人々を洗脳するだろうということを知っている。しかしここで立ち止まり、これがどのように作用するのか、その帰結はどうなるのかについてこれ以上何も言わないのは、貧しく皮相的な分析である。資本がエコロジー危機の動力因であるということは、資本を自然の敵として確立する。しかし敵意の根源はまだ究明を待っている。

私たちの自然からの疎外の核心は何であるかを確定しようとして、大量の文章が書かれてきたが、そのなかに本当の説明的価値のあるものはわずかしかない。たとえば、ディープ・エコロジストがしているように、自然に対する病理的な関係、特に自然をその複雑な荘厳さにもかかわらず、人間は、太陽の周りをめぐる多くの惑星のように存在しているとみなす「人間中心的な」妄想を定義するある種の中心的で統括的なアイデアを確認することは、完全に可能であり、まったく望ましいことである。エコロジー危機についてのいかなる理解も、そうした次元なしには完全なものではないだろう。しかし、ものごとの客観的側面への結びつきなしに、それがいかにして生起したかについても、したがっていかにして克服できるかについても手がかりなしで、環境破壊複合体の主観的形態を素描するだけであるならば、それはひとつの次元を扱ったにすぎない。精神的態度は、現象の内的回路のいくつかを説明するにすぎないし、その起源および世界との関係が明らかにされるまでは、空虚で曖昧な抽象にすぎないのである。

同様に、多くの著述家は「テクノロジー」や「産業化」を危機の積極的要素として語るつもりでいるが、そのような手段［現代工業］を通じて自然が浪費されつつあることが明らかだからである。しかしこの地点でとどまることは、不十分であるだけでなく、ごまかしであり、政治的に日和見主義的である。というのは、問題の産業およびそれが用いる道具が、資本蓄積の道具であり、近代世界の始まり以来そうだったことは明らかだからである。[原注1] いかなる道具も、技術のいかなる大規模な組織化も、それ自体で存在しうるわけではない。産業と、その内部のあらゆる性質は、所与の様式の社会組織の産物であり表現であり、それから離れて構想できない。世界にはエコロジー危機を抑制する方法として適用する価値のある卓抜な技術革新が満ちあふれているが、それらは資本蓄積の要求に合致しないので使われることはないだろう。同じことは「科学」についても言える。科学もまた自然――それは解剖のために単なるモノへと「科学的に」還元されると言われる――からの疎外に責任のある犯人として常に引きずり出される。確かにそうなのだが、再び疑問が提起されねばならない。どの科学がどの利益に奉仕しており、どのような社会的力によって形成されるのかと。疑いもなく、疎外された科学は自然の支配において多大な役割を演じている。しかしこの種の疎外はそれ自体が説明されねばならないし、その説明において私たちは支配の起源を追求する。

　科学、技術および産業は今日ではすべて、資本主義システムに包含されている。しかし私たちが知っている資本主義は完全に成長したものとして世界に登場したわけではない。それは特別な文化的土壌に根を下ろしていた多くの先駆形態を結びつけたのである。その結果生まれた経済は何ら特別な本質を持つものではなく、個人の人格のように特別な統合を反映しており、そのいくつかは他のものよりエコロジーに対してもっと致命的であった。たとえば、環境破壊的な資本主義のタイプは特にヨーロッパでの調合物であり、したがって支配的なキリスト教の、きわめて強力で、決してエコロジーに優しくない世界観のスピリチュアルな力に深く影響されている。(原注2) キリスト教の自然に対する態度は資本主義よりはるかに時代をさかのぼり、創世記の一節のようにユダヤ教のルーツから広がっている。旧約聖書の創世記では、ヤハウェがアダムに「海の魚、空の鳥、家畜、すべての野獣と、地を這うすべてのものとを従わせよう」としたのであり（一章二七節）、そのすべては「神は、人をみずからの像に創造した。すなわち、神の像にこれを創造」したという信仰（一章二八節）と適合的であるばかりか、それによって命じられたものでもある（『旧約聖書』中沢洽樹訳、中公クラシックス、二〇〇四年、五頁）。

他のいかなる世界宗教も、(訳注3) 確かにいかなる部族宗教も、自然の支配をそのロゴス（論理）に直接組み込んではいない。この態度がキリスト教のなかで強く異議を唱えられたということが強調されるにもかかわらずそうである。実際、何人かの聖人――アッシジ［イタリア］の聖フランチェスコやアビラ［スペイン］の聖テレジア(訳注4)が最も有名であるが――がそれ［人間による自然支配の思想］に対する反抗によって想起されている。ちょうど教会そのものがいったんヨーロッパの地を離れると、資本主義という怪物を抑制するために努力したように。(訳注5) 宗教は弁証法的である。それは支配を表現するとともに、支配への抗議をも表現しており、支配からの解放さえ表現している。にもかかわらず、働いている諸力には一定のバランスがある。そしてキリスト教にとって、これら諸力の圧倒的多数は、反生態中心的な方向と呼ばれねばならないものに表現されている。これはキリスト教の歴史を特徴づける肉体への驚くべき憎悪――罪の感情への強迫的な没頭とともに――によって最もよく示される。(原注3)

もしかすると、中国やインド――これらは一五世紀の段階ではヨーロッパより先進的であったし、同時にヨーロッパ文明よりも自然と親和的であった——を含む多くの社会が、資本主義時代への道を先導することもありえたかもしれない。しかし、それらの資本主義への接近がもっとエコロジーにやさしい帰結をもたらしえたかどうかは、わからない。実際には幸運はヨーロッパのほうにあった。それは「発見されていない」アメリカ大陸に通じる貿易風に沿った航路を開拓した。そしてそれまでの発展(訳注6)で自然支配を可能にした文明が、私たちがその野獣性を認識する意味での資本主義になったとき運に恵まれた。特に苛酷で生を否定するカルヴァン主義(訳注7)の登場以降は。(原注4)

しかしこの関係をもってキリスト教を問題の元凶と決めつけるわけにもいかない。というのは、危機はキリスト教なしでも再生産できるからである。実際、現在の局面においては、資本の宗教的起源の事実上すべての痕跡は消されてしまった。最終的な分析においては、宗教それ自体はある種の社会が生み出す両義的な「異なる価値観をあわせ持つ」産物である。したがって、キリスト教を持ち出すことは再

訳注3　他の世界宗教とは、仏教やイスラム教をさす。
訳注4　アッシジの聖フランチェスコ（一一八一または一一八二～一二二六）は動物とも話したという伝説もあり、「エコロジーの聖者」と言われる。ハンセン病患者に奉仕、フランシスコ修道会の創始者。アビラの聖テレジア（聖女テレサ、一五一五～一五八二）は神秘家で、修道院改革に努力。
訳注5　たとえば中南米や東南アジアに広がり、チリやニカラグアの左派政権にもかかわった「解放の神学」もそうした事例である。『解放の神学』グスタボ・グティエレス、関望、山田経三訳（岩波書店、一九八五年）などを参照。
訳注6　たとえば大航海時代に先立つ英仏百年戦争における大砲技術の発展など。
訳注7　カルヴァン派はフランス生まれの神学者ジャン・カルヴァン（一五〇九～一五六四）を創始者とするプロテスタントの一派。マックス・ヴェーバーの『プロテスタンティズムの倫理と資本主義の精神』（一九〇四年）もこれが念頭にある。

び支配の起源の問題を提起し、探究を人間存在の霧のなかに消え去るまで押し戻す。しかしながらここで、私たちは、自然の支配がいかにして生じたか、そして何がそれを資本主義へと変異させたのかについての、納得がいくほど理路整然とした——大いに弱毒化してあり、図式的であるとしても——イメージに到達する。これからの文章がこの目的のためであることは言うまでもないが、物語の完全な提示を意味するものではなく、多くの未解決な問題点が残っていることは言うまでもない。読者のみなさんはご自分で、それが投げかける光が考察の簡潔さを補うものかどうかを判断しなければならない。

自然のジェンダー的分岐

人間という種の最初の地図は「彼」および「彼女」に応じて、ジェンダーとして知られるセクシュアリティが作り出された構造のなかに描かれる。ジェンダーは人間のなかにある当初の分割線である。種としての人間の構成は、人間の内部であれ、人間と自然のあいだであれ、それによって記載されている。それ以上に「物質的」なものはない（物質「マテリアル」と母「マザー」が共通の語源を持つことも含めて）。セックスは大地にかかわるものであり、ジェンダーのあいだの最初の分割線は大地を変化させる労働に表現される。この基盤「マトリックス」（さっきと同じ語源である）から支配の始まりが生じてくる。そしてその後のすべての支配は、資本によるものも含めて、男性による女性の支配によって影響を受けている。

これは政治的に正しい（PC：politically correct）男性バッシングではない。しかしながら、支配の歴史を率直に見ることは、そのなかで男性ジェンダーの構築によって演じられる役割が認識されない限りは、根本的に不十分なものとなるであろう。[訳注8] その実際の起源ははるかに遠い過去のなかに包まれているのであるが。にもかかわらず、人間という種について知られているあらゆることは（あまりにもしばしばイデオロギー的に否認されるのであるが）、以下に列挙するようなこと――本質的な論点を取り出せるように、それらを大胆に、人間の本性についてすでに展開させたアイデアに従って述べていく――の再構成を余儀なくさせる。[原注5]

(1)　当初の、狩猟採集民という社会の局面において、労働の最初の分化は、性別に応じて起こった。一般的に言えば、男性が狩猟、女性が採集である――同時に生殖という仕事については言うまでもないが。この労働がジェンダーそのものを作り出したこと、その起源は純粋な分化であり、相互の真価の認め合い、流動的な社会関係、自己決定を伴っていたことに注目してもらいたい。これはこれらの人々［採集狩猟民］について私たちがもっているイメージ、それから引き出された経験の再構築による文化的な名残のなかになお見いだしうるものである。そして、オーストラリアの最初の人々［アボリジニ］の「夢の時間」、魂のさまよい、トリックスター[訳注9]の出現などがその例である。[原注6] この局面は人類の先史時代の長いスパン[訳注10]を含み、動物の家畜化、農業の起源を含めて大き

訳注8　ジェンダーの構築と自然破壊について論じた著作として、『自然の死：科学革命と女・エコロジー』キャロリン・マーチャント、団まりなほか訳（工作舎、一九八五年）、『性からみた核の終焉』ブライアン・イーズリー、相良邦夫、戸田清訳（新評論、一九八八年）などが重要である。

な範囲の人間―自然関係の変化を伴っている。支配は伴っていなかったが、当初の分業は男性を「生命を奪う者」として、女性を「生命を与えるもの」として示した。さらに、狩猟で動物を殺す道具、その使用がしばしば放浪するバンド［小集団］によって行われた事実が、何かさらに悪いものへの道を準備した。

(2) ここで散発的に起こる出来事が、たとえ具体的な最初の事例の証拠がなくても私たちがその存在を確信しているものについて、想定できるかもしれない。その仲介者は個別のハンターとしてではなく、集合体のなかの部分集合として男性的なものであった。つまりハンターの集団ないしバンドである。それに対する刺激は様々であろうが、主観的な力だけでなく、客観的な力によっても構成されている。後者は言うならば、病気や干ばつのような生存への脅威であり、それが新しい資源の探索を余儀なくさせるのである。他方、前者［主観的な力］は、男性集団の精神力学の働きである。いずれにせよ、問題の出来事は狩猟から襲撃への変化であり(訳注11)、その目的はいまや動物から食糧や毛皮を得ることではなく、他の人間からの生産的労働の収用［搾取］、すなわち単に他の生物の生命を奪うだけでなく、自らの同胞［人間］の生命を与え、ものを作る力を奪うことであった(原注7)。これは必然的に隣の共同体からの女性と子どもの拉致を伴う。私たちは、三種類の暴力を想定している。攻撃された共同体の男性の殺害あるいは追放、拉致された女性と子どもからの自己決定権の剥奪、そして虜囚の強姦である。

(3) この行為は人間存在の深刻な異変であった。それはまったく新しい組み合わせを作り出し、それが時を経て制度となった。最初に、他者の労働の搾取の可能性がもたらされたが、常に男性が女性を搾取する方向であった。第二に、継続する社会的分断の潜在的可能性がここに基礎づけられたが、やはり男性が女性よりも優位に立つものであった。これらは狩猟バンドから戦士のバンドへ、そして支配階級へとつながっており、多くの媒介〔中間〕形態や現代的なバラエティ――たとえば、バチカンの教皇庁、NFL〔米国プロフットボール・リーグ〕のスーパーボウル・チャンピオン、大企業の重役会、〔米国などの〕統合参謀本部、〔旧ソ連などの〕共産党の政治局、イェール大学のスカル・アンド・ボーンズ（ジョージ・ウォーカー・ブッシュ〔大統領〕もその一員であった）のような秘密結社など――を有する。実際、歴史の始まり以来、全世界が男性のバンドによって運営されてきたという感じがする。第三に、ジェンダーはこれによってさらに社会的に構築され、主人と奴隷によって構成される鋭く対立するアイデンティティを伴う。そして第四に、暴力――物理的な力およびこれを美化する文化――が盗んだものを保持するために制度化されねばならなか

訳注9　とりあえずウィキペディアの「トリックスター」から引用する。「トリックスターとは、神話や物語の中で、神や自然界の秩序を破り、物語を引っかき回すいたずら好きとして描かれる人物のこと。シェークスピアの喜劇『夏の夜の夢』に登場する妖精パックなどが有名。ギリシャ神話のオデュッセウスや北欧神話のロキもこの性格をもつ。ポール・ラディン〔分化人類学者〕がインディアン〔北米先住民〕民話の研究から命名した類型であり、のちカール・グスタフ・ユング〔心理学者〕の『元型論』で「トリックスター元型」として人間の超個人的性格類型として取り上げられたことでも知られる。」

訳注10　チンパンジーとの共通祖先から分岐したとき（約七百万年前）から農業の発明（約一万年前）までが採集狩猟のみの時代である。現生人類〔ホモ・サピエンス〕の誕生は約二〇万年前のアフリカである。

訳注11　日本の場合で言うと縄文時代に殺人はあったし、小規模な襲撃もあったかもしれないが、戦争と呼べる事態は弥生時代からである。『人はなぜ戦うのか』松木武彦（講談社、二〇〇一年）などを参照。

った。

(4) 女性の労働の当初の強奪によって押しつけられた構造には、劇的な拡張の可能性があった。社会的な暴力が、資源的な原因による危険［自然災害など］とともに、社会がさらされる危険のリストのなかに入った。暴力は報復、あるいは防衛または両方を招いた。それぞれの特定の集団が他者に対する権力を獲得するために強制力を行使するにつれて、それ［暴力の応酬］はますます大きな社会的集団を拡張の力学で定義するようになった。社会の内部では、権力への欲求は主導権と社会統制をめぐる闘争を引き起こした。ここでは詳述できない無数のねじれや転換の後、その帰結は首領［ビッグ・マン］、族長、国王、シャイフ［アラブの族長］、皇帝、教皇、フューラー［ドイツの総統。ヒトラーをさす］、ヘネラリシモ［スペイン語の総統。フランコ将軍をさす］、CEO［企業の最高経営責任者］などの登場となった。

私たちはこれらの原理が広大な範囲の状況を通じて様々に適用されるだろうということを再び強調したい。単一のそうした出来事が外へ拡散して全人類を包含するようになると想像する必要はない。しかし強調されねばならないのは、この出来事の絶対的なダイナミズムであり、それは遺伝学の領域から来るのと同じくらい強力な人間社会の真の変異［変容］に相当するのだという事実である。当初の男性の暴力の結びつきから、奪ったものを保持する手段として、法典に記された財産関係が生じた。したがって暴力的強奪に続いて財産と合法性［正当性］の概念が生じたのである。同様に、女性たちを割り当て、所有権を確保し、子供たちを統制する——首領がしなければならないように、自分の種をまき

［子孫をつくり］、移動する男にとっては終わらないジレンマである――システムとして、家父長制の制度化があらわれた。この意味での財産は、衣服や宝石のように主として自己に帰属するものとは違い（階層化された豊かな社会では個人的消費に対する統制は非常に重要なものだが）、むしろ生産――そして生命の再生産――の力であり、生活の手段である。労働に対する統制が文明を生み出す。そしてこれが女性に対する強制的な統制をもたらすのである。

労働の統制が文明の出現と形成を可能にするが、(原注8)これが意味するのは、基本的な疎外が社会の土台に導入されるということである。疎外とは、生態系分裂の人間レベルでの反映である。支配的な男性のアイデンティティはこの大釜のなかで形成される。その始まりから、評価の基準は狩人／戦士集団――彼らと連合し、その集団に帰属する――のなかの他の男性たちである。したがって、従属する女性たちの真価の認知は回避され、否認されるようになる。純粋な男性のエゴが、自我のとる支配的な形態を定義するようになり、それが新しい文明を構成する分断を発展させるシステムへと入っていく。主観的には、この疎外は身体からの、そして身体が意味するもの、すなわち自然からの進歩的な分離として記述される。(原注9)

人間と自然界の分極化が続いて起こり、人間という極（＝知的で、先見の明があり、スピリチュアルで、パワフルで、能動的である）を男性性［マスキュリニティ］が、自然という極（＝本能的で、制限されていて、身体を基礎とし、気まぐれで、弱く、受動的である）を女性性［フェミニニティ］が占めるとみなされる。自然のジェンダー的分岐が進行し、二つのジェンダーのあいだ、人間と自然のあいだの関係を設定し、それがいったん資本主義的形態をとると、エコロジー危機までずっと進んでいく。

最初の暴力的な労働の収奪から資本の高みへと通じる道は、財産の確保と、社会を定義する要素としての階級の出現へと進んでいく。階級は財産を制度化し、人間生態系への分断の導入と足並みをそろえて登場する。暴力的収奪は支配への必要なステップであるが、生活を生産し、再生産する方法としては、それだけでは不十分である。社会的生態系をまとめて、その力を生かすためには、認識の二次的形態が不可欠になる。階級はそうした形態のひとつであり、生産の領域で作用するが、同様に家父長制は再生産［生殖］の領域で作用する。階級は生産的な財産の所有権のための形式的な手配と、労働に対する統制を体系化する。法律の役割は暴力の上に重ねられており、暴力を内面化する。労働は不自由になる。

階級はジェンダーのように身体的な違いや生物学的な設計図に基礎づけられているわけではないが、人間存在の生産的核心の形式化である。対象を変化させる力の自由な行使は人間の本性［人間的自然］を表現するので、階級は人間の本性を、そしてそれとともに自然を侵害するものである。たとえそれが物理的な身体に基礎づけられていないとしても。しかし、階級関係は純粋な混じりけのない形であらわれることは決してない。それが押しつける分断が社会を引き裂くだろうからである。それらはむしろ、さらなる制度的な動きに埋め込まれており、それが表面にあらわれて、国家の形態をとる。それは階級と国家の結びつきであり、原始的な社会と私たちが文明と呼ぶものとのあいだの決定的な飛躍を包含している。これとともに、いわゆる歴史が始まり、当初の社会の循環的な分化した時間は、階級のヒエラルキー的な基本計画に従って変形される。いまや社会はその物語を自らに語るための統制機関を持つ。しかしその物語は階級の制度化ゆえに闘争を主題としている。国家は技術者の幹部を通じて書き言葉を押しつける。彼らは聖職者の幹部を通じてキリスト教のような普遍的宗教を押しつける。[原注10]そして彼らは裁判官と法廷を通じて法律を押しつける。そして彼らは軍隊とともに暴力と征服を押しつけ、また暴力と征服の正当性を押しつける。それ以降はすべてが矛盾をはらむのであるが、それは社会全体の上に立ちながら社会の支配階級のためのものであるという国家の当初のジレンマに由来する。

国家は私たちが進歩と呼ぶすべての概念を支援する。しかし彼らはまた、自然がとるすべての形態――女性たちも含む――において自然の支配を実施する。さらにまた、帝国的地位を達成する国家によって征服された諸民族をも支配する。奴隷化され支配された人々が領域に組み込まれるにつれて、彼らは他者としての地位――野蛮人、蛮族、人間動物［家畜扱いされる人間］、そして結局は（科学の資本のもとでの成長とともに）エスニシティ[訳注12]と人種――を獲得するが、これらすべてのカテゴリーは女性とともに人類の分岐のなかで「自然」という部門にまとめられる。[訳注13]

この議論は左翼についての厄介な問題を明らかにするのに役立つかもしれない。すなわち、「支配的

訳注12　エスニシティはもともと文化人類学の用語であり，共通の出自，慣習，言語，宗教などにもとづいて特定の集団のメンバーが持つ主観的な帰属意識を意味する（ユダヤ人、アラブ人、クルド人、ヨルバ人など）。「民族（ネーション）」には政治的な含意があるので、最近では政治学や社会学などで文化的な含意に力点をおいて「エスニシティ」という言葉がよく使われるようになった。また特に少数民族をエスニック集団、外国特に発展途上国の民族文化にもとづく料理をエスニック料理と呼ぶことも多い。

訳注13　男性、支配階級、支配民族が「文化」に、女性、被支配階級、被支配民族が「自然」にたとえられる。『男が文化で、女は自然か？　性差の文化人類学』エドウィン・アードナーほか、山崎カヲル監訳（晶文社、一九八七年）などを参照。

な分断」と呼ばれるべき異なるカテゴリー——主としてジェンダー、階級、人種、エスニック、国民的な排除の問題であり、エコロジー危機と種〔人類〕の問題を伴う——の優先順位についてである。ここで私たちは問わねばならない。何と関連しての優先順位かと。もし私たちが時間における優先順位を問題にするのなら、ジェンダーが栄誉を有する——そして歴史がいかにそれを〔人種や階級の〕新しい支配で取って代えるよりもむしろ新たに付け加えてきたことを考慮するならば、ほかのあらゆる支配のなかに少なくともその痕跡を見いだせるだろう。もし私たちが実存的な意義における優先順位を意図しているのなら、大衆の生活に影響する即時的な歴史的力によって押し出されるいかなるカテゴリーにも適用されるだろう。したがって一九三〇年代のドイツに生きるユダヤ人にとっては、反ユダヤ主義が焼けるような優先課題であり、同様に今日のイスラエルの支配のもとで生きるパレスチナ人にとっては反アラブ人種主義が優先課題であり、たとえばアフガニスタンに生きる女性にとっては容赦ない悪化する性差別が優先課題だろう。その変革が実践的により緊急の課題だという意味でどれが政治的に優先するかということについては、それは先立つ状況次第であるが、具体的な状況で働いているすべての諸力の展開にも依存する。私たちはこれについては本書の最後の章で扱うが、そのとき危機を克服するための政治学について検討しよう。

しかしながらもし効果の問題を問うのなら、それはどの分断がその働きにおいて他のものを規定するかということであり、その優先順位は階級に与えられねばならないだろう。というのは、階級関係が執行と統制の道具として国家を伴っており、人間生態系にあらわれる分断を形作り組織するのは国家だという平明な理由からである。だから階級は論理的にも歴史的にも他の形態の排除から区別される

（したがって私たちは「性差別」や「人種差別」あるいは「種差別」と並列的に「階級差別」について語るべきではない）[訳注14]。これは、何よりも、階級は人為的なカテゴリーであり、神秘化された生物学のなかにさえルーツを持っていないからである。言い換えると、私たちはジェンダーの区別のない人間の世界を想像できない――ジェンダーによる支配のない世界は想像できるとしても。しかし階級のない世界は大いに想像できる。実際、人類が地球上に登場して以来の歴史の大部分のあいだは階級のない世界だったのであり、そのあいだじゅうかなりの騒動がジェンダーをめぐってあったのである。歴史的に、違いが生じたのは「階級」が、その征服と規制が人種をつくりジェンダー関係を形成した国家装置を含む大きな形態の一側面を意味するからである。だから、人種的に抑圧的な社会が階級的分断を擁護する国家の諸活動を含意する以上、階級社会が存続する限り人種差別の真の解決はないだろう[原注11]。またその階級社会が国家とともに女性労働の過剰搾取を要求する限りは、ジェンダー不平等を法律でなくすことはできないだろう。

階級社会は継続的にジェンダー、人種、エスニシティによる抑圧などを生じるが、それらは自らの生命をもつとともに、階級そのものの具体的な関係にも深い影響を与えるのである。したがって階級的政治はあらゆる活発な社会的分断の条件のなかに見いだされるに違いない。国家制の社会を機能させるのは、これらの分断の管理である。だから階級社会ではそれぞれの個人は彼女または彼がなれるものを

訳注14　種差別は哲学者ピーター・シンガーなどの用語。人間中心主義（他の生物種に対する差別）のこと。『動物の解放』シンガー、戸田清訳（技術と人間、一九八八年）参照。

制約されるが、様々な制約が結びついて大きな階層化された歴史の体制になりうる——ある者は型にはまった仕事を愛する事務員になり、別の者は従順な女性の裁縫師になり、また別の者は荒武者になったりするが、上位には資本が人格化した人々および産業の指揮官がいるという階層制である。しかし階級社会がどのように機能しようとも、そのエコロジー的暴力の深さは、歴史を前進させる基本的な対立関係を確実にする。人間の歴史は階級社会の歴史である。いかに修正されようと、非常に強力な分断が表面化することになり、抵抗（すなわち階級闘争）をもたらし、権力の継承につながる。階級関係は果てしなく神秘化されうる。宗教がこの目的のために奉仕する度合いを考えてみるか、テレビでの警察を美化するドラマ(訳注15)を見るだけでよい。しかし私たちが人間の本性を尊重する限りは、他者が豊かになるためにある人間の生命力を盗むほどに根本的な対立を魔法のように追い払うことはできないことを認識しなければならない。

国家は、支配階級が社会を分解させずに意志を貫徹できるようにこの紛争を管理するための装置である。それは無数の方法で作用するので、階級的矛盾を取り扱うことは国家の領域である。——軍隊を創設してそれを征服戦争に用いる（それによって家父長的および暴力的な価値を強化する）、財産を法典化する、財産関係を侵害する者を処罰するための法律を制定する、規則に従って行為する諸個人のあいだの契約および債務を規制する、それらの法律を援護するために警察、裁判所、刑務所を制度化する、若者の教育や両性の婚姻において適切で正しいとされるものを確定する、ただの人間に対して神の方法を正当化する宗教を確立する、科学と教育を制度化する——要するに、階級構造を規制し強化し、歴史の流れをエリートの方向へ水路づけることである。国家は階級と同様に家父長制を制度化し、それによって自然のジェンダー的分岐のための社会的基盤を維持する。さらに、現代国家が国民国家である限りは、それは土地への国民の愛着を正当性の源泉として用い、それによって自然の歴史を全体性と統合性の神話のなかに組み込む。自然の支配のあらゆる側面は実際、それによって国家が社会をまとめる織物のなかに織り込まれる。そこから、この物語に一貫性を与え、そのなかに違いをつくるために、私たちは国家およびその階級構造維持への究極的な依存へと参加させられることになる。このすべては、次の節で論じていくように、現在のエコロジー闘争の展開に基本的な役割を演じることになる。

資本の勃興

資本主義は国家と自分を重ね合わせたときに、それが国家となったときにのみ勝利する。(原註12)

フェルナン・ブローデル

階級関係は民衆を生命力から分離する。資本はさらに進む。それは私たちの生命力をそれ自身から分離し、二重の疎外を押しつける。これが起こる闘技場は労働市場であり、その発生の道具は人間精神の最も奇妙で興味深い策謀である貨幣である。

訳注15　警察を美化するドラマや映画が多いので、例外的な『ポチの告白』（高橋玄監督、二〇〇六年制作）が大きな話題となった。

ことわざが言うように、貨幣は世界を回転させる。しかし貨幣には三つの異なる側面があり、現実のなかでは三つすべてが結合しているが、その三つは神秘性を増していく。(原註13) 第一の、最も単純で、最も合理的で、同時に最も古代的なものは、交換と通商の道具としての貨幣であろう。私たちが合理的と言ったのは、商品を互いに比較させるのを可能にするある種の独立した要素がなければ、経済活動、社会は旧石器時代のままにとどまっていただろうということである。このレベルでは、貨幣の機能は、原材料、生産道具、最終製品が様々な源泉から集められるのを可能にし、より広い人間の交通を可能にする。

私たちが貨幣を知る第二の道筋は商品としての貨幣であり、それは獲得され、取引され、重要なことだが蓄積もできるものだということである。この視角からは、貝殻のような共通の自然物や家畜のような交換可能な所有物から、(原註14) 金属硬貨を経て、様々な紙幣へと抽象される貨幣の歴史がある。今日に至るまで貨幣形態は次第に脱物質化してきたのであり、デジタル時代においてそれはグローバル化した世界をバイト［コンピュータの記憶容量の単位］のシャワーでおおう［電子マネーが流通する］のである。これらの側面を探究することは、私たちを当面の仕事から引き離してしまう。しかし、それらのひとつ、すなわち脱物質化の傾向は、絶対に重要である。それは第三の最も困惑させるとともに、最も今日的な意味を帯びている貨幣の機能へと通じているからである。

私たちのシステム［資本主義］を自然の敵として設定するものは、価値の貯蔵所としての貨幣の特性である。価値の概念を把握するのは非常に難しいし、文明にとっては非常に切実でもあるが、権力の病理を見るための窓を提供する。貨幣がかかわるところでは、価値は交換機能の抽象である。したがってある品目を別の品目と交換するという特殊性から、私たちは「一般的な交換可能性」へと到達する。しかしそれはまた交換可能性の欲望との収斂でもある。価値は人間の欲求の自然――人間の本性と自我の性質を含む――に対する投射である。それは貨幣化された世界という、当初の世界とは固定された結びつきをもたないもうひとつの世界の設定である。（原注15）したがって、価値は自然のなかには存在しない。価値を考案する生物は存在するけれども。ゲオルク・ジンメル［ドイツの社会学者・哲学者］が貨幣についての権威のある著作のなかで述べているように、

われわれは自然の生起の系列をまったく完全に記述できようが、しかし事物の価値はそこには現れない。――まさにこれはわれわれの評価の尺度が、それらの内容が現実にいかにしばしば、あるいはそもそも現れるかどうかにはかかわりなく、その意味を保持するのと同じである。……現実的な心理的過程としての評価は自然的な世界の断片であるが、しかしわれわれがそれによって考えるもの、その概念的な意味は、この自然的な世界とは独立に対立したあるものであり、したがって世界の断片ではなく、それはむしろ特別な観点より見た全体的な世界である。（原注16）（『貨幣の哲学』新訳版　ジンメル、居安正訳（白水社、一九九九年）一六頁）

価値の区別された世界があり、それは決して全面的に経済的なものではない。乳児は母の胸に価値を与える、子どもは人形に、仏陀は瞑想に、生態中心的な人たちは生物圏に、フェティシスト（呪物崇拝者）はスチレットヒール［かかと部分が高くて尖っている靴］に、などというように価値を与える。控

えめに言っても、すべての抽象が悪というわけではない。さもなければ、数学を犯罪とみなさなければならなくなってしまう。あるいはマルクスが労働を解放するために価値の概念を発展させたときの彼の抽象も。抽象は――数量化を含む――感覚的、具体的なものへと戻る分化した道を保持している限りは、実りある科学のように病理的なものとみなす必要はない。あるいは「純粋」数学の場合のように抽象が外部世界から隔離されているときには。すなわち、数学者は彼の抽象を現実と混同することはない。精神障害者でない限りは、そしてたとえ精神障害者であるとしても、彼は現実を彼の抽象の影響下におく手段を欠いているのである。資本についてはそうではない。それは価値の目的のために感覚的な世界を抽象へと転換する。感覚的な世界は自然の空間と接触を保っているので、この転換は破壊的な規模の分断となりうるのであり、支配の新しい秩序へとつながっていく。

生産されたものは何であろうと、何かの目的に奉仕する傾向がある。たとえその目的が取るに足りないものであったり、破壊的なものであったり、幻想的なものであったとしても。したがってそれらが満たすニーズ、あるいは別の言葉で言うなら、その有用性に応じて、あらゆる製造物にある種の価値が付着する。生産物にとっては、使用価値は労働と自然の結合をあらわし、人間の本性［人間的自然］と自然一般との境界を占める。そして人間の本性は想像力の参加を伴っているので、ある種の主観的および想像された次元を含まない使用価値はない。これが良い毛布の気持ちよさであろうと、ワインの風味であろうと、種子に潜む潜在的な生命への期待、などであろうと。

使用価値は本質的に具体的である。それは質的な機能であり、世界の他の側面――他の使用価値を含む――との感覚的および知的な区別から成る。質的であるから、それは分化の本質的特徴を保持しており、その明確な要素によってそれぞれを識別でき、結びつきと連合を形成する。使用価値は、存在の疎外された方法を表現するようになるときには、ゆがめられることがありうる。別の言い方をするなら、結局のところ、使用価値はテレビゲームによって表現されることもあるし、虚偽のニーズ――スポーツ用多目的車（SUV）、ライトビール、ファッション雑誌、ハンドガン［銃］などのような――を反映した商品についても言えるのである。しかしそれらもまた具体的であるから、「中古の」品目を修理して、輝くようにできるように、回復できるのである。実際、エコロジー危機の修復は、まさにそのような回復を必要とする。

すべての使用価値が商品に付着しているわけではない。しかしすべての商品には使用価値がある。というのは、何かの有用性をもっていない限り、何かを購入したり、何かと交換したりすることはないだろうからである。（原註17）しかしそれらはまた別の種類の価値を持っている。すべての商品に付着している交換可能性の事実から生じる**交換価値**である。ここで、交換価値は使用価値と鋭い対照をなすのであるが、感覚的で具体的なものは、定義により**アプリオリ**に［先験的に］排除されている。交換可能性の印として残されているものは、量だけである。この商品xは、あの商品yのこれだけの量と交換可能であり、それが今度は商品zのこれだけの量と交換可能である、などと続き、どこまでも終わりがない。いかなる具体的な質もその連鎖を壊すであろう。数だけで十分なのであり、貨幣はその数の体現者となる。だから貨幣は根本的に量であり、そのことが貨幣の使用価値となる。ジンメルは言う。「貨幣は無限に多種多様な具体的な目的にとっての、それだけではどうでもよい手段にほかならないから、たしかに貨幣の量はわれわれには合理的な唯一の規定である［貨幣の量はその質である］。貨幣にたいして提起される問いは『何か』や『いかにして』ではなく、『いかほどか』である」[原註18]〔『貨幣の哲学』新訳版　ジンメル、居安正訳（白水社、一九九九年）二七二〜三頁〕

世界には貨幣に似たものは他に何もない。使用価値は自然の参加を必要とするが、交換価値は自然の数量化によってつくられる。質に対する量の優位は、ひとたび価値機能が社会の中心に進出するならば――資本主義の場合のように――これらの関係に悪をなす能力を与える。感覚的で具体的なものの喪失において、抽象化機能は権力の欺瞞のなすがままになる。正確には自然がその限界および相互関係、要するに生態系とともに分離されるので、もはや価値機能にいかなる内在的な限界もなくなる。[訳注16]それは努力せずに拡張できる。純粋な量は外部世界〔自然界〕へのいかなる関連もなしに膨張しうる。たとえ量を利用する生物〔人間〕はもっぱら外部世界にとどまるとしても。そして自らのためにこの価値機能をつくる生物にいくらかの権力への意志があり、伝統的な支配様式から前進するならば、権力への意志も無限大へと進行しうる。

その過程で、認知の能力も切り離される。ジンメルは二つの側面を指摘した。評価は人間存在すなわち「自然的な世界の断片」で起こること、そしてそれ〔評価の内容〕自体は世界の断片ではなく、「むしろ特別な観点より見た全体的な世界」であることである。貨幣への抽象は、価値のこれら二つの形式的に区別される部分を解き放して、別々の道をさまよわせる。そしてこれら両方の道を包含する生物であるホモ・エコノミクス〔経済的人間〕あるいは資本の人格化は、内部分裂し、世界からも分離される。だから経済のなかで大手をふるう価値はまた、私たちの自然からの分離を分断の体制へと、言わば自己永続化的な生態系の解体へと転換する。

経済システムの古代的な構成部分から、資本主義によって再生産される世界をむさぼる怪物への、資本の変化は、価値機能が労働自体にも付着するとき［労働力が商品化されるとき］に起こる。これが起こるためには、広範な一連の先立つ展開――それは貨幣の歴史だけでなく労働にもかかわる――が必要であった。

現在のような資本主義が誕生するよりもずっと前に、支配者たちは貨幣の力を評価し、それを大衆――なかなか餌に食いつかないことがわかった――に押しつけた。この生物種［人間］は物々交換、売買、交換への内在的な傾向性を持っているという（言い換えると資本主義は人間の本性の一部であるという）アダム・スミスのイデオロギー的概念とはほど遠く、貨幣の使用は明らかに、［後天的に］獲得された習慣であり、たびたび強制を必要としたのである。私たちが特別な注目に値すると知っている資本主義のゆりかごであるヨーロッパについては、アレキサンダー・マレイは、最初のミレニアム［紀元一〇〇〇年］あたりにある種の転換点が生じたことを指摘した。そのとき社会は単純に貨幣になじみがなかったわけではなく、貨幣という車輪に利益という潤滑油がさされるようになることに積極的に抵抗したというのである。(原註19) カロリング朝時代(訳注17)において、硬貨が上から交換価値の「用途」を持たなかった社会基盤へと導入され、そこでは貨幣は主としてその第二の機能、他の商品と交換できる商品として扱われ

訳注16　たとえば抽象的な複利計算の結果は「無限に成長」するので、経済は無限に成長するとか、借金を果てしなく返さなければならないといった妄想が生じる。

訳注17　カロリング朝は、フランク王国で八世紀から一〇世紀まで続いたフランク族のカロリング家による王朝。カール大帝［シャルルマーニュ］時代の「カロリング朝ルネサンス」が有名である。

た。多くの硬貨が溶かされて金塊や銀塊となり、一部の貨幣は貧困層に直接与えられ、一部の貨幣は装飾品や銀の杯に転換され、また一部の貨幣は様々な貯蔵場所に使われずにしまっておかれた。罰金やむち打ちのような刑罰が、「暗黒時代」の民衆を交換の栄光に目覚めさせるために、科されなければならなかった。マレイは、貨幣は「奇妙で疑わしい」ものであり、「精神的不活発」にその責任があると当時みなされていたと結論づけた。しかしそのいわゆる不活発は、価値の奇妙な機能に内在する挫折についての直感、そしてしばらくカトリック教会に共有されていた貨幣は共同体の生活世界を解体する楔（くさび）になるかもしれないという先見に根拠があったと考えたい。いずれにせよ、中世のマネタリズム〔通貨主義〕が結局は経済活動を加速させ、資本主義への道を準備したことは疑いの余地はない。交換を促進することによって、貨幣はその価値を増大させ、貪欲を助長し、高利貸しをもたらし、それ自体の蓄積への需要を作り出す。貨幣の製造量は増大し、英国では九〇〇年には一〇ヵ所の造幣局があったが、一世紀後には七〇ヵ所に増えた。そして銀行業――古代にその起源がある――が一一七一年のヴェネチア銀行の設立(訳注18)とともにヨーロッパに入ってきた。

　交易、銀行機能、アーバニズム〔都市生活〕の拡張と集中化は、合理化と技術的進歩を促進させた。ヨーロッパで最初の銀行の場所がヴェネチアだったことが示唆するように、プロセス〔近代資本主義前史〕のこの側面は、地中海、それも多くはイタリアの都市国家で進展した。ヴェネチアはジェノヴァやフィレンツェとともに、金融の初期の発展の指導的な中心部となった。後のポルトガルとスペインによる新大陸の略奪（ジェノヴァ人コロンブス〔コロンボ〕によって開始された）は、金融資本に金塊や銀塊を提供し、それが一八世紀なかばまではアジア諸国に遅れをとっていたヨーロッパに、覇権への道を開く

資金の獲得を可能にしたのである。(原註20)

労働関係については、これは北部ヨーロッパと特に英国の農業再編を通じて進展した。ここで決定的な要因となったのは、労働者の生産手段——それは資本主義以前の社会では何よりもまず土地、より一般的には自然を意味した——からの分離であった。これについてのマルクスの多くの要約のうちのひとつは、次のように述べている。

[投下した]貨幣を回収[再生産]し増殖させるためには、自由な労働に加えて、さらに貨幣とこの自由な労働との交換が、賃労働の前提であり資本の歴史的条件の一つである。つまり、貨幣を投じることによって[自由な労働を]消費する場合に、自分の楽しみを満足させるための使用価値として[それを]消費するのではなく、貨幣を増殖させるための使用価値として消費するには、自由な労働に加えて、この自由な労働と貨幣との交換が、賃労働の前提であり資本の歴史的条件の一つである。だがもしそうならば、自由な労働を実現させる客観的条件(労働手段と労働材料)からその自由な労働を分離することが、さらにもう一つ別の前提になる。ことに労働者の自然の仕事場である大地から労働者を切り離すこと……この共同の土地所有と自由な小土地所有のどちらにおいても、労働者

訳注18　この頃はいわゆる「一二世紀ルネサンス」の時代であり、古代ギリシャ(多くはアラビア語経由)やイスラムの文化が多く流入してきたことで知られる。ボローニャ、オックスフォード、パリなどの大学設立もだいたいこの時期である。『十二世紀ルネサンス』伊東俊太郎(講談社学術文庫、二〇〇六年)などを参照。

が関わる労働の客観的条件は彼の所有物である。これこそ労働者たちが彼らの物的前提と自然なかたちで統一された姿である。労働者はそれゆえ自分の労働からは独立して対象のかたちをとって存在する物を持っている。個人は彼自身が［それら対象として存在する物の］所有者だとの態度で行動し、彼の現実の生活［現実性］の条件を支配する物だとの態度で行動する。彼は他人に対しても同じ態度で行動する」[原註21]。（「資本制生産に先行する諸形態」マルクス、木前利秋訳『マルクス・コレクションⅢ』白水社、二〇〇五年、一八七〜八頁）

この分離は、暴力的な収奪を必要とする[原註22]。収奪の速度は、一六世紀なかば以降は加速した。このころアメリカ大陸からの金銀がヨーロッパ諸国に入り始めたからである。それは英国ではコモンズすなわち共有地の「エンクロージャー（囲い込み）」の形で最も体系的に起こった。それはヨーロッパのどこでも資本主義到来の前提条件として起こったのである。それは「新世界」とアフリカの全域でも起こり、何百万人もが犠牲となって、資本主義の大企業と奴隷貿易が栄えたのである。それ［資本の本源的蓄積］は今日でも起こり続けている。ニューヨークのコミュニティ・ガーデンは収奪され、小農民が資本蓄積の行く手に立ちふさがるところではどこでもそうであり、たとえばメキシコではNAFTA［北米自由貿易協定］が安い輸入トウモロコシによって小農民をエヒド［村の共有農地］から駆逐し[原註23]、マキラドーラへあるいは国境を越えて移動するのを促進している。グローバル化に対して脆弱な世界の半分の地域のどこでもそうである。民衆の生産手段および共有財産からの分離は財産の概念を変化させ、資本制生産様式の社会的土台を作り出す。それは資本が生活世界に侵入するときに絶えず再生産される合図である。この点での分離には二つの側面がある。生産者が彼ら自身の生活の領有から物理的および法的に引きはがされることであり、これと並んで、労働者の生産物、使われる仕事の手段、他の労働者との関係（その延長にはすべての社会関係）、そして最後に彼ら自身の人間の本性からの疎外である。疎外された労働の四つの意味がマルクスの初期の哲学的著作のなかで描かれている。[訳注19] 後期に『資本論』での成熟した分析のなかでは、それは商品の物神性［呪物的性格］という有名な概念へと展開されたが、これは価値に駆動される生産がものの性質を神秘化して、疎外の紛れもない錯乱のなかで商品が人格として、人格が互いにものとして関係するようになること［物象化］への洞察であった。[原註24]

分離／疎外／分断は資本の根本的な合図である。それは小農民の収奪に適用されるが、産業システムにも強制され、そこでは価値増殖に奉仕する技術的能力が自然の支配に最後の仕上げをする。産業革命がそのあとに労働規律をもたらし、労働者個人は機械に統合されて、ますます拡大する規模で統制されねばならなかった。ちょうど初期中世の民衆が貨幣の論理を受け入れることを強制されたように、初期近代の民衆は資本蓄積のための拘束時間の論理を受け入れるように強制された。直線的な時間性の厳格な図式のなかにおかれた場合にのみ、賃金は資本に転換される。抽象的な間隔が労働力の交換価値を計算する、あるいはそれから搾り取られる剰余価値を測定する唯一の方法だからである。この計算のために時計という形で技術が必要とされたのであり、同時に、それらをまとめ、神の目から見て配置全体を正当化するために、社会化の新しい様式と、宗教的および道徳的文化が必要とされたのである。[原註25]

訳注19　『経済学・哲学草稿』マルクス、城塚登、田中吉六訳（岩波文庫、一九六四年）などを参照。

科学、技術、産業はしたがっていずれも支配的な宗教と束になっており、資本の庇護のもとでその分断する力を表現するようになる。資本の初期の局面では、自然のジェンダー的分岐への内在的なつながりは、初期近代ヨーロッパの魔女狩りの狂乱や、フランシス・ベーコンのような科学のイデオローグを通じて、驚くほど明らかになった。[訳注20] システムが成熟するにつれて、その生態系を破壊する潜在的な力が産業化の庇護のもとで前面に出るようになってきた。[原註26]

産業化［工業化］[訳注21]は独立した力ではなく、資本のために自然を粉砕するハンマーである。工業的な伐採は森林を破壊する。工業的な漁業は漁場を破壊する。工業的な化学はフランケンシュタイン食品を作り出す。化石燃料の工業的利用は温室効果を作り出す、などなど――すべては価値増殖のためである。最も重要なことは、工業的体制の技術的に駆動される生産が、エネルギー供給の増大を求めるということであり、その目的のためには石炭、天然ガス、石油のような燃料が何よりも適任だということである。このような燃料は、過去の生態学的活動をあらわしている。生命が何億年ものあいだ日光と相互作用して発展させてきた無数の化学結合の残渣が、いまや産業社会の道具を推進するための熱エネルギーに転換される。化石燃料からできたガラクタを購入するためにショッピングモールにドライブするたびに、無数の生態学的秩序が解体されて、熱と有毒ガスが放出される。私がどこかで読んだのは、産業世界では一日に生物生態学的活動一万年に相当するエネルギーを消費するということであり、その比率は大まかに言うと二〇〇万ないし四〇〇万対一であるということだ。この無駄遣い、それに伴うあらゆる種類の物質の翻弄とともに、社会的生産に内在する潜在的なエントロピーは、ますます生態系の不安定化を拡大するレベルに到達する。驚くべき速度でのエントロピー的崩壊がようやく最近目に見えるようになったのは、地球が過去三十年かそこらまではその影響を緩衝できるほど十分に大きかったからであり、そのころから私たちは生産量の増大とともに「吸収源」［環境汚染を浄化する自然の作用］の限界を目撃するようになったのだ。

分離の現象は、生態系解体の核心的な合図を表現している。というのは、物理的および社会的な意味での分離は、存在論的な意味での分断に対応しているからである。分断は生態系の諸要素の分離を、それらが相互作用して新しい全体を作り出す地点——あるいは、別の角度から見ると、生態系を構成する弁証法が解体する地点——を越えて拡張する。したがって、エコロジー危機は、資本のマクロ経済的効果のあらわれにとどまらず、資本主義的疎外の生態圏への拡張をも明らかにしているのである。そしてこの疎外と、システムの全体構造が資本と労働の関係に基礎をおいているので、さらにエコロジー危機と資本による労働の搾取は同じ現象の二つの側面だということにもなる。

このことの歴史的な基盤は、草創期の支配階級の人々が労働を交換価値のシステムに隷属させ、人間の「労働対象を」変化させる力を、賃金を得るために売る商品へと転換させたときに生じたのである。賃金関係——そのなかで人の働く能力に等価の貨幣が与えられ、市場で販売される——は資本主義そ

訳注20　『魔女狩り対新哲学：自然と女性像の転換をめぐって』ブライアン・イーズリー、市場泰男訳（平凡社、一九八六年）および『性からみた核の終焉』ブライアン・イーズリー、相良邦夫、戸田清訳（新評論、一九八八年）を参照。ベーコンは自然を女性に見立てて、その秘密を暴く男性科学者の役割を賞賛している。

訳注21　『破壊される世界の森林：奇妙なほど戦争に似ている』デリック・ジェンセン、ジョージ・ドラファン、戸田清訳（明石書店、二〇〇六年）を参照。

のものよりはるかに古いし、[原註27]言うまでもないことだが、それがあらわれるところではすみずみまで、すべての場合に必要悪だということでもない。しかし、それの資本自体が生産される手段への一般化は、人間存在の光景を反生態中心的な方向へと恒久的に変えてしまう。

資本主義は、政治的、経済的、法的、文化的な諸条件が最終的に結合されて、人間存在を労働市場という肥沃な平原の上の賃金労働者に変えるための、自己を拡張する機械にしてしまったときに、完璧なシステムになった。

この道には多くの曲がり角があったが、様々なブルジョワ革命において資本家階級が国家を完全に掌握したときに、決定的な転換点を迎えたのである。そのとき上述のすべての国家機能は、資本の目的のために組み込まれた。生産の目的は価値の蓄積となり、使用価値は交換価値に従属するようになり、剰余価値生産が経済のアルファとオメガ〔すべて〕となり、エコロジー的関係は相互の分化から抽象化されて断片化される。最新の新自由主義的〔ネオリベラル〕なグローバル化の段階においては、ジェンダー的搾取の増大〔低賃金労働が女性に集中することなど〕が人類の大多数にとっては常態となる。たとえ大都市の上層階級の女性たちがブルジョワ的秩序のなかで相当な地位を達成したとしてもそうである。人種的、民族的な分断は、資本の目的因[訳注22]である究極的なアトム化〔バラバラにされること〕とともに、またそれに対抗して存続する。仲間を認知しないこと〔連帯しないこと〕が社会に組み込まれ、それによってニヒリズムへの動きが進行する。人間の本性は自己から分離され、ひとつの論理的な潜在的可能性にすぎなかったものは、その論理的な帰結が地球の価値体制への完全な従属であるような歴史的現実となった。

これは実際には拡張された脚注にすぎない。というのは、このトピックをきちんと扱おうとしたらもう一冊の本が必要だし、他方それを完全に無視すれば、議論のあまりにも多くの論点を未解決のままに残すことになるからである。実際、私たちは明確にそれと言うことなしに、哲学的議論に介入してきた。ここではもう少し遠くまでいく必要があるだけだ。資本主義をいかにして変革するかという問題に入る前に論点を整理しておくためである。

オーストラリアの環境哲学者アラン・ゲアは、文明が経験するある種の「間違った転換」という概念を発展させた。そのひとつのあらわれは、単なる物質の世界の上に高度な存在の領域を自明のこととして仮定したことである。私たちはこれを自然の支配の哲学的反映と呼んでいいかもしれない。それが資本主義の揺籃期にはまず新プラトン主義(訳注23)の形をとったということは、私たちにとってこの種のアイデアが異なる時代の特性に応じて再生産され続けているという事実ほど重要ではない。これはキリスト教の身体からの飛躍をもたらした変異であり、そのあとに、そこから資本への路線が引き出されうる抽

訳注22　テロス［目的因］はアリストテレス哲学の用語。
訳注23　新プラトン主義（ネオプラトニズム）　古代およびルネサンスの思想。美へのプラトン的な愛によって人間は神の領域に近づくことができるとされた。ケプラー、ライプニッツ、ニュートンなどにも影響を与えたとされる。

象の空間を残した。ゲアの説明が明らかにしているように、この考え方の派生物は、多くの非宗教的な知的イデオロギーに残っている。たとえば、機械論的唯物論――自然の形成性を否定することによって物質の死滅を神聖なものとする――や、社会ダーウィン主義――資本主義的競争を自然現象とみなして、それを人生の根本原理とみなす――のようなものである。(原註28)

アイデアを物質的利害に還元することはナンセンスであるが(結局、物質的利害はアイデアを含み、アイデアによって形成される)、あらゆる思考を巡り合わせとみなすことは必要である。というのは、いかなる哲学者も彼または彼女が投げ込まれた世界を解釈しようと試みる以上のことはできないからである。あらゆる思想家には立ち位置があり、特定の立場をとり、彼らの哲学は必然的にその表現である。新プラトン主義が出てくる前にはプラトン主義があり、それはまず本質という概念を洗練させた。そして私たちはプラトンについて十分知っているので、彼の思想の背後にある哲学者を支配者として確立しようとする衝動〔いわゆる哲人王の思想〕、そして他方、プロパガンダによって神秘化しつつ階級関係を抽象原理へと変える強力な国家に庶民を従属させるという考え方を彼が持っていたことを知っている。(訳注24)だから単なる現実の上にある「高度な現実」が仮定されるところではどこでも、私たちは問題の思想家が、単なる奴隷・農奴の上に高級な人々をおく階級システム――言うまでもなく思想家自身は支配者の一員である――の設定を念頭においていると想定できるのである。(訳注25)これはプラトンについて言えるし、最近の思想家では大御所マルティン・ハイデガー――その存在論は彼のナチズム支持(原註29)から切り離すことができないし、切り離すべきではない――についても言える。(訳注26)

ハイデガーは特別に重要である。というのは彼の思想をディープ・エコロジストたちが真剣に受け取っている――特に技術の批判との関係で――からである。ハイデガーの技術論は、作用因［動力因、始動因］の概念を非難してさえいる。(原註30) 彼は問う。作用因の概念自体は技術的支配の付随物ではないのかと。したがってそれは自然からの疎外そして究極的にはエコロジー危機を恒久化するのではないのかと。ハイデガーにとって、作用因は道具的原因とは別にあるのではなく、本質的に特筆された道具性なのである。

なぜ「作用すなわち完成品［生産物］をもたらし」「あらゆる因果律の標準」となる作用因を求めるのに、同時にアリストテレスのいう他の諸原因である、ものが何でできているかを示す質料因、ものが入る形態を示す形相因、ものが目指す目標である目的因を消し去るのか、と彼は論じる。ハイデガーにとって、真性の技術的態度は因果律のいかなる側面にも特権を与えるのではなく、むしろ四つの原因すべてを「何か他のものをもたらす方法であり、すべてが互いに連繫している」ものとして見るのである。別の角度から見ると、ハイデガーは、原因と結果のあいだに作用因の概念で伝えられるよりもはるか

訳注24　プラトンの『国家』（岩波文庫ほか）を念頭においている。人間は先天的に金の種族（理性によって自己を律する支配者）、銀の種族（名誉を重んじる武人）、銅の種族（欲望に動かされる庶民）に分けられるというのがそのプロパガンダの例である。『ユートピアの思想史』マリー・ルイズ・ベルネリ、手塚宏一、広河隆一訳（太平出版社、一九七二年）、『いま哲学とはなにか』岩田靖夫（岩波新書、二〇〇八年）などを参照。

訳注25　従来の表記はハイデッガー、最近はハイデガーが多い。本訳書では後者に統一した。

訳注26　『ハイデガーとナチズム』ヴィクトル・ファリアス、山本尤訳（名古屋大学出版会、一九九〇年）、『精神医学とナチズム　裁かれるユング、ハイデガー』小俣和一郎（講談社現代新書、一九九七年）、『政治と哲学：〈ハイデガーとナチズム〉論争史の一決算』上下、中田光雄（岩波書店、二〇〇二年）などを参照。

に親密で非線形の関係——世界とそれを動かすことの背後に立つある種のデミウルゴス(訳注27)とみなされる——を想定するのである。

この概念は供物の容器である銀の皿との関係で発展した。「負債」「考慮」「採集」のような用語を用いて、ハイデガーは、道具を使う人間は新しいものを「出で—来—たらすこと」すなわちポイエシスにいかに責任を取り得るのかということを伝える（このエッセイは一九五〇年代初頭の講演にもとづいている）。ハイデガーは存在の真実を「存在をもたらすこと」として見た。したがって「現存していないものから現存するものへと移り—出て—来るために、誘い出すことはすべて、ポイエシスであり、出で—来—たらすことである」（『技術論』ハイデガー選集18　小島威彦、ルートヴィヒ・アルムブルスター共訳、理想社、一九六五年、二五頁）。だから、反技術論とはほど遠く、ハイデガーは技術を理想的に「存在をもたらすこと」の基本的な形態、すなわち人間の現実への貢献として見る。(訳注28)それは自然がもたらすこと、すなわちフューシス——それは「花が花咲く綻びを花自身のうちにもっている」ように「自らのうちにもっているものを出で—来—たらすこと」を意味する——と並べておかれることになる（前掲邦訳二六頁）。

もたらすことは因果律の四つの様式をまとめたものである。だから明らかにすること、あるいは「存在をもたらすこと」は技術の最高の様式である。ギリシャの意味にしたがって、ハイデガーはこの真の意味をテクネーとして位置づけ、現実への技術的アプローチを「精神の芸術および美術」と同じグループにまとめる。

家とか船を建造したり或は供物の皿を鋳造したりする人は、誘い出す四つの在り方に関連しつつ、出で―来たらす―べきものを露わに発く。かく露わに発くということは、船や家の見え方と材料とを、既に完成したものとして見透された仕上がりの物へむかって、あらかじめ纏め、そこからその仕上げ方を定めることである。それゆえテクネーの決定的なるものは、決して工作や取り扱いのうちにあるのでもなければ、諸手段の使用のうちにあるのでもない。むしろに右にあげた露わに発くことのうちにあるのである。まさに露わに発くこととして、決して仕上げることとしてではなく、テクネーは出で―来たらすことなのである。(295)(前掲邦訳二九頁)

私たちの疎外の条件のもとで、ものごとはこのようになされるのではない。その代わりに、「近代技術を終始支配しているこの露わに発くということは、しかし今では、ポイエシスの意味における出で―来―たらしの形で展開されているのではない。近代技術のなかで統べている露わな発きとは、自然にむかって、エネルギーとして搬出され貯蔵されうるような、エネルギーを供給すべき要求を押し立てる挑発なのである。」(前掲邦訳三二頁)地球はいまや資源の貯蔵所へと還元される。(訳注29)これは鉱業と農業の両方を劣化させる。それは「最小の費用で最大の産出を引き出す」方向への「促進」である。「ここを支配する怪物性がある」。それはやりがいのあることを進めるためにハイデガーが「立たせる」「命令」

訳注27　デミウルゴスはキリスト教の異端であるグノーシス派などの世界の創造主で、最高神に仕える神。プラトンの著作の中で造物主として描かれた。
訳注28　『ハイデガーの技術論』加藤尚武編(理想社、二〇〇三年)も参照。

「有効な貯蔵」のような別のセットの存在論的用語を用いて行う記述のゆえである（これはある種の仮説である。そこで「あらゆるものは待機するように、直ちに利用できるように、実際さらなる命令に即応するためそこに立っているように命令される」のである）。

ハイデガーはこの批判を「立て－組」（ゲシュテル）という言葉に統合する。これは近代技術の物理科学への依存を説明する。それは、近代の精神的に荒れ果てた条件のもとで存在が凍結され、制約される方法を示唆する。この地点から、ハイデガーは技術的存在のこの方法に固有な現象の多く――神の単なる作用因への還元から、「人間」の自己疎外に至るまで――を引き出す。「この命令が幅をきかせているところでは、それは明らかにすることについての他のあらゆる可能性を消し去る」。したがって、立て－組する技術が覇権的になり、真理の可能性そのものがなくなっていく。

ハイデガーは彼のエッセイを楽観的な調子でしめくくる。枠付けによって科される危険のただなかに「救う力」が成長している。というのは、技術のただなかに「承諾」もあるからであり、これは救う力として集めることができるからである。どのようにして？　もし私たちが「この生起を思案するならば」回想において「その世話をする」ことになる。このようにして、私たちは道具としての技術の概念を乗り越えることができる。「人間の行動」を通じてではなく、「考察」によって。私たちは、「すべての救う力は危険にさらされているものよりも高度な本質を持っている――同時に同類でもあるが――という事実を思案する」ことができる。特にハイデガーは、芸術的次元の昂揚を求める。美的目的のためだけでなく、彼の描くギリシャ人がしたように、明らかにするという目的のためにも。「私たちが一歩危険に近づけば近づくほど、それだけ一層明らかに救うものへの道は幾条も照りはじめ、それだけ一層私たちは問いに満ちてくる。なぜなら、問うことは思惟の無垢のすがたであるからである」(317)(前掲邦訳六二頁)。

彼の手がかりを取り上げて、ハイデガーに問うてみよう。たぶん敬虔さを持ってではないが。普遍性の問題から始めよう。二〇世紀の哲学的指導者のひとりとされるハイデガーのようなクラスの思想家は、もし尊敬を集めているとするなら、人類全体のために努力しているに違いないと考えるべきであろう。そして実際、彼はそうしていると主張する。彼の議論の主体と対象として「人間」に言及し続けていることを通じてだけだとしても。すなわち「一体誰が、現実と呼ばれているものを、役立つものとして露わに発くように、挑発しつつ立たせるということを遂行するのか。明らかに人間である。しかしどこまで人間に、そのような露わなあばきができるのか」(299)(前掲邦訳三五頁)。私たちはこれを次のように翻訳できる。エコロジー危機を引き起こしている技術に対する病理的な関係のエージェント[行為主体]は誰なのか? これに対する答えは、明らかに人間である。この地点でハイデガーについての問いが始まるのかもしれない。というのは、技術的劣化の主体として漠然とした「未分化の」「人間」を指し示すことは、エコロジー危機に取り組む方法としては疑わしいからである。

訳注29　この「エネルギー」には石炭・石油だけでなく、原子力も含まれる。「技術への問い」はもともと一九五五年の講演なのだが、ハイデガーはこうも述べている。「空気は窒素を引き出すように立たされ、土地は鉱石を、鉱石は例えばウラニュームを、ウラニュームは原子力を引き渡すために立たされ、原子力は破壊にも平和利用にも放出されうるのである」(前掲邦訳三一頁)。アイゼンハワー大統領の「平和のための原子力(Atoms for Peace)」国連総会演説は一九五三年一二月であり、最初の実用原発は一九五四年(ソ連)、中曽根康弘の原子力予算も五四年であるから、ハイデガーの着目は早い。

この「人間」とは誰か？　論理的には、それは誰かもしくは全員である。もし後者なら、未分化の人間としての私たち全員なのか、それともある種の内的関係にある――家父長制や階級のようなヒエラルキーの、言い換えると社会的世界の何かの分節化された地位にある――私たち全員なのか、後者であろう。

分節化して考える見方は危機の効果的な理解への道を開く。しかしそれはハイデガーが選ぶところではない。彼は人類の現実の特性［階級的地位など］に応じて分節化する代わりに、人類を二つの同じように不満足な部分へと分割する。表面的には、彼は「人間」という未分化の概念について語っているのであるが、しかし具体的かつ実践的には彼は北ヨーロッパ［欧米］のエリートのためにのみ語っているのである。ハイデガーは現実には一部の人々のためにのみ語っているのであるが、これは彼の議論の精神と言語の高度な抽象性を絶対的に侵害するものであるから、彼は偽りの普遍化された主体というあいまいな領域へとのぼっていくのである。

ハイデガーが北ヨーロッパの支配階級のためだけに語っているということを、私たちはどうやって知るのか？　彼の個人史の問題があり、そこではこのエッセイが構想された年月のあいだについてははぐらかされているだけであり、決して責任が認められることはない。若い頃のハイデガーは、哲学的総合は現実の闘争の反映であり、哲学者がこれらの闘争に介入しない限り、成就できないことを実際に自覚していた。この精神で彼は近代社会の病を癒すという哲学的プロジェクトを国民社会主義［ナチズム］に結びつけ、ナチス党はドイツの国家権力を握ることによってこの病変を治療できるとみなしたのである。(原注31)ハイデガーのナチス党員としての経歴は、二〇世紀の最大の知的スキャンダルのひとつであり、それを恥じたことが明らかに彼の後期の思想におけるある種の格言家の傾向――私たちがこの種のエッセイで見るような、言葉が省略されすぎてあいまいなフレーズ、造語癖、真性さを求めて古代言語を急いでみていくといったことが、いかなる特別な変革プログラムも公表する必要はないという幻想を維持するのである――に貢献した。しかしナチズムが特別なプロジェクトでなかったとしたら、何だと言うのか。第三帝国について他に何か言えるとしても、その諸原則に賛同署名した者は誰でも（そしてハイデガーは党員であり、ドイツの指導的な大学のひとつであるフライブルク大学の総長であった）、根本的に人種差別的な世界観――そのなかでもちろん北ヨーロッパのエリートは支配的な位置を占める――を肯定したことは疑う余地がない。

私たちはさきほどのテクスト〔技術論〕のなかに直接、どのようにしてハイデガーがその論理をいかに要求しようとも、危機の特別なエージェントを定義するのを拒否したか――そしてまた、なぜ作用因の問題が彼にとっていやなものなのかを考えると、この方法論が忠実に用いられるならば、彼のおそるべき党派性を明るみに出してしまうからなのだということを、見て取ることができる。そしてハイデガーは銀の皿を作るときに表現される「明らかにすること」について感動的に語るのであるが、職人精神とその精神的な連帯を劣化させた現実を隠してしまうのである。誰のためにそれ以上皿を作るというのか。なぜバービー人形を、あるいはイソシアン酸メチル〔ボパール事件を参照〕を、あるいは値段の高いスニーカーを、あるいはクラスター爆弾を作る人々を取り上げないのか。そして彼らが飢えるとするなら、あるいは健康保険を失うとするなら、あるいは家のローンの支払いができないとするなら、誰がそうしたことを止めることができるのか。(原注32) 彼らの労働の現実の諸条件が、彼らのテクネーの劣化を引き起こす原因ではないのか?

ハイデガーはどこかで、もはや「祖父と同じように森のなかの道を歩くことができない」——なぜなら彼は「今日では商品としての木材を作るように産業に命じられているから」「セルロースの命令に従属させられている」「林務官」について語っている。そうだ、この話は素晴らしい。しかしなぜ原因としての「産業」まで突き詰めていかないのか。それが保持する「産業化」の本質ゆえではなく、それが樹木をセルロースに還元する資本という主人に奉仕するゆえであるのかを。また、これは厳格に隠喩的な用語で語るべきことなのか。この産業とは何者かを。彼は資本主義の大いなる力を人格化しているが、そこにはなお倫理的、政治的、法的に責任を取らねばならない現実の人々——ユニオン・カーバイド社の経営陣がボパール事件の責任を取るべきであるように——が関与していることを見逃している。

その没落をハイデガーが嘆く小農民——世界中で没落したのであり、没落し続けている——のためにも、同様の考察がなされるべきである。なぜなら、[大手農薬資本モンサント社などの]同じ利潤動機が彼らを侵害しているからである。そしてもちろん、彼の最も重要な洞察——「自然にむかって、エネルギーとして搬出され貯蔵されうるような、エネルギーを供給すべき要求を押し立てる」何かが世界のなかで活動しているということ——についても言えることである。この何かは、女神アテネ[アテナ]のように父[ゼウス神]の頭から生まれるとでも言うのか。あるいは資本の無慈悲な力の観点からのみ理解できる広大な変化の産物なのか。それは現実世界のなかで何の媒介もなしに行われる当初の疎外の自己生成的な剥離なのか。だから、媒介の多くの形態——株式取引、石油パイプライン、クレジットカード、警察、陸軍など——をなお説明しなければならないのである。

もし誰かがそのような結論を暗示する［指し示す］適切な推論を引き出しながら、そのように名指しすることを拒むのなら、その人は神秘化を行っているのであり、いかなる神秘化とも同様に、現状［既成事実］を支持していることになる。ハイデガーの技術批判が資本の体制にもきっちりと適用できるはずなのに、この最も明白な地点に架橋しようとは決してしないのは、驚くほどである。これは、彼の批判が政治経済から引き出される通常の洞察をはるかに越えていることを否定するものではない。ハイデガーの洞察は、彼が意図したように、深いものである。それは何が間違っていて、それを正すためにエコロジー危機についてのいかなる政治経済的分析も触れることができない方法で何をなさねばならないかについて、私たちの観点を前進させる。しかし単に深遠なものは、近づけない意味のない深みで泳いでいる。さらにそれは、悪い目的で使うことができる。私たちがハイデガーにこだわるのは、彼の哲学的卓越性のゆえではなく、本質的には、この種の思考が悪い目的のために繰り返し使われてきたからである。「エコロジー」の議論が人目を避けることがある背景には、したがって、ファシズムの亡霊［エコファシズムへの懸念］の問題がある。このテーマには、あとで立ち返る。

哲学は、政治経済の範囲を拡張する積極的な力でありうるし、そうあるべきである。この点については、私には、生態系を再統合するという最優先の目標を体現した方法的原則を前提とする必要があるように思える。私たちは資本の世界がいかに分断の後遺症に満ちているか、そして生態系の健全性がいかに決定的に分化に依存しているかを見てきた。したがって私たちは、思考においても実践においても、分化によって分断を克服する必要がある。したがって、私たちは分化の概念を組み込んだ方法を必要としている。

そのためのいくつかの条件を思い出してみよう。分化した関係は、そのなかで生態系の諸要素が、その全体性と健全性を尊重する相互認知の過程において一緒になるようなものである。ここには三つの条件があり、それぞれ説明を必要とする。諸要素は異なるものと想定されるが、相互関係を結ぶことができる。この関係を結ぶためには、エージェントの特別な活動が必要である。そして最後に、相互認知は相違のなかのアイデンティティを含意している。本質は存在するものであるが、この存在は他者との関係において定義される。この場合には、私たちは異なるアイデアを一緒にすることについて語っているのであり、ガーデニングのような分化した生産の別の側面について見たように、それらのなかの生命が統合的な全体の形成として表現できるようにそれらを保持するのである。

少し考えれば、私たちがここでは幅広く弁証法として定義されるプロセスについて語ってきたことがわかるだろう。そして私たちは古代ギリシャのいくつかの系譜の継承も主張しているので、これらの哲学の創始者について、弁証法は、議論の目的のために、真理に到達するために、異なる観点を一緒にすることを意味したということを想起してもよい(原注33)。弁証法は単なる多元論ではなくて、単なる個人的な精神、あるいはエゴの、そして異なる観点の隠された関係だけでは、根本的に満足できないことを意識することであった。弁証法は精神の限界と力の両方を認識する。それは、最良の場合には直観的に把握できる自然の範囲が計り知れないほど大きいために、そしてまた、分離と結合の「弁証法」を伴った人間の自我の特性と幻想ゆえに、私たちの知識は限られているということである。……しかしまた、自然に対して、そして他の人間に対して開かれたままの想像力ゆえに私たちは強力だということも認識する。だから実践としての弁証法は、開かれた討論に対話的な精神で参加することであり、その成就のためには自由に連合した生産者の社会――すなわち、あらゆる形態の分断を、特に階級とジェンダーあるいは人種的支配によって科される分断を越えた社会――を必要とするプロセスである。これなしには、従属的な地位を強いられる人々の才能は、無知、迷信、アパシー［無関心］へと後退してしまい、他方主人の論理は権力によって致命的に腐敗するだろう。

　実践としての弁証法に加えて、論理としての弁証法の問題がある。ここではそれをごく手短に検討することしかできない。実践と接触しても残るような実践からの抽象でなければならないということ――すなわち実践から分化するが、分断はしないこと――を別とすれば。ここでは、弁証法の主要なカテゴリーは否定である。同時にあるものであるとともに、それを否定する［のりこえる］ことができるという意味で。こうした路線において、弁証法は指導原理にならねばならない。弁証法的認識のために、理論が実践的であり、実践が理論的である――一般にプラクシス(原注34)として知られる条件――ために。

　最後に、この高度に圧縮した説明において、私たちは「自然の弁証法」について調べる必要がある(原注35)。第一に、そうしたいかなる概念も、単なる存在に対して「高度な現実」を特権化することができないことは明らかである。これは生態系の分断を基本原理へと拡大するからである。弁証法の概念は、自然の形成性に基礎をおいている。――それは、人間の精神、自然の流れ、その欠如と存在を通じて屈折した自然の形成性が言葉にされたものであると言ってもよいだろう。分化した生態系が生命を作り出す傾向があるように、弁証法は人間の創造性に場所を与える。しかし、私たちは弁証法の論理を自然に投影しない。それは、これらの法則は人間の実践から抽象されたものであり、人間の実践活動は、思考の働きを含めて、宇宙の究極的な作動から大きく離れたところで行われるという、二つの理由からである。

人類の大多数にとっては、畏怖の感覚を越えてこれを意識へと洗練させることはない――最も偉大な精神は、近代物理学者のかなり多くも含めて、遠く離れた宇宙と、物質とエネルギーの極微の粒子についての思考に参加していると主張しているということは、言っておかなければならないが。(原注36)

自然に対するエコロジー的に合理的な態度の前提条件は、自然は私たち人間をはるかに越えており、その内在的な価値を持っており、私たちの実践に還元できないという認識である。こうして私たちは自然からの分化を達成する。この光に照らして、私たちは実践をエコロジー的に変化させるという問題にアプローチするであろう――さもなければ、私たちがいま認識しているように、弁証法的に同じことになってしまうであろう。

資本主義の改良可能性について

いま世界にまたがる怪物は、価値と支配された労働の結合から生まれた。前者から生じたのは現実の数量化であり、これとともに生態系の健全性にとって不可欠な分化的認識の喪失である。後者からあらわれたのは、この氷のような水域を泳げるような種類の自我である。この見地から資本主義を「エゴ［自我］の体制」と呼ぶことが出来るが、それは、その主導のもとでは、ある種の疎外された自我が資本の再生産の様式としてあらわれるという意味である。この自我は単に高慢である――「うぬぼれが強い（egotistical）」の通常の含意――というだけではない。資本主義のもとではそれは確かに傲慢（hubris）を示すのであるが。もっと詳しく説明すると、それは、一方では自然の支配を体現し、他方では資本の再生産を確保する諸関係の集合体である。このエゴは、純粋化された男性原理の最新のバージョンであり、当初の犯罪から数千年後にあらわれ、ジェンダー支配の収益性と自己極大化への吸収と合理化を反映している（「力のある女性」がダンスに加わることは許容している）。それは分断と認識欠如の純粋な文化である。それは自身も、自然の他者性も、他者の自然〔本性〕も認識しない。これまでの議論に照らしてみると、それは単に個人的で孤立したエゴとしての精神の支配原理への格上げである。（原注37）

資本は自我中心的な諸関係を生産し、それが資本を再生産する。資本主義的秩序の孤立した自我は、資本の人格化になることを選ぶことができる。あるいは、彼らに押しつけられた役割を演じることができる。どちらの場合にも、彼らは経験のあらゆる要素――世界のあらゆるもの、あらゆる他者――のあいだで、そして自我と世界のあいだで、全能のドル貨幣が自己を押しつけるという事実によって命じられる認識欠如のパターンの創出に着手する。だから、何も貨幣化を通じてしか本当には存在しなくなる。この設定は、競争と容赦ない自己極大化という病原菌にとっては、理想的な培養の場所を提供する。貨幣だけが「ものを言う」のだから、特別な無情さが資本家を特徴づける。それは、剰余価値の偉大な行進に少ししか貢献しない、あるいは剰余価値の増大を阻むようにみえる、あるいは単に大衆の注意をそらすスケープゴート〔悪役に仕立てる〕に適した生物種を、全大陸を（アフリカを見よ）、人口のうちの不都合な部分を（都市の黒人男性を見よ）犠牲にするような、強情な精神と冷たい抽象概念の利用である。価値の存在が、純粋の仲間意識あるいは思いやりをふるいにかけて落とし、それを利潤拡大の計算によって置き換える。そのように非人格的にホロコースト〔大量殺戮〕が行われたことはなかった。ナチスが犠牲者を殺したときには、犯罪には人種主義的な宣伝が伴っていた。グローバル資本にとって、喪失は遺憾な必要事項あるいは付随的存在にすぎない。

あらゆるものを資本の呪文へと組み込む価値条件は、生産から消費へ、再び生産へという蓄積の車輪を回転させるが、資本の慣性質量が増大するにつれて、回転はますます早くなり、回転する磁石が電場を発生させるように、力の場を発生させる。この現象は、システムの改良可能性にとって重要な含意がある。資本は非常に幽霊のようなものであり、その現実の本性をイデオロギー的に神秘化することにうまく成功しているので、私たちの注意が常に、生態系の不安定化の実際の源泉から、その源泉が作用する道具へと逸らされる。しかし現実の問題は、地球規模で蓄積される資本の総量であり、それとともにその循環の速度と、これを維持する階級構造である。それがそれ自身の規模に応じて力の場を発生させるものである。生態圏を構成するものに無数の参入地点を通じて作用し、資本のますます大きなかたまりを作りだし、エコロジー危機を進行させ、その解決を阻むのが、この力の場なのである。というのは、ひとつの事実は確かなものとして受けとめてよいかもしれない。それは、あれこれの隅をつくろうのではなく、全体としてのエコロジー危機を解決するためには、資本の巨大な集積の存在、これがもたらす力の場、彼らが結びつく犯罪者の地下世界、またその延長で考えると多国籍ブルジョワジーを構成するエリートたちは、根本的に不適合だということである。そして全体としての危機を解決しないことによって、私たちは別の神秘的生物の亡霊、個々の頭を切り落とされても自己を再生する多頭のヒドラ(訳注30)のようなものに直面することになる。

このことを認識することは、資本をより環境にやさしく、あるいは効率的に振る舞わせることによってその作用を浄化するような、資本との妥協策、改良主義の図式はないということを認識することである。私たちは最後の章で、この命題の実践的な含意を探究するが、ここでは結論を再度具体的に述べる必要がある。環境にやさしい資本、あるいは汚染の少ない資本は、中期的には、環境破壊的な資本よりも望ましい。しかしこれはより小さな論点であり、その成功そのものとともに利点も減少する。というのは、環境にやさしい資本（あるいは「社会的ないしエコロジー的に責任のある投資」）は、その資本の本性により、本質的にはより多くの価値を作るために存在するのであり、これが具体的に環境にやさしい場所から、大きなプールに参加するために漉し出され、力の場にしたがって、より大きな集中、より大きな収益性、より大きな環境破壊へと合流してしまうのである。[訳注31]

資本主義の内部に危機があり、資本主義は危機を発生させるとともに危機に依存している。危機は資本蓄積過程における裂け目であり、車輪の回転を遅くするが、また新しい回転を刺激することもする。危機には多くの形があり、長い周期や短い周期があり、多くはエコロジーへの影響を複雑化させる。[訳注32]不況は需要を減少させ、資源への負荷のいくらかを取り除くかもしれない。景気の回復はこの需要を増大させるかもしれないが、効率の改善をもたらして負荷を減少させることもあるだろう。このよ

訳注30　ヒドラはギリシャ神話に出てくるレルネーの沼の九つの頭の怪獣。ヘラクレスが退治した。
訳注31　たとえば、自然の成分、動物実験しない、フェアトレードなどで知られる「環境にやさしい化粧品」のボディショップ（一九七六年操業）は仏大手化粧品ロレアル（第三世界を搾取するネスレが経営に参加、動物実験も行う）に買収（二〇〇六年）された。
訳注32　たとえば不況は生産縮小によって環境を改善するとともに、環境対策の手抜きによって環境を悪化させることもあるだろう。

うに経済危機はエコロジー危機を条件づけるが、それに必然的に影響を与えるとはいえない。すべての場合をカバーする単純な一般化は不可能なのである。ジェームズ・オコンナーはその複雑さを次のように要約している。

資本主義的蓄積は通常ある種のタイプのエコロジー危機を引き起こす。経済危機は厳しさの異なる、部分的に違い、部分的に似ているエコロジー問題と結びついている。稀少な資源、都市空間、健康で訓練された賃労働の必要性、その他の生産の諸条件という形での資本への外部的制約は、コストを引き上げ、利潤を圧迫する効果を持ちうる。そして最後に、生活の諸条件、森林、土壌の質、アメニティ、健康の諸条件、都市空間などを守ろうとする環境運動およびその他の社会運動もまた、コストを引き上げ、資本の柔軟性を減少させることができる。(原注38)

しかし資本は好況であろうと不況であろうと自然を獲得する。米国では、好況のクリントン政権時代に生態圏への有害化学物質のまき散らしのようなグロテスクな増大があり(原注39)、ジョージ・W・ブッシュの大統領就任に伴う急速な景気の悪化のときには、直ちに京都議定書(訳注33)の拒絶が起こったのである。生態系の見地から言うと、景気循環の局面は、かなり関連が薄いようであり、それよりもむしろ景気循環の事実とそれが表現する無慈悲な経済システムのほうが重大である。

経済問題はエコロジー問題と相互作用し、他方エコロジー問題(エコロジー運動の効果を含む)は経済問題と相互作用する。これはすべて言わば樹木という部分のレベルである。他方、森林という全体にとっては、私たちは全体としてのシステムの成長によって引き起こされる地球生態系への影響を見る。ここでは「暗い天使」は熱力学の法則であり、そこでは増大するエントロピーが生態系の崩壊としてあらわれる。(原注40)これが生命に及ぼす即時的な効果は、環境に埋め込まれている抵抗力の活性化と、エコロジー運動である。他方、経済は成長中毒の路線――それは生態系の解体が資本蓄積に及ぼす影響には免疫があり、深淵に向かって盲目的に疾走している――を続ける。

結論は次のようなものであるに違いない。特定の経済的相互作用のいかんにかかわりなく、全体としての［資本主義］システムは、そのエコロジー的土台に取り返しのつかない損害を与えつつあり、まさに経済成長するからそうなのだということである。そして資本のあらゆる側面の下に潜む特性は絶えざる成長への圧力であるから、私たちはもし人類を他の無数の生物種とともに救いたいのなら、全体としての資本主義システムを打倒し、それをエコロジー的に存続可能なオルタナティブによって置き換える義務がある。

訳注33　ブッシュ政権は発足からわずか二ヵ月後の二〇〇一年三月に気候変動枠組み条約（地球温暖化防止条約）の京都議定書（クリントンが署名）から離脱した。

第Ⅲ部　エコ社会主義への道

第7章

序　論

本書の議論の立場を要約しておこう。

(1) エコロジー危機は将来に重大なリスクをもたらす。

(2) 資本は生産の支配的な様式であり、資本主義社会は資本を再生産し、確保し、拡張するために存在する。

(3) 資本はエコロジー危機の作用因［動力因、始動因］である。

(4) 現在の多国籍ブルジョワジーの管理のもとにあり、本社の多くが米国にある資本は、改良できない。それは成長するか死ぬことしかできない。というのは、いかなる縮小や減速に対しても死の脅威とみなして反応するからである。

(5) 資本が成長するとともに危機も成長する。文明と自然の多くは絶望的な状況にある。実際、私たち人間の種としての絶滅が起こらないという保証はない。

(6) したがって、資本を選ぶのか、それとも未来を選ぶのか、である。もし後者に価値をおくのなら、資本主義を打倒して、エコロジー的に立派な社会によって置き換えなければならない。

この評価の二つの条件を付け加えておこう。第一は非常によく知られているが、直視するのは気が遠くなるようなものである。第二はめったに認識されていないが、きわめて重要なものである。

(1) 資本はかつてなかったほどに世界を支配している。それへのいかなる実質的なオルタナティブ［代替案］も、いまでは多くの市民の関心を引くことはできないし、ましてや信頼を得ることなどできない。

(2) 資本はほとんどの人が思っているようなものではない。それは、そのなかで自由に構成される諸個人が健全な競争のなかで富を作り出す市場の合理的なシステムではない。それはむしろ、より初期の支配の様式、特にジェンダーによるそれを組み込んだ、亡霊のような装置であり、すべての人間活動を分極化させ、自身へと吸い込む巨大な力の場を発生させる。資本は亡霊のようなものである。なぜなら、その利潤は疎外された人間の力から引き出される「価値」の実現だからである。これは搾取される賃金労働という特別な支配のシステム──そのなかで諸個人は、内面的に、他者および自然とのあいだで、分断させられる──とともに、生産手段の私的所有によって制度化された。その含意は深遠でもあるが、単純である。資本を克服するためには、二つの最小限の条件を満たす必要がある。第一に、最終的に地球がもはや私的に所有されないように、生産的資源の所有に基本的な変化がなければならない。第二に、民衆が自然の変化について自己決定できるように、私たちの生産力と人間の本性の核心が解放されなければならない。

これら二つの条件は相互に関係している。資本の力は非常に対抗しにくいものである。なぜなら、多くの人々にとって資本を真剣に変えるための諸条件はあまりにラディカルであるために直視しにくいものであり、ましてや変革を支持するのは難しいからである。私たちは何であれ幻想を持つべきではない。構想されている変革の規模、何が必要とされるかについての自覚の兆しと現在支配的な政治意識とのギャップが、すべてを忘れたくなるほどにとても大きいこと、についてである。社会がいま提案していることの規模とはかけ離れたアイデアをなぜ持ち出すのか、そんなことを言い出すとは頭がおかしいのか、という疑問を持たれることはおかしくはない。

私はこのような思考方法に無頓着ではない。エコロジー的な変革が幻想的なほどありそうにないということは、しばしば私の頭に浮かぶ。たとえば、マンハッタンのミッドタウン［マンハッタン島の一四番通りから五九番通りの間のエリア］――企業の首都の雲にまで届くタワー、巨大な銀行、石と鋼鉄とガラスの巨大なシンフォニー全体が利潤の神にささげられているような光景がぼんやりとあらわれる――を歩いているときとか、何十万人もの疾走する人々が資本蓄積のゲームのおもちゃのように大きな力の場に乗り出そうとしている光景を見て、ここに書いたようなことを考えるような人がひとりでもいるだろうかと思案するようなときに。行くべき道のりが遠いという愕然とするような証拠に直面して――システムの直接的な力だけでなく、その対抗勢力の弱さによる間接的な力の問題、そして危機が精神に重荷を与え、意志をくじく有様を見て……すべてを投げ出して生きものとしての安楽に退却したいという考えが浮かぶ。

しかし何が賭けられているかを考え、自然の敵としての資本の起訴状を導く説得力のある議論を考慮すると、続けるべきかどうかという迷いは出てこない。また現在の力の不均衡が疑念を植え付けるのを、あるいは問題を混乱させたり無効にしたりするのを許すわけにもいかない。医師が重大な病気に対処するときには、彼女または彼は、症例がどんなに難しいものかをよくよく考えて努力を無駄にするわけにはいかないし、何が問題であり何ができるかをできるだけ明晰に理解しなければならない。言い換えると、人はできることをやるのだ。

変革に集中すべきときである。まず何がすでに存在するかを広い視野で考え、根源的な変革の可能性を考える。この仕事に気を揉んで引き下がるときではない。意識的に追求することによって、あらゆるものを獲得する、世界を勝ち取るべきときである。

反資本主義闘争の一般的条件

資本を一挙に除去できないことは言うまでもない。たとえそれができるとしても望ましくないし、恐るべき結果を招きかねない。それは深い眠りからあまりにも急激に目覚める個人に起こりうることに似ている。彼は自分が存在することは知っているが、誰でありどこにいるのかはわからないのだ。世界はまったく意味をなさなくなり、その結果は恐怖である。事実は、資本が私たちの存在を、言わば世界を定義するようになったということである。それはこの世界の終わりを意味するかもしれないが、いますぐというわけではない。問題は、新しくてエコロジー的に合理的な世界が古い世界のなかに懐胎できるように闘争の路線をいつ確定するのかということである。

ここに前章の終わり近くで導入された概念が有益になる。それは、資本は単なる経済システムではなくて、生活様式を定義しているということである。それは私たちを、視野を拡張し、資本の力の場が私たちの存在の構造に挿入される無数のすきま——それぞれが介入の地点として手近にある——という観点から考えるように促す。私たちの調査はすでに、労働が解放されない限り資本は打倒されないだろうということを、そしてこの目標への実践的な敵対者は資本主義国家であり、それがシステム「の必要事項」を執行し、合理化しているということを示した。したがって、これらの介入地点と資本を打倒するという最終結果のあいだに、長くてしばしばひどく苦しい道が存在するであろう。発展の個別の地点は他とともに成長し、合流し、そのなかで偉大な運動を定義し、結果的にようやく崩壊しつつあるシステムに取って代わりうる構造を定義するからである。

実際的に問題になるのは、この合流し強化される道が明確性、一貫性、方向性を与えられることであり、これらの手段がエコロジー的に合理的な社会という目的を損なわないことである。実践において、これは恐るべき仕事になるだろう。第一に、闘争は必然的にグローバルなものとなり、「現場での」無数の巡り合わせを伴うこと、そして第二に、いかなるラディカルな道も――これ以上にラディカルな道はありえない――すすむにつれて絶えず自己を適応させ、常にある程度の不確実性とともに進行するという事実を考慮するならば、恐るべき仕事となる。しかし資本と自然の研究は、闘争を導く定義の次のようないくつかの論点を考え抜くことを、可能にさせてくれるのである。

(1) プロセスは革命的である必要があり、改良主義的であってはいけないこと、そしてその目標、テロス［目的因］は、資本を超えて自然と調和した社会を構築することであること。

(2) 手段が目的を損なわないこと。(訳注1) ひとつの例をあげると、自然のジェンダー的分岐は克服されるべきなので、ラディカルなエコ政治は解放されたジェンダー概念を組み込む必要があり、最初からこれを定義することに尽力する必要がある。密接に関連していることだが、人間の本性を損なうエコロジー的社会はありえないので、そして人間の本性は創造的な力の自由な連合とかかわっているので、権威主義的な手段はエコロジー的に合理的な目的を侵害するのである。

(3) さらに、これらが反資本主義的なテロスを順守するように、闘争はどのような種類の道［手段、方途］をとるべきかを定義する必要がある。これのある種の特徴は直ちに精神の問題に跳ぶ。したがって、資本はエゴ［自我、うぬぼれ］の体制であるから、私たちはエゴによって要求される自然の部分――率直に言うと、私有財産――に注意を向ける必要がある。私たちは資本家階級による生産手段の私的所有との関係でこれが決定的であることを知っている。しかしながら、その概念はあらゆる場所に拡張され、闘争の路線を具体的に設定する。資本の歴史は、集合的で有機的な関係に取って代わり、これらを商品関係で置き換える、終わりない闘いとみなせるかもしれない。それは言わば、コモンズ［共有地、共有財産］を破壊して私有財産を創出し、これを資本蓄積のなかに埋め込むことである。これは今日では、炭素排出量取引あるいはゲノムの特許化のような死活的な問題で猛威をふるっている。それはそのなかにマルクスが人間社会そのものの歴史を認識したあの階級闘争の歴史の、持続的に変化する形態である。それは一〇〇万もの個別の闘いにおいて実を結ぶのであり、それぞれに対処しなければならず、それらすべてが結びついて新しい世界の変革的なビジョンとなる。本書の最後の部分［第Ⅲ部］は、この探究に捧げられる。

訳注1　旧ソ連や米国の失敗から、権威主義的手段で民主的社会をつくれないこと、暴力や戦争という手段によって平和をつくれないこと、等の教訓が得られる。これらの失敗は、目的にもしばしば問題があったが、同時に「目的が手段を正当化する」と考えて不適切な手段を用いたという要因が大きい。

エコロジー危機の克服のための必要で十分な変革の概念を追求するときに出てくる名前が、**エコ社会主義**である。

第8章
現代エコ政治の批判

この章では私たちはエコロジー危機への様々なアプローチ――自然との関係の修復において、自由に連合した生産者への生産手段の返還に基礎をおくシステムによって資本主義を置き換えることを不可欠とみなさないような――について考察する。言い換えると、自然についての政治において非エコ社会主義的なものを私たちは評価検討する。社会を組織するある種の神聖な権利を持っているものとして資本主義が一般に受容されていること、そしてその本質的な環境破壊性と自己変革の不可能性を直視することが申し合わせたように拒否されていることを前提とすれば、これから議論していくことには、現在のエコ政治の大多数が含まれるであろう。したがって、ここで提供される議論によれば、エコロジー危機を解決するためには、これらのアプローチは、エコ社会主義的な内容を与えられねばならないか、それに適合させるか、あるいは放棄されねばならない。

現存するアプローチが多くの事例において立派なものであり、攻撃の現実のポイントを含んでいることは言うまでもない。しかし、もし資本が危機の作用因であるならば、私たちはその先を目指す新しい戦略を緊急に必要としている。以下の記述においてはこのことを念頭におくべきである。その折に触れて鋭いトーンは、現在の議論をラディカルにするために、発せられているものである。

エコ政治の多くの側面については、多くの思考方法がある。私たちが異なる抽象度のレベルを扱っており、多くが重複していることを念頭において、四つの視角から対象を考察することが有益である。その四つとは、変革の論理、経済モデル、環境哲学、政治的モデルである。

システムの内部で取り組む

ここでは「システム」は国家の様々な機関――規制機関や司法制度も含む――や、広範で様々な種類の既存の非政府組織（ＮＧＯ）、資本自身の諸要素などをさす。明らかにそのような広大で複雑な装置の経過を追うことは生涯をかけた仕事にもなるものだが、ここでは討論におけるある種の基礎的原理を提示するにとどめるしかない。

いかに企業と政治家が密接な関係にあるか、国家はいかに不十分にしか生態系に配慮しないかについて、ここでもう一度詳細に述べる必要はないだろう。しかしこれらの事実はそれらの内部で変化を作り出すために取り組むことが望ましいかどうかについては、何も教えてくれない。結局、資本主義社会ではＥＰＡ〔環境保護庁〕から子育て、そして本書の執筆に至るまで、あらゆるものが資本によって条件づけられている。同様に、資本への様々な程度の抵抗が、最も意外な場所にも見いだせる。法的システムが金持ちと有力者の利益になるように操られていると結論することは、疑問の余地のないことと思われるが、法律が経済的利益に還元できるということは真実ではないし、法廷を通じて現実の成果を獲得するのが不可能だと言うこともできない。同じ理由によって、企業の幹部やその他の資本の人格化と言うべき人々は、その役割によって相対的に包み込まれているにすぎない。したがって、彼らのそれぞれにおいて、良心の兆しはあるし、もしないとしても、少なくとも常識はある。

アル・ゴア［クリントン政権の副大統領］の事例は特に教訓的である。ゴアはシステムのなかで誰よりも［体制の］エコロジー的問題点に挑戦するところまで行った。彼は資本の本拠地において、公務員の良心にある種のエコ中心主義を導入した最初の、そしていまなお唯一の事例であった。どんな理由からであれ、彼自身は彼の姉妹のタバコ消費――彼の家族を豊かにした作物――によって引き起こされた肺癌による死のショックを強調し、ゴアは経済システムの環境への大規模な影響に敏感になった。彼はそれらをエコロジーの観点から見始め、地球温暖化の大きな脅威に焦点をあてるようになった。彼は注目すべき本を書いたが、それは彼が副大統領になった一九九二年に出版され、人間と自然のあいだの増大する危機に変化をもたらすようなアプローチを呼びかけた。彼は一九九七年の京都議定書採択の重要なエージェントであった。二〇〇〇年に大統領職を盗まれて以来、[訳注1]ゴアは気候変動を最大限の真剣さで取り上げる必要性を訴える伝道者となった。彼の二〇〇六年の映画（および本）『不都合な真実』はおそらく他のいかなる作品よりも地球温暖化について警鐘を鳴らすことになった。それは危険が最初に浮かび上がってから二十年ほど後に、真剣な公共的論争の始まりへの道を開くことになった。[原注1]

歴史は、ゴアに好意的であろう。エコロジー危機における彼の役割ゆえに。ただし彼の側が討論に負けた場合のみであるが。この目覚めと伝道の全プロセスを通じて、ゴアはグローバル資本に手をさしのべるのをやめることはなかった。[原注2]地球温暖化と闘うための真剣な変革の提唱と同じくらい重要だったのは、支配的なシステムの内部での変革の論理を設定することによって、ゴアが文字通り致命的な間違いを犯したということである。[訳注2]

副大統領としてゴアは洞察力のあるレトリックを駆使しながら環境政策を担当し、大企業の利害に抵触する場面では弱腰であった。彼の在職期間は、経済成長が復活してきた時期であり、歴史上、最高速度の炭酸ガス排出量の増大が見られた。彼はＮＡＦＴＡ（北米自由貿易協定）のような破滅的な貿易協定や、ＷＴＯ［世界貿易機関］の登場を阻止するために何もしなかった。アメリカの自動車の燃費を改善するためのごく控えめな［ささやかな］努力が、ホワイトハウスからの不平もなしに、石油業界によってつぶされた。(訳注3)クリントン／ゴア政権のもとでの司法省は、ブッシュ（父）政権と比べて、環境犯罪の効果的な訴追の件数が三〇％も少なかった。そしてこの主題について最も精通した学者であるシドニー・ウォルフ博士は、アメリカ市民の健康を守る主要な監視機関である食品医薬品庁（ＦＤＡ）および労働安全衛生庁（ＯＳＨＡ）が、クリントンのもとでは、彼がこれらの機関を観察してきた二十九年間のなかで最低レベルの士気および能力に落ち込んだと報告している。(原注3)

だから、『不都合な真実』(原注4)に「資本主義」という言葉が出てこないのも、それが技術的決定論を表明しているのも、グローバル・サウス［発展途上国の民衆および先進国の貧困層］について十分な説明をしないのも、産業モデルを問い直すことをしないのも、彼のアプローチは多くの富を生み出すであろうと

訳注1　ブッシュが選挙の不正で大統領になったことをさす。『金で買えるアメリカ民主主義』グレッグ・パラスト、貝塚泉・永峯涼訳（角川文庫、二〇〇四年）参照。

訳注2　たとえば副大統領在職当時のゴアが製薬資本の代弁者として、アフリカなどの貧しいＨＩＶ感染者・エイズ患者に医薬品を安く提供することに消極的だったことはよく知られている。また、副大統領退職後は温室効果ガスの排出量取引で儲けようとしているとも言われている。

訳注3　当時は好景気のために、ＳＵＶ（スポーツ用多目的車）のような燃費の悪い自動車の売れ行きが良かった。

約束するのも、彼自身のような適切な候補者を選挙で選ぶこと以外の選択肢を提示しないことも、驚くにあたらないのである。だから、資本も資本主義国家もまったく問われることはないし、真正な民主化が提唱されることもない。混乱したブルジョワ的大衆の救済は、リベラルな政治家とテクノクラートのなかから最良の人物を選び出し、彼らの導きで民衆がエコロジー的な約束の地に導かれることによって達成されるのだという。ゴアから他のいかなる成果が出てくるにも奇跡を必要とするであろう。彼のような種類の予言者は信頼性を注意深く吟味されるのだから。それはあたかもシステムが、危機の時代の改革を求める声として――その深い目的が根本的な変革を避けることであるような改革であるが――ひとりかふたりの有益な人物を公職に就かせるためにお膳立てしているかのようである。

私たちは、システム［の内部］から出てくるどんなに良いものでも、資本から救われるためには、システムの外部と対比しながら言わば三角測量によって判断する必要があると結論してよいであろう。

ボランタリズム［自発的行動主義］

『不都合な真実』の終わりのほうで、「地球を救うためにあなたにできること」についての困惑させる備考がある。すなわち：［白熱電球の代わりに］効率の抜群によい電球型蛍光ランプを使いなさい、［エアコンの］サーモスタットの設定温度を下げなさい、などである（『不都合な真実：切迫する地球温暖化、そして私たちにできること』アル・ゴア、枝廣淳子訳、ランダムハウス講談社、二〇〇七年、三〇六～七頁）。私たちはこれを「ボランタリズム」と呼ぶ。ボランタリスティックな［自発的な］行為は、善意から発して、多かれ少なかれそこにとどまるのであり、意識的に方向づけられた社会運動――この場合はエコロジー危機に対処する——との特別な結びつきはない。したがってそれは危機の個人的なあらわれに対してとられる行為であり、主として道徳的あるいは心理的な基盤からなされるのである。

そのような行為は想像される通り人気がある。それらは圧倒的な危機に直面した自己について満足を感じる、リスクのない方法を含んでいるからである。しかしそれらがエコロジー危機の克服に寄与するのは、地下鉄の釣り銭を寄付することが貧困の克服に寄与するのと同程度でしかない。私はこのことを単刀直入に言うが、ボランタリズムの美徳に疑問を投げかけるためではなく、それより先に進んで有効な行動に結びつけるように訴えるためである。ボランタリスティックな行為は潜在的な可能性の地点であり、他の行為および他の参照枠組みと結びつけるために活用できるものである。しかし、もしもそれだけにとどまるならば、それは個人主義へと、言わば、分断、孤立、一過性にとどまることへと引き込まれる傾向がある。他方でもしも、それがより大きなプロジェクトと結びつくならば、エコシステムの形成と統合の核心である集まりへと入っていけるのである。

エコロジー的な自発的行為には、善意でなされ、地球環境を再生するという精神で行われる限り、何も間違ったところはないが、そのなかには、どこか他の道へ導く固有の要素もない。道徳的な説教はあたかもより大きな目的を生み出すように感じられるかもしれないが、それは幻想にすぎない。道徳的な衝動のなかには連帯精神はない。連帯精神を作り出すものが付け加えられない限りは、ボランタリズムはその個人の境界でとどまるであろう。確かにリサイクルのおかげで世界はよりましになったが、ずっとよくなったわけではないし、改善の範囲がそれらの行為がなされる場所を越えて大きく広がったわけでもない。これはローカリズムそのもの——緑の「エコロジーの」運動が広く共有している価値観――についての疑問を提起する。確かに、ローカルな運動は自己を再生産できるし、広がって生態圏全体を包含することもできる。しかし、この普遍化が起こるためには何があれば十分なのか――いずれにせよ自発的な行為だけではなかろう――という疑問は出てくる。

反対に、市場の力は、資本の要求に応じてボランタリズムを作り出すために利用されてきた。したがって、リサイクルは様々な制裁や報償、たとえばニューヨーク市のような場所での法律や、小さな地域での不法投棄を回避するためのインセンティブによって、強化されている。このように、市民は巨大で成長する産業――「廃棄物処理」から利潤を得る――のために無料の労働を提供するように誘導され、ボランタリズムは自然の資本化への付属物になる。(原注5)

慈善やエコロジー的健全性のための個人の行為がどんなに尊敬すべきものだとしても、それらは「システムに」回収されるか、ローカルなままにとどまり、有効な集合的行動へのきっかけを失う傾向がある。素晴らしい庭園は驚くべきものであり、人類に、生態系の発展を助長し、新しい生命を世界にもたらす潜在的可能性を示す。しかし、現在の苦境を考慮すれば、それは道しるべであって、目標ではない。ヴォルテールの助言「ぼくたちの庭を耕さなければなりません」(訳注4)――言い換えると、私たちは個人的に即座の具体的な満足を求める傾向があり、社会変革の大規模なプロジェクトを無視しがちである――は、その支配的な勢力が宗教的絶対主義と狂信主義であるような世界で意味を持った。しかしグローバル資本の力の場では、それは敗北主義のひびきがある。

最終的には、ボランタリズムの試金石はこうである。それは闘争――惰性と内なる恐怖に対する闘争――なきエコ政治であり、その外部の資本主義的合理化と抑圧の大きな錘(おもり)である。それは、犠牲と英雄主義が求められている時代の安易な道である。

技術的な限界

私たちが見てきたように、アル・ゴアは技術熱狂主義者である（インターネット開発の功績の認知を要求したこともある）。エコロジー危機を克服する技術的手段が手近にあるというのが、広く受け入れられている想定である。ゲノムの解明とともに、情報技術や遠隔通信の驚くべき偉業とともに、燃料電池（その燃焼産物は水蒸気である）のような極めて低汚染のエネルギー装置の出現とともに、科学の幅広い進展とともに――そしてプロパガンダ・マシンの素晴らしい応援とともに、人類と自然の紛争は著しく解決可能に見えるようになった。ひとつの重要な意味で、これは、絶対的な真実ではないとしても、少なくともありそうなことである。というのは、もし技術が存在しない、あるいは存在しえないならば、エコロジー的に合理的な世界のために運動することはまったく無意味だからである。

しかしこれは分かりきったことにすぎない。核時代の始まり［一九五〇年代前半］を思い出せるような世代の人々は、いかに核エネルギーが「電気メーターで計れないほど安くなる」かについて聞かされたことを覚えているだろう。ちょうど抗生物質の発見が感染症を地上から一掃すると想定されたのと同じように。もし私たちがいままではもっとよく知っているとしたら、それは増大するエコロジー的意

訳注4　ヴォルテールの小説『カンディード』（一七六一年）の締めくくりの言葉で、もとは「無益な思弁にふけるよりはその暇に働け」の意味。『カンディード　他五篇』植田祐次訳（岩波文庫、二〇〇五年）四五九頁。

識の兆候であり、自然のなかの出来事は相互的であり、多くの要因によって決定され、大きな規模で正確に予測することは決してできないという認識が広がったからである。それよりもずっと認識されていないことは、技術はその社会関係を抜きにして評価することはできないということである。ロス・ペロー[訳注5]の一九九二年の大統領選挙の声明である「壊れたら直せ」は、社会問題を本質的に機械的で、修繕できる、つまり、私欲のない専門家が外側から操作できるような――機械工が自動車のトランスミッションを修理するように――ものとして見る粗雑さの兆候であった。これは粗野な種類の機械論的唯物論であり、技術を社会に統合された一部としてではなく、社会に適用できる何かとして見るのである。

資本主義にとって、技術革新は成長の必須条件であった。そして、それは労働のコストを安くするので、剰余価値の抽出には不可欠である。おおまかに言うと、技術がたくさんあるほど、資本主義体制のもとではいっそう早く成長する。そして資本主義スタイルの経済成長は、エコロジー危機の作用因であるから、危機に対する技術的解決策の両義性を理解することは天才でなくてもできる。たとえばもし、エネルギーが突然無料で無制限となり、現在のような資本主義システムに導入されるなら、その結果はアルコール依存症患者に無制限に飲ませるのと同じように、破局的なものとなりうるだろう。たとえば無料のエネルギーは、自動車の製造と運転の費用を非常に押し下げるので、世界はロサンゼルスのように多くの自動車で満たされ、インフラを崩壊させ、資源枯渇を恐ろしく増大させ、残された自然の多くの部分に道路を建設させ、人間を交通渋滞でのイライラ[訳注6]の発作で自殺に追い込むであろう。エネルギーと材料の限界は、この意味では、凶暴な成長に対するブレーキであるが、自然の敵である資本は、限界にも境界にも耐えられない。それは利潤が出るところに行き、自動車が多ければ（そして自動車の燃費が悪ければ）利潤は多くなるのである。

前述の例は啓発的であるが、ある種のバック・ロジャース的[訳注7]なブレークスルーを妨げるので[原注6]、予想されるエネルギーの計算結果は幸福なものではなく、あらゆる非現実的な予測の価値をなくす。要するにＩＭＦ〔国際通貨基金〕の事務局長が何を考えようと「成長の限界」が存在するのであり、現在のエネルギーをめぐる大騒ぎ[訳注8]はその限界が近づきつつあるという兆候である。この結果として、ハイブリッド車のようなより効率的な自動車の開発とか、ある種の良いことが引き起こされつつある。たとえその主要な動機は路上にもっとクルマをあふれさせることだとしても。同じような路線で、燃料代替は常に課題となっているが、これも多くのエネルギー投入を必要とするのであり、プラスチックやその他の化学的合成品の場合には、石油と石炭が直接の原料となる。現代的で「ポスト産業的な」資本主義が繁栄する基盤のひとつとなっている情報商品「パソコンや携帯電話など」は地球環境への負荷がもっと少ないというのは、単純なプロパガンダである。[原注7]情報時代のインフラは、鉄道と同じように地球に痕跡を残

訳注5　ロス・ペロー（一九三〇年生まれ）は、米国の実業家。九二年と九六年の大統領選に立候補した。

訳注6　road rageを直訳すると「路上での怒り」。交通渋滞でのイライラ、車の運転中に突然キレること、運転中の激発。本書の第4章を参照。

訳注7　バック・ロジャースは一九七九年の米国ＳＦ映画の主人公。二五世紀の宇宙軍を描く作品。

訳注8　ピークオイル（石油の生産がピークを迎えて減少に転じる）をめぐる議論など。〇八年には「石油一バレルが最高値で一四七ドル」が話題になった。

すのであり、リサイクル可能性についてもあまり期待できない。(訳注9) 情報商品は、比較的材料組成の均質な旧来の工業プロセスとは対照的に、多くの物質を用いる高度に複雑な部品の小型化を必要とするという単純な理由からである。私たちは適度な品質のパソコンの組み立てにおいてもいかに多くのレアメタルを組み合わせる必要があるかを考えてみるとよい。これらのパソコンもモデルチェンジや機能の高度化ですぐに陳腐化するのだが。中国やインドでやっているように、廃棄パソコンの部品を大量に燃やして、私たちはもっとダイオキシンを生態圏に送り込んでいるのだ。(原注8)

だから成長が経済のアルファでありオメガである限りは、私たちは絶えず拡張する資本蓄積の循環において、永久に自分の尻尾を追いかけているようなものだ。他方、産業システムは、有限な化石燃料の投入に依存し続けている。だから私は、資本主義社会全体が生物によって作られ、何億年にもわたって濃縮されてきた高エネルギー化学結合のうえで動いているということを強調するのだ。それゆえ私たちは、過去から盗んでいるのである。

この必要な濃縮に対する資本主義システムのなかでの唯一の代替品は、まったく許容できない核［原子力］エネルギー――その有害廃棄物は処分できない――である。(訳注10) その他の様式は、主として、大げさに賞賛されているソーラーエネルギーであり、疑いもなく良いものである。しかし、現在のような成長速度の炭化水素経済［石油文明］をソーラーエネルギーで駆動できるとは想像しにくい。ソーラーエネルギーは分散しているのであり、現代社会のニーズに応えるべく濃縮するのは高くつくのであって、資本主義エリートの計画に応じて経済成長を続けるなどはとんでもない。(訳注11) ソーラーエネルギーを使うときには、自然がずっと前に低エントロピー燃料に濃縮してくれて、ガソリンスタンドに蓄えられているものから私たちが出発していることが、あまりに安易に忘れられている。[原注9] 炭化水素は、有害なものかもしれないが、低エントロピーの生命の贈り物であり、産業システムに不可欠であり、日常的にエネルギーを大量消費することでしか他のものに置き換えられない。電気自動車は汚染しないかもしれないが、それに供給される電気の発電はそうではない。電気自動車を走らせるのに要する電気を大量につくる前でさえ、いまや限界に達している送電網の拡張を求める圧力があることも、忘れるべきではない。やはり、水素燃料電池も汚染のないエネルギーを提供するとして大いに期待されている。しかし水を分解する以外にどうやって水素を得るのか。水の分解には大量の電気が必要なのだ。[原注10] ブッシュ政権の野蛮なエネルギー計画を激しく非難することに急であるが、環境リベラル派は往々にして次の事実を見過ごしている。それは、大統領は単に率直であからさまであるにすぎないのであり、彼が求めているものは資本の要求にすぎないということだ。

確かに、更新性［再生可能性］と効率性を増大させ、エネルギー資源による汚染を減少させるすべて

訳注9　廃棄パソコンなどの「電子ごみ」は、中国やフィリピンなどで環境汚染や労災・職業病・公害病を引き起こしている。化学物質問題市民研究会　http://www.ne.jp/asahi/kagaku/pico/　Silicon Valley Toxics Coalition (SVTC) http://www.etoxics.org/site/PageServer などのサイトを参照。

訳注10　「核（原子力）」は、ウラン採掘から高レベル廃棄物の最終処分（万年単位の監視が必要）に至るまで大量の石油を必要とする（「原子力は石油の缶詰」）ので、「石油代替エネルギー」とは言えない。『石油と原子力に未来はあるか』槌田敦（亜紀書房、一九七八年）参照。また、『原発は地球にやさしいか』西尾漠（緑風出版、二〇〇八年）も参照。

訳注11　石油文明（核を含む）は大量生産、高速移動、大量破壊を得意とするが、ソーラー文明はそうではない。

の手段――すなわち、すべての「ソフト・エネルギー・パス」(原注11)――は支持されるべきであり、同じ理由でリサイクルも支持されるべきである。支持できないのは、これらの手段それ自体が、資本主義的成長のもとで環境破局へ向けての滑り落ち――ひとたび化石燃料の採掘が非経済的になるとか、温室効果があまりに破局的になるとかしたら、急激に進展するかもしれない――を遅らせる以上のことができるという幻想である。生産と消費のパターンの基本的な変革のみが、エコロジー的に適正な技術に有益な効果を発揮させることができる。しかしこれは、ニーズのパターンと生活様式全般の基本的な変化を意味し、それは社会のまったく異なる土台を意味する。技術的解決策への期待がこのことに対する私たちの理解を阻害しているのであれば、技術はエコロジー危機の解決をじゃましているとさえ言えるかもしれない。

実のところ、技術は「行く手をふさいでいる」わけではない。「行く手」の一部である。技術はテクニックと道具の集合ではなく、自然を変化させる道具としての身体の延長に中心をおいた社会関係のパターンである。このことは食料生産のパターンを比較することによってわかる。……広く行き渡っている資本集約的な工業的農業と、いわゆる「有機」的なオルタナティブを比べてみれば。

有機農場はアグリビジネスと同程度に「自然」でないが、少なくとも潜在的には資本にとって異質であり、自発的に進化する生態系と共鳴するようなある種の関係性に立脚している。たとえば、害虫を駆除したり作物の生長を促進したりするために化学物質を投入する代わりに、他の生物［天敵など］が導入されるか、堆肥が利用される――それぞれの場合に、自然の有機的プロセスに取って代わるのではなく、有機的プロセスの意識的な増進が選択される。別の角度から見ると、これはある種の不確定性と複雑性を農業実践に導入することである。より小さく、より複雑に統合されたシステムであり、土地の具体的な外形にあうように構成されていて、景観を均質化するモノカルチャー［単一作物栽培］に取って代わるものである。だから資本のもとでの場合のように場所の特殊性が書き直される［変形される］というよりも、むしろ発展させられる。最後に、多くの強い個人的な関与があるが、それは強い美的、さらにはスピリチュアルな潜在的可能性さえ伴うものである。これは有機農業が、均質化され量化されたアグリビジネスのモノカルチャー――化石燃料と疎外された労働の大量の投入に依存している――を凌駕することから生じるものである。言い換えると、有機農場は自己を総合的な生態系として構成する生態中心的な可能性を示している。

有機農業は、深い持続的なコミットメントを反映している――あるいは同じことであるが、高度に発展した社会的生産を示している――ので、ボランタリズムを凌ぐものである。

しかしこの同じ事実は、資本の試練に対する有機農業の大きな脆弱性をも示している。価格構造、金利などが大企業の基準によって設定される市場の条件に対する屈服は、有機農業者を大きく包囲しており、彼または彼女が市場に挑戦してそれを変革しようと闘争しないことによって、ボランタリズムの間違いを繰り返している限りは、そうであり続けるであろう。こうした変革がなければ、市場すなわち資本は、［有機食品の］質を落とすであろうし、最終的には有機農場を没収して、またひとつのコモンズ［共有地］のエンクロージャー［囲い込み］を行うことになるだろう。これは残念ながらすでに進行中のことである。

これらすべては、経済システム変革の非社会主義的な努力についての調査につながるものである。

緑の経済学

二〇世紀社会主義［ソ連型社会主義］の崩壊および新自由主義のヘゲモニーを前提とすれば、影響力ある様々な意見の持ち主が、改良主義的な経済路線がエコロジー危機のなかで見いだしうる処方箋であり、資本主義を転覆し取って代わることは必要ないという主張をしてくることは、驚くにあたらない。この「緑の」あるいはエコロジー的な経済学は、ここで示される多くの経済的論点を反映している。私たちのシステムはある種の巨大主義におかされているとか、その価値は特に質よりも量を支持することにおいて深刻な欠陥があるとか、資源を不適切に配分し、不平等を促進するとか、地球規模のエコロジーを台無しにしてきたとかいった論点である。しかし緑の経済学［近代経済学的な環境経済学］は、システムには回復力があると主張するに至る。それを支持する人々が支配的システムの一部であるとみなすことは、完全に公平ではないかもしれない[原注12]。というのは、彼らも時々体制側からあれこれの制裁を受けるからである。しかし緑の経済学は現実にシステムの外部にあるわけでもない。その支持者はむしろエコロジー的に健全な潜在的可能性を実現するためにシステムの拡張と再編成を望むのであり、そのための手段は手近にあると信じている。

1　エコロジー経済学

私たちは緑の経済学という傾向に含まれる四つの潮流を確認できる。第一は、**エコロジー経済学**であり、主流経済学のエコロジー的な派閥を代表している。[訳注12] それは自然との経済的関係の全体について権威的で専門的な口調で語っている。エコロジー経済学は、査読付きの学術雑誌を持つ職業的な研究団体としてまとまるようになった。最近の準公式的な巻が問うているように

私たちは破局的なオーバーシュート[訳注13]［地球の環境容量を超過すること］を避けるのに十分なほど急速に社会を再編成できるだろうか。私たちはそれにかかわる大きな不確実性を認め、私たち自身を最も悲惨な結果から保護するのに十分なほど謙虚になれるだろうか。私たちは、「もっと経済成長を」という単純な一時逃れの手段がもはや通用しない世界で、富の再分配、人口の抑制、国際貿易、エネルギー供給といった扱いにくい諸問題に対処するための有効な政策を発展させることができるだろうか。私たちは国際的、国内的、地方的［ローカル］なレベルでのガバナンスのシステムを、これらや新しくてもっと困難な挑戦課題によりよく適応できるように変えることができるだろうか。[原注13]

訳注12　邦訳に『持続可能な発展の経済学』ハーマン・デイリー、新田功・藏本忍・大森正之訳（みすず書房、二〇〇五年）、『エコロジー経済学：もうひとつの経済学の歴史』増補改訂新版、ホワン・マルチネス＝アリエ、工藤秀明訳（新評論、一九九九年）などがある。デイリー（米）と違って、マルチネス＝アリエ（スペイン）はマルクス主義的である。

訳注13　エコロジカル・フットプリント分析ではすでにオーバーシュートにきていると見ている。『エコロジカル・フットプリントの活用』ワケナゲルほか、五頭美知訳（合同出版、二〇〇五年）一五六頁参照。

明らかに、エコロジー経済学は社会変革に関心を持っておらず、現在のシステムが危機を吸収する、すなわち「適応する」可能性を受け入れている。その手段——それは事実上目的になっている——については、エコロジー経済学は、「インセンティブにもとづく」規制（排出量取引［排出権取引］のような）から様々なエコロジー税、「自然資本」枯渇税、汚染者への罰則に至る、多様な道具的手段を利用する。エコロジー経済学が提示する様々な対応策の背景に、ひとつの明確な共通項がある。この議論を明確に資本主義の主流に結びつけているのは、あらゆる側面での自然の商品化、価値のシステムにおける数量化である。

排出量取引は米国で一九八九年に始まったが、それは二酸化硫黄[訳注14]の排出をコントロールしようとする努力としてであり、京都議定書での炭素排出量取引レジームへとスムーズに適用された。ジョージ・W・ブッシュ政権のもとで米国政府は、京都議定書は経済を損なうという理由で離脱したが［二〇〇一年三月］、すべてのアメリカの資本家が賛成したわけではない。多くの企業が、京都議定書が実施されるときに生じるはずの巨大市場で利益を得ることを待ち望んでいる。排出量取引は国家によって認められるライセンスであり、ある種の地域での鉱物採掘権のように、自然の一部を搾取するものである。

京都プロセス［京都議定書の実施］が資本蓄積に結びつけられる二つの路線が実際にある。第一に、排出量取引は排出のささやかな削減と取引されるものであり、潜在的には大きな価値が取引に追加される。第二に、クリーン開発メカニズム（CDM）と名付けられているが、先進国の企業が発展途上国での炭素隔離［吸収源］プロジェクト——たとえばユーカリ[訳注15]のプランテーション——を創出するライセンスを与えられる。これは彼らに、炭素はいつか将来吸収されるであろうという想像上の希望をもって汚染を続ける自由を与える。同時に、発展途上国のコモンズ〔共有地〕の多くが囲い込まれ、より多くの人々が伝統的な生活から排除され、混沌としたメガロポリス〔巨大都市、ここでは特にそのスラム街〕へと追いやられる。

このような計画が地球温暖化を抑制できると信じる人の存在は、最近行われている激しい洗脳の効果を示している。もちろん排出量取引のジャーゴン〔業界用語〕は、ビジネスが「ケーキを食べても、同時にまだ所有できる」ようにさせるような合理性のあらゆる最新のキャッチフレーズを駆使している。それは二つの問題点を除けば、良いアイデアだ。ひとつは、それが特に地球温暖化対策としてはうまくいかないことである。そしてもし万一うまくいくとするならば、そもそもエコロジー危機を作り出したような世界を延命させるだけだということである。

第一の問題点については、その概念は諸国の合理的な市場を前提としている。そこでは豊かな先進国が貧しい発展途上国に、温室効果ガスを排出する料金を支払う。しかしこの種の市場は、協力する諸国の秩序だった世界社会を必要とする。それこそまさに、グローバリゼーションとしての帝国主義が不可能にしたものであり、炭素隔離プロジェクトがその不確実な成果と新植民地主義的な影響により、

訳注14　二酸化硫黄排出量取引の難点については『草の根環境主義』マーク・ダウィ、戸田清訳（日本経済評論社、一九九八年）参照。
訳注15　ユーカリ植林の問題点については、『ユーカリ・ビジネス：タイ森林破壊と日本』田坂敏雄（新日本新書、一九九二年）、『沈黙の森・ユーカリ：日本の紙が世界の森を破壊する』紙パルプ・植林問題市民ネットワーク（梨の木舎、一九九四年）、『日本が消したパプアニューギニアの森』清水靖子（明石書店、一九九四年）などを参照。

さらに大きな混沌を作り出すと予想されるものである。最後に、プロジェクトが成功する度合いに応じて、同時に失敗もするであろう。というのは、作り出される新しい富は、あらゆるところで資本のようにその場にとどまり、絶えず投資のはけ口を求め、生態系にさらなる負担を課すからである。資本のもとでは、その絶えざる拡張への圧力とともに、富は必然的にエコロジー的解体へと転化する。

排出量取引のアイデアは、スティーブン・ブレイヤーに多くを負っている。彼はクリントン政権のもとで最高裁判事となり、[原注14] また大手の環境NGO、特に環境防衛基金［EDF］の幹部となったが、EDFは、汚染を合理化することや、汚染を利潤の源泉に転化させることに、何の矛盾も見いださなかったのである。[原注15] この物語は主流環境運動の体制側への吸収［回収］について有益な教訓を与える。大手のNGOが市民に基礎をおく行動主義から、「交渉の席につく」ための重々しい官僚的な取り組みに変化したからである。主流環境団体が自然管理のパートナーとして加わったことで、資本は一層喜ぶであろう。大手の環境団体は資本主義に三つの便宜を与える。世界にシステムがうまくいくことを印象づける正当化装置として。大衆の不満をコントロールし、大衆のエコロジー的不安を吸収し抑制するスポンジとして。コントロールを導入し、システムを最悪の傾向から守り、秩序だった利潤を確保するための合理化装置、有益な知事のような存在として。エコロジー経済学は、資本を合理化し、あらゆるタイプのテクノクラート——NGO、財団、大学の環境研究機関など——がテーブルのまわりに集まって、エコロジー危機が手に負えなくなるのを防ぐとともに資本蓄積も確保するための方法を討論するためのある種のリンガ・フランカ［共通語］を提供するというこの巨大なプロセスにおいて、貢献しようとしているのである。エコロジー経済学が自然を私有財産の用語で定義してくれるので、専門家は、無制限の資本蓄積とエコロジー的健全性が相容れないという事実を考えないですむような、広範な活躍の場を与えられるのである。

2 ネオ・スミス主義

主流のエコロジー経済学は、経済単位の規模については、あまり関心を持たない。しかしながら、緑の経済学の第二の潮流に結集し、この規模の問題に優先順位を与える人々がいる。これらの人々は大まかにネオ・スミス主義と言ってよいかもしれない。このスミスとは、近代政治経済学の父と言われる偉大なアダム・スミスのことである。アダム・スミスの自由市場擁護は、今日の新自由主義とは明確に異なるひとつの目的のためであった。スミスのビジョン――それはさらにトマス・ジェファソンのビジョンにもなった――は、お互いに自由に交換する小規模生産者の資本主義であった。彼は独占を恐れ、嫌悪した。そして小規模な買い手と売り手の競争的市場（そこでは個人がひとりで価格を決めることができない）が自己調節して独占を許さないだろうと感じていた。スミスは新自由主義が嫌う国家の介入が独占と巨大主義を招くと論じた。(訳注16) 新自由主義は言うまでもなく、後者の諸目的［独占と巨大化］にまったくうってつけである。

ネオ・スミス主義思考の野心は、小規模な独立的資本の優勢を回復することである。この目的のために、この観点の指導的な提唱者のひとりであるデヴィッド・コーテンは、「資本は特定の地域に根づ

訳注16　当時の巨大企業としては、東インド会社などがある。

いている」というスミスの想定が満たされねばならないと言う。(原注16) コーテンのエコロジー的社会――その本質を彼は「民主的多元主義」と規定する――は「規制された市場」にもとづいており、そのなかで政府と市民社会が結びついて、資本主義企業が拡張し集中する傾向を弱める。たとえこの縮小された資本主義企業が経済の原動力を提供し続けるとしても。

　コーテンはこれらの観点――彼の主張の多くは本書の議論と並行している――を提示する指導的な人物になった。しかしながら、彼は資本そのものに対する集中的な批判なしにそうしているのであり、階級、ジェンダー、その他の支配のカテゴリーの問題を検討するわけでもない。これはコーテンが主要な病状を哲学や宗教の用語で考えているからである。だから「科学革命」の「物質主義」が人生から「意味」を奪って、「寛容と配慮」の精神を押しつぶした、などという途方もない誤解が突然出てくるのだ。彼はこれを重々しく次のように言う。「全体［人類］への責任を認識し、受け入れるのに失敗することが、彼らの途方もない能力を、最終的に生命全体を破壊する路線に転換させ、進化が作り出すのに何十億年も要した、生きている自然資本の多くをわずか百年で破壊してしまうのだ(原注17)」。「自然資本」への言及が、あたかも自然が資本という贈り物を人間の手に渡すために骨折ってきたのであり、人間が偽の科学と物質主義を通じてこれを乱用しているかのように語られていることに注目されたい。資本、あるいは階級、あるいは資本主義国家はコーテンにとって重大事ではないのであり、自然がそれを生産するときでさえ良いことなのであり、彼は「市民社会のグローバル化」――それは資本主義という動物を拘束し、効果的に家畜化して、ネオ・スミス主義の約束の地をもたらすであろう――によってそれがチェックできると考えることに困難を感じないのである。これは本質的に、歴史のなかにある楽天的なおとぎ話である。もしそれが真実ならば、世界を変えるのははるかに容易になるだろう。実際、資本と資本主義国家がなければ、私たちにはそもそもいまのような問題を抱えることがないだろう。

3　コミュニティ経済学

ネオ・スミス主義からコミュニティに基礎をおく経済学へは、ほんの一歩である。それがひとつの注釈のなかに含まれるようにすればいいだけだ。しかし後者をエコロジー経済学の第三の潮流として紹介することは、コミュニティ経済学運動の幅を示す方法として有益である。それには、ネオ・スミス主義とともに、「仏教経済学」(原注18)を唱えたE・F・シューマッハーの支持者たち、あるいは［英国の］『エコロジスト』誌——そこでは発展途上国や先住民共同体の小規模生産者たちが強調される——につどう「コモンズ」の擁護者たち、あるいは緑の運動［環境運動］の大きな部分や後述のソーシャル・エコロジストたちが含まれる。コミュニティ経済学全体の傾向は、近代性と巨大主義の力への防衛として相互主義を強調したプルードンとクロポトキン(訳注17)のアナーキストの伝統に根ざしている。(原注19)この観点の支持者たちは通常、社会主義［マルクス主義的な社会主義］に対して敵意を持っており、彼らは生産手段の公的所有［特に国有］に反対し、多様な経済形態の混合を支持する。

訳注17　ピエール・ジョセフ・プルードン（一八〇九～六五）はフランス人。ピョートル・クロポトキン（一八四二～一九二一）はロシア人。いずれも邦訳多数。

4　協同組合運動

協同組合はしばしばコミュニティ経済学の要素として言及される。しかし協同組合運動は――消費者協同組合であれ、もっと重要なものであるが生産者協同組合であれ――緑の経済学の別個の第四の潮流として言及に値する。労働の組織と民主主義の前進にかかわる重要な意義のためである。その本質は生産者による所有権であり、協同組合の概念そのものが資本主義的社会関係の核心に切り込み、上からのヒエラルキーとコントロールを自由に連合した労働によって置き換えるものであるように思われる。ロイ・モリソンが書いたように、「協同組合は……社会的創造性――新しい生活様式、近隣とコミュニティの成長および経済的創造性――コミュニティに基礎をおくビジネス企業の成長を通じて生活をつくる方法の両者を意味する。そのような協同は必要性の問題である。それは近代性の危機に対する重要な応答である。この意味では、産業国家は、ダイナミックな協同のコモンウェルス［共同社会］という自らの対極にあるものの創出への触媒となる(原注20)」。マルクスは、最初は協同組合運動についてよく考え、それらを「［十時間労働法案の通過にも比すべき労働者にとっての］大きな勝利、所有の政治経済学にたいする労働の政治経済学の勝利」として語っていた。「……これらの偉大な社会的実験の価値は、いくら大きく評価しても評価しすぎることはない……それらは、近代科学の要請におうじて大規模にいとなまれる生産は、働き手の階級を雇用する主人の階級がいなくてもやっていけるということを示した(原注21)」（「国際労働者協会創立宣言」村田陽一訳『マルクス＝エンゲルス全集』第一六巻、大内兵衛・細川嘉六監訳、大月書店、一九六六年、九頁）

協同組合は、社会全体ではなくその労働者たちによって所有されているという意味では、正確に言うと私的なものである。しかしこの意味は、財産の規則を構築するシステムという背景との対比で理解する必要がある。ここで緑の経済学の限界が視野に入ってくる。問題となる事実は、協同組合は魅力的であると同時に、エコロジー的方向への社会の変革が進行している限りは、非常に不完全で孤立した最初のステップにすぎないということである。上述のモリソンの論点を取り上げて、私たちは協力の原理が、資本主義社会における協同組合の制度のなかで部分的に実現できるにすぎないと言うことができる。実際、資本主義経済の重要な一部が、農業協同組合から信用組合、いくつかのHMO(原注22)［健康維持機構。米国の民間保険の一つ。医療費の抑制を目的に設立された］さえ含めて、すでに協同組合の手中にある。しかしこれによってエコロジー危機の進展が止まることはない。ガソリンの無鉛化、新聞用紙のリサイクル、その他の価値ある一時しのぎの手段が導入されても止まらないのと同様である。疑いもなく、経済全体が協同組合の手中にあれば、ものごとは違ってくるだろう。しかしそうした事態になるためには、資本そのものが押しのけられ、置き換えられなければならないし、それはまったく別の革命的な事態であって、協同組合運動によってもたらされることはないだろう。

協同組合――あるいはコミュニティ経済学、あるいは緑の資本主義、あるいは何かの改良自体――によって危機が抑制されるだろうという大きな誤解は、それらの資本との関係についての混乱から生じる。資本はその基本的な拡張が保証されている限りは、ある程度の改良や合理化を許容するであろう。そして実際、改良の多くはうまくいっており、その点については国家やブルジョワジーのなかの進歩的な派閥によって奨励される――たとえその階級のなかの反動的な派閥は抵抗するとしても――のである。だから、いくつかの協同組合や緑の資本主義は、適度に資本蓄積に貢献するか、あるいは少なくともそのじゃまをしない限りは、クラブに参加することを許容され、あるいは奨励さえされるのである。

しかしながら、エコロジーを引き裂くものがこの拡張なのである。そして同時に、協同組合やその他の形態の緑の資本を抑圧する。もし私たちが資本の力の場をもっとよく調べてみるならば、利潤増大の要求が社会の表面全体を越えて広がっていることがわかるだろう。この圧力は、最初は明らかであるように見える。しかし調べてみると、ある種の困惑させる特徴が見えてくる。利潤は明らかに価格の機能であるが、価格は気まぐれで可変的であり、利潤はもっとずっと構造化されている必要がある。たとえば、経済的な価格シグナル――株価、金利、為替レート、商品価格など――の大きな多様性は、資本主義市場の経済主体によってどのように解釈されるのだろうか。確かにそれらの合計金額を通じてであろう。しかし貨幣のどんな機能がかかわっているのだろうか。――純粋な交換可能性としての、取引される商品そのものとしての、あるいは〔資本主義的〕価値の体現としての貨幣だろうか。明らかに、その第二である。収益性の経済的考慮において大手をふるうのは価値である。交換可能性としての貨幣には実質的な存在はない。それは水に文字を書こうとするようなものである。他方、商品としての貨幣は取引されるが、それを越えて何かを代表することはできない。他方で価値は、資本主義のすべての取引に浸透する積極的な関係である。

もし力の場が社会の表面を越えて拡張されるならば、価値は言わばその表面全体に移植されて、力の場を引きつける。交換価値が挿入されるところではどこでも、商品が生じる。資本主義は一般化された商品生産であり、価値はその設定と維持が資本主義の実際の機能であるようなすべてのものに浸透する媒介物である。利潤は価値（貨幣にあらわされるものとしての）の増大であり、価値は収益性に応じて資本主義のあらゆる要素を結びつける。

あらゆる協同組合の経営者が知っているように、自由に連合した労働の内部的な協力は、市場に埋め込まれた価値拡張の力の場によって永久に閉じこめられ、危うくされるのである。それが銀行との取引において、あるいは商売が何とか成り立つように労働を搾取する［賃金を下げる］ようにという絶えざる圧力において、あるいはヒエラルキーや官僚制を通じて、あるいは何百もの媒介のいずれかによって表現されようと、同様である。マルクスの言葉で言うと（そのアイデアが幻滅を感じさせたあとの時期に書かれた）、資本主義の内部の協同組合工場は、いかに良い意図を持っていても、労働者に「自分たち自身の労働の価値増殖［雇用］――その基準は資本主義市場によって設定される――のために生産手段を用いるという形によって……自分たち自身の資本家だという形によってでしかないため、既存の制度のあらゆる欠陥を必然的に再生産する」のである（『資本論』第三部第二七章、岡崎次郎訳『マルクス＝エンゲルス全集』第二五巻第一分冊、大月書店、一九五六年、五六一頁）。

したがって、協同組合がそれを好もうと好むまいと、資本はそのアトム化作用と競争圧力をもって、それらを閉じこめ、協同組合に他の資本主義企業と同じようなものになるように強いるのである。――最もひどい例では、HMO［健康維持機構］あるいはユナイテッド航空という実質的な雇用者所有の最大企業で起こったように。(原註23)(訳注18)

あらゆる事例において、［資本主義的］価値の圧力と闘わなければならない。そして協同組合のエコロジー的成功、あるいは実際、資本主義社会のなかでの経済的な地位確立は、この力が中立化され、あるいは克服される度合いによって、厳格に判定できる。しかし資本主義のなかでの価値の現実の力とは何か。前述の議論に立ち戻るならば、人間の労働――経済活動に不可欠な生産的力――が生産者の生産手段からの分離あるいは分断によって賃金関係として商品化されるとき、世界を破壊する資本という形態が生じる。これは一般化される。だから、資本主義のもとでは、搾取される労働は、環境にやさしい「緑の」ものであろうとなかろうと、あらゆる経済活動の土台である。というのは、それが緑の経済学が順応しなければならない一般的な市場の変数を決めるからである。資本主義の主要な制度が市場の基本的条件を設定し続ける限り、それは継続的に生産者すなわち人間の生産手段――自然を含む――からの分離を強制し、労働の搾取を強制するからである。

資本主義の現実に照らしてみると、それ自体が目的とみなせるコミュニティ経済学はつじつまが合わなくなる。実際、論理的な基盤からそうである。というのはすべての経済活動はローカルであり――どこかで誰かが何かをするという意味で――同時にグローバルでもあるからだ。最もローカル化された場合でさえ――たとえば、カリフォルニア州南部で若者たちが裏庭でレモンの木から実を取り、レモネードを作って家の前で売る場合――最後のローカルな行為は深い広範な土台の上にある。レモンの木はいまサンディエゴと呼ばれる場所ではるかな昔から生育していたのだろうか。レモンの木、あるいは何かの食料向けの動植物は、いま自然のなかに見いだされ、あるいは過去の労働によって何世紀もかけて「野生種から」品種改良されてきたのだろうか。木を育てたり、レモンジュースに混ぜたりするための水はどこから来たのだろうか、そんなに安く水を供給できるようにするためにどんな闘争が起こったのだろうか。そして砂糖については、その歴史はどんなものであったか。[原註24][訳注19]この砂糖は自宅で育てた［サトウキビの］ものか、あるいはおそらく金でどこかから購入したものか。売り場になった自宅はどのようにして所有したのか――自分で建てたのか。地元の建材を使ったのか……。

純粋なコミュニティ、あるいは「生命地域（バイオリージョン）」（後述）でさえ、経済的にみれば幻想である。厳格なローカリズムは社会のアボリジニ的な段階に属する。それは今日では再生することができない。たとえそれが現在の人口水準ではエコロジー的な悪夢になるとしても。多くの分散した場所からの熱損失、稀少な資源の浪費、不必要な努力の重複、文化的な貧困化を想像してみよ。それは決して小規模でローカルな努力の大きな価値を否定することではない。結局のところ、いかなる繁栄した生態系も、分化した、言わば特別な活動を通じて機能する。それはむしろ、ローカルで特殊なものがグローバルな全体のなかにそれを通じて存在するいかなる経済においても、タウンシップ（行政区）やバイオリージョン（生命地域）の内部に限定されない相互依存があること、そして根本的に問題は部分と全体との関係であること、の主張である。

したがって、エコロジー的社会のビジョンは純粋にローカルなものではありえないし、小規模な資

訳注18　日本で例をあげると、雪印乳業は北海道で一九二五年に農業協同組合として出発したが、戦後は普通の食品会社（株式会社）となり、二〇〇〇年には大規模な食中毒事件を起こし、関連企業の雪印食品は〇二年に牛肉産地偽装事件を起こして廃業した。

訳注19　世界システム論の観点からの解説として、『砂糖の世界史』川北稔（岩波ジュニア新書、一九九六年）がわかりやすい。

本家のネオ・スミス主義的なシステムでもありえない。というのは、スミスの思考は、ジェファソンの場合と同様に、資本主義の過渡的形態――産業化〔近代的工業化〕が社会の地図を書き換えて、多くの大衆を大地と生産活動のコントロールから引き裂く前の、主として農業的な、手工業製品に基礎をおく――のなかで胚胎したという文脈のなかにあるからである。(原注25)

スミスの変革のエージェントは啓蒙された小規模地主の階級の成員であり、その役割の自由は土地に対するコントロールによって与えられた。そのような状況のもとでのみ、デヴィッド・コーテンが述べたような「資本が特定の地域に根づく」という夢も意味をなすのである。それは実現されなかった夢であった。新しい階級構造が拡大された規模のもとでの資本蓄積を可能にしたからである。今日では、資本を根づかせることは、水星を根づかせるに等しいものであり、ノスタルジックな幻想である。そしてちょうどスミスの政治経済学が歴史化される必要があるのと同様に、彼の基本的なカテゴリーは非歴史的であり、本質化されている。もし人々がスミスの言う有名な交易と交換の性向を持っているのなら、彼らはこれを実現するために資本主義企業を与えられるべきであろう。しかし、資本主義の推進力は人間の本性の生来のレパートリーから直接引き出されるものだろうか。資本の権力獲得、それがすべてだからである。なぜ私たちがいま、小規模資本というモデルに迎合すべきだというのか。それは大規模資本ほど残忍ではないとしても、なお労働の搾取――エコロジー的侵害のなかで最も重大なもの――に基礎をおいているのであり、したがって、資本の癌のような成長というウイルスや、その他の偏狭性を接種されているのではないだろうか。

ではこれは、すべての市場関係およびビジネスとともに、貨幣、賃金労働、商品交換を直ちに廃止することを求めているのだろうか。断じてそうではない。この種の手段はポル・ポト［自国民大虐殺を起こしたカンボジア共産党＝クメール・ルージュの指導者］やスターリン方式の解決策を繰り返すものであり、それらは奴隷制と同様に人間と自然に重くのしかかるものである。それらは人間と自然の生態系を同様に引き裂く暴力の諸形態である。生態中心主義的な人々は、資本の蓄積を抑制する必要はないだろう。なぜなら、蓄積しようとする衝動は、自由に連合した労働という基盤からは生じないものであり、そうした人々は搾取から自由であるからである。問題は、現在の生産方法に抵抗し、それを変革される過程でそのような地平に到達することであり、現状を一挙にひっくり返すことではない。しかしまずそのことが心に描かれなければならない。そうしたビジョンを作り出すためには、資本主義的方法のラディカルな拒絶が必要である。

したがって私たちは、緑の経済学が支持する「多様性」――資本主義的企業に実質的な役割を与える――保存へのまやかしの寛容を拒絶すべきである。イタチとニワトリを同じ檻のなかに入れて育てようとする人もいるかもしれない。しかしこの現実の世界では、私たちを救うと想定されている矛盾語法の「自然資本」も含めて、あらゆる形態の資本が、資本蓄積の洪水のなかにすぐに飲み込まれてしまうのである。

私の意図は小さな経済ないしコミュニティ単位の美徳をけなすことでは決してない。まったく反対である。私たちが最終章で探究するはずだが、小規模な企業はエコロジー的社会への道の、そして社会の構成要素として、不可欠の一部である。むしろ問題は、展望についてのものである。小さな単位が方向性と意図において、資本主義的なのか、それとも社会主義的なのか。それら自体が目的とみなされているのか、それともより普遍的なシステムに統合されているのか。これら二組の選択肢の双方について、私は後者の選択肢を取りたい。単位は一貫して反資本主義的である必要があるし、ものごと全体の弁証法のなかに存在する必要がある。人間は穴に住む齧歯類ではないからである。また私たちは小規模で繁栄する生きものである昆虫――彼らは骨格や肺、あるいは大きな生物に必要な臓器を使うことができない――とも違う。人間はその本性によって、大きくて、拡張的で、普遍化する生きものである。私たちは存在、偉大さ、親密さを、大粒だけでなく小粒を表現するために、異なる程度の実現を必要とする。私たちを支える骨格、私たちの特別なニーズを満たす特殊化した器官に対応するものが必要である。したがって私たちのエコロジー的に合理的な社会においては、大規模活動の重要な部門――たとえば鉄道やコミュニケーション・システム、電力供給網――が存在するであろうし、普遍性の場所として世界都市も繁栄するであろうと考えるべきである。ニューヨーク、パリ、ロンドン、東京などがエコロジー的社会において解体されるのではなく、より開花するであろう、グローバル資本の悪夢のような都市――ジャカルタ、ラゴス、サンパウロのような都市――も同様な状態の都市として再生されるだろうと主張することは許されると希望している。

多くの形態における再生［回復］は、労働の解放の問題に戻ってくる。単に賃金労働だけでなく、私たちの創造性のあらゆる強制的な形態――女性の家事労働のほとんど決定的な疎外、学校における子供たちの窒息状態を含む――もそうである。事実は人類の大多数が人間性を抑圧されているということであり、これを克服することは、腐敗した経済にかかわるいかなる小細工よりもはるかに重要である。この真実はエコロジー経済学においても見失われており、あるいはその存在が神秘化されている。

現実の人々、現実の民衆闘争のいかなる意味も、『エコロジー経済学入門』[訳注20]のような洗練された教科書では、抽象化されている。なるほど、著者たちは「生きたデモクラシー」——確かに良いものである——を求めている。しかし、生活は闘争である。特に抗争が社会過程のなかに組み込まれている階級社会では。しかし、『エコロジー経済学入門』にとっては、生きているデモクラシーは「これらの重要な諸問題について討論し、合意を達成する幅広いプロセスである。これは今日多くの国で幅をきかせているように見える論争的で党派的な政治過程とは区別されるものである」。したがって私たちは「彼らが望む将来とその実現に必要な政策および道具についての実質的対話に社会の全成員を参加させる必要がある。[原注26]」呼び起こされるイメージは、そのなかでヨーロッパの植民者／侵略者が相互に関心のある問題について討議するためにインディアンによって厳粛に歓迎される場面を描いた、米国の郵便局を室内装飾した公的壁画を思い出させる。中産階級の何百万人の人々がショッピングモールの文化と競争社会にゆだねられるかたわらで、スウェットショップ［搾取工場］が資本主義システムのなかに奴隷制を復活させるところでは、合意は正確に啓発的な用語ではなく、よく選ばれ、適切な行動と結びつけられたいくつかの対立的な論争が、大きな成果をもたらすことができる。偽りの調停は、このような不公正な世界から脱出するための方法ではない。正義の要求は、それをめぐって労働が解放されるかなめである。まさにそうであるから、それはエコロジー危機を克服するための土台でなければならない。

訳注20　An Introduction to Ecological Economics, John Cumberland, Herman Daly, Robert Goodland, Richard Nogaard, Robert Costanza,International Society for Ecological Economics,Saint Lucie Press, 1997 のことである。

この節をしめくくるにあたり、私の見るところ最良の主流エコロジー経済学者であるハーマン・デイリー(訳注21)について少し付け加えておきたい。デイリーはかつて世界銀行につとめており、ジョージェスク＝レーゲン(訳注22)の門下であるが、このシステムに内在する病的な成長を他の誰よりも問題にした。彼はエリートたちの反対のなかで成長の限界という命題を堅持し、それにしたがって経済を再定義しようと試みた。デイリーは根本的な変革を求めること、あるいは強い非テクノクラート的な用語でそうすることには躊躇しなかった(原註27)。デイリーは体制派思想、それについて彼が鋭く評価する愚行、そして本書で選んだよりラディカルなアプローチの橋渡しをする人だと私は思う。

この目的のために、デイリーは資本に対する基本的な批判に向かって（たとえばデヴィッド・コーテンを越えて）かなり進んだ。彼は最高賃金を提唱し、彼の問題提起に対して予想されるあざけりを受けることを恐れなかった(原注28)。彼はすすんでマルクスの使用価値と交換価値、資本形成の背景にある循環過程の枠組みを利用した(原注29)。そして彼は労働の非人間化が資本主義システムに蔓延していることを鋭く指摘しており、改善策として広範な労働者による所有を求めた。彼は社会主義の問題についてさえ柔軟性を示し、カール・ポランニーやマイケル・ハリントン――彼の目を社会主義の民主的可能性に開かせた人々――を称賛した。

しかしこれらの洞察は、特に労働のようなきわめて重要な主題では、実践課題には翻訳されなかった。なるほどデイリーは労働者所有を提案したが、明確に資本主義市場の枠内にとどまっていた。労働の苦境に対する彼の感受性は、歴史の奇妙な解釈――そのなかでは資本と労働の対立は「過去の支配的な状況とみなされた……労働と経営の利害が調和するよりも対立すると想定されたころのことである。これは資本が労働を商品として扱ったときには真実であった。……今日ではほとんどそんなことはない」とされた――によって損なわれた。仰天するような洞察である。その結果、「目標は両者にとって状況が改善できるように、労働と経営のあいだのコミュニケーションを増大させることであるべきだ」ということになった。ここではデイリーはフォーディズム(訳注23)のイデオロギー――それは一九七〇年代の危機以来、放棄された――を繰り返しており、基本的にそもそも神秘化であるといえる。

もっと辛辣に言うと、デイリーはどちらも信じていなかった。たとえば、彼は――共著者である［神学者のジョン・］カブとともに――「それ［貿易政策］にはアメリカの生産者の競争力の大きな増大が伴うべきだと主張した」。もちろん競争力の目的のためには、資本は労働をいつもそうだったように、つまりそのコストが容赦なく引き下げられる商品として扱わなければならない。――あるいは、グローバル化によって提供される、低賃金の汚い仕事にも平気な海外の労働力にシフトするしかない。いずれにせよ、資本が労働者を商品として扱うのをやめるときは、新しい社会主義時代の曙であろう。他方、デイリーはアンシャン・レジーム［旧体制。ここでは資本主義をさす］にとどまっており、自らがつくっ

訳注21　デイリーには前掲の邦訳『持続可能な発展の経済学』がある。
訳注22　ジョージェスク＝レーゲンの邦訳には下記がある。『経済学の神話：エネルギー、資源、環境に関する真実』ニコラス・ジョージェスク・レーゲン、小出厚之助ほか編訳（東洋経済新報社、一九八一年）、『エントロピー法則と経済過程』ニコラス・ジョージェスク・レーゲン、高橋正立ほか共訳（みすず書房、一九九三年）
訳注23　フォーディズム（フォード主義）はヘンリー・フォードが考えたように高賃金によって耐久消費財（自家用車など）の市場を広げ、労使対立を「緩和」しようとする考え方。

ている橋を越えることができない。彼は「資本と一般大衆を犠牲にして取り分の増大を求める戦闘的労働運動の再来を見たいとは思っていない」（あたかも労働者が「一般大衆」の大きな部分を占めるのではないかのように）。他方、彼もカブも、そのために私たちが適度に感謝するかもしれない「グローバルな支配という問題への関心が継続することを奨励している」[(原注30)]。

環境哲学（ディープ・エコロジー、生命地域主義、エコフェミニズム、ソーシャル・エコロジー）

環境哲学は私たちの自然との関係についての理解、エコロジー危機のダイナミクス、生態中心的な方向での社会の再構築の指針を結びつける包括的な方向づけをあらわしている。これらの思想的な立場は単純にテクストに含まれているのではなく、社会運動のなかにも満ちているものである。すべてのそうした「哲学者たち」――キリスト教、マルクス主義、またこれから論じていくような様々な立場がある――は、エコロジー危機との関係での特別の時期と場所における人間のジレンマを理解するための努力である。それらの立場は必然的に互いに論争している。しかし、いかなる思想体系もエゴイズムとセクト主義という罠に陥ることがありうる。バベルの塔[(訳注24)]はいまなお私たちに対して力を持っている。それぞれが自己の小さな空間、言わば自分の洞穴を守っているからである。いかなる教義にも常にある程度の支持者がおり、その極端な部分には人間の愚かさの人目を引くあらわれとして、他の流派への嫌悪がしばしば見られる。これらの領域を見渡すと、様々な教義のあいだに驚くほどの共通部分があり、諸教義それぞれのなかに深い内部矛盾がある。このことを嘆いて「死すべき者としての私たち人間はみんな愚かだ」などと言う必要はない。これ［流派の多様性や矛盾］が私たちの流儀なのであり、人間の本性の一部なのである。ものごとを打開するうえで唯一のまともな頼りになるものは、対話への働きかけであり、批判精神を保持しつつ、「対立なくしては、進歩はあり得ない」という［ウィリアム・］ブレイクの格言(訳注25)を想起することである。

ディープ・エコロジー

この冗漫だが重要な教義の指導原理は、人間［彼］を自然に対する主人の地位から（彼という男性を指す代名詞を用いるのは、ここでは適切である）追放することによって、「人間」を脱中心化するコペルニクス的革命を継続することである。これは大胆で、ラディカルで、必要な手だてであり、本書のいくつかの中心的なアイデア、特に自然のジェンダー的分岐、エゴ［自我］のレジーム［体制］としての資本主義、内在的価値の概念に適合する。もっと十分に検討する必要のある、緊張関係を伴う中心的な論点は、人間の本性（human nature）それ自体にかかわるものである。

訳注24　バベルの塔は、バビロンの塔ともいう。旧約聖書の「創世記」第一一章によると、バビロニアでノアの子孫たちが天まで届く高い塔を建て始めたが、神はこれを阻止するため、人々が異なる言語を話すようにして混乱させた。ここからいろいろな言語が誕生したといわれている（スペースアルクのサイトの説明を借用）。

訳注25　この一節は『天国と地獄の結婚』の「序の歌」の次の散文にある。『ブレイク全著作』梅津済美訳（名古屋大学出版会、一九八九年）第一分冊二八一頁、『ブレイク詩集』土居光知訳（平凡社ライブラリー、一九九五年）一二五頁。

明らかに、人間以外の生物種に対する支配の態度は、私たちのエコロジー的災難において不可欠の役割を演じている。しかしディープ・エコロジーはまた、生物種として私たち人間は根本的に自然の一部であり、私たちの「本性［自然］」は自然の変化をもたらす力を表現することである、ということも考慮に入れている。その極めて反人間主義的な部分においては、ディープ・エコロジーは、この人間の本性のすべてが悪であり、人間がなすべき最良のことは原生自然のなかでの旧石器時代的な生活に戻ること、あるいはユナボマー(訳注26)――産業文明を破壊し、人類の大量消滅をもたらそうとして、洗練された技術を用いた――のように生きることであるという明確な印象を与えることがありうる。人間の創造的可能性を否認することによって、ディープ・エコロジーは自然そのものをも否認する。だからディープ・エコロジーは、自然のなかでの役割を私たちに十分与えるような一連の人間関係についての考察を発展させる必要がある。これは私たちが「仲間感覚」――人間のお互い同士および自然への愛情――と呼ぶものへの配慮を伴う。何よりも正義、世話、愛の現象を通じてあらわれる他者への深い心遣いが私たちの自然を救う性格であるということは、良い事例となりうるだろう(原注31)。

ディープ・エコロジーの悪い面は、原生自然の保存と称揚のなかであらわれうるもので、その過程において、はるか昔からそこに暮らす人々――もう自然の一部になっているので、自然を指す特別な言葉を持たず、したがって原生自然を指す言葉も持たない――を抹消することもありうる(訳注27)。現代の環境政治の入り乱れた状況のなかで、これは揺らぐ正当性を立て直そうとする米国国務省と世界銀行のニーズによって複雑化されている。エコロジー危機をもたらした責任(訳注28)についての批判に反論するために、これらの機関は原生自然地域――そこはエコツーリズムの場所として付加価値をつけられるが、経済余剰を再循環させるお気に入りのやり方である――の保存を条件にした援助パッケージを提示するであろう。だからある種の粗悪化したディープ・エコロジーの主張が進歩的な資本主義エリート――彼らにとっては、人類が価値を失うにつれて、自然はカレンダーの写真素材として良く見えるものとなる――の戦略の枠内で実現されることもありうる。

一九八六年から九六年までの十年間に、三〇〇万人以上の人々が、開発および環境保全プロジェクトのために移転させられた。この政策はもちろんディープ・エコロジーとともに始まったものではなくて、一九世紀の自然保護運動とともに始まったものである。米国ではこれは先住民族の排除と密接につながっていた。たとえば私たちが雄大な国立公園の景観を楽しむためには、三〇〇人のショショーニ民族の人々がヨセミテ国立公園の開発過程で虐殺されたことや、これが決して孤立した特異的な事例

訳注26　ユナボマー（Unabomber）は本名セオドア・ジョン・カジンスキー。一九四二年生まれ。カリフォルニア大学バークレー校の元数学准教授。数学博士。一九七八年五月から九五年にかけて全米各地の大学と航空業界関係者に爆発物を送りつけ、三人が死亡、二九人以上が重軽傷を負った事件を引き起こした「学者出身の爆弾テロリスト」。のちに『ニューヨーク・タイムズ』と『ワシントン・ポスト』に送られた犯行声明「Industrial Society and Its Future」（「産業社会とその未来」）により、一連の事件の目的が明らかとなる。仮釈放なしの終身刑を宣告され、現在も刑務所で服役している。自殺未遂一回。（ウィキペディア「セオドア・カジンスキー」による。）

訳注27　たとえば、採集狩猟の少数民族を排除して野生生物の保護区を作り出すような政策（『ブリンジ・ヌガグ　食うものをくれ』コリン・ターンブル、幾野宏訳、筑摩書房、一九七四年、参照）が、ディープ・エコロジーの観点から擁護される可能性がないとは言えない。

訳注28　米国国務省と世界銀行が環境破壊的な公共事業や企業プロジェクトに融資したり支援したりしてきたことを指す。『顔のない国際機関　ＩＭＦ・世界銀行』北沢洋子・村井吉敬編（学陽書房、一九九五年）参照

ではなかったことを思い出す必要がある。ディープ・エコロジー、境界をめぐる政治、先住民族のジェノサイド、そしてエコツーリズムは、すべて同じパッケージの一部になりうるのである。この罠［エコファシズム］は人口危機の圧力によって科せられたものであり、それは排除を合理化することを容易にしている。その傾向は決してディープ・エコロジーに限られるものではなく、環境運動全体につきまとっており、それは［貧しい国からの］移民のような問題で公然と主張されるのではなく、しばしば私たちの境界内を「クリーン」に保つための隠れた人種差別的要求のなかで反動勢力と同盟して行われたものである。ディープ・エコロジーの一部の支持者は、エイズのような疫病は自然すなわち「ガイア」(訳注29)が有害生物であるホモ・サピエンス［人類］を駆除する方法であると示唆することで、自らと運動の品位をさらに傷つけている。私の知る限り、彼らは同じ論理を自分たちや家族が病気になったときには決して適用しようとしない(原注32)。

　したがって、実践においてディープ・エコロジーはこのような連想をなくすために、人間に対する支配の批判――それは必然的に資本主義の批判およびいかにして資本主義を克服するかという問題につながる――を組み込むことによって、環境哲学としての誠実さを証明しなければならない。実際、主にアルネ・ネス(訳注30)――このプロジェクトを多かれ少なかれ生み出したノルウェーの哲学者――によって代表される環境哲学のこうした潮流がある。ネスは社会主義との潜在的な和解について書き、「エコロジーに根ざした目標を目指す、最も貴重な活動家たちの多くは、明らかに社会主義の陣営から来ている」と述べている(原注33)（『ディープ・エコロジーとは何か』ネス、斎藤直輔・開龍美訳、文化書房博文社、一九九七年、二四九頁）。これは、［米国と違って］反共主義と新自由主義が社会主義への憎悪によって政治的知性を窒息させていないヨーロッパの文脈のなかでの彼の思想の起源と大いに関係がある。北米では、アルネ・ネスをわざわざ読んだり、あるいは上記のような声明に賛同したりするのは、ディープ・エコロジーに影響を受けたごく少数の人々だけである。(原注34)

ディープ・エコロジー的な立場をとる人々のかなりの部分は、哲学的ないしスピリチュアルな精神を持った人々――闘争の厄介な世界とは距離をおきたがる――によって占められている。(原注35) これらの人々の一部は高潔かもしれないが、これは資本主義の批判あるいは労働の解放と特別な結びつきがないことを含意している。これらの人々は、緑の政治は「左派でも右派でもなく、前を向いている」といったような浅はかな宣言――「前」とは何を意味するのかという疑問(後述)を呼び起こし、現実世界では体制と対決しない者はその道具になってしまうということを忘れた単なるスローガン――に乗せられてしまいがちである。いずれにせよ、ディープ・エコロジーの環境哲学は、一貫性のある運動を形成するにはあまりにもルーズであり、ほとんどその定義によって党あるいは何らかの組織された力による主張を排除してしまう。実際、「私たちの最初の原則は[資源の保全に関して]諸機関、立法者、財産所有者、経営者に、自然界のプロセスに[人間の意志を]強制するよりもそれらと調和するように奨

訳注29　ガイアは地球を生命になぞらえた概念。なおガイア仮説のジェームズ・ラブロック博士は、地球温暖化問題を契機に原発推進に転じたことで、最近は環境運動から批判を浴びている。博士の「変節」した主張については『ガイアの復讐』ラブロック、竹村健一訳(中央公論新社、二〇〇六年)を参照。

訳注30　アルネ・ネス(一九一二～二〇〇九)は一九七三年にディープ・エコロジーを提唱。オスロ大学時代にヨハン・ガルトゥング(後の平和学の大家)との共同研究もある。

励することである。第二に、実践的状況においては、地域の共同体、特にバイオリージョンでの少数派の伝統のなかで活動することを好む」と主張するようなネガティブで弱々しい教義から、どんな種類の社会が形成できるだろうか。[原注36] 私たちが彼らと袂を分かつのは、まさにこうした概念をめぐってである。

バイオリージョナリズム（生命地域主義）

この教義——コミュニティ経済学の諸原則のいくつかと、「大地に帰れ」運動を結びつけている——の魅力は、明らかである。バイオリージョナリズムは、国民国家の分割を志向する現代の運動の特にエコロジー的な部分を代表している。分離主義者はより大きな政治的実体のなかに組み込まれた明確なネーション〔国民、民族〕の観点から自己を定義するのが典型的であるが、バイオリージョナリストはこれをさらに一段階推し進め、ネーションフッド〔ネーションの独立性〕のエコロジー的前提条件、すなわち人々が共有する場所に文字通り着地しようとする。これは単なる場所ではなく、地球の一部の具体的なエコロジー的活動である。流域の流れ、丘陵の配置、土壌の種類、生命地域に棲む生物相、人間的尺度でつくられ、大地を支配するのではなく大地の上で穏やかに生活するコミュニティの有機的基層とみなされるすべてのものである。バイオリージョンは、そのなかで持続可能性の諸原則とそのエコロジー的技術および経済学への信頼が適用されうる本質的な基盤である。

確かに、現在のいかなる環境哲学においても、場所についての強調は本質的である。そうした基盤なしに健全な生態系についての十分な概念を構築することは不可能であろう。ニューヨーク州のキャッツキル山脈やハドソン渓谷に住むことを選び、「大地に帰れ」運動の人々と良好な関係をもっている人間として、私はこの観点について個人的に好感を持って論じているということを付け加えてもいいかもしれない。それにもかかわらず、それを環境哲学としてのバイオリージョナリズムに拡張しようとする試みは、異議を申し立てられ、拒絶されるべきであると思う。なぜなら、そのアイデアは社会変革の指針となることができないからである。

これらの困難のいくつかは、バイオリージョナリストであるカークパトリック・セール[訳注31]——バイオリージョンのために**自給自足**の体制を想定する方向にすすんだ——のエッセイのなかに認めることができるかもしれない。首尾一貫したバイオリージョナリストは、環境哲学としての彼の観点を確立するために、そうしなければならない。しかし、「テリトリー」とともにあらわれるのは、境界を確定する必要性である。これについてセールは、次のように述べた。

> 究極的に、バイオリージョンの適切な境界を確定する仕事は——そしてそれをいかに真剣に扱うかは——常にその地域（エリア）の居住者に任せられるであろう。初めて北米大陸に定住したインディアンの人々の場合に、これをかなりはっきりと見ることができる。彼らは土地で生計を立てたので、私たちが今日バイオリージョンとして認識する線に沿って、驚くばかりの程度まで分布したの

訳注31　セールの邦訳には、『アメリカ権力の逆転：〝ヤンキーのアメリカ〟から〝カウボーイのアメリカ〟へ』大江舜訳訳（徳間書店、一九七六年）、『ヒューマンスケール：巨大国家の崩壊と再生の道』里深文彦訳（講談社、一九八七年）がある。

である。（原注37）

この言明には、三つの重大な問題点がある。

第一に、「エリア」とは何であろうか？　この用語はそれ自体曖昧であるが、もしバイオリージョンの境界が確定される必要があるのなら、曖昧なままでは許されない。自給自足するための「自己」の定義についても同様であるに違いないからである。しかし誰がどこに住んでいると誰が判断するのか？

生産力の発展についての異なる地域の異なる適合性を前提としたとき、紛争なしにこの判断ができるのだろうか？（訳注32）　そして予想される紛争――大きな収用（没収）にかかわるかもしれない――を誰が解決することになるのだろうか？　私が住む土地はニューヨーク市の分水界の一部である。キャッツキル山脈バイオリージョンのメンバーは、ニューヨーク市が干上がることもありうるし、わがバイオリージョンの健全性を保持するためには武器を取る用意もある、とでも宣言するのだろうか？

第二に、インディアンの人々がバイオリージョン的に住んでいたのは、ヨーロッパ人の侵攻があった当時に、現在の米国にあたる地域にインディアンが一〇〇万〜二〇〇万人しか住んでいなかったからである。今日の膨大な人口は、単に場所との関係で生活しているのではなく、相互依存したひとつの区画で生活している。テリトリーをめぐる激しい［部族間の］戦争に陥ることもあったインディアンが、ヨーロッパ人の侵攻によってさらに不安定化したことも想起してもらいたい。（訳注33）

第三に、はるかに重要なことであるが、インディアンのバイオリージョン的生活世界が、土地を共有するという前提をもっていたことであり、言い換えると原初的な共産主義であったことである。侵略者とのジェノサイド的戦争は、侵略者の資本主義――それは財産としての土地の疎外を必要としたが、それはインディアンにとっては屈服するよりも死んだほうがましなものであったこと（それは実際に起こったことである）――と大いに関係がある。この点では、資本主義は決して変わっていないのだ。それにしてももし生産的な土地が商品であり続けるなら、不在地主に所有されるなら、買い占めされ、借地され、ますます少数者の手に集中され、一般に搾取されるなら、バイオリージョナリズムの一貫したプロジェクトは生き残ることができないだろう。セールはインディアンの苦しみに十分気づいているが、変化をもたらす資本主義の含意を無視している。彼はバイオリージョン的制度の構築は「そこに住む人々に安心して任せることができる。彼らがバイオリージョン的感受性に磨きをかけ、バイオリージョン意識を鋭くするという仕事をすることだけが条件である」と書いている（478）。歴史が示しているものが「共産主義的」方向に社会を変革する必要性――それなしには人々はバイオリージョンを民主的にコントロールすることができないだろう――であることについてのまったく粗雑な過小評価である。そしてもし彼らがそうしたコントロールを手にするために立ち上がるならば、資本主義国家がどのように反応するかを理解するのに大した想像力は要らないのではないだろうか。

訳注32　たとえば農業の自然条件として相対的に肥沃な地域と相対的に不毛な地域はあるだろう。不毛な地域では自給自足に苦労するかもしれない。

訳注33　たとえば一八世紀の北米での英仏戦争においても、英側についたインディアン部族と、仏側についたインディアン部族があった。もちろん白人という共通の敵に対抗するために、従来仲の悪かった部族が連合を組むこともあった。

たとえこれらの諸問題が奇跡的に解決できたとしても、セールのバイオリージョンの自給自足の概念を保持することは不可能であろう。彼はそれぞれが生態系に特徴的なエネルギーを発展させるような自己充足的な地域を求めている――「グレート・プレーンズ[訳注34]での風力、ニューイングランドでの水力、北西部での薪燃料」といった具合に（482）。しかし、これらの資源は一体どうやって十分なものにできるのだろうか。ニューイングランドの河川がエネルギーのニーズの十分の一以上を供給できるとしたら、むしろ驚きであろう。そして北西部（そこではもっと水力があるのだが、やはり十分とは言えない）について、セールは環境主義者たち――あるいは経済学者でも誰でもいいが――に、たとえばシアトル［の全市民］が森林を破壊し、煤煙を出す薪ストーブに転換したとしたら、どう答えるのだろうか。もちろん、エコロジー的社会はエネルギー効率を大いに高めて、ニーズを減らすであろうが、これらの処方箋にはどこか乱暴なところがあり、それは現実に根ざしているというよりもむしろ、自然主義イデオロギーから推論されたようにみえる。

セールは付け加える。「ひどく誤解される前に言うが、自給自足とは孤立と同じではなく、常にあらゆる種類の交易を排除するわけでもない。それは外部とのつながりを必要とはしないが、厳格な範囲内で――つながりは非依存的で、非貨幣的で、害を及ぼさないものでなければならない――交易は許される」（483）。私たちは誤解すべきではないだろうが、しかし理解することは難しい。バイオリージョンのあいだでは、つながりは必要ないのか？　あなたの娘が隣のバイオリージョン（あるいはさらにひとつ向こうのバイオリージョン）に住んでいて、あなたがそこを訪問したいのだと想定してみよう。あなたは娘に電話できるのか、その目的で誰に費用を払うのか？　その目的に使える道路や鉄道や、航空路線はないのか？　他の方法は貨幣的な支出を要するので、雑木林をぬけて、バイオリージョンのあいだを人々は徒歩で移動しないといけないのか？

私たちはさらに推論をすすめる必要はない。厳格なバイオリージョナリズムの基礎の上に社会をつくろうとするいかなる努力も、矛盾の洪水のなかに溶解するであろう。欠けているものは、社会全体を変革するために必要な手段である。バイオリージョナリズムは、エコロジー的社会をつくるのに役立つ重要な手法以上のものではない。

エコフェミニズム

エコフェミニズムは、女性解放とエコロジー的正義のための二つの偉大な闘争の結合によって基礎づけられる強力な環境哲学である(訳注35)。しかしながら、それは社会運動としては不確実なものにとどまる。それは環境哲学として、私たちが自然のジェンダー的分岐として引き出したテーマを理論化する。この分岐は女性の身体と労働の統制から始まり、家父長制と階級のルーツにあるものだ。時間とともに、

訳注34　グレート・プレーンズは大草原［大平原］地帯。米国・カナダのロッキー山脈の東。米国では、カンザス、コロラド、ニューメキシコ、テキサスなど。

訳注35　エコフェミニズムについての日本語文献も多いが、とりあえず『リプロダクティブ・ヘルスと環境』上野千鶴子・綿貫礼子編（工作舎、一九九六年）、萩原なつ子「エコロジカル・フェミニズム」江原由美子、金井淑子編『ワードマップ　フェミニズム』（新曜社、一九九七年）を参照されたい。エコフェミの様々な潮流、また日本のエコフェミ論争については、『フェミニズム入門』大越愛子（ちくま新書、一九九六年）が参考になる。

階級のあいだの分断、ジェンダーのあいだの分断、「人間［マン＝男］」と自然のあいだの分断が、異なる発展経路を経て、絡み合い複雑なパターンを形成した。それは資本主義の歴史的な土台となった。自然は生気のない資源へと還元され、冷たい抽象概念が価値を与えられ、この男性的傾向が真に人間的なものと同一視された。無償の家事労働に始まり、周辺部［発展途上国や非正規雇用など］の低賃金労働やセックス産業の素材へと広がる女性の超過搾取が行われた。そして資本主義の文化という奇妙な醸造物において、貨幣はファルス［男根］のためのヒエログリフ［象形文字］、権力を指し示すもの、また競争の月桂冠［栄誉］となり、競争が始まったのである。

　したがって、資本主義的支配は常にジェンダー支配を伴い、私たちが追究している自然への敵意は、自然のジェンダー的分岐へと一体化して関係している。したがって、資本主義から抜け出す道は、エコフェミニスト的なものでなければならない。エコフェミニズムもまた反資本主義的であるべきである。女性とエコロジーを損なう力を資本とその国家が保持しているからである。エコフェミニストの理論と実践のかなりの部分は、この条件を満たし、ここで構想されるプロジェクトへの土台となる。[原注38] しかしエコフェミニストを自認する人々のすべてが――フェミニスト自体も同様だが――反資本主義的であるわけではない。一部のエコフェミニスト（ディープ・エコロジーとバイオリージョナリズムのある種の側面を用いる）は、自然との媒介されない関係性のなかに一種の避難場所を求める。すなわち、彼女たちは女性の自然への近接性を本質主義的に理解し[訳注36]、そこを出発点とし、その過程において歴史を自然へと埋没させるのである。「永遠に女性的なもの」がもたらされる。典型的には母性的なものであり、地球に近いとされ、さらに進むと、女神にもとづくスピリチュアリティや、フェミニスト的な分離主義に至

るのである。(原注39)

本質主義は歴史的な経緯を度外視するので、せいぜいのところ分断されたものの弱い模倣的な再結合を達成できるにすぎない。歴史的におとしめられた女性性に割り当てられた保持と提供の機能は、資本主義的・家父長制的な社会の変革のために回復させることはできない。本質主義的なフェミニズムは、エコフェミニズムであろうとなかろうと、したがって方向性としては本質的にブルジョワ的なものにとどまるのである。それらの位置は、闘争のバリケードの内側にあるというよりもむしろ、ニューエイジ運動の成長センターの安楽のなかにある。こうした分断は、エコフェミニズムが一貫性のある社会運動になることを妨げている。

ソーシャル・エコロジー

この教義、本節で検討する最後の環境哲学は、エコロジー問題は社会問題として、特にヒエラルキーの結果として理解しなければならない、という中心的な洞察にもとづいている。(訳注37) ディープ・エコロジー、バイオリージョナリズムおよび本質主義的なエコフェミニズムとは対照的に、ソーシャル・エコロジー

訳注36　ここで本質主義的な理解とは、ジェンダー的・階級的な社会関係、権力関係を度外視して、女性は生まれつき自然に近いとみなすこと。

訳注37　ソーシャル・エコロジー文献の邦訳としては、『エコロジーと社会』マレイ・ブクチン、戸田清ほか訳（白水社、一九九六年）がある。研究論文としては、福永真弓「ソーシャル・エコロジーの射程」唯物論研究協会編『現在のナショナリズム（唯物論研究年誌第八号）』（青木書店、二〇〇三年）がある。

はもともと政治的である。それは社会批判から始まり、政治的変革の構想へとこれを推し進めていった。

ソーシャル・エコロジーはマレイ・ブクチン（二〇〇六年死去）という個人の活動へとさかのぼることができるが、彼の重要な貢献は、生態中心主義をアナーキストの伝統に取り入れることであった。ブクチンは、もともとはアナーキストではなかったが、彼がそのなかで育ち、一九六〇年代の新左翼運動の影響を受けた共産主義運動への幻滅のあと、アナーキストになったのである。ブクチンは差し迫るエコロジー危機を認識し、そのラディカルな含意を理解するうえでの先駆者のひとりとなった。アナーキスト・コミュニタリアンとして、彼はエコロジー的合理性を求める闘争を解放の概念――それはヒエラルキー克服の概念に代表されるようになり、結果的に解放されたコミュニティのビジョンの形をとった――に組み込んだ。

このすべては、本書で論じたアイデアの多くと共鳴するものである。それではなぜ、本書はソーシャル・エコロジーの伝統のなかにある書物であるとは言えないのだろうか？　その理由は、これから見ていくように、部分的には理論的なものであり、部分的には政治運動がいかにして自己を成立させるかということにかかわっている。理論的な区別は、ソーシャル・エコロジーにとっては、ヒエラルキーがそれ自体で原罪であるとともに、エコロジー危機の作用因［動力因］ともみなされるという事実に関係しているに違いない。本書の探求の経路は、ジェンダー支配に始まり、階級の問題に移り、それから結局は資本へと至るものであるが、そのなかで人間aが人間bに対して権威を持つという人間関係に対する包括的な［無差別的な］非難に与することは避けているのである。しかしながら私は、ヒエラルキーそれ自体がエコロジー危機の病理を生み出しているものとして理解することはできない。結局のところ、教師と生徒の関係のような合理的な形態の権威もあるのであり、そのことは、新生児は無力な存在として世界に生まれ、人間になるためには文化の伝達を必要としているという人間の本性そのものにかかわる事実に根ざしている。この機能は文化それ自体に固有のものであり、本能と違って、持続的に再学習し、その過程で変化するものでなければならない。ヒエラルキーが克服しなければならないものとなるのは、それが支配の性格を獲得することによってであり、その場合にはヒエラルキーが自己拡大という目的のための人間の力の収奪を意味するのである。これは、相互関係的で持ちつ持たれつの区別を示す権威の関係（学生自身がいつの日か教師になることを期待できるように）とは対照的である。実践においてこれが意味することは、ヒエラルキーと権威は、それらが公正なものかどうかを具体的に検証されなければならないということである。そして次には、異なる歴史的設定で起こるような人間の創造力の特別な疎外の観点から評価することが必要である。この目的のためにジェンダーと階級の概念――現実の諸個人を歴史と自然に結びつける――は、非常に適切なものである。人間の本性を定義する特徴としての生産にかかわる概念だからである。

　これらのむしろ抽象的な論点は、ソーシャル・エコロジーのような環境哲学の実際の政治的輪郭の観点から内容を与えられる。ソーシャル・エコロジーはアナーキストのプロジェクトを続けており、その行動の主要なポイントはコミュニティの防衛と国家権力に対する攻撃［もちろん武装蜂起ではない］であった。[原注40] アナーキズムはコミュニタリアン的価値とともに自発性［自然発生］と直接行動を組み込んでおり、一九世紀にマルクス的社会主義のオルタナティブ［代替案］として発展した。二〇世紀社会主義の中央集権主義、官僚主義、権威主義への可能性［傾向性］の暴露およびその後の崩壊以来、アナーキズムは左翼のなかで新たな支持者を獲得した。影響力のある潮流は、シアトル［一九九九年のWTO閣僚会議に対するNGOの抗議活動］以降のグローバル化に反対する新しい運動のなかにあらわれ、そのデモのなかで指導的な役割を演じた。(原注41)この潮流は直接行動を強調しており、それはいかなるラディカルなエコ政治にも必要な構成要素であるが、それだけで十分なものではない。それは資本主義を超えてエコロジー的社会を構築するという問題を未解決のままに残すからである。

ソーシャル・エコロジーはアナーキズムに固有なコミュニタリアン的価値の活用に比べて、直接行動を伴う運動には少ない関心しか持っていない。これらはまた様々な緑の運動［エコロジー運動］にも不可欠なものであり、そのなかでアナーキズムと、特にそのソーシャル・エコロジー的形態は、極めて重要な役割を果たしてきた。しかしエコロジー危機への社会主義的およびマルクス主義的なアプローチの方法の拒絶は、あまりにも多くのものを犠牲にしている。社会主義の悪用［スターリン主義など］を考察する際に、それは、社会主義がしたこと、つまり巨大な資本の冷酷さとその生活世界への浸透のなかで、資本主義世界システムと実際に戦ったことを無視する傾向がある。アナーキストとソーシャル・エコロジストは一般に反資本主義を公言するが、資本主義を労働の支配と搾取というその根源に至るまで分析しようとしない傾向がある。同様に、彼らは国家に集積された支配を克服する必要性を適切に強調するが、国家の主要な機能は階級制度を守ることであり、実際、階級と国家という二つの構造は絶対的に相互依存している――だから私たちは両者を同時に分析せざるをえない――という事実を見過ごす（主としてマルクス主義への敵意ゆえではないかと私は恐れている）のである。だから、もし国家が主要な問題であるならば、階級もそうであり、階級との対決を避けることは――それは実践においては、労働の解放に中心的な重要性を付与するのを避けることを意味する——ものごとのアナーキスト的解読を損ない、具体性を失わせる傾向がある。(訳注38)

ここまで述べたところで、これらの難点は私の観点では、ソーシャル・エコロジーの立場——あるいは実際にいかなる形態のアナーキストもそうであるが——と本書の立場は敵対的な矛盾に相当するものではないということを強調しておかねばならない。所与の秩序のラディカルな拒絶に始まるいかなる運動も、それをすべての生きものの自由の肯定と結びつけ、(原注42)私たちの面前にある課題との関係で、あらゆる運動の短所を認識しつつ、エコロジー危機と闘う立場をとる謙虚さを身につけるのである。これらの限度内でアイデアの活発な論争が進行する。実際、私たちはみんな、過去の闘争のラベルのもとに含まれるいかなるものよりも深くて幅広い変革のビジョンへ向かって手探りで進んでいる。私たちがみんな同意できるはずのひとつの敵はセクト主義［党派主義］であるが、それは単純に、そのような態度は問題の深さを排除し、否認することになるからだ。

ある程度までこれらの諸問題はマレイ・ブクチン自身によって体現されている。カリスマ的で才気あふれるが、無慈悲なほどドグマ的で毒舌をふるうセクト主義者だったブクチンは、ソーシャル・エコ

訳注38　ところで『チョムスキーの「アナキズム論」』木下ちがや訳（明石書店、二〇〇九年）の訳者解説で、チョムスキーはアナーキストには珍しく階級を重視しているとの指摘がある。

訳注39　私はブクチンの訳者ではあるが、私自身も、ソーシャル・エコロジー系統の知識人のなかでは、ブクチンよりも、柔軟で視野の広いブライアン・トーカーの方に親近感をおぼえる。邦訳に『緑のもう一つの道：現代アメリカのエコロジー運動』トーカー、井上有一訳（筑摩書房、一九九二年）がある。

ロジーを作り出すとともに、それを袋小路に導いてしまった。(訳注39)これにはいかなる個人的な失敗よりもはるかに広がる構造的な理由がある。ブクチンが初めてソーシャル・エコロジーを宣言したとき、実際にラディカルでリベラルな環境運動が動き始めたときに、私たちは豊かで拡張的な一九四五年〜七〇年のフォード主義的な資本主義と、(訳注40)今日猛威をふるっている新自由主義時代のはざまにいたのである。ブクチンは一九七〇年に『ポスト希少性のアナーキズム』(訳注41)でソーシャル・エコロジーを打ち出したのだが、この本の表題と発行年は興味深い。エコロジー危機の広がりはまだ感じ取られていなかったが、それは比較的安易なセンスのユートピア主義を可能にした。ソビエト共産主義の崩壊も本格的なグローバル化も先のことで、まだ資本を世界の残忍な専制支配者の地位におしあげていなかった。今日では事態は恐ろしいほど明確になっている。そしてたとえ十分な自覚がまだ確立されていないとしても、「何がなされるべきか」についての新しい方向性は、すべての環境哲学を新しいラディカルな総合の方へと押しやりつつある。(原注43)

私は、エコロジー危機の注目に値する効果のひとつは、これほどすさまじい程度まで生活世界に浸透することによって、一九世紀なかばからソビエト連邦の崩壊までの社会主義とアナーキズムのあいだの偉大な論争を激化させた対立の基盤を、資本がいまや削り落とし、実際に消し去ったことだと思う。こうした対立はいまや歴史的に不適切であり、不活発、エゴイズム、精神的な臆病さによってしか維持できない。生活空間とコモンズ［共有財産］の防衛はいまや、労働の搾取に対する闘いと同等の重要性を持っている。ジェームズ・オコンナーが展開したような、資本主義の第二の矛盾(訳注42)がこれを定式化したのであり、自然と人間の健全性を求める闘争が［労働運動と］同じ地平におかれたのである。この深遠な変化は、闘争の地図を描き直させた。私たちはまだこの手法を採り始めたばかりだと言ったほうが安全であろう。

デモクラシー、ポピュリズム、ファシズム

「デモクラシー」は故ピノチェット将軍(訳注43)およびオリンピック組織委員会より左側のすべての人にとって、人間を組織する望ましい方法である。共産主義との聖戦を行うデモクラシー陣営として「わが方

訳注40　フォード主義（フォード自動車が語源）は高度経済成長、固定相場制、高賃金時代の資本主義であり、新自由主義（教祖はハイエクとミルトン・フリードマン）は先進国の低成長、変動相場制、金融ビッグバンとカジノ資本主義、「市場原理」主義、労働ビッグバンと格差拡大の時代の資本主義である。

訳注41　邦訳は『現代アメリカアナキズム革命』鰐渕壮吾訳（ROTA社、一九七二年）

訳注42　オコンナーの用語法では、資本主義の第一の矛盾とは資本と賃労働のあいだの矛盾（利潤追求のために搾取率を上げると購買力が下がって利潤も減る）であり、第二の矛盾とは資本と生産の諸条件（自然環境、労働者の健康、地域社会など）のあいだの矛盾（利潤追求のために資源を浪費し環境汚染を放置し、労働者の健康を軽視し、地域社会の活力を損なうと、長期的には資本にとっても自殺行為となる）である。労働運動は第一の矛盾に、新しい社会運動（環境運動、平和運動、女性運動など）は第二の矛盾に取り組んできた。「持続可能な資本主義はありうるか」ジェームズ・オコンナー、戸田清訳、小原秀雄監修『環境思想の系譜2』（東海大学出版会、一九九五年）および、Natural Causes : Essays in Ecological Marxism,James O'Connor,Guilford Press,1998. を参照。

訳注43　アウグスト・ピノチェト（ピノチェともいう。一九一五〜二〇〇六）は一九七三年九月十一日のクーデターで米国の支援によりアジェンダ政権を破壊して軍事独裁を確立、ミルトン・フリードマンの門下生らを活用して新自由主義政策を導入。一九九〇年に大統領を辞任。

［米国側］」を称賛することに病みつきになり、発展途上国の西側陣営への移行を監督するために「全米民主主義基金(訳注44)（ＮＥＤ）」のような機関を設置したこの体制［米国］のイデオローグに対しては、いかなる言葉も親切すぎるだろう。将軍たちの時代［軍事独裁政権時代］のインドネシアやグアテマラのような国(訳注45)がデモクラシーとしてもてはやされ（時には「未熟な」デモクラシーと言われたが）、サンディニスタ時代以降のニカラグア［チャモロらの新自由主義政権］もそうであった(訳注46)。自由と参加の恐るべき喪失にもかかわらず。そして資本のグローバルな支配領域のあらゆる策動、たとえば米州自由貿易協定（ＦＴＡＡ）が、西半球にデモクラシーの支配をうち固めるだろうという約束で正当化される。このデモクラシーは、資本のためのエリート支配にいくぶんかの正当性を与える選挙メカニズムを用いるとともに、他方でははびこる腐敗［汚職］のチェックとともに被支配階級の限定的な参加（部分的にはエリートの供給基盤を更新するために）が認められている。このモデルは資本主義の歴史に深く根ざしているが、形式的に自由な市民が市場で労働力を売ることができるにすぎない。市民の自由は、私たちが見てきたように、常に抑制されてきたのであり、ブルジョワ的デモクラシーは被支配階級に対しては本質的に制約的であるのに対して、有産階級には権力を追求する手段を提供する。

もし私たちが少しばかりの懐疑主義以上のものを持ってデモクラシーのイデオロギーを凝視するとしても、私たちはまさにデモクラシーという概念の真実の意味を求めて闘っているのである。というのは、それが包含する自由のための永久闘争は、人類全体の権力——それは言わば、財産というブルジョワ的概念を越えた男たちと女たちの権力である——に向かうこと以外の何者でもないからである。イデオロギー的デモクラシー［ブルジョワ民主主義］に対して実質的デモクラシーを求める闘争はしたがって、エコロジー危機を克服するための必要な前提条件である。そのために公正な社会の達成が必要であるという理由だけからしても。

デモクラシーの成就とは、単により多くの人々を投票に行かせることではない。そうした結果は現状よりは民主的と言えるであろうが。また投票者に選択肢としてより良い政党を与えることでもない。これもまた途上の通過点のひとつであるが、所与の国家の制約のなかで、投票箱に表現される権力はもともと成長を阻害されているという事実によって制限されている。もし大衆のアジテーションがもっと強力な選挙基盤の構築を、たとえば［小選挙区制ではなくて］より小さな政党が意味のある参加ができるような比例代表制を達成できるなら、私たちは民主的権力が前進したと言うことができるだろう。

訳注44　全米民主主義基金（NED）は、レーガン政権時代の一九八三年に「他国の民主化を支援する」という名目で、公式には「民間非営利」として設立された。しかし実際の出資者はアメリカ議会であり、そのことは基金の年次報告書に掲載される会計報告でも確認出来る。またオリバー・ノース中佐のイラン・コントラ事件をはじめとする米国政府の謀略やスキャンダルの多くにもNEDが関与している。ウィキペディア日本語版および英語版の「全米民主主義基金」や、ウィリアム・ブルム著、益岡賢訳『アメリカの国家犯罪全書』（作品社、二〇〇三年）所収の「トロイの木馬：米国民主主義基金（NED）」などを参照。

訳注45　一九六五年のクーデターで米国の支援により実験を握ったインドネシアのスハルト将軍は一九九八年に失脚。一九五四年に米国が支援するクーデターでハコボ・アルベンス政権を倒したグアテマラの軍事独裁政権は一九八三年まで続いた。

訳注46　一九七九年にソモサ独裁政権を倒したサンディニスタ政権は一九九〇年の選挙で敗れてチャモロの新自由主義政権が成立。二〇〇七年の選挙でサンディニスタの指導者だったダニエル・オルテガが大統領に返り咲き、少しずつ新自由主義の見直しが進んでいる。

なぜなら、権力は現在の基盤よりいくらか先へ進まなければならないから。しかし私たちもそのレベルにとどまってはいないだろう。同じ理由により、労働者による企業の所有は相対的な民主化であろう。しかしその企業が資本主義市場のルールで競争しなければならない限りは、それは自滅的なものにとどまるだろう。

デモクラシーの羅針盤は人間の力の動員をさしているので、完全なデモクラシーは資本主義の克服なしには起こりえないだろう。しかしそのような要求は今日の乾いた政治的風景のもとではほとんどあらわれない。私たちが一般に見るものは、成長を止められた派生物である。善意の人々の「進歩的」という曖昧な自己定義のように。この用語は大いに疑わしい。というのは、進歩はまた伝統とコモンズ［共有財産］の健全性を除去することをも意味しうるからである。いずれにせよ、問題は問われる。何に向かって進歩的なのかと。ヒドラの次の頭[訳注47]によって驚かされるまでぼんやり立っている、企業権力をチェックする有徳な市民に向かってなのか？ 資本の消費主義的体制に絡め取られたオルタナティブな「ライフスタイル」の満足に向かってなのか？ あるいは与えられたものの限界を超えて進歩するのか？ 私たちの進歩主義が失敗するのは、「越えたもの」が何であるかをはっきりできないからではなく、問題への無関心を通じてであり、それが環境破壊的なシステムを地上に定着させるからである。

今日の進歩主義はポピュリズム［人民主義］[訳注48]として大きく定義されている。この用語が示唆するように、ポピュリズムにとって政治的主体は、立ち上がり、歴史の主体となるひとつの巨大な人格と考えられている「民衆［人民・ピープル］」である。ポピュリズムは即時的な訴えを伴う説得力のある政治的な構築物である。それはこの表現を受け入れる各個人を歴史的な主体性の力の感覚で満たす。そしてそれは歴史を擬人化するので、説得力のある物語を提供する。もし民衆が苦しめられているなら、そのときは別の種類の人格、すなわち恣意的で腐敗した権力の人格化が［民衆を］苦しめているのである。道徳性の演技が呼び起こされる。不正義があるときは、悪党と、出番を待っている英雄がいる。民衆は立ち上がって抑圧者を打ち倒すように励まされ、あるいは少なくとも公正を要求する。このモデルは広い範囲の状況と歴史的瞬間を通じて共鳴する。それは中世の農民反乱、(訳注49)フランス革命のサン・キュロット、一九世紀イングランドのラッダイトとチャーチストを励まし、一九世紀後半のアメリカでは、ポピュリズムそのものの名前［人民党］をとり、かなりの勢力となった。アメリカのポピュリスト運動は、腐敗し疎外をもたらす経済権力が多くの人々——大平原地帯と南部の農民、銀行の犠牲にされる小規模事業者、レイオフ［一時解雇］にさらされる都市の労働者——を抑圧するところでは、顕著な貢献を果た

訳注47　ヒドラ（ヒュドラ）はギリシャ神話に出てくるレルネーの沼の九つの頭の怪獣。ヘラクレスが退治した。

訳注48　ポピュリズム（人民主義）は狭義には一九世紀末〜二〇世紀初頭のアメリカにおけるアメリカ人民党・民主党指導による大衆運動をいう。指導者はウィリアム・ジェニングス・ブライアンなど。ポピュリズムのエネルギーによって大企業の独占に対する規制（反トラスト法など）や平等や公正を志向する政策が実現された（ウィキペディア「ポピュリズム」）。日本で言えば、人気取りのためにたびたび異様な言動（老人差別、植民地支配正当化など不適切なニュアンスを帯びることが多く、環境庁長官時代には水俣病被害者への差別発言もあった）を繰り返す石原慎太郎東京都知事などは、ある種のポピュリストである。「自民党をぶっ壊す」と叫んだ小泉純一郎もある種のポピュリストであった。小泉は、高支持率を背景に新自由主義的構造改革、軍事大国化を推し進めた。なお、日本の選挙制度の問題点については、『ここがヘンだよ　日本の選挙』小沢隆一ほか（学習の友社、二〇〇七年）参照。

訳注49　ジャックリーの反乱、ワット・タイラーの反乱、ジョン・ボールの反乱、ドイツ農民戦争、また日本では一向一揆。

した。ウィリアム・ジェニングス・ブライアン[訳注50]と彼の「金の十字架」についてのアジ演説の背景にはポピュリスト運動があった。そしてそれらは、グローバル化の悪が多くの場面で核心にある現代に至るまで、定期的に表面に浮かび上がり、抵抗を呼び起こした。緑の党は、進歩的なポピュリストであることを誇りにしており、環境保護から刑務所改革[訳注51]、麻薬政策の変更、コミュニティ経済に至る彼らの要求の不均質な性格は、ポピュリストの物語に容易に同化できる。ラルフ・ネーダー[訳注52]のなかに、彼らはポピュリズムの卓越したチャンピオン、企業の貪欲によって犠牲にされる普通の市民と消費者の苦悩を軽減するために闘ってきた男を見いだした。

しかし、ポピュリズムの「民衆」は、大衆集会のような場合――それを越えるとバラバラになる傾向がある――を除くと存在しない。結局のところ、すべての民衆が抑圧されているわけではないが、それは抑圧者もまた人間だからである。また抑圧される人々も均質な大衆として存在するわけではないが、それは抑圧が重要な分断線[訳注53]を作り出すからである。これら［分断線］はひとつのスローガンによって消すことができるとでも言うのだろうか！　そうだ、労働者と小規模事業者は集会に参加して一体感を感じることができる。さらに、想像してみよう。黒人と白人、ラテン系とアジア系がそうできる。あるいは別のレベルの特殊性をとりあげてみると、アフリカ系アメリカ人出自の黒人とカリブ海地域出自の黒人、農民と消費者、あるいは断層線が引かれているところならどこでもよい。しかしひとたびイベントが終わってしまうと、これによって「民衆」がつくられるわけではないし、分断線を見つけて、抑圧を制度化する階級と国家の構造を克服するために対抗的制度を構築するための厳しく辛抱強い仕事がなされるまでは、そうなることはないだろう。ポピュリズムは民衆を断片化する構造に対処する運動の構築への参入点以上のものではありえない。それが越えられない限り、あらゆる人は家に帰って自分の問題に取り組むしかないだろうし、事態が進展することはないだろう。

あるいは事態がさらにまずくなるかもしれない。ポピュリズムは抑圧を人格化する［社会構造ではなく特定の個人のせいにする］ことによって、その感情に訴える力が分断された人々を統一体に結合する神話になりうる。感情に訴える力とはそんなものである。しかし深刻な落とし穴もある。ひとつには、ポピュリスト神話は、悪い抑圧者が登場して民衆の生活を惨めなものにする前には、ある種の「黄金時代」があったという考えを奨励する。今日では、企業は、特に一九世紀の憲法修正第一四条［一八六八年に確定された米国市民についての規定］解釈のおかげで偽の人格［法人格］を獲得したので、悪党の役割を演じるためには例外的によく適した位置にいたのである。ここから進んで、企業の貪欲が登場した一八六八年以前には私たちはともかく何も心配することがなかったとか、企業の権力をチェックする

訳注50　ウィリアム・ジェニングス・ブライアン（一八六〇〜一九二五）は米国の政治家、演説家、弁護士（ウィキペディアに同氏の項目あり）。
訳注51　米国は収監人口でも、人口あたり収監人数でも世界最大の刑務所大国であり、世界の収監人口の四分の一近くを占める。『監獄ビジネス　グローバリズムと産獄複合体』アンジェラ・デーヴィス、上杉忍訳（岩波書店、二〇〇八年）参照。
訳注52　ラルフ・ネーダーは一九三四年生まれの弁護士、市民運動家。二〇〇〇年、〇四年、〇八年の大統領選挙に出馬。邦訳に『どんなスピードでも自動車は危険だ』河本英三訳（ダイヤモンド社、一九六九年）ほか。
訳注53　大英帝国の時代に「分断して支配せよ（divide and rule）［支配される者の連帯を防げ］」と言われたように、支配層は民衆の分断をはかるものである。

だけで、この祝福された状態は回復できるのだといったような神話を作り出すのは、容易なことであろう。企業以前の黄金時代などというものが真実でなかったということは、問題にならない。そのアイデアは、ネオ・スミス主義者が求める小資本の幸福な時代の伝説には好都合であり、だから希望的な幻想は永続化される。(原注44)

ポピュリズムの神話には、もっと不吉な欠陥もある。それ自体にとどまるポピュリズムは、転落する運命にある。なぜなら、権力の問題に対処できないからである。その神話には、何が起こるのだろうか。答えは、あまりにもしばしば不幸なものであり、その人格化が悪性で被害妄想的なものになる。企業と金融の権力の持続を説明するために、不吉な陰謀説が申し立てられる。あるいは、ねじがもう一回転すれば、異なる皮膚の色あるいは民族性を持つ他者に非難の矛先が向けられる［スケープゴートを作る］。これは人種差別の要素であり、実際の歴史ではそれは堕落したポピュリズムと絡み合っていた。二〇世紀初頭の米国農村のポピュリズムは、その戦闘性が社会主義の脈絡を見失ったときに失敗した。これとともに、それは黒人に対する敵意に満ちた人種差別に転化した。(原注45)進歩的ポピュリストは、彼らの大義をカフリン神父(訳注54)と結びつけるのは気が進まなかった。しかし一九三〇年代の放送電波を支配したこのデマゴーグ的聖職者は、資本主義に対する大衆的な怒りを把握していた真正のポピュリストであり、その怒りを銀行に対する神話化された十字軍に変え、彼が権力を求める競争［選挙］に敗れたとき、右寄りに転じて反ユダヤ主義とファシズムに陥ったのである。実際、反ユダヤ主義の力学は、しばしばポピュリスト的なメカニズムに根ざしており、ユダヤ人のイメージを持ち出すことで大衆を統一させ、彼らの反感を階級的な敵［資本主義の支配層］から逸らすのである。(原注46)今日では、この種の人

種差別的排除は、米国と欧州の両者に影響を及ぼしている移民をめぐる紛争の文脈のなかで特に起こりそうである。(訳注55)

その結果は前世紀［二〇世紀］の大いなる悪夢を呼び起こす。ファシズム、特に何よりもナチズムの形態である。この苦痛に満ちた結びつきの特別な関連性は、ナチズムがポピュリズムであるとともに自称エコロジー運動(訳注56)であったという事実から生じてくる。(原注47)ナチスが決して「進歩的」な運動ではなかったことは言うまでもない。全くその反対である。資本蓄積の恐ろしい危機に続いてあらわれ、彼らはビッグビジネス［大企業］を批判してみせ、自らを国民社会主義者［国家社会主義者］と呼んだ。なぜなら当時は、社会主義には信望［名声］があったからである。しかしナチスのプロジェクトはまさに実際の社会主義に敵対する、ある種のポピュリズムであり、労働者を含むドイツ民族と土の神話化された結合を求める有機体イデオロギーをもって社会主義に敵対したのである。それは併合のエコロジーであり、

訳注54　チャールズ・カフリン（一八九一～一九七九年）は、米国のカトリック神父。ラジオを利用し反共主義と反ユダヤ主義を唱えて、多くの信者と巨額の資金を獲得、政界に進出したこともあった（ウィキペディア「チャールズ・カフリン」）。

訳注55　フランスの大統領選挙におけるジャン・マリー・ルペン（国民戦線）現象などはそのあらわれであろう。『フランス・ジュネスの反乱』山本三春（大月書店、二〇〇八年）を参照。

訳注56　たとえば『ナチス・ドイツの有機農業』藤原辰史（柏書房、二〇〇五年）、『健康帝国ナチス』ロバート・プロクター、宮沢尊訳（草思社、二〇〇三年）を参照。なおヒトラーがベジタリアンであったというのは嘘である。胃腸が弱いのでビフテキは食べなかったが、ソーセージは好物だった（『永遠の絶滅収容所』チャールズ・パターソン、戸田清訳、緑風出版、二〇〇七年）。

分断のエコロジーとなった。この種の統一はすべて、ある種のエコロジー的サークル——特に人間を「生命の網の目」の単なる一生物種へとディープ・エコロジー的に還元する傾向のもの——ではいまなお流行している自然神秘主義をあまりにも連想させるものである。生物学的な還元主義は、人種差別的な思考を育む。それは知的に言えば、人類のなかでの「亜種」〔彼らの用語でいう劣等人種＝サブヒューマン〕を見つけようとする狂った努力である。エコロジーの問題に真剣なすべての人は、ヒトラー、あるいはSS〔親衛隊〕の指導者であったハインリッヒ・ヒムラーが、動物に対するドイツ人の「親切な態度についてどんなことを言っていたのかについて知っておくべきであろう。(原注48) そこから、主人たる人種〔アーリア人種〕はその配慮のもとでのスラブ人のような「人間の顔をした動物」への対処を任されるべきであるし、ユダヤ人、ジプシー〔ロマ人〕、ホモセクシュアル〔同性愛者〕のような「害虫のような動物」の除去についても任されるべきだという議論が出てくる。これは退化した〔堕落した〕環境哲学であるが、紛れもなく、それにもかかわらずひとつの環境哲学であり、自然の多様性のなかでの〔自然の上ではない〕特別に人間的なものの価値を否定する場合には退化が避けられないという事実に注意が向けられるべきである。

誰もこうした思考方法は歴史家のみが研究すべき問題だ〔過去にはあったが、今後はないだろう〕と信じるほどナイーブであるべきではない。進歩的なポピュリズムは右寄りになることはないだろうということは、最も疑わしい。その運命は、資本主義の主流のなかに吸収されることのほうが多い。しかし悪性のエコファシズムには別の発生源もある。緑の運動のなかに不気味な極右の存在が、虚偽的に統一されたエコロジー思想の装いのもとにしばしば繰り返される。そのかなりの証拠が英国と北欧にすでにあらわれ、一九九九年の偉大なシアトルの抗議［WTO閣僚会議への異議申し立て］においてさえ――このとき反ユダヤ主義的なスキンヘッド(訳注57)の代表団があらわれた――見られた。私たちはまた、ルドルフ・バーロ(訳注58)のような有機農業主義・有機体論の思想家たちがナチス・イデオロギーへの親近感を示したこと、ドイツ緑の党の創設メンバーであり、一九七五年のベストセラー『収奪された地球』(訳注59)の著者であるヘルベルト・グルールも同様であったことを想起すべきである。実際、グルールは緑の党を離れてひとつのオルタナティブ政党をつくったが、それは、緑の党が「エコロジーへの関心を捨てて左派的な解放のイデオロギーを好んだ」からであった。グルールは、緑の運動は「左派でも右派でもなく、前を向いている」という前述の不愉快なフレーズの創案者であったこともよく覚えておこう(原注49)。

ネオファシスト的なエコロジー思想は、多くのバラエティを持っているが、その共通の特徴は、エコロジー危機のいくつかの側面をとりあげて、「左派でも右派でもなく、前を向いている」という見せかけのもとに、実際は右の方へ動いていくことだ。その推進力は通常、人口圧力と移民をめぐる紛争

訳注57　スキンヘッドは、ファシズム、レイシズムを信奉する〝不良〟の若者（狭義ではネオナチの少年など）（スペースアルクのサイトによる）。

訳注58　邦訳に『東西ドイツを越えて：共産主義からエコロジーへ』ルドルフ・バーロ、増田裕訳（緑風出版、一九九〇年）などがある。

訳注59　邦訳は『収奪された地球：「経済成長」の恐るべき決算』ヘルベルト・グルール、辻村誠三、辻村透訳（東京創元社、一九八四年）。なおグルールはもともと右翼であるが、東ドイツ出身のバーロは元コミュニストであり、過激なディープ・エコロジー的・動物の権利的方向へ転じたが、ナチズムへの共感を示したとまで言っていいかどうかについては判断を保留する。

であり、その文脈は繁栄がいつまでも不均一に広がっていること（旧東ドイツとその他の地域、あるいはカリフォルニア州南部とメキシコのバハ州のあいだに見られるような）であり、もっと基本的には資本の混沌状態のもとでの世界の広大な地域の解体状況である。現在のところ、エコファシズムは少数のエリート知識人に限られている。ちょうど街頭で闘うファシストがラディカルな不満を抱く若者たちに限られているように。しかし、さらにひどい環境破局の可能性――特に宗教的原理主義(訳注60)の不吉な成長や、ここでは議論できない原始的なファシズムの展開と混じり合ったとき――を考慮するならば、これらの運動が広がる可能性を過小評価すべきではない。

　イデオロギーのどのような混合物を伴うとしても、ファシズムとは資本主義の潜在的な解体パターンである。「ここ［米国など］では起こりえない(訳注61)」と言うことは、資本主義システムのなかにつくられた爆発的な緊張を読み誤ることである。それが必要とするのは、ある程度の危機だけであり、システムの主要なメカニズムを保持するための権威主義レジーム［体制］を作り出すために、上からの革命としてファシズムが押しつけられるかもしれない。退行的なイデオロギーや人種差別は、そのとき正当性を再確立して、紛争を押しやる手段として導入される。それは前世紀［二〇世紀］の教訓から明らかだ。ここで私たちが学ぶ用意をすべきことは、エコロジー的な種類の危機――特にますます増えており、いったん海面上昇で多くの沿岸地域が水没したら激増すると思われる人口の大量移動(訳注62)に直面している資本主義システムにおけるファシズムの可能性である。世界規模での迫り来る流行病を含めていくつものシナリオがあるが、狂牛病(訳注63)［BSE］とその余波についての身の毛もよだつありそうにないことだけでも考えてみよう(原注50)。

展開する危機の実際の経路は、単に生態系の崩壊というような問題ではなく、ハリケーン・カトリーナの大災害におけるように、政治的な反応を伴って進行する相互作用である。可能性はたくさんあり、ここで考察する必要はない。しかし、私たちが留意しておくべきことは、資本蓄積のシステムを救うためにファシズムが上から暴力的に導入されるかもしれないが、それは必ず解決するよりも多くの問題を作り出すということである。ファシスト的秩序はそれが取って代わるリベラルな秩序よりもさらに環境破壊的なものになるであろう。なぜなら、エコロジー的合理性の不可欠な条件である人間の力の民主的な実現からさらに遠いものであり、またそのあらわれとして、耐えられない爆発的な緊張を社会に持ち込むからである。大きな規模でのエコファシズムの導入は、実際破局的な崩壊——意識的に進化を方向づける力を与えられた種［人間］についての自然界の特別な実験に終わりをもたらすような——を作動させる引き金になるかもしれない。

それはまさにこの力ゆえに、私たちが選んだり逆らったりできる運命である。しかしもし私たちが

訳注60　キリスト教原理主義、イスラム教原理主義、ヒンズー教原理主義など。

訳注61　9・11事件以降の米国の「全体主義化」はよく議論される。ウェブスター・タープレイのようにオバマ政権が新しいファシズムを招くと主張する論者もいるが、これについては判断を保留したい（『オバマ　危険な正体』タープレイ、太田龍監訳、成甲書房、二〇〇八年）。もっと冷静なオバマ政権批判については、『オバマの危険』成澤宗男（金曜日、二〇〇八年）を参照。

訳注62　環境難民は政治的難民の数を上回ったと言われる。

訳注63　米国では畜産の状況に対比してＢＳＥの発生件数が少なすぎるのは不自然であり、急増するアルツハイマー病の一部はＢＳＥと関連があるのではないかという仮説も出されている。

危機を克服することに成功するのなら、それは私たちの存在の創造的な変革を通じてでしかありえないだろう。ポピュリズムとソーシャル・エコロジー、緑の政治、コミュニティ経済学、エコフェミニズム、バイオリージョナリズム、協同組合――これらは下から来た、重なり合う、相互に浸透し、危機への進歩的な対応として行われる――が試みられてきた。それらは多くのことを発見し、私たちに多くのことを教えてきたが、さらに前進するために必要なほど多くのことを達成してきたとは言えない。これにエコ社会主義の名前を与えることができるかどうかを見るべきときである。

第9章

未来の先取り

ブルーデルホーフ

ノースダコタ州、サウスダコタ州、隣国のカナダ、英国と同様に米国東部にも、アナバプチスト［再洗礼派］のパシフィスト［平和主義］的な分派［フッタライト］の創設者であるヤコブ・フッター(訳注1)（一五三六年刑死）の後継者たちによるキリスト教共同体がある。このラディカルな宗教改革の分派は、加えられる迫害に耐え、新大陸への道を求め、そこで農業コミューンをつくり、繁栄した。一九世紀にはドイツでエーベルハルトとエミーのアーノルト夫妻(訳注2)の指導のもとで同様な分派が起こり、最初はキリスト教平和主義のコレクティブであったが、後にフッタライトの国際的な共同体となった。ナチスに迫害されて、彼らはパラグアイに逃げ、農業コミューンをつくった。一九五〇年代に米国に移り、そこで「ブルーデルホーフ」の名のもとに、ニューヨークのハドソン川渓谷の町リフトンに定住した。現在まで、ブルーデルホーフ（フッタライトの用語で「兄弟たちのコミュニティ」の意味）は、当初のフッタライト——世界にあまりに多くの共同体をつくった——から離脱した。ブルーデルホーフの世俗化には、農業から工業生産への、関連した技術の採用を伴う移行も含まれる。彼らは学校と障害者施設のための高付加価値学習補助器具を製造するビジネスに参入した。そうして作られた商品はこの市場で小さなシェアを得たにすぎなかったが、実現した収益はかなりのもので、コミュニティの成長を可能にした。ひとたびブルーデルホーフのコミュニティの成長が一定の規模に到達すると——三〇〇ないし四〇〇世帯で「群居」する規模——分割してどこかに新しい単位をつくる。このやり方で、米国には現在六つのブルーデルホーフ共同体があり、イングランドにさらに二つ、八つすべてのコミュニティがレシーバーと押しボタンを使うだけですぐ互いにコンタクトできるように、専用の電話回線でつながっている。それらは自前の出版社であるプラウ・ブックスを持ち、それを通じて思想を広げている。私は、彼らが収益の一部を投じて購入した、小さな飛行機チームも持っていることを聞かされた。(原注1)

ブルーデルホーフ――そこを私は何度も訪れ、いくつかのプロジェクトに参加していることも付け加えるべきだろう――には、多くの興味深い話題がある。第一に、ブルーデルホーフは資本主義市場で繁栄している。彼らは品質が良く役に立つ製品を作り、洗練された機械類、コンピュータ、よくできた流通販売のネットワーク――カタログ、トラックなどを含む――を用いている。要するに、彼らは経済にうまく統合されている。

第二に、ブルーデルホーフはラディカルに非資本主義的である。彼らの学習補助器具に加えられ、引き出される「価値」は、資本主義市場全体から引き出される。生産現場からの剰余価値がここで登場す

訳注1　ヤコブ［ヤーコプ］・フッター（一五〇〇～三六年）はイタリアの南チロル地方の帽子職人で、根本的宗教改革の指導者となった。彼が指導する共同体では、非暴力主義、成人の信者へのバプテスマ［当時は死刑になる犯罪行為］を実践した。拷問にかけられ、生きたまま火あぶりの刑に処された。『ヤコブ・フッター伝：生涯・信仰・書翰』ハンス・ゲオルク・フィッシャー、榊原巌訳（平凡社、一九七八年）がある（ウィキペディア「ヤーコプ・フッター」）。

訳注2　エーベルハルト・アーノルト（一八八三～一九三五）はドイツの作家、哲学者、神学者。ブルーデルホーフを一九二〇年に設立。ナチスに迫害される。妻のエミー・アーノルト（一八八五～一九八〇）は夫の死後、英国、パラグアイを経て米国に移住。なお、ウィキペディアの「Eberhard Arnold」は独語と英語のみで、日本語はない。

ることはない。いかなる価値も彼ら自身の労働の搾取から加えられることはない。ブルーデルホーフは共産主義的であるという単純な理由ゆえである。彼らの貨幣が稼ぎ出される企業において、彼らは皆同じ額を支払われる。つまりゼロである。また工場のなかにはいかなるヒエラルキーもない。もちろん分業はないし、ボスもいない。工場マネージャーは、彼らの分化した仕事を越える特別な権限を持っていない。工場を訪問する人は、標準的な資本主義の職場で得られるものとは全く違った場面に出くわす。労働者は自治管理し、異なる時間に出勤したり帰宅したりするが、タイムカードによる管理はない。時間的な拘束はないし、仕事が生産性への考慮によって支配されることもない。八十歳代の人たちと十七歳の子どもたちが好きなように並んで働き、労働を共有する。この相対的に無頓着な生産性と、彼らの工場の収益性のあいだには矛盾はない。なぜなら、ブルーデルホーフは資本を蓄積し、市場シェアを増大させるように駆り立てられているのではなく、彼らのニーズを満たすのに十分な漸増的な利益――彼らが使う技術によって可能になる――に満足しているからである。労働は品質の良い製品を作りたいという欲求と、その製品のより大きな目的によって動機づけられている。

第三に、ブルーデルホーフは共産主義的であるから、「すべてのものを共有」する。若干の小さな個人的所有物の他には、彼らに個人財産はない。自動車も、DVDプレーヤーも、デザイナー・ジーンズ［デザイナーの名前が入った高価なジーンズ］も、『セルフ』や『コニスール（鑑識家）』といった雑誌の定期購読もない。コミュニティは集合的利益で彼らのニーズ全部のめんどうをみる。共同の食事、教育、健康管理などである。というのは、この土地には若い人のための学校はなく、ブルーデルホーフの医師はほとんどの病気に対応できるからである。高等教育のように共同体の外部でするしかないこと（原注2）――

医学教育もその例である——も同様に工場の収益のなかから支払われる。同様に、ブルーデルホーフの物質的なニーズは典型的なアメリカ人の場合よりかなり低いが、その理由は、多くのものを共有している——移動のための少数の自動車の所有も含む——ということと、彼らの世界においてはすべてのことが、消費主義の文化をラディカルに拒否しているからである。したがって、ブルーデルホーフが課すエコロジー的な負荷は、一般国民のものよりかなり小さくなり、もし工業国のすべての市民がこのように地球に小さい負担しかかけずに生活できる方法を見つけることができるなら、現在のような規模の危機を心配する必要はどこでもなくなるだろう。

もしブルーデルホーフがひとつの模範例であるならば、私たちは工業化も技術も、エコロジー危機の作用因［原因］でないようにできるということを、確証できる。彼らは工業化と近代技術にどっぷりつかっているが、消費量は少なく、経済成長への強迫観念もない。その理由は労働の社会的組織であり、これらの共産主義的な条件のもとでは、資本蓄積の欲望を衰えさせるのである。

しかしこれらの発見は新たな疑問も呼び起こす。内部と外部において、このようなラディカルな変化を可能にした条件は何なのか？　エコロジー的に健全な、すなわち生態中心的な社会における市場に対して、これは何を暗示するのか？　そしてこれは社会主義については何を語るのか？　実際、私たちはすべての人がこのような生活を送るようにできるのか？　そうすべきなのか？

第一の疑問については、不可解なことはない。ブルーデルホーフは深くキリスト教的であり、それを彼らはキリスト教共産主義として解釈する。「すべてのものを共有する」ことはカール・マルクスに由来するのではなく、最初のキリスト教徒たちについての聖書の記録、『使徒行伝［使徒の宣教］』二章四四―五節に由来する。「信じる人は皆一致し、すべての物を共有にし、財産や持ち物を売り、おのおのの必要に応じて、皆がそれを分け合っていた」（『新約聖書　共同訳・全注』共同訳聖書実行委員会訳、講談社学術文庫、一九八一年、三六四頁）。どれだけ長年にわたって裏切られていようとも、共産主義の概念はキリスト教の土台であり続けている。それは長い複雑な歴史を持ち、そのなかにマルクス自身（彼の最もよく知られた共産主義の定義には、「おのおのにはその必要に応じて」というフレーズが含まれる）も属している。（原注3）ブルーデルホーフは共産主義を確約するときには、単純に［キリスト教の］正統派なのである。しかしながら、彼らが正統派にかなりの距離をおいていることを付け加える必要がある。というのは、彼らはキリスト教共産主義を実践しているだけでなく、すさまじい勢いでそれを伝道しており、これが私たちの特別な関心を引くのである。

今日の左翼のなかには、これらラディカルな宗教改革の末裔たちよりも戦闘的なグループはおそらくないだろう。彼らは死刑制度に反対する巡礼を行い、彼らの子どもたちを経済制裁［経済封鎖］されたキューバとイラクに送って連帯し、ムミア・アブ・ジャマール（訳注3）のスピリチュアルなカウンセラーになった。彼らの活動のテーマは常に迫害に反対することである。イエスが迫害されたからであり、彼ら自身も［ナチスによって］迫害されたからである。これは歴史的現実において展開するキリスト教のロゴスであり、そこに彼らの共産主義が統合され、属している新しい歴史を作り出している。ブルーデルホーフにとっての共産主義は、経済的あるいは政治的な教義ではなく、普遍化するスピリチュアルな力の一側面である。コミュニティはその経済的あるいは社会的な優越性を信じているから他の人々に共産主義者になるように勧めるのではない。共産主義者であることは、彼らがキリスト教徒として広げたい「良いニュース」の一部であるからそうするのである。それはスピリチュアルな全体性に統合された一部である。彼らは共産主義のために人々が共産主義者になることを望んでいるのではない。彼らは人々がイエスのようになることを望んでいるのであり、その目的のために共産主義は不可欠な実践なのである。

だから私たちは、ブルーデルホーフはその世俗的な実践のなかにスピリチュアルなモーメントを組み込むことによって資本主義市場を弱める方法を見つけたのだと言ってよいだろう。市場は、経済学者が言うように、強力な信号発信システムであり、すべての経済主体を結びつけるのに役立つ価格を生み出す。しかしこれはすべての主体が価格と貨幣価値に同等に向き合っており、彼らすべてが同じ論理と理由に従っている――あるいは、私たちの議論の用語で言えば、ブルーデルホーフ的な人々ではない――ということを想定している。というのは、そのなかにすべての経済的行為者が組み込まれている市場が「利潤と市場シェアを最大化せよ」という信号を発するときには、「ブルーデルホーフ」の人たちはその命令を聞かない。彼らは他者とは違った考え方をしており、彼らの実践的能力はもはや資本の力の場に共鳴しないからである。彼らは単純に、ビジネスにあまり「価値をおかない」のである。私はブルーデルホーフの人々から、もし選択を迫られることになったとしたら――たとえばもし彼ら

訳注3　ムミアは一九五四年生まれ、アフリカ系米国人のジャーナリストで、冤罪死刑囚。邦訳に『死の影の谷間から』ムミア・アブ＝ジャマール、今井恭平訳（現代人文社、二〇〇一年）がある。ウィキペディアにも項目あり。「ムミアの死刑執行停止を求める市民の会」のアドレスは http://www.jca.apc.org/mumia/

の政治活動ゆえにみんな投獄されることが求められ、あるいは彼らの企業活動の追求がどんな理由からであれ、あまりに矛盾したものになったなら――そのとき彼らは喜んでビジネスをあきらめるだろうと聞かされた。それは本当だと思う。ブルーデルホーフにとって生産性の意味、そしてこれを最大化するのに必要な労働配置は、信仰がいっそう輝くスクリーンの上に、薄暗く照らされた点にすぎないからである。ブルーデルホーフは意図的なコミュニティであり、適切に理解されるならば、意図は物質的な力でありうる。

協同組合、有機農場、その他が資本の力の場に屈服する重要なひとつの理由は、収益性を拒否することを可能にさせる対抗的な信念体系の欠如に違いない。しかしこれは別の論点へともっていく必要がある。私たちの協同組合はエコ社会主義の約束の地に入るためにはラディカルなキリスト教に転換する必要がある、といった結論を避けるためにも。明らかにそういうことではない。第一に、エコ社会主義の社会は十分に民主的でなければならず、いかなる宗教的解釈の分野でもないからだし、もっと特定して言えば、ブルーデルホーフはその方向性において実際に必ずしも生態中心的ではないからである。彼らは特にエコロジー的関心事を支持しているわけではないし、彼らの実践がエコ社会主義に適合しているわけでもない。特にジェンダーの領域ではそうであり、そこでは高度に家父長的な構造がエコロジー的変革の価値と根本的に衝突している。(原注4) ものごとのスピリチュアルな次元はプロセスにおいて非常に根本的な役割を演じることになるが、エコ社会主義は宗教的ではありえないし、特に宗教はエコロジー的変革の開始を遅らせる傾向のあるような精神の拘束だからである。

しかしそれはここでの主要な論点ではない。それは、ブルーデルホーフが「意図的な」コミュニティであるがゆえに、資本主義市場の力の場への抵抗において通常の協同組合よりもまさっているということである。したがって資本の力の場に耐えうるようなある種の集合的「意図」の発生は、エコロジー的社会を作るために必要であろう。そしてそれはブルーデルホーフのすべてを包含する信念の「道徳的な等価物」であるに違いない。

ブルーデルホーフが市場の甘言に抵抗したときに、彼らは、彼らが作る商品はブルジョワ社会が課すものとはラディカルに異なる何かを意味すると言っていた。市場が発する一連の信号の代わりに、ブルーデルホーフは商品の意味のなかに挿入される質的関係の全体に応答した。さらに、これらの意味は、彼らのニーズの再配置の一部であった。これは商品の使用価値が彼らにとって意味するものを宣言するもうひとつの方法である。というのは、使用価値はニーズの充足およびニーズをもたらす欠乏に関連する意味の宇宙だからである。これはブルーデルホーフが作る商品に適用されるだけでなく、それらを作るために彼らが関与する生産関係にも適用されるのである――すなわち機械、機械を運転するためのエネルギー、材料の投入、そして最も重要な彼らの「財」を作るために支出される労働のような生産費用がそれ自体商品の価格である限りにおいてである。ブルーデルホーフにとって、彼らの生産の全体性は、キリストのように前に進む手段を提供するための使用価値の図式に組み込まれる。それが言い換えると彼らの「意図」である。

意図は価値の展開であり、それについて簡潔に敷衍（ふえん）しておくと有益だろう。使用価値は価値のより原初的な形態と、経済に固有な種類の価値の接合点に位置している。

この原初的な、あるいは固有の価値は、（訳注4）各人にとっての世界の一次的な領有について二つの意味で考えられるかもしれない。それは私たちが子ども時代にものや諸関係を初めて評価するようになる方法である。そしてそれは生涯を通じて、私たちが現実に対して何をなすかとは関係なく現実に与えられる価値である。自然としての現実に関して、固有の価値は私たちの生産力のある種の切断である。すなわち、私たちが手を加えなかった、常に存在して私たちを手招きする、私たちの原基であり宇宙であるような自然――売り物でなく、商品へと加工されるのではなく、むしろ自然の「本質」であり、その固有の存在であり、感覚に直接訴えるとともに、私たちの知識と把握を永遠に越えているような自然――に固有の価値を見いだすのである。それは「驚異」や「畏怖」のような言葉で表現される世界、あるいは、自然を加工することによって作ることのできるもの――もちろん貨幣の製造も含む――を考慮しなくてもその真価を味わえるような世界の意味である。固有の価値は、ものごとのスピリチュアルな側面に適用されるが、また私たちが遊び戯れるような存在にも適用され、私たちが自然に対する「積極的な受容性」と呼ぶ態度のあらわれでもある。

使用価値は、自然に対する労働の適用あるいは生産――これが純粋な有用性のためになされようと、あるいは交換できる商品を作るためであろうと――に関連した価値の形態をあらわす。使用価値は自然に対してもっと「変化を起こさせるような能動的な」関係を意味し、その変化の種類は有用性の場合と交換の場合では違う。明らかに、使用価値は人間の生活のために必要である。そして、エコロジー的に健全な生活の実現は、有用性としての使用価値と固有の価値の豊かな相互作用を通じて、言い換えれば、自然に対する変形と受容的な関係の結合を通じて行われるとあえて言って良いかもしれない。

商品生産は人間の能力を拡張するが、交換の芽生えを導入することによって、上述の「旧約聖書の」

エデンの園における蛇のようなものにもなる。(原注5) この変化に伴って、自然は「即自的な」もの(それは私たちが自然の一部である限りにおいて、私たちのために存在することを含意する)から、経済の枠組みのなかで対象化される状態へと変化する。問題はここでとどまるのではなく、経済と、そのなかに経済が埋め込まれている社会が異なる種類の価値を展開する方法に依存する。使用価値はいまや交換価値の存在を含意しているので、それは交換価値との関係においてであろう。交換価値は使用価値と同様に、精神的な登録を必要とする。交換価値は自然のなかには存在しないが、自然的存在[人間]の精神のなかには存在するのであり、そこでは、ほかの観念のように、様々な結合価と強度を持ちうる。したがって、ある人々は交換価値に非常にこだわるが、そのため彼らは「交換価値に価値をおいている」と言うことができる。実際、交換価値は使用価値を持ちうる──貨幣の使用価値は交換の有用性ではないだろうか? 使用価値はまた、固有の価値と交換価値のあいだに位置し、自然からの様々な程度の疎遠さを表現する。ある種の使用価値は分化する位置にあり、そこでは使用価値は固有の価値に近く、そして固有の価値の回復を求めている。他方で他のものは疎遠であり、私たちの言い方では、貨幣の使用価値におけるように、固有の価値から分断されている。

エコロジーにかかわる政治は、価値の枠組みに翻訳できる。ブルーデルホーフは交換価値にはごくわずかしか配慮せず、その代わりにラディカルにキリスト教的な固有の価値を選ぶ。経済にはその法則

訳注4　固有の価値は、人間にとっての有用性に還元できない自然物などの内在的な価値をいう。環境哲学や環境倫理学でもこの概念がよく使われる。

がある。しかしその法則に従うかどうかは、個人のなかでの主観的なバランスに依存し、そのバランスが今度は彼らの社会関係に依存する。これは二つの種類の経済的価値のあいだの係数として説明できる。もし私たちが使用価値をuv、交換価値をxvと呼ぶならば、係数uv／xvは、おおざっぱなやり方で、資本主義的な力の場に対する受容と拒絶のバランスを表現する。私が「おおざっぱな」と言ったのは、これらの要素が非決定的だからではなく、質的で深く政治的だからである。それらは私たちが測定してグラフの上に描くものとして存在するのではなく、それをめぐって闘争があり、様々な程度に人々の忠誠を支配する集合的な実践や一連の意味として存在する。私たちが使用価値と交換価値について何かを語るときには、「より十分に実現された」という意味でそれらの概念を用いる。この視角から言うと、資本主義とは、人々が市場の信号を内面化し、福音［金科玉条］のようにそれらに従うように、xv≫uvという関係を維持する社会のことであり、さらに言えば、商品の使用価値は、自然の固有の価値のニーズではなく、また成就された人間の本性のニーズではなく、交換価値と剰余価値のニーズにあわせて設定されている。そのために、私たちはスポーツ用多目的車[訳注5]（SUV）、カフェインを添加したソフトドリンク、ラウンドアップ・レディ大豆[訳注6]、ヒューイのヘリコプター[訳注7]、グローバル化への服従などを望むのであり、これにつながっているのが、自然との接触の喪失、自然の単なる物質とエネルギーへの還元である。

　この種の製品の「有用性」は、対象を変化させる力を持つ資本がその可能性を制約する重い石をはねのける潜在能力に由来するものであり、それによって競技場［としての世界］をより広範でより分化した行為の領域へと開放するのである。通常の資本主義的諸条件のもとでは、交換価値が優勢となり、使用価値は従属させられ、おとしめられるが、両者とも終わりのない浪費的で破壊的な商品に奉仕するために存在させられ、絶えず増大させられるのである。現在では「中古車（used cars）」がどのように「以前に所有された車（pre-owned cars）」と呼ばれるかを観察してほしい。いったん「使った」あとに人々がものを捨てるときの無関心さを考えてみてほしい。発泡スチロールのカップの亡霊（エコロジー的な活動をしている団体の集会でさえも）。電池を入れて使われ、そのあとはゴミ捨て場に行くのを待っているプラスチック製品がうめいているトイザラス[訳注8]の店舗の棚。使い捨てカミソリがいっぱい入った小さな透明の袋に、鋭い西洋カミソリが限りなく流れていくように、生活そのものが使い捨てになってきた。私の祖父は腕時計を修理していた。そのような人はニューヨーク市で何百人、おそらく何千

訳注5　SUVがもたらす交通事故や環境破壊については、『SUVが世界を轢きつぶす　世界一危険なクルマが売れるわけ』キース・ブラッドシャー、片岡夏実訳（築地書館、二〇〇四年）参照。

訳注6　ラウンドアップはモンサント社の除草剤（有効成分グリホサート）の商品名。ラウンドアップ・レディ大豆とは、同社の除草剤耐性品種で、ラウンドアップを散布すると雑草と在来品種の大豆は枯れるが、この遺伝子組換え品種の大豆は枯れない。収量が増えるというのが同社のうたい文句であるが、収量は増える場合と減る場合がある。また、大豆への除草剤の残留量はもちろん増える。

訳注7　ヒューイはベル・ヘリコプター社の多目的軍用ヘリコプターの通称で、ベトナム戦争以来使われている。「イロコイ」「コブラ」などがある。米陸軍、陸上自衛隊などが配備している。

訳注8　トイザラスは米国のおもちゃ小売りのチェーン店。日本にも進出している。日本では「トイザラス」ではなく「トイザらス」と表記する。日本法人は日本トイザらス株式会社。

訳注9　ユキヒョウはヒョウに近縁のネコ科動物で中央アジアなどに分布。個体数五〇〇〇頭程度と見られ、絶滅危惧種。

人もいただろう。いまやそのようなことをする人はユキヒョウ(訳注9)のように稀であり、彼らは衒示的消費(訳注10)のアイテムを作るために働いているが、私たちはストラップが切れたという理由でカシオ［の電卓］を捨てて新品を買うべきかどうか悩むのである。何が、費用対効果が良いのか？　これが資本主義の「このままでいいのか、いけないのか」(訳注11)の問題である。剰余価値を求めてそれは市場から感覚的で創造的な労働を引き出し、手作り製品の技巧を自動機械の製品によって置き換える。

解放されたエコロジー的に健全な世界では、使用価値は交換価値から独立した特性となり、人間の本性と自然を支配するのではなく、それらに奉仕するようになるであろう。言い換えれば、それらは固有の価値の方向に変化するであろう。なぜこれが起こりえないのかという必然的な理由はない。民主主義を拡大し、より大きな範囲の人間の力が表現され強固にされることを可能にし、資本の力の場を無効にするために必要な大きな対抗的意図を組み込んだ社会変革なしにはそれは起こりえないのであるが。自発的行動主義［ボランタリズム］を越えて、大きな国際的舞台での行動を通じて人と人をつなぐ一貫した実践に応じて組織された、十分な数の生態中心的な闘争的集団があるならば、そのときには資本主義的な秩序を超えることができるだろう。いつの日か十分な人数の人々が一体となって否と言うならば、資本主義的秩序は持ちこたえることができないだろう。もちろんここには巨大な壁がある。もし十分な数の民衆――民衆の一員でもある兵士や警察官も含めて、そしてもちろん労働者も――が決意するならば、である。

エコ社会主義はいまや使用価値のための闘争として――そして実現された使用価値を通じて、固有の価値のための闘争として、姿をあらわしつつある。これが意味するのは、それがものごとの質的側面のための闘争だということである。単なる労働時間や、時間あたりの賃金や給付のためではなく、労働とその生産物の、そして単なる必要性を超えたものについてのコントロール——新しい生態系の創造と統合に帰着し、主観性、美、喜び、そしてスピリチュアルなものを組み込んだコントロール——のための闘争である。これらの要求は労働の伝統の一部であった。労働者たちはパンだけでなく、バラをも求めてきたからである。私たちはそれを含意の限界へと導いていくだろう。エコ社会主義的な要求は、一方では単なる物質的なもの（パン）を求めるだけでなく、他方では美的なもの（バラ）をも求める。それはパンとバラの両方を、高められ実現された使用価値——あるいは**ポスト経済**的な固有の価値と言ったほうがさらに良い——という同じ観点から見る。それはパンとパンづくりが、そのなかに意味の宇宙が凝縮される単一の生態系的プロセスの側面となるような社会である——「生命の実体」より多くの共鳴を持っているものがあるだろうか。そしてバラは単なる外的なきれいなものではない。バラもまた、労働によって育てられねばならない。バラもまた、交換によって鈍感にされた目には閉ざされた意味の宇宙、開かれた目にとっては恐怖と美の宇宙を持っている。

訳注10　「衒示的消費（誇示的消費、みせびらかし消費）」はソースタイン・ヴェブレンの『有閑階級の理論』（一八九九年、邦訳は小原敬士訳、岩波文庫、一九六一年、高哲男訳、ちくま学芸文庫、一九九八年。

訳注11　シェイクスピアの『ハムレット』（一六〇〇年）第三幕第一場のハムレットの台詞 To be, or not to be., that is the question から。坪内逍遙訳では「世に在る、世に在らぬ、それが疑問ぢゃ」、福田恆存訳では「生か、死か、それが疑問だ」、木下順二訳では「生き続ける、生き続けない、それがむずかしいところだ」、小田島雄志訳では「このままでいいのか、いけないのか、それが問題だ」となっている（『シェイクスピア名句辞典』村石利夫編、日本文芸社、一九八三年、八五頁）。

おお　ばらよ　おまえは病んでいる！
嵐の吼える
夜中に飛ぶ
目に見えぬ虫が

おまえのねどこを見付けた――
くれないのよろこびの――
そして　その虫の暗い　秘められた愛は
お前のいのちを滅ぼす。[原注6]［梅津訳］

［ウィリアム・ブレイク『無垢と経験の歌』の『経験の歌』所収の「病めるばら」。『ブレイク全著作』梅津済美訳（名古屋大学出版会、一九八九年）第一分冊二二五頁、『ブレイク詩集』土居光知訳（平凡社ライブラリー、一九九五年）八九頁、『対訳ブレイク詩集』松島正一編（岩波文庫、二〇〇四年）一〇七頁。

社会主義

もし私たちがこの悲しい世界で自然の固有の価値の回復を望むなら、私たちは資本、そしてその交換価値の力を解体し、それによって使用価値を自由にし、固有の価値を伴う分化を解放しなければならない。しかし交換の手中からの使用価値の解放の要求は、いやおうなく、そのなかに資本の核が凝縮されているひとつの使用価値、すなわち労働力の問題へと導く。これは乗り越えるべき障害であり、それを回避することは全く意味をなさない。

エコ社会主義は伝統的に知られているものとしての社会主義以上のものであるが、やはり間違いなく社会主義である。資本はエコロジーを苦しめている危機の作用因であるが、資本の必須条件、他のすべてに対するその原動力を定義するひとつの特徴は、労働力の商品化およびその市場で販売される抽象的社会的労働への還元である。もし誰かがエコロジー危機についての別の種類の説明の方を好むならば、そうしてもよいが、その場合はこの考察はあてはまらない。しかし資本が本当に自然の敵であるならば、そのときは、私たちは労働の解放なしにそれを克服することはできない。この要求――それはエコ社会主義であれ何であれ、社会主義の核心である――は次のようなものとなる。

生産者の生産手段からの分離を元に戻すこと。そしてこれは、すべての使用価値とすべての生態系の源泉とみなされる地球が「自由に連合した生産者」によって領有されるようにするための、生産関係の基本的な変革を意味する。そうでなければ、分離の克服はない。分離の克服に伴って、労働の使用価値は交換価値に従属することをやめる。労働は資本の鎖から解放され、人間の力は虚偽の中毒的なニーズ(訳注12)から解放され、その潜在能力を取り戻すことができるようになるだろう。私たちは自由に連合した

訳注12　「虚偽の中毒的なニーズ」の代表例として、軍需関係、原発、大きな自動車、電力の大量消費、肉の大量消費、遺伝子組み換え作物、煙草、金融派生商品などがあげられるだろう。

労働を達成するだろう。

エコ社会主義の内容にははるかにこれ以上のものがあるが、私たちは基本的なテーマにこだわる必要がある。その含意が緑の政治［エコロジーの政治］の標準的な固定観念とはかなり異なるからである。米国の緑派は、たとえば「一〇の重要な価値」を持っており、それぞれが称賛に値する。しかし、派生的なものを除いて、どれもこの要求を提起しない。そして実際問題として、ほとんどすべての緑派が、ポピュリストの立場を選好するために、それを拒絶する。[原注7] 私たちはこれが資本を運転席に温存すること――それが含意することすべてとともに――をすでに指摘した。いまや社会主義自体の目標に取り組む必要があり、そして何よりも、少なくとも米国において、その名前［社会主義］に付与されたタブーの問題を検討する必要がある。

もしも誰かが親切にも政治的な討論において社会主義という言葉を使うのは良いことではない――もちろん聴衆を敵に対して憤激させたいのでない限りは――と指摘してくれるたびに一ドルもらえるのだとしたら、私はいまごろ金持ちになっているのではないだろうか。私は数え切れないほど何回も言われたのだが、民衆はその言葉――経済的な失敗、政治的な抑圧、環境破壊という三つの連想が働く[訳注13]――を聞くとうんざりするという。汚名を負わされた社会主義の伝統との結びつきが残っている限りは、エコ社会主義は決して［野球にたとえれば］一塁に到達することもできないだろうと言われる。

これらの反対論に正面から取り組むことは重要である。そして同じものをあらわす別の言葉を考え出そうとすることによってそれをごまかしたり、[原注8] 政治的知性に対する反共産主義の障害を指摘することによってそれらをはねつけたりしないことも。というのは、事実は、過去の世紀［二〇世紀］において「社会主義」を自称した国々はこれらの欠陥を三つとも示したからである。[訳注14] そしてソビエト連邦の画期的な崩壊の結果として、やはり社会主義を自称したか社会主義と呼ばれた他の社会もおびただしい失敗をしたことと相まって、社会主義の大義は次々に打撃を受け、過去十年のあいだにほとんど消滅点へと凋落したという事実も残る。ここで取り組むべき多くの問題がある。主要なものは、問題の社会主義は本当に社会主義だったのか、なぜ彼らの失敗は起こったのか、十分に実現された社会主義社会も同じ奈落に落ち込むのか、といったことである。

最初の問題について言えば、いわゆる「現存社会主義」は生産手段に対する生産者のコントロールという基準点を超えることは決してなかったと明確に言わねばならない。言い換えると、それは、社会の目標は「各人の自由な発展が万人の自由な発展の条件であるような一つの結合社会[原注9]［アソシアシオン］」になることであるという『共産党宣言』の感動的な言葉にかなうことはなかったのである。社会主義とは生産手段の公的な所有であるという習慣的な定義と、社会主義とは生産者の自由な連合であ

訳注13　もちろん旧ソ連・東欧の自称社会主義が念頭にある。

訳注14　キューバは冷戦後に有機農業大国・医療支援大国になったが、それ以前も環境面の成績は悪くなかった。これは例外的かもしれない。キューバが有機農業、医療、教育などで世界から注目されていることについては、吉田太郎の一連の著作を参照。『二〇〇万都市が有機野菜で自給できるわけ：都市農業大国キューバ・リポート』（築地書館、二〇〇二年）、『世界がキューバ医療を手本にするわけ』（築地書館、二〇〇七年）、『世界がキューバの高学力に注目するわけ』（築地書館、二〇〇八年）。ニカラグアも米国の妨害がなければ第二のキューバになりえたかもしれない。キューバについての文献は訳者あとがきを参照。ニカラグアについては、『ニカラグア』鈴木頌（北海道アジアアフリカラテンアメリカ連帯委員会、一九八六年）などを参照。

るという真の定義を混同しないことが不可欠である。後者は前者を含意するが、その逆は明らかに必ずしも成り立たないのである。自由な連合は、純粋に集合的でそのなかで各人が違いを示す公共圏と公的所有を伴う、民主主義の最も完全な拡張を含意している。しかし「公的」という言葉はトリッキー［用心が必要］であり、別の種類の疎外、すなわち国家あるいは党あるいは指導者、あるいはその他生産者を代行し、生産者の代わりに生産手段を所有し、さらにそのうえコントロールする主体による疎外を意味しうるのである。この後者の展開［指導者・エリート官僚による代行主義］こそが、過去の社会主義の運命となった。

生産者の自由な連合という概念は、議論の余地なく、マルクスの社会主義構想の根本要素である。(訳注15) そのことはマルクスの生涯と業績の研究から十分に証明できる。「現存社会主義」については必ずしもそうではなかった――主にソ連、東欧のその衛星国、中国、ベトナム、北朝鮮についてはそうであり、ラテンアメリカ、キューバ、ニカラグアの社会主義についてもある程度はそうである――ことが証明できるのと同様に。(原注10) これらすべては、革命を導く積極的な力として、ある種の疎外をもたらす「公的」代替物、一般的に言えば党‐国家に依存している。この命題の二つの側面――マルクスが実際に意図したことと、現存社会主義において実際に起こったこと――については、月の満ち欠けの状態についてと同様に、ほとんど疑いはない。これら失敗した実験をマルクスの社会主義構想と同一視する間違いはまだ強固に見られるが。

私たちは、なぜ現存社会主義がすべてこのように失敗したように見えるのか、この一般的な失敗はそれ自体が社会主義の核心的な概念についての批判になるのかどうか、そして結果的に、生産者の自由な連合という路線に沿って、そしてエコロジー的な合理性をもって、［真の］社会主義を建設するチャンスがあるかどうかについて、問う必要がある。社会主義革命を行ったが、社会主義を実現することに失敗したこれらの社会には、いくつかの特徴が見られる。何よりもまず、それらの国はすべて［世界システムの］周辺部にあり、資本主義大国のあいだで従属的な地位にあった。このことが意味するのは、それらが自国に対する二つの打撃とともに出発したことである。それらは国民の基礎的なニーズを満たすことさえできないような状態で始めなければならないほど経済的に弱かった。また、それらは革命権力の発端の瞬間から、強力な外敵の敵意に直面しなければならなかった。(訳注16) これらの他に、社会主義の実現に関する限りはこれらの冒険的企てを困らせるような第三の打撃を付け加えてもよいかもしれない。それらはすべてが、民主主義の伝統と、そうした伝統を育む市民社会の諸制度を欠いていたことである。

革命が立案される［懐胎する］ときには、最初に、緊張の高まり、既成の政府当局の正当性の低下、革命運動の成長を伴う、革命前の時期がある。次に来るのが革命そのものの瞬間で、国家権力の掌握を目指すものであり、多少の程度の暴力と、さらに取り組まねばならない諸矛盾の導入を伴っている。最後に、社会の変化が始まる。これが革命そのもので、不可避的に長引く闘争の時期である。勝利の瞬間のあとの最初の日には、まだ新しい国家装置がつくられただけにすぎない。革命のいかなる小さな成

訳注15 『マルクスとアソシエーション』田畑稔（新泉社、一九九四年）、『新 共産党宣言』江口幹（三一新書、一九九八年）などを参照。
訳注16 ロシア革命に武力干渉するための欧米日列強の「シベリア出兵」などを想起してほしい。

果も、強制と指導の道具である国家によって重要性を付与されることはないし、社会そのものに対する必然的な効果もない。もっと正確に言うと、いかなる効果も革命運動の性格に依存しているのであり、それは私たちにとって非常に重要な事実である。運動が陰謀的なものであり、社会の発展から切り離されている程度に応じて、その勝利は社会のなかに、上からの指導を必要とする不活発な大衆を見いだすであろう。人口のなかの広範の諸階層が革命過程に参加し、それがある種の巨大な学校のようなものになる程度に応じて、革命の勝利もそのなかで社会主義の民主主義的な潜在的可能性が解放されうるような有機的（生態系的に健全なという意味でこの用語を用いる）発展の加速につながるであろう。

現存社会主義は、しばしば戦争によって加速された、アンシャン・レジーム〔旧体制〕の腐敗と弱さのおかげで――あるいは、ソ連の衛星諸国の場合のように、これらの体制が強力な影響力の中心に近かったために――存在するようになったのである。だから、革命の最初の二つの段階は、どんなに流血的でありまた異議を唱えられても、勝利の可能性へと開かれていた。しかし、すべての場合において、社会変革の第三の不可欠な段階は、国によってどんなに違いがあっても、共通して社会主義の民主化には不向きであった権力の複合体によって、排除されたのである。

民主主義の遺産が事実上なかったロシアにおいては、ツアー〔帝政〕の警察が、ボルシェビキ――「多数派」を意味するその名称にもかかわらず、少数派として権力を取った――に、反民主的で陰謀的なパターンを強いたのである。第一次大戦のおかげで革命という成果が転がり込んできたが、しかしそれはまた、不自由な社会をさらに推し進めたのである。それから、西側大国の介入と侵略によって扇動された、計り知れない野蛮さをもつ反革命のなかで、最大の混沌状態のなかで行われた「戦時共産主義」のただならぬ必要性が、権威主義の刻印をプロセスに与えたのである。レーニンとトロツキーは道具としての恐怖に訴え、(訳注17)特に労働の自由な発展を妨げ、労働者評議会あるいは「ソビエト」を閉鎖し、労働組合の機能を損なわせたのである。同時に、彼らは生き残りの手段として、資本主義的な効率性と生産力主義の模倣［テイラー主義や巨大開発など］を取り入れたのである。だから、社会主義が確立できなかった――あるいはスターリンの野蛮主義の舞台が設定された――ことに何の驚きがあろうか。(原注11)

中国――そこでもやはり民主主義の遺産はほとんどゼロだった――では、勝利に先立つ運動の内部発展の期間ははるかに長いものとなった。しかしこれは法外に戦争によって彩られている。一九二七年の中国共産党員らの虐殺が、(訳注18)さらに二十年間のゲリラ戦争、日本の侵略と長征(訳注19)とともに深まった軍事化の出発点となった。これと同時に、帝国主義による屈辱と浸透の記憶は、この最も古代的な――そしてかつては卓越していた――社会において、資本主義に追いつこうという、燃えるような願望を作り出した。広範な軍事化、軍閥の伝統の残存、ロシアおよび米国との闘争の進行は、毛沢東に与えられた皇帝的な地位と相まって、混沌をもたらした。後者［毛沢東主義］の衝動的な壮大さと結びついて、結果

訳注17　フランス革命におけるロベスピエールらジャコバン派の恐怖政治［テルール］を想起されたい。
訳注18　一九二七年の蒋介石の国民党軍が南京に入城したときに、一部の外国領事館や居留地への襲撃事件も起こった。その後蒋介石による戒厳令のもとで、共産党指導者九〇人あまりと共産主義者とみなされた人々が処刑された。これも「南京事件」と呼ばれる。日本軍の南京大虐殺（一九三七年）も南京事件と呼ばれることが多いので注意が必要である。ウィキペディアの「南京事件（一九二七年）」を参照。
訳注19　長征は、中国国民党政府が中国共産党に対する攻勢を強めたのに対し、一九三四年～三六年にかけて行われた、中国共産党による脱出と組織の再編（ウィキペディア「長征」）。

は恐ろしい「大躍進」となり、飢餓と文化大革命が発生した。ある種の注目すべき目覚ましい前進にもかかわらず、特に農村部において、社会主義が確立できなかったこと――あるいは、鄧小平の資本主義への道[訳注20]のための舞台が設定されたことに、何か不思議があるだろうか?[原注12]。

同様の考察はベトナムについてもあてはまるが、ここでは何世代にもわたる［フランスと日本の］植民地支配、米国の侵略、超大国による戦後の懲罰［中越戦争を含む］などによって状況は厳しくなった。何世紀にもわたる従属の軛をつけられたキューバでは、制約要因は、［米ソ］超大国の狭間におかれるという形をとった。ニカラグアにとっては、それは一層大きな低開発と、ブルジョワジーの大きな部分を無傷のまま残した突然の結末を伴う不完全な革命であり、革命は北方のビッグ・ブラザー［米国］の復讐にさらされたのである。東欧諸国にとっては、それは上から課された革命と、スターリン主義ロシアのつきまとう影であった。革命の勝利のあとの社会主義的発展の基礎的な諸条件は、次から次へと押しつぶされるか、存在しなかったのである。

このことから、これらの体制が達成したことは一括して否定されるべきだと解釈すべきではない。というのは、社会主義はつけたり消したりできるスイッチではないし、社会主義的エートス［精神、気風］への前進はある程度なされたからである。旧ソ連の民衆は、現在、戦争で侵略されていない国民としては未曾有の規模の社会解体に直面しているのであるが、ソビエト時代の完全雇用と連帯、そしてナチズムへの英雄的な抵抗を、誇りをもって回顧する正当な理由がある。キューバとニカラグアでの直接の経験は私に、他の多くの人々にとってと同様に、そこで成長し始めたものは、人類の将来にとって計り知れない価値をもち続ける――もし価値が貨幣の代わりに尊厳や寛容さの尺度で計られるものなら――ことを納得させた（原注13）。オクスファム［英国の援助団体］によると、ニカラグア革命は、米国の影響下にある他の国々［中南米諸国］に「良い実例」という脅威を与えるが故に、圧殺されねばならなかった。キューバについては、その空の棚［モノ不足］のすべてをもってしても、南の［発展途上国の］民衆のほとんどに、いつの日か目覚めるならば地上の天国に行けるだろうと信じさせるような教育と保健医療の成果をあげたことを打ち消すことはできない。またキューバが国家的規模で有機農業を採用した最初の、そしていまなお唯一の国であることも、忘れるべきではない。疑いもなく、米国の経済封鎖とソ連の崩壊のおかげで苛酷な必要性が生じたからであるが、にもかかわらず、そこに合理的な計画を妨害するアグリビジネス（訳注21）がなかったからこそ可能になったのである（原注14）。

しかし、社会主義へのある程度の前進では、十分にはほど遠い。これらのモデルは輸出できないだけでなく、自滅する恐れもある。それらはブレークスルー［画期的な前進］というよりはむしろ、跳ね返りの地点まで引き延ばされたゴムバンドに似ている。現存社会主義を引き戻す媒介要因には、何世代もの家父長制と独裁政治によって精神の中に沈殿した社会的・文化的な力も含まれる。しかしながらこれらは、アンシャン・レジーム［旧体制］を乗り越えようと――とりわけ資本主義を克服しようと――する生産システムの失敗なしには、決して効果を及ぼすことはないだろう。もちろん現存社会主義は、

訳注20　一九七八年の「改革開放」以降の「社会主義市場経済」のこと。デヴィッド・ハーヴェイはこれを「中国版新自由主義」として分析している。『新自由主義』ハーヴェイ、渡辺治監訳、森田成也ほか訳（作品社、二〇〇七年）。

訳注21　アグリビジネスは農業関連多国籍企業。たとえば米国ではモンサント社やダウケミカル社の影響力が強いので、農薬や遺伝子組み換え作物の比重が大きく、有機農業を国家的規模で実施することはほぼ不可能である。

西側の資本主義構造を再生産することはなかった。その代わりに、それらは他の種類の資本蓄積エンジンを導入するために――特に伝統的資本主義の場合のような経済的インセンティブよりもむしろ、国家と政治的諸手段を用いて――資本を再配置した。これは、資本蓄積の目的のためには、中央集権的な国家統制よりも旧来の市場のほうがうまく働くことを証明することで終わった。これを最大の発見として称賛しなくてもいいかもしれない。ボトムライン〔最終的な損益、肝心な点〕――もしここで適切な言葉を資本主義の語彙から借りるとするなら――は依然として資本蓄積であった。そして従来通り資本蓄積の前提が残っているので、ヒエラルキー的な分業と搾取を通じての剰余価値の抽出も残ることになる。なぜこの致命的な矛盾が現存社会主義のもとでの国家を特別に強制的で非民主的なものにしたかについても、なぜ新しいタイプの官僚的支配階級(訳注22)が国家装置に対するコントロールのおかげで勃興したのかについても、また、なぜ労働者が秘密に、そして結局は公然と、古き良き自由資本主義――その賃金メカニズムはもっと機会を作り出し、その国家はある種の限られた民主的権利を提供することができ、そこではもっと流動的な生産システムが、はるかに多くの量の高品質の製品を量産すると思われている――に憧れたのかについても、不思議はないだろう。結局、もし資本主義のもとで暮らすのであれば、それをもっとうまくやれるだろう。(原注15)

現存社会主義と呼ばれた国家資本主義(訳注23)の基本的な矛盾は、その最終結果は市場資本主義のもとでよりもひどかったが、複雑なエコロジー的効果を及ぼした。もっと正確に言うと、その効果は、強度においてはひどかったが、全般的な生産性がより貧しかったおかげで、広範性においてはそれほどひどくなかった。(訳注24) これらが最終結果だということは繰り返されるべきである。その結果に至る途上において、現存社会主義は興味深い方法でエコロジー問題に取り組んだ。たとえば、ソビエト体制の最初の十年間において、環境保全に多大な注意が向けられたこと、その効果は生産を自然法則および諸限界［有限な環境］と統合することであったことは、まだほとんど評価されていない。この動向の推進力は、革命前の環境運動、そしてボルシェビキの初期の時代に伴っていたラディカルな技術革新の伝統にもとづいており、エコロジーについての多大な配慮を含んでいた。それはアレクサンドル・ボグダーノフ(訳注25)のよ

訳注22 『ノーメンクラツーラ：ソヴィエトの支配階級』新訂・増補 ミハイル・S・ヴォスレンスキー、佐久間穆訳（中央公論社、一九八八年）などを参照。

訳注23 旧ソ連の体制をどう規定するかについては、人によって、国家資本主義、国家社会主義、権威主義的社会主義、国家主義（statism）などの用語が使われる。

訳注24 資本主義とソ連型「社会主義」の環境問題の対比については、『ラディカルエコロジー』キャロリン・マーチャント、川本隆史ほか訳（産業図書、一九九四年）三八～四二頁がわかりやすい。

訳注25 アレクサンドル・ボグダーノフ（一八七三～一九二八）はロシア・ソ連の内科医、哲学者、経済学者、SF作家、革命家。ウィキペディアの「アレクサンドル・ボグダーノフ」は次のように説明する。一九一八年から一九二〇年までボグダーノフは、プロレタリア文化運動「プロレトクリト」の提唱者・理論家の一人であった。ボグダーノフは著作や講演において、「未来の純粋なプロレタリア文化」に肩入れするあまりに、「旧弊なブルジョワ文化」の完全な破壊を要求している。ボグダーノフによると、目的意識を社会が共有するだけでは足りず、身体感覚さえも未来の社会は共有する。そして人間の組織労働の形象としての機械が専門性や分業を消滅させ、プロレタリアの団結を促す。工場のリズムでプロレタリアの集団的身体が形成され、究極的に「百万人全員が同じ瞬間にハンマーを取る」というのがプロレトクリトの理論である。はじめプロレトクリトは、当時の他の急進的な文化運動と同じく、ボリシェヴィキ政権から経済支援を受けられたが、一九一九年からは敵視され、一九二〇年十二月一日付けの『プラウダ』紙上において、ソヴェト体制の常軌を逸した「プチブル」団体であり、「社会的に異質な要素」があると宣告された。同年末にプロレトクリトの会長は解任され、ボグダーノフは中央委員会に席を失った」。

うなラディカルな技術革新者――そのプロレトクリト運動はロシア文化を民主的推進力として解放しようと試みた――によって栄養を与えられた。そして、ある程度は他ならぬレーニン――彼はアラン・ゲアが書いているように、「マルクス主義を、環境の限界、そしてそのなかで人類が従わなければならないダイナミクスの存在を認めるような方法で解釈していた」(原注16)――によって支持されていた。

しかしながらそこでは、ボルシェビキのあらゆる主要な人物において、そして党の教義自体において、対抗力が働いていた。彼のエコロジー的洞察にもかかわらず、レーニンは一九〇八年の『唯物論と経験批判論』においてボグダーノフを「観念論」とみなされたものゆえに厳しく攻撃した。これに対してレーニンは鋭く二元論的な唯物論――物質と意識のデカルト的な分離にかなり似ており、デカルト主義のように、人間の手による死んだ鈍い物質への積極的な働きかけの道具に完全に仕立てられていた――を対置させた。(原注17)その機能は、国民的な「後進性」と怠惰――そのインテリゲンチャにつきまとう夢想的でウォッカにひたされた、非実践的な母なるロシアへの埋没(原注18)――を克服することであり、そうすることで、産業化と近代化を全速力で進めることであった。この視角から見ると、ロシアの近代史は救世主的な野望と、西欧へのアンビバレンス[両面感情]によって支配されている。ボルシェビキは両方の特徴を取り入れた。西欧に追いつくためのものすごい意欲は、始めからその世界観を形作り、初期の時代の厳しい危機によって加速された。その傾向はレーニンの才気あふれる同僚、レオン・トロツキー――反革命とのたたかいの時代の赤軍の立案者にして司令官であり、ずばぬけたコスモポリット[世界主義者]にして近代化論者――に特に顕著であった。断固たる無神論者であったが、トロツキーの技術崇拝は救世主信仰的な色彩のものであった。これはソビエトの勝利のあとの共産主義的人間への熱狂的な賛歌に表現されていたが、そのなかでトロツキーは人為的に再配置された河川と山脈の将来についての幻想[訳注26]——そのなかで人体そのものは、偉大なエントロピーの平等主義者である死を征服した超人のそれへと改造されるだろうと言うのである——にふけることを自らに許したのである。ソビエトのユートピアにおいては、英雄的なボルシェシェビズムが堕落した人類を救い出したのである。[原注19]

その身の毛もよだつ結果はよく知られているが、短い考察を要する。一九二七年にスターリンが権力の座にのぼったあと、しつこい経済停滞が第二の革命——今度は上からの——の引き金となった。ボルシェビキ体制の初期の期間を通じて続いた民主化の推進力がどんなものであれ、それは投げ捨てられ、ソビエト社会の総力が資本蓄積のための生産力の構築に集中された。その結果はまったくのトップダウンの統制、生産過程への人間の最大限の従属、国家によって収奪される剰余価値、より大きな目的のために何百万人もいとわずに死なせること、救世主的な形態の正当性を動員するための支配者と党－国家の神格化、深いシニシズム［冷笑主義］と不正直、そして最後にしかし決して小さな要素ではないのだが、反対派の名残を一掃するための恐怖の支配であった。この体制においてトロツキーの黙想は、たとえ彼自身は追放され、結局は殺害されたとしても、公的な認可を与えられた。「数年以内にソビエト連邦の地図は全面的に改訂されねばならないだろう」とスターリン主義の計画立案者のひとりは書いた。他方、別の立案者は、自然そのもののための自然の保全は「自然の神格化という古代のカルト［狂信的信仰］のにおいがする」という意見であり、また別の立案者は「生物界全体の深遠な再配置

訳注26　後のスターリンの大地改造計画や、米ソによる原爆の土木利用の試みを連想させる。

……すべての生きている自然は、人間の意志以外のものにより、人間の計画に従う以外の方法で、生きたり、繁栄したり、死んだりすることはなくなるだろう」という目標を宣言した。さらにまた別の立案者は、生物学の本における「植物群落」への言及の一掃を求めた。言い換えると、スターリン主義が発展するにつれて、諸エコロジーに加えて、エコロジーという概念そのものが攻撃されるようになったのである。(原注20) ルイセンコ(訳注27)の獲得形質は遺伝しうるものであるという公式教義が生み出され、実際にロシアの地図を再配置し、河川を付け替え、都市を一晩で建設し、巨大な水力発電所を作り、資本主義のもとでは三百年を要した土地の変形を一世代で達成するプロジェクトに取りかかった、その背景であった。

スターリンの怪物性がいまもなお健在だとしたら、自然に対する敵意の競技で金メダルを取るだろう――そして実際、スターリン主義には、市場資本主義のもとで得られたもの以上の自然に対する明らかな敵意の要素があり、スターリンの死後に体制が恐怖を用いるのをやめてからでさえそうだったのである。スターリン主義が生き残らなかったということは、さらに、その根本的に反生態中心的な性格ゆえである。汚染によって窒息させられ、減少する農業生産に悩まされ、アラル海の事実上の消滅(訳注28)のような悪夢につきまとわれ、ソビエト体制は内的な矯正手段を欠き、生態破局の深遠へと投げ落とされた。おまけに、この適応能力の欠如は、資本蓄積という目標について固定的にプログラムされた、厳格で自己永続化的な官僚体制のなかにあった。非効率性が増殖し、消費財の欠乏により国内市場が衰えるにつれて、資本蓄積はますます困難になった。この危機に対する主要な反応は、自然に対する搾取の増大であった。生態学的配慮は棚上げされ続け、悪循環が作動し、米国の政策によってけしかけられたため、崩壊はただ時間の問題であった。

社会主義のエコロジー的可能性との関連でこのことはどう評価されるだろうか。ある人々にとっては、答えは単刀直入である。ソビエト連邦は根本的に社会主義ではなかったのだから、関係はありえない。ソビエトは、労働に対して強盗行為を働き、資本の模倣を始めたときから、社会主義とは袂を分かったのだと言われる。世の常を前提とすれば、残りは運命づけられている。巨大主義、官僚主義的国家資本主義、民主主義の窒息——これらすべてが、もし万一マルクスが一九三五年のモスクワに姿をあらわしたとすれば処刑されてしまうような、根源的に反生態中心的な体制に寄与したのだというわけである。この視角から見ると、スターリン主義を特徴づけるような自然に対する極度の敵意は、いかに高貴な理想といえども、ひとたび曲解されたならば、その反対物へと転化しうるのだ——かつては神の寵児であったサタンが、神の最大の敵になったように——ということを示す実例だというわけだ。

しかし、これではあまりに単純である。それは現実を直視することなく、慰めを求めているようなものだ。というのは、真実は、社会主義の伝統のほとんど全体が、スターリン主義から解放されている勢

訳注27　ルイセンコについては、『ルイセンコ学説の興亡：個人崇拝と生物学』ジョレス・メドヴェージェフ、金光不二夫訳（河出書房新社、一九七一年）、『日本のルィセンコ論争』中村禎里（みすず書房、一九九七年）などを参照。

訳注28　綿作モノカルチャーの大規模灌漑、塩分集積、農薬汚染などでアラル海の環境は打撃を受けた。『水の未来』フレッド・ピアス、古草秀子訳（日経ＢＰ社、二〇〇八年）などを参照。

力も含めて、生態中心的態度を正当に評価することがあまりできなかったからである。ローザ・ルクセンブルクやウィリアム・モリスのような少数の重要な個人的例外はあり、ものごとを修正しようとする最近の強い努力はあるが、これらの希望に満ちた兆候は、重要な過失全体についてどういうことであったのかを、説明する責任を免除してくれるわけではない。資本が主たる責任を持つ自然のグローバルな危機があるという事実の認識にもかかわらず、自然は直ちに社会主義者の頭に浮かぶことはないという意味で、また自然への配慮は現存社会主義に統合されているというよりもむしろ、取って付けた何かであるという意味で、自然に注意を払うことは後知恵としてしか典型的な社会主義者の頭に浮かばない傾向があるという事実は残る。自然の固有の価値の総合的評価は社会主義の実存的な核心にあるものではないし、労働の解放を求めたのに匹敵するほどの情熱が自然への配慮のために期待できるわけでもない。これには資本主義的生産の諸世代によって定義された労働者階級の生態中心的な可能性への、いくぶん素朴な信頼が伴っている。社会主義に特徴的な思考方法にとって、労働は、いったん資本の牢獄から解放されたならば、間違いなくエコロジー的に健全な方法で生産を再配置するべく前進するであろうという想定のことだ。(訳注29)

ここにデヴィッド・マクナリーの『市場に抗して』という書物から一例を示そう。これは他の点では尊敬すべき本で、労働の解放にもとづく完全な社会主義を擁護するものである。どのように「社会主義経済が生産の効率性を増大させる本来備わった原動力――自由な処理できる時間を最大化する推進力――を持っている」か、を説得的に示したあと、マクナリーは、ちょうど資本が民衆のニーズを増大させるが「それを実現する機会を制約する」のと同じように、社会主義は「資本の自己拡大の積極的な側面を疎外およびそれと結びついた搾取から」解放するであろうという見解を続けて述べる。彼は詳細に説明する。「このことから三つの結論が引き出される。第一に、社会的必要労働の削減は、人間の満足の範囲を犠牲にするならばありえない。反対に、生産力の発展によってもたらされる生産性の増大は、ほとんど確実に、二つの方法で分配されるであろう……。消費レベルを上げるための社会的産出物の増大によって……そしてそのあとでは、社会的必要労働の減少によって」。第二および第三の原則は、社会的必要労働のこの減少は「労働そのものの条件を犠牲にしてはありえないであろう」し、「職場の外の自然的および社会的環境を犠牲にしてはありえないであろう」というものである。(原注21)

これ［根拠のない楽観主義］は消費レベルを上げることと、「職場の外の自然的……環境の」保護のあいだの深刻な矛盾をうまく解決するようにみえる。社会主義の国際主義的エートスが要求するように、工業化された西洋だけでなく、中国、インド、インドネシアなどの労働者たちは、生態系のさらなる劣化なしに、より多くの自動車を持ったり、エコロジー的により良い自動車を持ったりすることになるのだろうか？　このような疑問は社会主義者の討論のなかで提起されることは滅多にない。社会主義はいかに道徳的および経済的に資本主義を凌駕するとしても、資本の運命的な成長中毒を乗り越えるにはかなり苦労するだろう。

マクナリーは解放されうる資本の自己拡大の積極的な側面が存在すると主張している。しかしこれ

訳注29　もちろんエコロジー的に不健全な生産方法は、労災・職業病という問題を通じて労働者の不利益になる。ソビエト連邦でも労災・職業病の予防に十分に配慮したとはいえない（原発被曝労働など）。

はエコロジー的にまったく疑わしい。人は気体が自己膨張することを期待する。しかし人間は生態系のなかの生物であるから、生態系を損ないながら自己拡張できるだけであり、あるいはその劣化の兆候として、藻類の過剰増殖［赤潮］が湖沼の生態系としての解体を意味するのと同様の方法で拡張するのである。(訳注30) したがって、疎外と搾取が克服されたとき、私たちは人間の寿命が伸びる［さらに人口が増える］のを期待するのではなく、むしろさらに微妙で、相互連関した、互いに認識する、美しい、スピリチュアルに充足した生活様式を発展させることを期待するであろう。私たちは社会主義のなかでより大きくなることを求めるのではなく、より実現されることを求めるべきである。バッハは音楽を量的に拡張して、資本主義的諸関係を映し出すテクノ・ロック音楽の諸形態のように音を大きくしたりしつこくしたりしたのではない。むしろその可能性をより深く理解し、それを実現したのである。だから、成長そのものの理想が単純に破棄される必要のある生態中心的社会にとっても、そうしたことが期待されるであろう。充足性がもっと意味を持つようになり、誰もが飢えたり、寒かったり、老年になったときに保健医療や援助を欠いたりすることのない世界が構築される。これは現在の世界の産出物の一部を用いてできることであり、エコロジー的実現の土台を作り出すであろう。

充足性（sufficiency）は、エコロジー的決まり文句である持続可能性（sustainability）よりも良い言葉である。後者は、持続されるべきものは現在のシステムなのかそうでないのかという問題を曖昧なままに残すからである。しかしいずれの場合にも、人間は地球生態系へのその負荷を大きく削減する必要がある。環境主義の通例の回答は、消費を抑制することについて考えることである。しかしそのような焦点の強調は抑圧的であり、ガソリンを浪費する自動車を、そして結果的には自動車そのものの購入を抑制するためにガソリンをますます高価にするような、市場の力と、配給や監獄のような法的制裁によるような強制とのある種の組み合わせを必要とする〔エコファシズムの危険性〕。この種の手段は、地球温暖化によって定義される準緊急事態において必要かもしれないが、決して望ましいものではなく、私たちを「第一期」社会主義が求めた労働の解放の上に構築され、解放された生産者による使用価値と固有の価値の回復を求めるエコロジー的社会主義に近づけることはないであろう。

現存社会主義はこの課題については歴史によって不適格とされた。工業化の時代に立案されたので、その変革をもたらす推進力は自然の工業的支配の枠内にとどまる傾向があった。したがってそれは工業的世界観の技術的楽観主義と、それに関連した生産主義の論理を示し続けた――そのすべてが成長への熱狂に流れ込んだ。限界のない技術的進歩への信念は、いくつかの領域では、核廃棄物から薬剤耐性細菌に至る多くの災厄によって前進を止められた。しかしこれらの挫折は、社会主義的楽観主義の核心――その歴史的使命は工業〔産業〕システムを完璧なものとすることであって、それを乗り越えることではないという――にほとんど影響を与えることはなかった。生産主義〔生産力主義〕の論理は、自然界を「環境」とみなす自然観に基礎をおいており、自然の生産力としての有用性の見地からのものである。この点においては、社会主義はあまりにもしばしば、自然の資源への還元を資本主義と共有したのである――そしてその延長に、自然における私たちと私たちにおける自然についての認識の停滞が生じたのである。マクナリーが社会主義は「人間の満足の範囲を犠牲にするならばありえない」と述べ

訳注30　ここでは経済の過大な成長だけでなく、人口の過大な増加についても示唆している。

るとき、彼は、人間の満足が歴史的に自然の支配によって形作られてきたがゆえに、これらの満足が自然との関係では問題がありうることを、認識できないでいるのである。そしてさらに、革命後に労働者の手に入る工業的な道具と技術もまたそうした歴史の堆積物であることを認識できない。したがって、社会主義革命が自然の支配をも克服するものでない限りは、つまりエコ社会主義的なものになるのでない限りは、その満足――そしてそれらの土台となるニーズと使用価値――は過去の失敗を再生産することになってしまうであろう。交換価値の力を単に乗り越えることは、このための必要条件以上のものではありえない。別の視角から言うと、「エコ社会主義的な環境主義[訳注31]」というようなものはありえない。というのは、エコロジー的な世界観にとっては、私たちの外部の環境としての自然という概念は、なくなっていく〔自然の一部としての私たちという概念に取って代わられる〕であろうからである。

　自然における私たちと私たちにおける自然についての認識、言い換えると、生態系への客観的であるとともに主観的な参加は、自然の支配および道具的な生産と中毒的な消費を克服するための、不可欠な条件である。真正な意味で「生態中心的な存在様式」を示した少数の社会主義者のひとりとして前述したローザ・ルクセンブルクに私たちは還ることができるかもしれない。私はこれを実存的な観点から言っている。というのは、ルクセンブルクは（その思想がエコロジーという言葉は使っていなかったにしても、意識的に生態中心的であったウィリアム・モリスとは違って）社会主義が何であるべきかについての見解ではエコロジー的な方向性は持っていなかったからである。[原注22] しかし彼女が明らかにしたこと――そしてこれは彼女のジェンダーと結びついている――は、マルクス主義の伝統においてまったく例外的なヒト以外の生きものへの仲間意識〔連帯感〕を表明する能力であった。戦争に抗議したために彼女が入れられていた獄中から［ルーマニアの産まれの］野牛（訳注32）がぶたれるのを見て、彼女は次のようなことを［ソフィー・リープクネヒトに］手紙で書き送った。

そのうちの一頭は、血まみれになっていましたが、その黒い顔に柔和な黒いまなざしをうかべて、あたりをぼんやりと眺めている格好は、まるで泣きぬれた子供のような表情でした。そうです、それはちょうどひどく叱られながら、しかもそれが何のためだったのか、なぜだったのかもわからず、またこんな苦しみや乱暴な仕打ちを受けないようにするのにはどうしたらよいのかもわからぬ、といった子供の表情にそっくりそのままといってよいものでした。……わたしは、そこに立ちつくしました。野牛はわたしをじっとみつめていましたが、そのうちに、わたしの目から涙がこぼれ落ちてきました――この涙はかれの涙でもあったのです。最愛の兄弟のことに関してでも、いまこうしてどうすることもできず、じっと悲しみをこらえていなければならないほどの痛苦に満ちた感情を刺激されるようなことはあるまいと思います。……おお、可哀そうなわたしの野牛、可愛い、哀れなわた

訳注31　環境主義は自然を人間の外部環境とみるのに対して、エコロジー的世界観、エコ社会主義は、人間を自然の一部とみる。しかし人間は単なる自然の一部ではなく、独自の個性（人間的自然）をそなえている。

訳注32　秋元氏はバッファロー（英訳はbuffaloであり、ドイツ語原文は未確認）を「水牛」と訳しているが、二〇世紀に野生では絶滅したヨーロッパバイソン（野牛）が最後まで残っていたのは東欧なので、「野牛」ではないだろうか。ただし東南アジアの水牛と違ってバイソンはあまり家畜化されていないはずである。水牛なら欧州の冬に耐えるだろうか。また欧州の「原牛」オーロックスは一七世紀に絶滅したと言われるが、万一これだとしても訳語は「野牛」であろう。

しの兄弟、わたしたちはお互いに、ここでは何の力もなく、気が抜けたようになっている、ただ痛ましさ、無力さ、渇望という点で思いをひとつにするだけだ。(原注23)［『獄中からの手紙』ローザ・ルクセンブルク、秋元寿恵夫訳（岩波文庫、一九八二年）「ブレスラウ、一九一七年十二月中旬」九二〜三頁、水牛は野牛に訂正した］

このようなエートスそれ自体はエコ社会主義の産物ではない——それは、ルクセンブルクがしなかったこと、すなわち、彼女の社会主義実践において意識的に生態中心的な路線を彫琢することを必要とする。またそれはアニマルライツ［動物の権利］についての原理主義的な立場——それは、あらゆる生物は、いかに認識されようとも、なお分化していること、そして、私たちの人間の本性の内部で私たちは他の生物を利用していることを忘れている——を含意するものでもない。またそれはディープ・エコロジー的な「原生自然」についての主張——それは野生を人間から分断させ、やがては人間を排除するようになってしまう——を含意するものでもない。そしてもちろん、ニヒリズムの路線——それは悪名高いユナボマーことセオドア・カジンスキー(訳注33)と結びつけられた、産業主義へのある種のディープ・エコロジー的な攻撃になるかもしれない——をさらに進むものでもない。現存社会主義の限界を克服するためにはむしろ、そのなかで人間と自然との生態系的分化が回復される総合が必要である。ルクセンブルクの例をフォローするならば、それは実存的な仲間意識を正義の感覚と結びつけ、そこから構築されるであろう。言い換えると、伝統的な社会主義の労働の辛苦を軽減しようとする選択は、自然に対する同等の実存的選択と調和され、弁証法的に織り合わされる必要がある。他者の傷は自分の傷と同じくらい正義への情熱とともに感じ取られなければならない。私たちの存在そのものが自然に向かって転換される必要がある。後知恵でも、生産のための道具的必要としてでもなく、感覚的に生きられる現実として。そしてそれが純粋に主意主義的なスローガンにならないように、これは特に生態中心的な生産関係に土台をおく必要がある。

カール・マルクス自身については、彼の生態学的な善意についての意見には、ひどく困惑させるものがたくさん見いだされる。(訳注34) ある側面から見ると、マルクスはボルシェビキによって明示された自然への敵意を共有していた、あるいは少なくとも彼らを深く反エコロジー的な路線へと導いてしまったと主張するかなり強固な伝統的見解がある。「プロメテウス的」(訳注35)解釈とも名づけることができるこの見地では、史的唯物論の提唱者たちは、人類に火を与え、そしてその向こう見ずさから岩に鎖でしばりつけられ、鷲に肝臓をついばまれるという形でゼウスに罰せられた神との、しばしば見られる同一化を正当化する、自然支配の要素を負っている。非難の内容はマルクスが技術的決定論の、生産［力］主義の、

訳注33　本書第8章の訳注、ウィキペディアの「セオドア・カジンスキー」を参照。

訳注34　現代人の目から見て気になるのはたとえばマルクスやバクーニンがヘビースモーカーだったこともあるが、それは時代的制約であろう。

訳注35　ギリシャ神話のプロメテウスは天国から火を盗んで人間に与えた。ゼウスは罰としてコーカサスの岩に鎖でつなぎ、ハゲワシに彼の内臓を毎日食べさせた。プロメテウスは時に、父タイタンと同一視されることもある。古代ギリシャのアイスキュロスに『縛られたプロメテウス』という戯曲があり、メアリ・シェリーの有名なＳＦ小説のタイトルは『フランケンシュタインあるいは現代のプロメテウス』（一八一八年）である（スペースアルクのサイトから）。

進歩のイデオロギーの、そして田園生活と原始主義への敵意の擁護者だった――要するに、もっともひどい産業的形態の啓蒙思想の古くさい考え方のままの伝道者だったとみなすものである。(原注24)

最近ジョン・ベラミー・フォスターやポール・バーケットのようなマルクス主義者によって論じられている正反対の見方は、こうした主張に精力的に異議を申し立て、マルクスはプロメテウス的とはほど遠く、エコロジー的な世界観の主要な発案者であったとみなしている。マルクスの唯物論的土台、彼のダーウィンとの科学的な親和性、人間と自然のあいだの「物質代謝の亀裂」についての概念から議論を構築して、フォスターとバーケットは、マルクスのオリジナルな規範は、資本主義から自然を救うための真正で重要な指針であると考えている。(原注25)

この論争の内容に立ち入ることは、現在の議論の流れから私たちを逸らすことになるだろう。しかし私たちは次のように言ってもよい。非常に深く弁証法的な思想家の繊細さを何らかのレッテルあるいは単一の解釈に還元することは愚かであると。綿密に読めば、マルクスがプロメテウス的ではないことがわかるだろう。(原注26) しかし彼はいかなる種類の神でもなく、人類の歴史的出現についてのただひとりの最良の解釈者でもない。彼の偉大な長所は正義への情熱を知力および弁証法的な天賦の才と統合したことから生じたのである。いかに卓越したものであるとしても、マルクスの思想は人間の産物であり、時代的な制約と不完全さは免れない。この理由から、最も自由な、あるいは彼の表現を使うなら、「すべての現存するものの仮借ない批判」(原注27)がなされるときにのみ、それは最もよく実現される。これには言うまでもなく、自らに対しても批判的であることが含まれるだろう。したがって、現代のマルクス主義には、彼がさらされていない歴史、すなわちエコロジー危機の歴史に照らしてのマルクスの批判以上に大きな目標はありえない。

　ここで注意しておく必要があることは、マルクスはプロメテウス的ではなかったかもしれないが、彼の著作のなかには自然の固有の価値の縮小のあとが残っているということである。確かに、マルクスにとっては、人間は自然の一部であった。しかし、それは能動的な一部、ものごとを起こさせる一部であり、他方、自然は人間の活動によって影響される対象になる。主に一八四四年の『経済学・哲学草稿』に見られる少数の魅力的な予想を除いて、マルクスにとっての自然は直接には使用価値としてあらわれるのであり、使用価値があとに残すもの、すなわちそれ自体における、それ自体のための自然の認識としてではなかった。[原注28] マルクスにおいて、自然は言わば、最初から労働の支配下にある。ものごとのこの側面は、彼の労働概念から推論できる。労働は、ある種の自然的基質に対する本質的に能動的な関係なのである。

　いまや能動的でないことには、二つの方法がある。受動性（passivity）というものがあり、それには不活発という含意が伴う。マルクスが資本の支配のもとでの労働の疎外された現実を解放しようとするのは、この受動性からである。しかしまた受容力（receptivity）というものもあり、それはまったく受動的でも不活発でもなく、別の種類の能動性である。マルクス――および全般的に社会主義の伝統――が見ることができなかったのは、ものごとのこの側面である。ローザ・ルクセンブルクが野牛に共感したとき、彼女にはその苦悶に対する感受性があった。そこにある認識は、それが野牛の存在を理解すること、彼女の内部での再覚醒を意味していた。これは女性の立場なのだろうか？　まず、それはすべての人間に潜在的に実現できるものであり、第二にそれが女性の立場として構築され、委ねられてきた――同時に女性の力の源泉として、また男性が支配する社会における彼女たちの転落の手段として――ということを念頭におくならば、然りである。

十分な受容力はアイデンティティと差異についてのものである。世界は理解されるが、自我と融合されることはない。これは言語の特性であり、けっしてじっととどまることのない、想像的な記号表現として、ある与えられたものを表象するのである。したがって労働における感受性の瞬間を取り戻すためには、存在の能動的な解放が必要である。これは単純に世界を吸収してそれを主観的に登録することではない。それは世界の変革の前奏曲として、存在を世界に開く。それは詩と歌の制作を太陽熱によるオープンの製造に結びつける。それは成就であり、それは労働の解放および労働のエコロジー的変革――労働がエコロジー的に健全な方法で自然を変革できるように――の両者にとって不可欠である。自我の世界への開放は、感覚的な想像と私たちの完全な存在にかかわる。労働における受容力の契機がなければ、自我は閉ざされ、自己の内部に押し込まれ、他者および自然から孤立させられる。

私たちは資本によって神聖なものとして祭られる反生態中心的な契機に戻る。自我［エゴ］の道である。これは成長の謎と消費の熱狂にとっては秘密である。支配的秩序のこれら二つの衝動的強迫［経済成長と過剰消費］は、内部世界と外部世界のあいだの阻害された動きの表現である。充実した生活を阻害され、不可能になっているので、人間は目的なしに商品を次から次へと作り出すことへと強迫的に向かわされ、またそれらを消費することへと強迫的に向かわされる。交換価値の挿入は、資本主義的自我［エゴ］における不可視の障壁の設定であり、資本主義国家と文化装置の巨大な力とともに強化された抽象の薄膜である。これが、それらが解体されねばならない理由であり、労働が現実に本当に解放されねばならない理由である。しかし生産を生態中心的に変革するためには労働が自由なものでなければならない。固有の価値の回復は、使用価値を求める闘争――目的が手段に埋め込まれている闘争――を通じて、前進する。

生態中心的生産

自然は何も生産しない。むしろそれは私たちが生態系――それはさらなる進化の場所となる――と呼ぶ集合体のなかで互いに作用する新しい形態を進化させる。地球の上で明らかになったように、これは自然に生産を、それから経済、階級制の経済、資本主義――それは癌のように広がり、私たちのエコロジー危機を生み出した――を導入した生きもの［人間］をもたらした。生産はしたがって人間の本性［人間的自然］を通じて表現された自然の形成作用である。

生産を自然の進化から区別するものは、言語と社会組織によって形作られる意識の次元のなかにある。人間は自然についての心象をもって働く。私たちは自分たちの前に自然の部分――それ自体ほとんど常にそれまでの労働によって加工されたものである――を表象し、それからそれに働きかけて、構想した目的に応じてそれを変形させる。あらゆる場合において、労働によって加工されたものとしての自然の事前に構想される配置が想像のなかで領有され、それから計画に応じて実現される。生産はしたがって本来的に時間の次元を持っているものであり、未来を組み込んでいる。だから私たちは展望をもって作るためにそれを「前に導くこと pro-duction ＝生産」と呼ぶのである。

人間は、生産するかどうかは選ばないが、生産には無数の方法がある。資本は、搾取の道具としての交換価値の介在を通じて生態系の健全性を侵害する生産の組織のひとつである。資本による生産の契機のそれぞれは、健全な生態系を定義する特定の相互連結性の切断である。社会主義の希望は搾取を克服し、交換価値の体制を打倒することである。エコ社会主義は、使用価値の実現と固有の価値の領有を通じてこれをさらに発展させる。生産の視角から言うと、これは生態系の健全性の再構築を意味する。健全なものは全体であるから、エコロジー的生産はその最も重要な条件として、全体性の創出を必要とする(原注29)。生態系は商品のように、数えられ、分離できるものとしてみなされるべきではない。それらはむしろ、相互に構成的であり、互いに作用し、変化させる。だから「環境」の概念［主体にとっての外部としての環境の概念］は、エコロジー的世界観とは調和しないのである。自然には「外部」はない。自然のなかにすべてのものが住み、互いに共同決定し、微妙な力の場が現実に浸透して、意識のなかに登録されうる。同様に、生態系の健全性を生産することは、時間的にも空間的にも、あらゆる次元を通じて構造を相互に結びつける。過去のものはエコロジー的な視点からみた現在のものに統合される。それは資本主義が現在を物神化するのとは対照的である。そして生態中心的な生産に対して本来的に疎遠なものは、資本それ自体――疎外された労働、異邦人、偽の境界線の創出者――を除いては存在しない。かなりの数の互いに織り合わされたパターンがここで関与し、そのいくつかは具体的な場合において他のものよりも卓越していると想定される。

1　生態中心的な生産の過程は、生産物と足並みをそろえている。だから、ものの生産は生産されたものの一部になる。生産の目的は見事に作られた食事や衣服のように満足と喜びであるから、喜びは食事の調理あるいは衣服のデザインと制作ゆえに得られる。これらの生産過程における喜びは、資本主義のもとでは一般に趣味のためにとっておかれる。生態中心的な生産を土台として組織された社会では、それらは日常生活という織物を包含するであろう。

2　こうしたことが生じるためには、労働は自由に選ばれ、発展され、言い換えると、労働力に還元されるのではなく、十分に実現された使用価値を伴うものでなければならない。最初にそしてしばらくのあいだ、これは係数 uv／xv の変化[訳注36]――反資本主義的意図を構築するための分子「使用価値」の方向へ――の問題である。使用価値と交換価値は直ちに比較できるものではないので、これは弁証法的な「否定の否定」にかかわるものである。交換は資本主義的価値からの撤退を通じて否定される。その文脈のなかで使用価値の実現が起こり、資本がさらに非正当化され、裂け目が押し広げられる。サンフランシスコやニューヨークのような都市での「爆弾ではなく食料を」というプロジェクト[訳注37]は、この例であった。そしてこの一見して無邪気な活動がそれに対する激しい弾圧をもたらしたという事実は、その概念がいかに現状破壊的かということの兆候であった。[原注30]

3　相互の認識が生産物と同様に生産過程についても求められる。それが生態系的健全性の条件であるから。このことの最も重要な含意は、それがヒエラルキー的で搾取的な労働の関係を排除し、

訳注36　交換価値（xv）に対する使用価値（uv）の比率ないし比重。資本主義では交換価値が重視されるのでこの比率（分数）は小さくなり、エコ社会主義では使用価値重視なので大きくなる。

訳注37　表現としては、長崎の核兵器廃絶高校生一万人署名運動による「ミサイルより鉛筆を」プロジェクト（フィリピンやペルーの貧困層の子供たちへの支援）などを想起させる。

生産のレベルでの、ひいては社会全体の民主化を育むことである。

4　生産は自然進化のエントロピー的関係［開放定常系の循環によるエントロピー処理能力］の枠内にとどまり、(訳注38) そのなかで太陽熱放射のインプットは秩序の創造を補助できる。そのなかで熱力学第二法則が適用される「閉鎖」系は地球および周囲の宇宙空間であるから、自然は太陽エネルギーの捕捉によって低エントロピーを創出するためのある種の空間を提供する――しかし維持するためには明確な限界を必要とする空間である。機能する生態系に限界を組み込むことがまさに生態中心的生産の目的であり、それは資本主義とは鋭い対照をなす。したがって、生態中心的生産があらゆる形態の環境保全と再生可能エネルギーを利用することは言うまでもない。エントロピーの法則の枠内で生きることのさらなる含意は、化石燃料に蓄えられた過去数億年の低エントロピー――その放出はエントロピーを、不安定化をもたらすレベルにまで著しく増大させた――の消費を、「可能な限り直接的な人間労働によって置き換えることである。しかし「可能な限り」というのは、人間の自然への能動的な介入を通じて定義される。受動的に生きる、つまり実際は、化石燃料に蓄えられた負のエントロピーに寄生して生きる代わりに、人間はより直接的かつ受容的に自然に埋め込まれて、生きることになるだろう。だからもっと感覚的にということでもあり、頭脳労働と肉体労働のあいだの従来の分断の克服と、工芸の充実を伴うのである。別の視角から見ると、満足、喜び、美的実現の豊かさによって、主体のレベルで、使用価値／生態系の成就が同時に生じる。これらすべてが「美徳」という概念に要約され、(原注31) それは自由な人間のなかで弁証法的な統合が実現されることを含むのである。

5　「成長の限界」は、増大した受容性によって可能になる人間のニーズの再定義に基礎をおくべきである。明らかに、高度に発展した生産は不安定をもたらすようなエネルギーの投入に依存する必要はない。歌を歌うことは確かに生産的であり、歌を作ることはなおさらそうである。夢を解釈することでさえ生産的である。なぜなら、それは新しい主観的配置を人間の生態系に導入するからである。だから時間を過ごす方法が生産の形態に、必要とみなされたものに、総合的に関連づけられる。再定義されたニーズの条件のもとで成長の限界を考慮することによって、私たちはやはり「持続可能性」の問題を扱う。しかし私たちはそれをテクノクラート的でない方法で扱うのであり、労働の基礎的な組織と満足の問題との関連で、言い換えると質的な見地から扱うのである。

6　そのような考察は技術の問題にも適用される。ひとたび技術が「技術的」な問題とみなされなくなり、利潤と効率の考慮に従属させられることがなくなるならば。生態中心的な生産における技術の開発と利用は、むしろ、生態系の産出と生態系のなかでの参加に向けて方向づけられる。使用価値の地位向上とそれに対応したニーズの再定義は、いまや資本主義のもとにおけるような時間の剰余価値と貨幣への転化というよりもむしろ、技術の社会的な調節者となる。

訳注38　過剰生産しない、人工放射能［核兵器・原発］や有機塩素化合物［化学兵器・多くの農薬など］のような処理困難物を作らないなど。『エントロピー』藤田祐幸・槌田敦（現代書館、一九八五年）、『必然の選択：地球環境と工業社会』河宮信郎（海鳴社、一九九五年）、『エントロピーと地球環境』山口幸夫（七つ森書館、二〇〇一年）、『弱者のための「エントロピー経済学」入門』槌田敦（ほたる出版、二〇〇七年）などを参照。

訳注39　エックス線、超音波、ＭＲＩなどの画像診断技術などをさす。

私たちは資本主義的生産と生態中心的生産のあいだに、かなりの領域での技術的な重複を期待するであろう。たとえば、どちらの場合にも、洗練された医学的画像診断技術[訳注39]が使われるであろうし、この適用は情報科学と電子科学の構成物全体を含意する。しかし技術が医学を通じた利潤追求に使われるのか、それとも人間生態系の有機的側面のケアのために使われるかによって、違った世界がつくられるであろう。資本主義は技術をそれが要素のひとつに過ぎない多様な社会関係から孤立させるであろう。しかし生態中心的な生産は理論も含むのであり、あらゆる範囲の相互連関性を深く考慮している。したがって機械や技術を生態系の活動における完全な参加者とみなし始めることは、それを交換から排除し、実現された使用価値を回復し始めることである。これはエコロジー思想の言説では「適正技術」と呼ばれて親しまれているものであり、技術が私たちに人間的な方法で自然を領有することを可能にさせるにつれて、実際にそれが実現していくのである。

7　もし私たちが人間生態系の概念を真剣に受け取るならば、私たちはそれらのなかに意識を完全に組み込むように導かれるであろう。ここでの完全さは、受容的な存在様式の発展を含意している。それは、人間生態系の相互連結性は主観的認識を要素として含む——物理的連結に沿ってではないが、それと総合的に関連して——という原理に応じて、自然についての意識を伴うものである。[原注32]有機農場は生物の単純な集合ではない。農民を通じて意味のある認識の宇宙に相互関連した生物の集まりなのである。これは農民を農場の支配者にするものではないし、庭園の庭師あるいは女主人にするものでもない。それが意味するのは、農場、庭園——そしてそれらがつながる宇宙全体が、それらを通じて生産する人間の自我に統合されていることである。

私の親戚のひとりは、魚を素手でつかまえることができる。この偉業は、人間と動物のあいだのある種の相互認識とともに、粗雑で物理的なものを越える魚との接触を必要とする。そのような認識は、もし生産において実現されるならば、十分に能動的な生きた意識としての宇宙全体に延長される。

その親戚というのは男性であり、その認識の機能は個別の男性に対してと同様に女性にも開かれている。にもかかわらず、私たちの文明を越えたエコロジー的意識の体系的な発展は、人間と自然のあいだの障壁を克服することに依存しており、それは私たちが見てきたように、女性＝自然／男性＝理性という二元論の克服を必要としている。そしてそのために、家父長制そのものも克服される必要がある。少なくとも九五％の読者は間違いなく、ローザ・ルクセンブルクが苦しむ野牛に自分の分身を見たことを、女性の行為として認識するであろう――事前にローザの性別を知らなかったとしても。男性は、そのような感受性を持つようには社会化されてはいない。他方女性は概して、そのように感じるべく自分を限定するように社会化されている。ルクセンブルクのような女性が彼女のジェンダーに課せられた知的抑圧の制約から逃れるだろうということは、もちろん驚くべき発見ではない。しかし支配的なジェンダー体制のもとでは、そのような出来事はいかに頻繁であろうとも、私たちが生き残るために克服しなければならない二元論に対して、個別的な例外にとどまる。

生態中心的な生産を構築することは、だから、相互関連性と相互認識のための生態系的能力を回復することを意味する。もっと根本的には、驚異の源泉としての自然(訳注40)を回復し、自然に対して自分を開くことである。拘束されていない世界の壮大さは、この不可欠の側面であるが、そのすべてではない。原生自然というのはそれ自身の使用価値を持つ構築されたカテゴリーであり、他方、実際の自然は、グランドキャニオンで経験されるものであろうと、息を吸うときのものであろうと、たとえ滅多に認識されないにしても、常に直接に「手近に」あることを想起しよう。人はグランドキャニオンを訪れながら、彼の持つ株価に心を奪われたままでいることもできる。別の人は［ウィリアム・］ブレイクが述べたように、一本の木を、「行く手をふさぐ緑色のもの」としてしか見ない。[訳注41] しかし樹木はやはりたくさんあり、それぞれが驚異の存在である。草の葉のように、あるいはゾウリムシのように。[原注33] 私たちが自然に対して開かれていることは、男性的自我［エゴ］の遺産である全滅の恐怖なしに生態系的存在に対して受容的であることを意味する。人間存在の男性的な構築は、受容性を女性のような去勢された状態として解釈する。受容性は受動性として読み取られ、世界の母なるものによって飲み込まれるという存在の象徴的脅威を伴う。[訳注42] ガイアはエゴに対するメデゥーサ[訳注43]あるいはハーピー[訳注44]である。[訳注45] 恐怖は激しい死の不安を引き起こし、関連した精神的抑圧、距離をおくこと、自然の削減、対抗的攻撃を伴い、さらに強迫的な生産と消費を伴う。この方法で人間の本性は**制約されて**、ますます遠い距離から自然を引き裂き、攻撃的に再編成するようになる。その集合体が分断を可能にする、自然支配の核心的態度であるが、生産主義のなかに激しいエネルギーを伴って表面化する。その態度は資本主義（そして国家資本主義）のメンタリティに非常に浸透しているので、自明の理として解釈される。

ここに埋め込まれている、より大きな実践的な美徳は、女性に割り当てられた有史以前の役割の拡張であり、生命のために準備し、世話をする役割である。この役割に内在する深い合理性は、自然のジエンダー的分岐のなかでは、価値を低下させられ、分裂させられている。これを克服することは、生産に、特別に生態中心的な形態を与える。かつては低い社会的レベルに隔離されてきた受容、準備、保持の諸機能は、いまや主流となり、そうなることによって、生産を調節する諸原則となる。したがって経済的生産は、女性への形式的な配分的平等、あるいは激しい運動競技のような以前は男性のためにとっておかれたものへのアクセスといった美徳を越えて進む。それはまた「女性の仕事」として隔離されてきたものの［評価などの］低さを否定し、これを変革するとともに、それに結びついた使用価値を実現する。(原注34)

もし経済的生産において過去のものが現在のものに統合されるなら、未来のものについても同様で

訳注40　自然の驚異（wonder）への感受性については、『センス・オブ・ワンダー』レイチェル・カーソン、上遠恵子訳（新潮社、一九九六年）を参照。

訳注41　ブレイクのジョン・トラスラー牧師あての一七九九年八月二十三日の手紙の一節に「ある人たちにとって喜びの涙をもたらす木も、他の人たちにとっては単に行く手をふさぐ緑色のものでしかないのです。」という文章がある。『ブレイクの手紙』梅津済美訳（八潮出版社、一九七〇年）一四頁、『ブレイク伝』ピーター・アクロイド、池田雅之監訳（みすず書房、二〇〇二年）二三六頁。

訳注42　ガイアは大地の女神。クロノスとタイタンの母。カオスの娘（ギリシャ神話）。（スペースアルクのサイトによる）

訳注43　メデゥーサは髪の毛がヘビの女の怪獣ゴルゴンの一人（ゴルゴンを見てしまった人間は石になってしまう）。ペルセウスがメデゥーサの首を切って退治した（ギリシャ神話）。（スペースアルクのサイト）

訳注44　ハーピーは鳥の翼を持ち頭と体が女性の飢えた不浄の怪物（ギリシャ神話）。（スペースアルクのサイト）

訳注45　ガイア［擬人化された地球］が神話の怪物［メデューサやハーピー］のように自我［人間］に襲いかかるということ。

あろう。ひとつの重要な政治的原則がいまやあらわれる――それは生命の維持のための使用価値の生産に適用されるものであり、資本主義を超える生産方法に適用されるものでもある。所与のものがあるべきものの特徴を含むようになる潜在的可能性は、未来の先取り（prefiguration）と呼ぶことができる。それは生態中心的生産に固有のものであり、現在の緊急事態のただなかに、ユートピア的契機の予見としてのエコフェミニズムの準備を表現するものである。

エコ社会主義的方法で資本主義を克服することであるべき未来の先取りの実践は、非常に遠いものであると同時に、まさに間近にあるものでもある。それは資本主義の全体制がそれの実現を阻んでいる限りにおいて遠いものである。そして、そこでニーズが生じる社会的有機体のすべての地点に埋め込まれた形で未来への契機が存在する限りにおいてまさに間近にあるのである。多くの事例が消えてなくなりつつある――結局のところ、ウォルマート(訳注46)への旅から、現在の秩序への怒りを越えて何らかのエコ社会主義的インスピレーションが生じるのを想像することは非常に難しい。他のものは広がるであろうが、リサイクルできるがらくた郵便物がゴミ捨て場に持っていかれるように、あまり遠くまでは行かない。また別のものはたぶん変革をもたらす程度までは広がるであろうが、ファシズムのように道を誤るであろう。最後に、エコ社会主義的な方法で行動する人々が出てくるだろう。現実の世界においてあらゆる可能性をカバーできる巧みなカテゴリー化がありえないことは、言うまでもない。もしあらゆるものに未来を先取りする潜在的可能性があるのなら、未来の先取りは世界の表面に無秩序に、全体にわたって散在するであろう。この事実はエコ社会主義的政治の別の原則を生み出す。それは未来先取り的であり、見いだされた出来事の配置を変革させる潜在的可能性にもとづいて構築されることに加えて、その作用が矛盾の出現と展開に応じてほとんどどこにでも見いだされうるという点で、隙間侵入型（interstitial）でもある。

これは祝福である。なぜなら、エコ社会主義的変革にはいかなる特権的な行為主体もないことを意味するからである。しかしそれは大きな責任をも課する。というのはいま存在するように、生態中心的生産は散在的であるとともに、資本の間隙のなかの刺激物のように大抵の場合は囚われた状態にあるからである。課題はそれらを解放し、互いに結びつけ、それらの固有の潜在的可能性が実現できるようにすることである。私たちは生態中心的生産が生態中心的生産様式になるときまでは、これをテストできない。それが起こるとき——そのためには広範な闘争が予想されるに違いないが——には、社会を調節する力はエコ社会主義者の手中にあるだろう。

訳注46　ウォルマートは米国の小売り大手。ゼネラルモーターズに代わって最大の企業になったとも言われるが、創業者一族の高収入に比して低賃金などの点で悪名高い。『ニッケル・アンド・ダイムド：アメリカ下流社会の現実』バーバラ・エーレンライク、曽田和子訳（東洋経済新報社、二〇〇六年）などを参照。

第 10 章
エコ社会主義

競走からのがれるためにはいくつかの法令を公布するだけで十分だ、と考えてみたところで、けっしてわれわれは競走からのがれることはできない。賃金をそのままにしておいて、競走の廃止を提議するというところにまで仮定をおしすすめるならば、われわれは、勅令によってばかげた行為をすることを提議するにすぎないであろう。しかし、国民は勅令に従って事をはこぶものではない。上述の法令を制定するまえに、彼らはすくなくとも、彼らの産業的・政治的存立条件を、したがってまた彼らの全存在様式を、根底から徹底的に変革してしまっていなければならない(原注1)［『哲学の貧困』マルクス、平田清明訳『マルクス＝エンゲルス全集』第4巻、大内兵衛・細川嘉六監訳（大月書店、一九六〇年）一六五頁。］

エコ社会主義的変革の一般モデル

民衆が現在の社会的状況は耐えられないと確信したとき、より良いオルタナティブを実現できると信じたとき、そして体制とのあいだの力のバランスが民衆側に有利になったとき、革命は可能になる。エコ社会主義的革命――それは私たちが乗り出そうとしている実践をアカデミックなものに見せるだろう――にとって、これらの条件のどれひとつとして、現時点でもうすぐ満たされると思えるものはない。しかし現在と将来は別のことである。もし資本主義が手に負えないほど環境破壊的であり膨張的であるという議論が正しいと証明されたなら、ここで提起された問題が爆発的な緊急性を帯びるのは時間の問題に過ぎないだろう。実際、本書『エコ社会主義とは何か』の初版が二〇〇二年に刊行されて以来、まさにそうしたことが起こり始めている。地球温暖化についての急速に高まる不安と、それに取り組む関心の盛り上がりのなかで。地球温暖化は年を経るごとにますます関心を呼ぶものとなり、必然的に資本主義の問題点と、したがってエコ社会主義による解決策を前面に押し出すのである。したがっていまは生きているプロセスとしてのエコ社会主義の問題を取り上げ、その社会についてのビジョンはどのようなものであり、それを実現するためにどんな方法がありうるのかを考える好機である。

私たちは生産が自由に連合した労働によって、意識的に生態中心的な手段と目的をもって行われる社会をエコ社会主義社会と呼ぶ。そのような生産が社会全体にわたって定着したときには、私たちはそれを生産の様式と呼ぶことができる。かくしてエコ社会主義社会はその生産様式が生態中心的な社会となるだろう。これは他の形態の生産が共存しないことを意味しない。実際、ある種の市場、したがって商品は、エコ社会主義社会のなかでも予見できる将来にわたって存続するはずである。しかし、社会を調整する諸機関や諸制度——国家、市民社会、文化、宗教など——は生態中心的生産に依拠したものになる。そしてこの依拠はまた、市場をも取り囲み、それらを利潤追求よりもむしろ生態中心的倫理にしたがって機能させるようにする。使用価値と質が交換価値と量よりも高く評価され、経済は資本主義におけるように社会の上に立つというよりもむしろ、社会のなかに再び埋め込まれる。(原注2)

人間はものを生産するだけでなく、自らをも生産する。疎外をもたらす搾取の経済によって支配される社会としての資本主義社会は、その満たされない生活が癌のような過剰消費に火をつける中毒的な性格類型を作り出す。それとは対照的に、エコ社会主義社会の自由に連合した労働は、気持ちの良いもので、深く満足させるものであり、抑圧的でない。ニーズの土台そのものが変革されて、豊かな資本主義社会である現在の耐えがたい「フットプリント」[訳注1]を、生態圏から取り除くことができる。[原注3]これはエコロジー問題につきまとう北［先進国］の過剰消費という厳しい問題にアプローチする唯一の合理的な方法である。

自由に連合した民衆によって作られる社会は、事前に描かれた青写真を持つことができない。しかしその土台である労働の性格が、結果を特徴づけるであろう。自由に連合した労働は顔の見える関係を含意しているので、生態中心的生産の論理は、きめの細かい、場所ごとに特別な種類の社会の基礎をもたらすであろう。それは、交易、コミュニケーション、正義の提供、仲裁を調節するゆるやかに配置された調整機関や、集中させたほうがうまくいく専門的な医療センター、研究機関、大学、コンサートホール、などのような諸機能と、つながるであろう。その論理はそれぞれが他を必要とする「部分と全体のあいだの弁証法」の論理となるであろう。そしていかなる弁証法的プロセスにおいてもそうであるように、様々なレベルのあいだの緊張は必然的にあるだろうが、社会の土台としての自由に連合した労働の存在が、国家の押しつけがましさを食い止めるであろう。大衆化され、全体化する制度によって押しのけられないような、自治管理と自由に連合した労働による自力更生が存在するであろう。

エコ社会主義の社会にはトラブルはないのだろうか？　もちろんそんなことはない。人間である限りは。世界各地の生活を観察してきた七十年の人生のなかでの二十五年にわたる精神分析の研究は、私から人間の本性についてのあらゆるセンチメンタルな幻想をはぎ取った。しかし私は、私たちが多くの可能性を持った生きものだということ、人間の条件のなかで善意へと導くものは労働の自由な連合だということを知っている。生活が生き生きと表現されるのを可能にし、私たちに尊厳を与えるのはこれである。人間を強くするものは、与え、援助の手をさしのべ、生命の流れに関与し、そしてまた自己と他者を許す能力である。これらはみな自由に連合した労働の機能である。それらは私たちが、復讐の願望をも含む狂気を克服することを可能にする。それらにはみな生態中心的な価値を与え、死刑の禁止、ラディカルなデモクラシーの強調、そしてもちろん人間を含むすべての生きものの権利の尊重のような政策に埋め込むことができる。人権の概念全体は自由に連合した労働から引き出されるものであり、それは最終的には私たちの真の存在の表現である。

エコ社会主義の概念は、自由に連合した労働が生態中心的な目標を生み出すようなある種の賭けである。そして後者［目標］は自由に連合した労働を含意し、いや実際に必要とする。だからエコ社会主義的プロセスの二つの流れは相互に生成的である。それらはその想像力に満ちた構想を私たちが「未来先取り的」と呼んだプロセスにおいて自らを発展させ、広げる。未来の先取りが私たちの前に見せるものは、健全な人間生態系である。この形態が私たちをより大きな団結――労働運動から基礎的な用語を借用するならば「連帯」――に導くのであり、これらが労働の自由な連合という未来を先取りするのである。だからエコ社会主義的な構成体は自然の偉大な形成能力へと融合するのであり、「もうひとつの世界は可能だ」[訳注2]――世界社会フォーラムが人類の抑圧された夢として直観した――という想念の実

訳注1　この環境負荷の指標については、『エコロジカル・フットプリントの活用』ワケナゲルほか、五頭訳（合同出版、二〇〇五年）などを参照。

訳注2　『もうひとつの世界は可能だ　世界社会フォーラムとグローバル化への民衆のオルタナティブ』ウィリアム・F・フィッシャー、トーマス・ポニア編、加藤哲郎監修（日本経済評論社、二〇〇三年）参照。

現へと進んでいくのである。

「もうひとつの世界」は現在ではぼんやりした可能性に過ぎない。そして、実現の困難なことだとしても、資本の支配のもとで出会う多くの暴力的な制度、不自由にされた人間、荒廃した生態系を前提とすれば、言わねばならないことである。しかしその実現可能性についていまから心配することは、不必要な贅沢である。それはそのために闘う価値のある唯一の世界を実現するために行動し闘う意志を私たちから徐々に奪ってしまう。疑いもなく、私たちは［ウィリアム・］ブレイクが「心が鍛えた手錠〔心を縛る枷〕(訳注3)」と呼んだものを通じて、自らを鎮めることができる。結局のところ、資本主義のような恐ろしいものは、単純に強制や教化〔洗脳〕を通じて生じることはない。たとえそれが人間の本性のなかにはないとしても、人間の本性のなかにある潜在的なものを表現することは確かである。しかし私たちは妄想や自己破壊への永久の責任から苦しむけれども、これは世界に投げ込まれたあらゆる人間の生まれながらに持つ権利である肯定的で統合的な力と対になっているのである。

統合的コモンズに向けて

エコ社会主義に向かう一般的な動きはこうである。すなわち社会の矛盾が展開するにつれて、現在の体制の亀裂があらわれ、新しい社会的配置の可能性が生じる破裂の瞬間が来る。それから自由に連合する労働という未来の先取りである統合的な力が、半分生気がなく、生態系的に不活発で、ぼんやりと意識的で、擦り切れて断片化した、過去から投げ込まれた諸要素の集合体を伴うこの体制の隙間と対決し、それらを変革しようとする。それは断片化した集合体を［新しい］意識性および形態と融合させ、それにある程度の生態系的な存在を与える。

これらの集合体において、「過去」は脇に放り出されるべきものではない。それは伝統、失われたあるいは放棄された夢の記憶、民衆の前史全体からの名残、そして実際に人類の生きた宝庫である。これはそのなかで自然があらわれる接合点である。人間にとって、自然と過去は同じものの異なる側面である。それらは現在の瞬間を定義する生産に先立つものであり、したがって生産の変革のなかに統合することができる。そして生産（production）は前向きにものを作ることであるから、これらの接合点において、過去、現在、未来が統合される。ここには、創造的な可能性がある。生態中心的な労働はこの集合体に適用され、その断片のなかに潜在的な全体性の特徴を読み取るからである。それは洞察力があり、現れ出てくる形態を認識する。それは自然のなかに埋め込まれた歴史と、固有の価値を伴う歴史に注ぎ込まれる自然を読み取る。これはどのようにして生態中心的な労働が未来先取り的に作用し、認識のプロセスが半分生気のない集合体から統合的な人間生態系――自然につながったままであり、そのつながりの範囲を広げ、深くするようにもともと準備されている生態系であり、エコ社会主義社会という未来を先取りする生態系――をつくるかということを示している。

未来の先取りは、広告と娯楽産業のために過去を詮索する浅薄なポストモダン主義ではないし、過去

訳注3　ブレイクの『無垢と経験の歌』の『経験の歌』所収の「ロンドン」という詩の一節。ロンドンの階級社会を描く。『ブレイク全著作』梅津済美訳（名古屋大学出版会、一九八九年）第一巻二三〇頁、『ブレイク詩集』土居光知訳（平凡社ライブラリー、一九九五年）九七頁、『対訳ブレイク詩集』松島正一編（岩波文庫、二〇〇四年）一二七頁。

を家父長的権威の正当性の神話へと変形するファシズムでもない。それは「まだここにない」ものを見つけるために「かつてあった」ものの尊厳を再発見し、回復する持続的なプロセスである。第一期の社会主義は、ウィリアム・モリスを例外として、この原理を把握することができなかった。そのなかに現在の左派の多くの人々がはまりこんでいる浅薄な「進歩主義」についても同じことが言えるかもしれない。過去に対する無関心と軽蔑さえ持っていることにおいて、それは資本主義への埋没とほとんど変わらない。

エコ社会主義にとっての課題は、それが前進するときにこの集合体に意識的に取り組み、それらのなかに来るべき統合的生態系の萌芽を読み取ることである。いまや私たちはここで「集合体（ensembles）」——それはあまりにも抽象的で、非特異的である——よりも良い言葉を必要としている。そのような用語はあるが、それは現在のエコロジー政治のなかにあふれており、多様な解釈が入ってくる余地がある。私たちは本書でその言葉を使ったことがある。いまやそれにエコ社会主義的な内容を与える必要がある。その言葉とは、*コモンズ*である。その概念は歴史と裏切りを思い出させる。それが凍結されて「英国議会下院（the House of Commons）」というブルジョワ国家の一機関になったこと、あるいはそれが腐敗して、新自由主義的な偽科学の古典であるギャレット・ハーディンの「コモンズ［共有地］の悲劇」(原注4)(訳注4)（この論文には多くの欠陥があるが、そのひとつはコモンズとは何かを定義しようとしないことである）を生み出したことを思い浮かべてみるだけでよい。あるいはそれと「コミューン」（一八七一年のパリ・コミューンのような。後述する。）および「コミュニズム（共産主義）」との関係。あるいはグローバル・コモンズその他のような不透明な新しい概念における使用例。

コモンズについての流行のテーマのひとつは、それが公式の、階級的に構造化された経済の進展によって「囲い込まれる」[訳注5]という問題である。これには二重の意味がある。コモンズ［共有地］の民衆、すなわち社会の主要な生産者が強制的にその生産手段から引き離されること。そしてその囲い込みによって支配層が一層金持ちになることである。言い換えると、コモンズの強制的な閉鎖は、私有財産の創出の一部であり、当初の享受者である民衆からの強奪と疎外を意味する。それは資本の原始的蓄積［本源的蓄積］の前提条件であり、資本の侵入によって継続的に繰り返される。[訳注6]また、エンクロージャーが共有地農民を「自由な」労働者――都市に流出する自由であり、恐るべき貧困と不衛生のなかで生活する自由であり、勃興する資本主義体制のなかでプロレタリアートおよび下層プロレタリアートにな

訳注4　初出が「権威ある」自然科学雑誌『サイエンス』の掲載論文である「コモンズの悲劇」（一九六八年）の邦訳は『地球に生きる倫理：宇宙船ビーグル号の旅から』ハーディン、松井巻之助訳（佑学社、一九七五年）所収。ハーディンは経済学や社会学の専門家ではなく米国の生物学者であるが、コモンズ（共有地）ではみんなが利己的に乱獲・乱用するので、分割して私有化すればよいと示唆した。なるほどクジラの乱獲やオゾン層の破壊のように「コモンズの悲劇」に相当する現象（所有者のいない「人類共有環境」での競争がもたらす資源枯渇や環境汚染）はあるが、それらは資本主義と国家資本主義がもたらしたものである。また、『コモンズをささえるしくみ』宮内泰介編（新曜社、二〇〇六年）、『コモンズの経済学』多辺田政弘（学陽書房、一九九〇年）、『コモンズの思想を求めて』井上真（岩波書店、二〇〇四年）、『コモンズの社会学』井上真、宮内泰介編（新曜社、二〇〇一年）、『コモンズ論の挑戦』井上真編（新曜社、二〇〇八年）、『コモンズの人類学』秋道智彌（人文書院、二〇〇四年）なども参照。

訳注5　世界史で英国の第一次エンクロージャー（一六世紀）、第二次エンクロージャー（一八世紀）として習うものはその代表例である。『ユートピア』トマス・モア、平井正穂訳（岩波文庫、一九五七年）も参照。

訳注6　「継続的原蓄」を強調するのがマリア・ミースらである。『国際分業と女性』マリア・ミース、奥田暁子訳（日本経済評論社、一九九七年）、『世界システムと女性』マリア・ミースほか、古田睦美・善本裕子訳（藤原書店、一九九五年）などを参照。

る自由である――にするということ、そして宗教のごとき資本主義によって世界の全域で新たな収奪が続いているプロセスであることにも注目されたい。別の視角からみると、囲い込まれたコモンズは、商品そのものと同様に、もの全体からのある種の分断をこうむる。エンクロージャーは全体から切り離された生態系的集合体の比喩的な解釈を助長し、分断と劣化を促進する。(原注5)

ものごとのこの意味を受け止め、それからコモンズという言葉を、ある種の闘争の兆候、財産と商品化をめぐって組織されている資本主義の現在によって脅かされているが、まだエコ社会主義的な未来の可能性も示される、相対的に有機的な過去からの分断の瞬間として用いよう。現場では、闘争はコモンズを囲い込もうとする人々と、それを取り戻そうとする人々のあいだで行われるだろう。前者は今日では資本の名において発言している。他方で後者［住民運動など］はコモンズとその人間コミュニティによって構成される生態系の健全性を守るために闘争している。言い換えると、コモンズというのは物理的な場所ではなく、人間生態系のなかで起こっており、そのなかで生態系の健全性が危機にさらされているある種のイベント［出来事］である。

いまや私たちはエコ社会主義的な政治の課題をもっと具体的に述べることができる。それはコモンズの出現を見つけること、そして生態中心的勢力の勝利に有利なように介入することである。この光に照らして広い範囲の闘争を理解することができる。水のような生命の条件を脱商品化しようとする、(訳注7)あるいは汚染産業の侵入に抵抗する運動(訳注8)（言い換えると、「環境正義」を目指す運動）、コミュニティ［住民運動］の努力など。自主管理的な生産、言い換えれば、資本の相対的に外側での生産［労働者自主管理による生産］の構築、労働組合をつくる闘争（「組合」については、資本主義生産のなかに囚われた人々の生態中心的な結集によって、生態中心性の原型的な概念である連帯が広がる兆候がある)、グローバル化や軍事化に対抗する非暴力闘争の政治――やはり生態中心的組織化の範例的なものであるアフィニティ・グループ(訳注9)を通じて取り組まれる――などである。それぞれが自分たちのやり方で、ある種のコモンズ――より統合的で、より組織された、より自覚された人間生態系――を追求する闘争である。それぞれが私たちをエコ社会主義へと前進させる。

エコ社会主義的動員のパターン

パリ・コミューンの回帰

一八七一年春の二ヶ月間、パリの民衆はフランスの首都を支配し、世界中の支配階級の心のなかに

訳注7　水道の民営化に反対する闘争については、『脅かされた水の安全　ヨーロッパ水道民営化の波紋』NHK、BSドキュメンタリー、二〇〇八年六月一三日、『世界の〈水道民営化〉の実態　新たな公共水道をめざして』コーポレート・ヨーロッパ・オブザーバトリー　トランスナショナル研究所　佐久間智子訳(作品社、二〇〇七年)、『ウォーター・ビジネス』モード・バーロウ、佐久間智子訳(作品社、二〇〇八年)『ウォーター・ウォーズ』ヴァンダナ・シヴァ、神尾賢二訳(緑風出版、二〇〇三年)などを参照。

訳注8　有害廃棄物の処分場などがアフリカ系や先住民の地域に立地されることが多く、「環境人種差別」と言われるが、狭義にはこれに対する闘争を「環境正義運動」と言うことが多い。『草の根環境主義』ダウィ、戸田訳(日本経済評論社、一九九八年)、『環境レイシズム』本田雅和・風砂子デアンジェリス(解放出版社、二〇〇〇年)、『米国先住民族と核廃棄物：環境正義をめぐる闘争』石山徳子(明石書店、二〇〇四年)などを参照。

訳注9　アフィニティ・グループは、アナーキズムやフェミニズムで運動の単位となる小集団。

恐怖と狼狽を呼び起こし、社会主義であれアナーキズムであれ、ラディカルな左翼にとっての永久的なインスピレーションとして際だつ存在となった。(原注6) コミューンはプロイセンとの戦争［普仏戦争］でのフランスの敗北の途上での複雑な策謀から生じた。そしてそれが意味したものは、普通の市民が自らを組織し、直接民主主義的で非暴力的な方法で権力を行使する能力であり――ひとたび国家が力を結集してその「正当な」暴力を投入したら結局は血の海になったような、殺人的破壊の絶えざる脅迫にさらされたものであったが――、その記憶がパリのペール・ラシェーズ墓地につきまとったのである。そこではプルースト、オスカー・ワイルド、ショパンの墓の近くに、コミューン参加者たちが銃殺隊の前に立たされた地味な黒い壁を見ることができる。

コミューンはパリの労働者階級の広範な部分を、社会主義とアナーキズムの影響下に結集させた。その偉大な遺産は、自由に連合した労働の力を示したことであった。(原注7) それは「普通の（コモン）」人々が自ら社会を運営した最初あるいは最後の努力ではなくて、その最も有名な事例に過ぎなかった。その名前においてだけでなく実質においても、それは民衆の自己組織化の中世的な方法を振り返り、さらにそれを越えて、歴史的時間の深い奥の部分にわけ入り、原初の階級なき社会に思いをはせるものであった。一八七一年以来、その種の行動が、世界中で、革命的な文脈と、様々な国家の裂け目における半自治的なコミュニティの蜂起の双方において、数え切れないほど繰り返されてきた。

エコロジー危機の状況のもとで、いくぶん国家の解体を伴う後期資本主義のなかに、様々な裂け目があらわれるに違いない。これらの裂け目において、あるいはソマリアやハイチのような諸国に適用される冷笑的な支配層の用語を借用するならば、「失敗国家」において、私たちはパリ・コミューンにおいて帰着したのと同じ種類のプロセス――すなわち、国家の権威の相対的な不在と、新しく開かれた空間のなかに多かれ少なかれ自由に連合した労働と生態中心的意図を伴うコモンズ形態が出現した機会――を見ることができる。(訳注10) 私たちは可能性の範囲について具体的なイメージを得るために、四つの事例について手短に眺めてみよう。

1　ハリケーン・カトリーナ(訳注11)が襲来したあとのニューオーリンズに訪れた破局については、すでに論じた。これはまさに失敗国家を思わせるような事例であり、その破綻は長年にわたる資本主義と人種差別によって起こった様々な解体現象によってもたらされ、ブッシュ・ジュニア政権によって重大な局面に至ったものである。ハリケーンの直後には、多くのボランティア、大学生、コミュニティ活動家、緑派［エコロジー派］の人々、その他善意の人々がこの都市に集まり、打ちのめされた住民たちとともに、ときにはその指導のもとで働き、堕落した資本主義国家の有害な影響の外側で、市民社会の再建を始めた。かなりの、感激させるほどの善意がこの災害のあとで注ぎ込まれ、その一部は本書を書いている現在も残っている。しかしながら、その努力は一八七一年のパリのような新しい社会の原型へと広がることはできなかった。そして私たちが見たように、一年半後にこの偉大な都市はある意味ではかつてよりもさらに惨めな状態になったのである。

訳注10　ソマリアのような極端な無政府状態でなくても、アルゼンチンの二〇〇一年の経済危機のなかで、労働者自主管理生産のような「自由に連合した労働」の発露が見られたと言われる。「アルゼンチンの息吹　2．労働者の自主管理で病院を再建」藤井枝里。http://conflictive.info/contents/archive/fujii/p02/index.htm　などを参照。

訳注11　カトリーナについては、『ルポ貧困大国アメリカ』堤未果（岩波新書、二〇〇八年）がわかりやすい。

この悲しげな結果についてはただひとつの原因というものはなく、多くの不協和音がある。都市の物質的基盤に対するショックの規模（コミューン当時のパリでは起こらなかったことである）、民族浄化と新しい高付加価値不動産の建築を目的として破壊のあとを食いものにする――同時に観光産業の利益のためにテーマパーク的なイメージを利用する――資本の急速な復帰（これはコミューンの開始から一週間後のパリへのフランス陸軍の復帰に対応するであろう）、人種差別、貧困、組織犯罪、解体した地域生活によって長いあいだ積み上げられたすさまじいダメージ（やはり、前資本主義的な平等配分原理［コミュナリティ］に根ざした一九世紀の欧州都市から見れば異質なものである）、最後に、一八七一年のパリに連帯感を与えたような種類の一貫性のある政治文化の欠如。カトリーナのあとでニューオーリンズの民衆が求めたものはコモンズの再建であった。しかし、それが欠いていたのは、そうした努力のための真の土台であった。したがって未来先取り的なプロセスは定着せず、生態中心的コミュニティは広がることができなかった。そしてその冒険的企ても崩壊した。それはボランタリズム――時に英雄的な、ほとんど常に称賛すべき、しかしニューオーリンズの解体に抗することはできない――の練習になった。

2

南アフリカのアパルトヘイトに対するアフリカ民族会議（ＡＮＣ）とそれに連繫した勢力の勝利のあとに、新たに鋳造された一九九四年の民主政府は、世界で最も進歩的な憲法に導かれて、人種差別的な過去との和解のみごとなプロセスに乗り出した。しかし同時に新体制は［特に九九年就任のムベキ大統領のもとで］グローバルな新自由主義のプロジェクトのすべてに丸ごと同意することになり、南部アフリカ地域の小帝国主義勢力となって、ＩＭＦ［国際通貨基金］の政策を指導理念として受け入れた。予想されたことが起こった。階級格差が拡大し、黒人たちはお互いに分断された。多くの大衆が剰余価値の生産に貢献しない人々から成る資本の労働予備軍の深淵に沈み込んだ。(訳注12) 他方、南アフリカの上流階級［黒人のニューリッチを含む］は第一世界［先進国］の優雅、安楽、魅惑に満ちた生活を送ることができるようになった。アパルトヘイトという災難には勝利したが、何百万人もの南アフリカ人がアパルトヘイト時代の惨害に匹敵するか凌駕するほどの無力感と絶望に襲われた。(原注8) その結果は、犯罪の多発（南アフリカは人口あたりの犯罪発生率では世界最悪の部類に入り、平均の八倍くらいと言われる）と、やはり人口あたりの発生率で世界最悪の部類に入るエイズの流行において、予見できたはずのものとなった。

この場合には、失敗国家は崩壊したり撤退したりしなかったが、国家が救済してくれない下層階級を作り出した。しかしながら注目すべきことは、この同じ貧困層の一部は、違った行動をとって、このような環境条件下——彼らが住むことを余儀なくされているスラム街——ではありそうになかったようなコモンズの再創造の道を選んだのである。そのようなグループのひとつであるダーバンのケネディ・ロード・コミュニティは、アフリカ最大の有害廃棄物処分場に隣接しているというさらなる不幸に見舞われていた。そしてまだそこに住んでいるのであるが、自らを組織してパリ・コミューンの現代版を作り出したのである。

「アバラリ・バセムジョンドロ」はズールー語(訳注13)で「スラム街に住む人々」を意味する。彼らは自

訳注12　たとえば水道や電力の民営化に伴う料金の高騰に貧困層は苦しんでいる。

らをそう呼んでいるのである。(原注9) コモンズの創出の場合には、数本の糸が織り合わされるようにしてかなり活発なコミュニティが作られた。第一に、彼らが依拠する伝統があった。反アパルトヘイト闘争の伝統があり、それ以前にはズールー民族の自治の伝統があった。第二に、近くのクワズールー・ナタール大学市民社会センター（CCS）——その主要な目的がこのようなプロジェクトを支援することであるラディカルな研究者たちの多民族的で幅広い集団——の研究所との偶然の関係があった。最後に、ダーバン市における闘争の伝統があった。ここで［モハンダス・］ガンジーがサティヤグラハ［後のインド独立運動で有名になる非暴力不服従運動］を始めたのであり、また強力な労働組合が労働者に階級意識を自覚させ、二〇〇一年には［国連の］反人種差別世界会議(訳注14)が開催されたのである。

これらの要素の組み合わせがコミュニティを生き生きさせ、南アフリカ国家に対する抵抗を続けさせた。政府は一九九四年の希望を裏切り、水道、下水道、電気のような生活条件をしめつけ、スラム街の住民を追い出そうとする兆候を示したのである。状況はスラムの地域社会とCCS自体のなかのあらゆる種類の内紛、また近くのインド人コミュニティのような民族集団との紛争によって複雑化した。このプロジェクトのポジティブな結果を予想することは難しかった。それは「アバラリ・バセムジョンドロ」を維持できる生産的活動の方法がほとんどないという単純な理由からであった。実際、彼らの主要な職場は廃棄物処分場自体であり、多くの人がそこでの雇用の権利を激しく擁護したのである。しかし「アバラリ・バセムジョンドロの大学」と呼ばれる旗のもとで行進でき、CCSの会議——詩、歌、ダンスを伴うマルクス主義的討論で定期的に活気づく

──に参加できるコミュニティが、激しくとらえどころがないが本質的にエコ社会主義的な人間の精神の証言となっている。

3　エコ社会主義は国際的なものになるか、さもなければ存在しないだろう。そしてその歴史が書かれるとき、出発点は一九九四年一月一日、ＮＡＦＴＡ［北米自由貿易協定］が発効し、メキシコのチアパス州でＥＺＬＮ［サパティスタ民族解放軍］(訳注15)が抑圧された者たちの革命によって応えたときであろう。

ＥＺＬＮはパリ・コミューンのようなイメージでコモンズの回復を求める、最も未来先取り的で成功した事例であり続けてきた。それは農村を基盤とし、千以上のコミュニティを含み、三二の

訳注13　ズールー民族は南アフリカの有力な先住民族のひとつで、かつては「勇猛さ」で知られた。ヘンリー・ライダー・ハガードの小説などに描かれている。

訳注14　ブッシュ政権発足後まもなくの開催であり、米国政府とイスラエル政府の代表が途中退席した。

訳注15　ＥＺＬＮの公式サイト（スペイン語）は　http://www.ezln.org.mx/index.html　日本語文献に次のものがある。『もう、たくさんだ！　メキシコ先住民蜂起の記録1』サパティスタ民族解放軍、太田昌国・小林致広訳（現代企画室、一九九五年）、『インターネットを武器にした〝ゲリラ〟反グローバリズムとしてのサパティスタ運動』山本純一（慶應義塾大学出版会、二〇〇二年）、『マルコス・ここは世界の片隅なのか グローバリゼーションをめぐる対話』イグナシオ・ラモネ、湯川順夫訳（現代企画室、二〇〇二年）、『ラカンドン密林のドン・ドゥリート カブト虫が語るサパティスタの寓話』マルコス副司令官ほか、小林致広訳（現代企画室、二〇〇四年）、『グローバル化に抵抗するラテンアメリカの先住民族』藤岡美恵子・中野憲志編（現代企画室、二〇〇五年）、『老アントニオのお話 サパティスタと叛乱する先住民族の伝承』マルコス副司令官、小林致広訳（現代企画室、二〇〇五年）、『サパティスタの夢』マルコス副司令官、イボン・ル・ボ、佐々木真一訳（現代企画室、二〇〇五年）。

自治地域に組織され、すべてがメキシコの国境の内部にあるが、国家の一部ではない。現在［二〇〇七年］では、ＥＺＬＮの結成から十一年、先の内密の組織化から数えて十三年になるが、熱帯雨林から現れて、世界に衝撃を与えたのである。この長さ——それは最近では近隣のオアハカ州にも影響を及ぼしており、至る所で国際主義者と接触を保つために先端的な通信様式を利用している——は、どこでも再現できるわけではない特別な状況のもとにおいてではあるが、資本主義国家の領土内で抵抗の自治的地域を作ることができるということの積極的な証明となっている。しかしそれはまだひとつの点に過ぎない。どこでも再現できる条件があるわけではない。したがって、エコ社会主義的オルタナティブの建設者たちは、いかにして地域の特性を生かすかを学ばなければならないだろう。そしてサパティスタのように、彼らは政治文化と生産関係を作り出すために、慎重に組織しなければならないだろう。

ＥＺＬＮは最初の「ポストモダン」革命と呼ばれてきたが、その用語はこれまでのドグマのルールに従って演じることの拒否を単に述べたに過ぎないものである。大都市でのポストモダニズムがある種の伝統の略奪と混沌としたものの意図的な追求を示しているのに対して、エコ社会主義としてのサパティスタ運動は、自由に連合した労働を作り出す一定の方向性と、生態中心的な目標を追求する一定の方向性を通じて、積極的な内容を作り出している。これらは空気のなかから魔法で取り出してきたものではなく、伝統の意図的な利用と変形を通じて出てきたものである。その中心的な特徴のひとつは、生産の女性的な諸形態に価値を与えるために家父長制以前の過去にさかのぼることにより、自然のジェンダー的分岐を克服することであった。これはサパティスモの中心的特徴のひとつであり、それは先進国と発展途上国の政治に前例がないほどに女性の生活を変えてきた。

チアパスにおける生態中心主義については、学校への支援を求める——二〇〇六年に九校が建設され、二〇〇七年にもさらに四校が計画されている——募金集めの手紙から引用させていただきたい。

この手紙はほとんど不可能なほど野心的な農業エコロジー／健康教育ツアーのさなかに書いているところである。そこでは心の障壁が取り除かれ、人間の尊厳、民主主義、地球を救うことについてのツォツィル、ツェルタル、チョル、ソケの諸言語で（たどたどしいスペイン語も交えて）語られる刺激的な討論のあいだに希望がわき上がってくる。健康で小さなニームの木(訳注16)が州を横切る境界に植えられており、サパティスタのとうもろこしはＧＭＯ［遺伝子組み換え作物］で汚染していないかどうか、先住民の農業エコロジー活動家によって検査されている。この環境

訳注16　ニームはインドの樹木。センダンの一種で、防虫効果のある有効成分「アザディラクチン」が豊富に含まれており、インドでは古くから農業に欠かせないものとされてきた木で、「村の薬局」と呼ばれる万能選手だという。欧米でも害虫対策にはニームが注目されている。インドでは大昔から天然の樹木・ニームを虫下しとして利用してきた。いまでもニームの枝をちぎって歯磨きとして使っている（「行きつけのお花屋さん」サイトによる〈http://item.rakuten.co.jp/hanakikyo/neem-5/〉。知的財産権で欧米企業との紛争（バイオパイラシー問題）にもなっている。『ニームとは何か？　人と地球を救う樹』国際開発のための科学技術委員会編著、石見尚監訳、片山弘子訳（緑風出版、二〇〇五年）を参照。

に焦点をしぼった教育旅行が計画され準備されてからの数ヶ月間は、真に刺激的で深く得ることのある経験である。

EZLNはバイオリージョン［生命地域］規模での革命的なエコ社会主義の最初のモデルを提供している。(原注10) 火力において遙かに勝るメキシコ陸軍からの絶えざるいやがらせにもかかわらず、サパティスタはある種の生態学的健全性を保持している。彼らは国家のなかに国家なき社会を形成し、抵抗のなかで生産的に団結した。マルクスがパリ・コミューンについて述べたこと、(訳注17) つまり「プロレタリアートの独裁」の観念を彼らが生活のなかで実現していると、エコ社会主義へのサパティスタの道について語ることができ、すべての人々にあてはまる単一の道はありえないのだということより広い教訓がこれに伴っている。結局のところ、チアパスの小農民はいかなる定義によっても、プロレタリアではない。しかし小農民、プロレタリア、インフォーマル労働者、先進国の主婦などはすべて、資本蓄積のグローバルなシステムに対して多かれ少なかれ対立的な関係を持っている生産者であり、すべてがいまやエコロジー危機によって引き合わせられている。これは、これらすべての場合において、「大魔王」［グローバル資本主義の支配層］に対する共通の使命を認識しているということではない。現在では、そのようなことは滅多に起こらない。実際、しょっちゅう誤解と無益な対立が生じるが、連帯の名において克服されねばならないだろう。

4　最後の事例は直接的な抑圧への対応にかかわるものではないという点において違っている。それはむしろ、言わばそれ自身のために行われたエコ社会主義のイニシアティブの事例であり、国家によって放棄されたのでも国家からもぎ取ったものでもない土地を国家なき空間として利用しているが、そこではそもそも国家が介入することはなかった。非常に不毛な土地だったからである。したがってそれは、共同の立ち上がりの別の次元を示している。

ガビオタス(訳注18)は南米コロンビアの高地の人里離れた地帯に建設された国際的コミュニティである。これは一九七一年に開設されたものであるが、地球上で最も苛酷な環境のひとつが、エコロジー的に合理的な技術を用いる自由に連合した労働によって、変えられたものである。かつては高地の乾燥した平原であり、土壌は自然に堆積したアルミニウムの毒(訳注19)があったところに、現在では、コロンビアの植林プロジェクトを全部あわせたよりも大きな再植林のプロジェクトが行われており、そこには六〇〇〇万本の樹木が植えられ、樹脂と楽器の原料になっている。これらやその他の商品が資本主義的循環の外側で、資本主義国家のないところで――言い換えると、使用価値が高められ、交換価値が削減されたところで――作られており、そこは未来を先取りしたエコ社会主

訳注17　マルクス『フランスにおける内乱〔フランスの内乱〕』一八七一年（邦訳は岩波文庫ほか）

訳注18　「ゼリ・ジャパン」という循環型社会を目指すNPO法人のサイトのなかに「ガビオタスの友基金」という頁がある（http://www.zeri.jp/gaviotas/index.html　）。ローマクラブもガビオタスに関心を持っているようだ。英国の雑誌『ニュー・インターナショナリスト』二〇〇三年六月号の「エコ集落ガビオタス」についての記事も日本語で紹介されている（http://www.ni-japan.com/topic357.htm　）。なお、Friends of Gaviotasというサイトは英語である（http://www.friendsofgaviotas.org/）。ウィキペディア項目の「Gaviotas」は英語、ノルウェー語、ポルトガル語のみで開設されており、ポルトガル語サイトは分量が少ない。

訳注19　アルミニウムの多すぎる土壌は植物の生育に良くない。

義の群島の一部となりうるような、非資本主義的で生態中心的な生産の島である。（原注11）

ガビオタスは何もないところに新たにつくられた町であり、コロンビアではなくパラグアイの解放的伝統を利用するために過去の伝統を用いたということは注目に値する。パラグアイの一八世紀のインディオのコミュニティは、イエズス会によって組織されたものであり、スペイン帝国が領土を要求するまで、一世紀以上にわたり、自律的な発展をとげたものであった。ひとつのつながりは楽器の製作であり、地球への負荷が少ない生産形態のひとつである。ガビオタスのコミュニティの時代を先取りした創設者であったパオロ・ルガリがパラグアイ人の世界について述べたように「誰にでも……歌ったり楽器を演奏したりできるように教えることができる。音楽はコミュニティを一緒に織り上げる織機であった。音楽は学校にも、食事のときにも、そして仕事場にさえあった。音楽家は労働者に付き添って、トウモロコシやマテ茶の畑にさえ行った。彼らは交代で行い、ある者が演奏しているときには、別の者が作物を収穫した。それは文字通り持続的なハーモニー［調和］（原注12）のなかで生きる社会だった。それは私たちがこの森のなかで直ちにやろうとしていることとである」。

パラグアイ人がやったことは、子どもたちの生活における遊び、歌、創作の幸福な相互関係――たとえば良い保育園でのような――を想起させる。もし私たちがこのような比較を、大人の仕事の情景を中傷するものだと考えるならば、私たちはエコ社会主義の中心的な論点を見逃したことになる。というのは、子どもたちも大人たちも同様に、歌い、踊り、遊ぶという固有の自発的で新たに生じるニーズを持っているからである。これはエコ社会主義的な生産――それが資本による劣化から回復される使用価値であれ、新たに作り出されるものであれ——に直接入っていく。資本主義的生産の機構は、身体を時間的に拘束するだけではない。それは男性支配的で生命を否定する性格——それは抑圧を実行し、生命力の開花を窒息させ、エデンからの追放以来、生産を痛みで呪われたものにした——を持っている。男性支配の克服はまた、生産にその固有の喜びを回復させる。やるべきハードワークはたくさんあるだろう。しかし自由に選ばれ、集団的に行われるハードワークは大きな喜びである。資本主義を支配する所有の呪いを、存在をめぐって組織される社会——それは地球への負担が少なくできる——によって置き換えるのは、この満足である。[訳注20]音楽や詩の表現性は本質的にモノから離れているのであり、人間の内部からあらわれるのであるが、それは対象への従属から生態中心的に実現される実践の地平へと入っていくのである。

生態中心的生産の地帯

ガビオタスは国家の外側に建設されたエコ社会主義社会であるという点において、パリ・コミューンの路線に沿った生産的共同体である。しかし多くの生産的共同体が資本主義の間隙の内部に生じている。すべてはその反資本主義的な意図、それを動かす労働の自由な連合、その生態中心主義に応じ

訳注20　所有と存在を対比して論じたのはフロイト左派、フランクフルト学派のエーリッヒ・フロムである。『生きるということ』フロム、佐野哲郎訳（紀伊国屋書店、一九七七年）を参照。

て、エコ社会主義の未来を先取りできる。いくつかは大地とともに始まった。コミュニティ・ガーデンや、ファーマーズ・コープのようなコミュニティに基盤をおく農業の実践のように。また他のものは、先端技術の領域で活動している。

後者のタイプの事例として、オルタナティブ・メディア[訳注21]のコミュニティを考えてみよう。それは資本主義の正当性と統制のアルキメデスの支点[訳注22]に位置している。この「インディメディア」センターの形での新しい社会の先取りは過去十年のあいだに、最初は反グローバル化の抗議運動が訪れた都市でのラディカルなメディア活動家の集合体として登場してきた。しばしば独立のセンターが、街頭での抗議の波が退潮したあとにも残った。他方、他のものは同じモデルを用いて自発的に登場してきた。彼らのやり方はメディア活動家の一世代によって準備されたものであり、諸センターは、フレキシブルで開かれた構造、インターネットのような新しい技術の使用価値の民主的な解釈、そして資本蓄積と帝国の体制に対抗する幅広い闘争への持続的な関与を示している。[原注13]彼らは成長して、全国的および国際的な集合体へと結集したのであり、反資本主義のビジョンによって団結したウェブ上の結節を形成している。民主的メディアを求める運動を結合させる同じ力がまた、それを生態系的、すなわち民主的コミュニタリアンの方向で維持する傾向があり、それは時の権力者との妥協を望まない程度にまで至るのである。この方法で自発的に発展する集合体は、抵抗のコミュニティへと進化するが、それは場所よりも実践によって定義されるものである。たぶん、それらの場所は至る所にあり、エコ社会主義のグローバルな領域を先取りしていて、伝統的な緑の理論[原注14]［ローカリズム的］とは対照的に、その核心においてコスモポリタン的であると言ったほうがよいであろう。

これらのコミュニティにおいて、労働は相対的に自由に連合するようになった。しかしながら、実際のエコ社会主義は、労働の国際分業の総体が克服されることを必要としている。それはプロレタリア、賃金労働者の分業も含めてであり、これはその困難が過大評価されることは滅多にないほどの大きな問題である。資本による労働の支配は、労働者の生産手段からの分離、お互いからの分離を前提としている。これが資本主義の勝利の土台であり、労働運動自体にも影響を与えているものである。労働運動は現存する資本主義的職場のなかでの雇用に依存しており、しばしば資本と一体になって環境保護に抵抗し[訳注23]、同時に国民的あるいは地域的に分断されており、北と南［先進国と発展途上国］の運動が多くの別々のアジェンダ［運動課題］を持っている。その過程において多くの労働者組織は硬直化して官僚化し、変革主体の化石のようになってしまう。

これはエコ社会主義を先取りしようとする赤と緑［共産主義とエコロジー］の運動の「赤」の部分——

訳注21　『オルタナティブ・メディア』ミッチ・ウォルツ、神保哲生訳（大月書店、二〇〇八年）参照。日本のオルタナティブ・メディアとして、インターネット新聞 JanJan http://www.janjan.jp、「News for the People in Japan」（NPJ）http://www.news-pj.net/ などがある。

訳注22　古代ギリシャの自然哲学者アルキメデスは「私に支点を与えよ。そうすれば地球を動かしてみせよう」と言ったと伝えられるが、これはてこの原理を言い表したものである。転じて物事を大きく動かすための急所を「アルキメデスの支点」という。

訳注23　たとえば水俣病の公式発見は一九五六年であるが、チッソ第一組合が患者との連帯・支援に踏み出したのは、ようやく一九六八年のことであった。また、日本専売公社時代の全専売労働組合は、煙草の危険性に否定的であった。

特に第一期社会主義の多くの分派の人々――にとって切迫した問題である。私たちは時折、この部分の人々からの、本書の議論は、社会主義革命において国際プロレタリアによって演じられるべき「特権的な」役割を低く見ているという不満を耳にする。確かに、地球規模の生態破局の切迫性が資本への抵抗のプロジェクトを再編成しているというのは真実である。それは単純に、マルクス主義が変わりゆく現実に接触を保つ必要があるということのあらわれでもある。しかしながら、エコロジー危機は決して、剰余価値が生産される職場での資本に対抗する努力が弱められるべきであるということを意味しない。実際、エコ社会主義の社会が、プロレタリア労働の現実や、プロレタリアという人間の大集団を新しい生産方法に組み込む必要性を無視したところに打ち立てることができるとは考えられない。しかし労働運動の効果的な組織はエコロジー危機の根本的に新しい諸条件を考慮する必要があるということは、依然として事実である。言い換えると、赤い社会主義者は、彼らの理論と実践のなかに、生態中心主義の方法を組み込み、「何がなされるべきでないか」についての意識が高められた賃金労働者になる必要がある。なされるべきでないこととは、産業資本主義の自殺的路線と、終わりのない癌のような成長を続けさせることである。

自発的生産の領域は、資本の「暗い悪魔的な工場」での闘争よりも特権的なものだというわけではない。彼らはエコ社会主義への直接の道をより多く提供できる幸運に恵まれており、他方で伝統的な労働者組織は労働者の再教育と、新しい世界の建設に伴う古い制度の解体というより複雑な過程にかかわらなければならないということを除いて。(原注15) しかしこれは、ある種の特権とみることができる。第一期社会主義の分派が言わば、非常に困難なプロジェクトを遂行できる「特別な勢力」でなければならないという点において。いずれにせよ、資本主義を克服する努力において先天的な特権がないのは、エコ社会主義社会のための青写真がないのと同様である。もし伝統的な階級闘争が歴史の推進力として優先性をもつと主張する人々が、その点を証明したいのなら、彼らにも道は開かれている。エコ社会主義運動のなかの誰も、彼らがそうするのを止めることはできないし、そうすべきでもない。

現存社会主義のエコ社会主義への適合性については、ある程度の真正の社会主義が定着したところでは、エコ社会主義への未来先取り的な道がすでにあらわれているということを念頭におく必要がある。私たちは、キューバにおける生態中心的な農業の全国規模での導入についてはすでに述べたが、ウゴ・チャベス政権のもとでの「ボリーバル派」のベネズエラ人において、生態中心的な発展にかなりの注意が払われつつあるということも、付け加えるべきであろう。[原注16]その結果を予測することは時期尚早である。ここで言うべきことは、国家統制が解体し、再編成された国家暴力が絶えざる脅威となっている「パリ・コミューン」型の自治的発展のモデルとは対照的に、[原注17]この後者の状況［キューバなど］のもとでは、強力で、ある程度無傷な、社会主義志向の国家がプロセスにおいて指導的な役割を演じているということである。ここでの潜在的脅威は、国家が結果的にあまりに強力になり、自由に連合した労働の出現を窒息させ、エコ社会主義に向けた運動も失速させる可能性である。

全体を引きうける

地球温暖化は地球規模のエコロジー危機の唯一の側面ではないし、人類を破壊する可能性のある唯一の危機でもない。しかしそれは間違いなく、世界の人々の想像力をとらえる力を一番たくさん持っている。これは地球温暖化の文字通りあっと言わせるような性質、危機の他の側面にもはっきりと影響する性格のためであり——天候の影響を回避できる生物が地球上にいるだろうか?——そして最後に、決して小さな理由ではないが、地球温暖化が歴史全体を、先史時代だけでなく、産業資本主義の時代をも被告席に立たせるからである。ここでは主要な犯人は明らかである。石油文明の全体、自動車天国［オートモビリア］(原注18)の推進者から、炭素資源［石油など］を維持するために終わりのない戦争を行う帝国まで、石油が属する地下からの流れから、それが私たちの生活を破壊する大気中の炭素までである。言い換えると、エコ社会主義のグローバルな実現のための時代がやってきたのだ。

地球温暖化についての闘争は階級闘争でもあり、(訳注24)したがってエコ社会主義を通じて克服されるべきであるということは、通常の討論では隠されている。ここではすべての目がテクノクラートの部隊と、地球温暖化がどのように展開し、その影響をどのように緩和し、いかにして炭酸ガス排出を減らして、温室効果ガスの致命的な増大を防ぐかを考える彼らの努力——疑いなく重要なものではあるが——に注がれている。しかし問題の核心は技術的なものではない。アル・ゴアの表現(訳注25)にあやかって言えば、地球温暖化に対する闘争には、技術的には対処できない本当に不都合な真実がある。(原注19)権威ある気候変動政府間パネル（IPCC）が二〇〇七年五月の最終報告書で述べたように、大気中の炭素濃度を抑えるのに必要な立派な手段は、炭素の削減を妨げようとする「既得権益」によって深刻に阻害されうる。(原注20)

いかなる大量のグリーンウォッシュ(訳注26)といえども、利害関係者が誰であるかを曖昧にすることはできない。たとえ石油会社がソーラーパネルも作っているとしても、自動車産業が燃費の良い自動車を求める市場の需要を利用するとしても、炭化水素［石油など］から利潤を得る巨大企業は、なお炭素の流通を維持するために何千億ドルもの固定資本のための投資をしているのであり、あなたや私が十分間息を止めることができないのと同様に、こうした企業も世界の長期的便益のために当面の利益を度外視することはできないのである。私たちの脳幹は酸素代謝の自発的な削減を許容することはないだろう。資本の生存機構も資本蓄積の中断に関して同じ命令を下すのである。強調しておこう。既得権益者は資本家として振る舞うのであって、人間として振る舞うのではない。――資本家としての彼らと戦わなければならない。そして石油資本に対する戦いは、資本主義の全領域を通じて行われる必要がある。それは言わばグローバルにということである。国家を通じて、国家が行動する必要があるところに介入することによって、力のバランスを資本に不利なように変える方法で。市民社会で、抵抗とオルタナティブな生産のための対抗的制度と、来るべきエコ社会主義を先取りする制度を作るために。

闘争は北と南［先進国と第三世界］のキャンペーンへと分化するが、これらの概念は固定した地理的

訳注24　たとえば、小杉修二の一連の論文を参照。「地球温暖化防止のための諸提案の検討」『駒沢大学経済学論集』第二八巻第三・四合併号六二頁（一九九七年）、「平等主義を否定して温暖化防止は可能か」『カオスとロゴス』一〇号一八頁（一九九八年）、「温暖化問題は平等主義を浮上」『QUEST』第二号（一九九九年）、「持続可能な社会と企業経営―地球温暖化問題解決の視点から―」『比較経営学会誌』第二七号一〇頁（二〇〇三年）

訳注25『不都合な真実：切迫する地球温暖化、そして私たちにできること』アル・ゴア、枝廣淳子訳（ランダムハウス講談社、二〇〇七年）及び映画『不都合な真実』を参照。

訳注26　グリーンウォッシュとは、企業活動を環境にやさしく見せかけること。『グローバルスピン：企業の環境戦略』シャロン・ビーダー、松崎早苗監訳（創芸出版、一九九九年）に詳しい。

範囲を示すよりもむしろ、メトロポリスと周辺部――そこではほとんどの資源が自然から引き出される――の資本のあいだの区別にかかわるものである。(原注21) 北では私たちはそのようなキャンペーンの出現を見ている。(原注22)

(1) その影響が石油への依存を減らすような公的施設、たとえばライトレールのネットワーク［低床型の路面電車］を建設する計画。これはいわゆる技術的解決策ではない。というのは、その技術はすでに周知のものだからである。それは国家をめぐる闘争、政治的闘争である。同様の闘争は燃費の規制をもっと粘り強くやるように国家に要求するためにも行われるだろう。あるいは空港拡張の阻止。あるいは化石燃料採掘、高速道路建設、パイプライン建設への補助金や、SUV［スポーツ用多目的車］への販売奨励金をなくすこと。

(2) これらを再生可能エネルギー開発への補助金によって置き換えること。ハイブリッド車のような燃費のよい自動車の開発と購入を奨励すること。効率改善の手段。省エネのための地域社会での政策の推進など。理想的には、これらの補助金は石油の超過利潤への重課税から引き出されるべきである（二〇〇六年の利潤として石油の大手五社が三七五〇億ドルを「儲けた」ことを覚えておこう）。

(3) 炭素経済［石油の大量消費］からの離脱によって一時解雇された労働者への補助金提供を国家に強制する――それは伝統的労働運動の環境主義に対する敵意を克服するための鍵となろう。

(4) 上記は国家への要求である。たとえば原生林のような比較的無傷の生態系を、京都議定書の「クリーン開発メカニズム」（CDM）に対抗して保存する直接闘争もまた必要である。

(5) 企業、特にエネルギー企業にこれらの移行費用を負担するように求める訴訟。

これらのいずれもそれ自体としては、国家を民主化し、企業部門を民主的統制のもとにおくための改良主義的な課題以上のものではない。しかしながら、現在の文脈で全体として取り上げるならば、それらは文明の方向性の深遠な変化を含んでいる。さらに、それらは大気中の炭酸ガスの蓄積を遅くし、よりラディカルな手段、たとえば、国有化を定着させるための時間を稼ぐことになる。

他方、南では、闘争は「環境正義」運動のタイプになり、資本の浸食とその多くの災厄的な影響に対してコモンズを多かれ少なかれ直接守ることを含む。下記のような行動がこの事実を劇的に示し、貴重な国際連帯を作り出す。

(1) ボリビアとエクアドルのインディオが、巨大石油会社（アル・ゴアの一族が部分的に所有しているオクシデンタル石油を含む）が彼らのテリトリーに侵入するならば、集団自殺によって抗議すると宣言している。

(2) 恐るべき汚染と生活への危害について損害賠償を求めるために、エクアドルのインディオがシェブロン石油を提訴している。

(3) 同様の挑戦がアラスカのノーススロープのイヌイート［旧称エスキモー］によって行われている。

(4) コスタリカの民衆が勝ち取った石油採掘の禁止。

訳注27　ナイジェリアの石油問題については、『ナイジェリアの獄中から「処刑」されたオゴニ人作家、最後の手記』ケン・サロウィワ、福島富士男訳（スリーエーネットワーク、一九九六年）も参照。

(5) 女性が裸になって抗議することから武装ゲリラ運動に至るまでの、ニジェール川デルタ(訳注27)の民衆による抗議。すべては地下の富は地上に住む民衆のコントロールのもとにおかれるべきだという挑発的な想定のもとで行われている。(原注23)

(6) そして最後に、北と南をさらに結びつけ、石油資本に対する闘争をエコ社会主義の道、反戦と反帝国主義の運動のなかに位置づけること。

二つの主要な戦略的テーマが、活動家をその道［エコ社会主義の道］へと向かわせる。それらはどちらも、断固としてラディカルな行動によってのみ達成できる目標を構成する炭素排出削減の要求を理解する必要性によって活性化されている。もし、最良の意見が述べているように、二〇三〇年までに世界の炭酸ガス排出を六〇％削減し、先進国のそれは九〇％削減する必要があるとするならば、そして「暴走的な地球温暖化」という運命的なシナリオ――そこでは、正のフィードバック・ループ(訳注28)が続いて、状況が制御できなくなる――を回避すべきであるとするならば、そのような目標は産業資本主義とそのカオス的に拡張する衝動の文脈のなかでは達成できないのであり、ブルジョワ的評論家が言うように単純な技術的問題とみなすこともできないことを認識することが不可欠である。こうした行動を阻止できないように資本主義システムがラディカルに解体されるような社会の形成に向けて活動を集中することは、むしろ明快な呼びかけである。言い換えると、地球温暖化の危機は資本主義の神々の黄昏(訳注29)である。それはローザ・ルクセンブルクの、私たちは「社会主義か野蛮か」の選択(訳注30)によって定義される時代に住んでいるのだという深遠な格言が現実のものとなる――歴史はいまやこれを「エコ社会主義か生態破局か(訳注31)」の選択として定義するに至ったことを除けば――瞬間なのである。具体的に言うと、これは次のことを含意している。

第一に、京都議定書(訳注32)とその後継体制のレジーム――それは排出量取引［排出権取引］のための新しい金持ちの市場とともに、北［先進国］の企業が排出の継続をオフセット［相殺］するために南［発展途上国］で様々な巧妙な仕掛けを用いるCDM［クリーン開発メカニズム］を規定している――に反対する

訳注28　たとえば血液中のホルモン濃度が上昇するとこれを下降させる機構が作動してホルモン濃度を一定に保つのが負のフィードバックであり、温暖化によってメタンハイドレートが分解されるとメタンが生じてさらに温暖化を加速する、温暖化すると海洋の炭酸ガス吸収が減ってさらに温暖化するというのは正のフィードバックである。

訳注29　北欧神話の「ラグナロク（古ノルド語で「神々の運命」の意）」は、世界の終末の日（ハルマゲドン）のことである。ヴァーグナーはこれをGötterdämmerungとドイツ語訳して、自身の楽劇『ニーベルングの指環』最終章のタイトルとした。このため、日本でも「神々の黄昏」の訳語が定着している。夏は訪れず厳しい冬が続き、人々のモラルは崩れ去り、生き物は死に絶え、神族と巨人族の間に世界終末戦争が起こるとされる（ウィキペディア「ラグナロク」）。

訳注30　ローザ・ルクセンブルクは一九一五年の論文「社会民主党の危機」でこう述べた。「フリードリッヒ・エンゲルスは、かつていった。ブルジョア社会は、社会主義への移行か、野蛮への逆転か、というディレンマに立っている、と。……（中略）……この世界戦争――これこそが野蛮への逆転である。」（「社会民主党の危機」片岡啓治訳『ローザ・ルクセンブルク選集　3』（現代思潮社、一九六九年）一六二～三頁。『ローザ・ルクセンブルク』トニー・クリフ、浜田泰三訳（現代思潮社、一九六八年）四八頁も参照。現代の社会主義者も次のようにこの表現を著書の表題に使っている。『社会主義か野蛮か―アメリカの世紀から岐路へ』イシュトヴァン・メーサロシュ、的場昭弘・志村建・福田光弘・鈴木正彦訳（こぶし書房、二〇〇四年）、『社会主義か野蛮か』コルネリュウス・カストリアディアス、江口幹訳（法政大学出版局、一九九〇年）

訳注31　生態破局についての解説としては、たとえば『破局　人類は生き残れるか』粟屋かよ子（海鳴社、二〇〇七年）がわかりやすい（物理の専門的な記述は飛ばして読んでもよい）。

統一的な展望。排出量取引市場は早く金持ちになるための計画である。他方、CDMはさらにコモンズを囲い込み、先住民の生活世界を破壊し、民衆を南の巨大スラムに追い込む、新植民地主義の実践である。繰り返すならば、京都［メカニズム］のすべての側面は、機能しないように設定されており、確認できないものであり、絶えず操作と不正にさらされているのであるが、それはまさに、京都［メカニズム］が気候変動の管理を、そもそも問題を作り出した大企業勢力そのものに委ねているからなのである。(原注24)

京都［メカニズム］は信頼できないので、社会主義的オルタナティブの可能性があらわれ、それとともに第二のテーマが入ってくる。決定的な事柄は、持続可能性［サステイナビリティ］の問題である。資本主義はシステム全体としては持続不可能であるが、それは単に過剰生産をするからだけでなく、それが作り出す世界全体がエコロジー的バランスに適合しないからでもある。私たちがみてきたように、資本主義は中毒の社会をもたらすが、それは傲慢なエゴ［自我］が自己とともに不安定化した生態系の断層線を再生産するからである。結果として、莫大な自己欺瞞と拒否が気候についての討論に組み込まれ、それは将来の被害の程度を最小限に見積もるとともに、もはや許容できない量の炭酸ガスを大気中に排出することのない世界をつくるのに必要な変革の程度をも小さく見積もる傾向がある。(原注25) だから、資本によって提供される居心地のいい家［繭(まゆ)にたとえられる］の中での、向こう見ずな消費主義の生活を続けることを可能にするような技術的解決策への渇望が生じるのである。技術革新の力に盲目的な信頼をおくことによって、人々は「本当に不都合な真実」――資本主義は私たちを悪夢のなかに導くのであり、そこからどうやって解放されるかについての手がかりはほとんど与えてくれないこと――から自己を防衛するのである。

すべてが、資本主義からの離脱が起こりうるかどうかにかかっている。反京都［メカニズム］のキャンペーンのように、その環境破壊性とニヒリズムに対する断固とした批判は必要であるが、エコ社会主義が現実のオルタナティブになりうる――所有の専制からの解放を意味する、自由に連合した労働と生態中心的実践の組み合わせとともに――という信頼できる希望と結びつけなければ、資本主義からの離脱だけでは不十分である。この議論の始めに記述した「賭け」は、言い換えると、資本主義が私たちの力に課す拘束と、これが予告する暴走的な地球温暖化の悪夢を人類は乗り越えることができることを証明するための具体的な努力の実践へと転換される必要がある。

こうしたことが生じるためには、上述した様々なキャンペーンのすべてがさらに拡張され、相互に連結されて、非産業的な価値の生産と、炭化水素経済［石油文明］に対置される代替エネルギーの体制にますます基礎をおくものとならねばならないだろう。私たちはこれがひとつの国、あるいはチアパス州のネットワークのような解放されたエコ社会主義地帯において、局所的に起こること、そして地球社会がエコ社会主義的になるまで、様々な軸に沿って広がっていくことを想像できる。地球温暖化の

訳注32　ここで著者コヴェル博士は一九九七年の京都議定書が先進国の排出削減目標（極めて不十分なものだが）を設定したことを批判しているのではなく、いわゆる京都メカニズム（排出量取引［排出権取引］、共同実施、クリーン開発メカニズム）を批判しているのである。日本は削減目標の達成が困難なので第一約束期間の終わりに国費［税金］を使って大量の排出枠を買わねばならないと予想されており、ヘッジファンドなどがそれを見越して排出枠を買いあさっていると言われる。『「温暖化」がカネになる』北村慶（ＰＨＰ研究所、二〇〇七年）などを参照。

諸条件――多くの予測できない災厄が起こり、体制を団結させるために右翼的さらにはファシスト的な手段さえ絶えずちらつかされる――のもとでは、非常に乱暴で混雑した事態の進行が確実であろう。どれだけ多くの犠牲が生まれ、どのような帰結になるのだろうか？　こうしたことは推測するしかないのであり、……どのように前進するかについてのさらなる思索に待つしかない。

エコ社会主義の党とその勝利

前世紀［二〇世紀］には、党建設の二つのモデルが支配的であった。ブルジョワ民主主義の議会政党と、ボルシェビキの伝統であるレーニン主義の「前衛」党である。どちらのモデルもエコ社会主義のプロジェクトに属するものではない。エコ社会主義は投票によって権力を取ることはできないし、もしその成長に内部の民主主義が統合されなければ、死産に終わるのである。レーニン主義の党は、主としてそれらが基本的には前資本主義的な社会――そこで革命が成功した――で作られたので、第一期の社会主義を打ち立てることに成功した（訳注33）。第一期の社会主義によって打倒された資本主義は、中心部の資本の帝国主義の出先、あるいはもっぱら前資本主義的な社会に移植された遅れた体制だった。それらは資本の現存秩序の中心部も世界的な外縁部も包含していなかったのであり、その両者が来るべき革命プロジェクトを根本的に変えるのである。

現代資本主義は「民主的価値」を引き合いに出すことによって自らを正当化する。私たちがみてきたように、これは偽物であるが成就されておらず、明確な根拠にもとづく現実の約束であり続けている。

生活世界と伝統的なヒエラルキーを断片化することによって、資本主義は人間を形式的自由と阻害された発展という自由ならざる自由のなかに解き放すのである。容易でないバランスが資本主義の諸制度のなかで維持されており、それは資本主義を資本蓄積の目的に拘束する。資本主義を乗り越えて進むためには、だから、自由の約束が裏切られたことを確認し、そこから運動の機運を高めることから始める必要がある。したがって、変革の手段は目的と同じように自由でなければならない。(訳注34) それゆえ、前衛主義――そこでは前衛党は民衆より前方にあるとともに、民衆から分離している――は成功の見込みがあるものではない。参加の実践を自由に発展させることのみが、想像力を動員し、反資本主義闘争が発生する無数の地点を一緒にできるのである。そして「党のような」構成体――それは上から押さえつけることなしにあらゆる闘争に共通目標を要求する――がこれを「確固とした連帯」へと組織し、権力へと押し上げることができる。したがって党はそれ自身の弁証法から形成される。それは客観性と主観性を「結合させたもの」である。前者は物質的諸条件の提供であり、後者は間主観的(訳注35)で関係的なニュアンスへの適合であって、すべては弁証法が巧妙さと繊細さの問題――そして生態系的存在の生きた織物――であるという実践的な概念へと組み込まれる。

訳注33　マルクスは先進国革命を想定していたのに、「実現」したのはいわゆる「後進国革命」だったと言われる問題

訳注34　独裁という手段を用いて自由や解放という目的を達成することはできない（目的が手段を正当化するのではなく、手段は目的と一致しなくてはならない）ということで、ソ連型社会主義への批判である。

訳注35　間主観性、間主観的とは、フッサールの現象学の概念である。世界の意味了解は、個人の主観においてなされるのでなく、複数の主観の共同化による高次の主観においてなされることをいう。

個人に開かれているが、エコ社会主義の党は、抵抗と生産の共同体に根ざしているべきである。そうした共同体からの代表団は、党活動家の中核と、その戦略的で審議的な機関である評議会を提供するであろう。党はメンバーの党費を通じて内部的に資金をつくるべきであり、疎外する力［たとえば企業献金や政党助成金のような］が財政を左右できないようなやり方で構造化されるべきである。この構造の内部からあらわれる代表団と管理機関は、定期的に人員交代すべきであり、リコールに開かれているべきである。さらに、評議会の審議は、そしてある種の戦術的な問題（たとえば、直接行動の詳細）を除く党の諸活動のすべては、開かれた透明なものであるべきである。エコ社会主義の党が何を代表しているのか――もしそれが価値あるものならば、より多くの参加者を引きつけるばかりであろう――を世界によく見せよう。もし問題点があるのなら、それを早く知る必要がある。

一般に、社会主義を自認する諸政党は、政治的思考を生態中心的な方向に変化させることがなかなかできないできた。対照的に、様々な緑の党は、まず生態中心的な運動として自己を定義してきた。経験が示しているのは、少なくとも米国において、ブルジョワ民主主義の枠内で自己を進歩的ポピュリズムとして定義することにより、緑の党は、変革のために必要なものよりもかなり手前で立ち止まる、ある種の中間的な勢力として凝固してしまっている。緑の活動家たちは、貴重な貢献を続けている。しかし、彼らの党は、所与の社会を乗り越える未来先取り的なビジョンを欠いている。その結果、緑の党は、狭い改良主義と、アナーキスト的な口論に陥る傾向がある。そして欧州の場合のように、彼らが政権に参加(訳注36)したときには、いくつかの注目すべき例外はあるが(原注26)、資本に忠誠を示し、エコロジー的責任感の外観を与えてしまう傾向がある。

実践にあらわれる緑の党の限界のひとつの兆候は、非ヨーロッパ起源の人々の共同体にほとんど浸透できないことであった。ユリのように白い［白人中心］とよくからかわれるが、緑の党は定期的にその問題を痛烈に自己批判して解決しようとする。しかしほとんど変化はない。その理由は緑のディレンマの核心にかかわるものである。つまりローカリズムに固有の偏狭な価値である。コミュニティの概念が普遍的な方向に進められない限り、良い意図にもかかわらず変革の力を失うのであり、自民族中心主義の方向へと漂流する。したがって移民や刑務所改革のような問題をめぐる緑の党の動揺と、訴える能力の一般的な欠如があるが、少なくとも米国では、黒人やヒスパニックへの印ばかりのジェスチャー以上のものがあったことは、見過ごせない。この観点から、資本主義に反対し乗り越える政治は、環境の修復だけでなく、人種差別克服にもしっかりと根ざす必要がある。この二つのテーマは「環境正義」運動(訳注37)——有色人種コミュニティによる資本主義的浸透と汚染に対する自己防衛に根ざしており、しばしば女性が主導しているので、エコ社会主義的であるとともにエコフェミニスト的であり、石油資本に反対するキャンペーンの一部でもある——において直接交差している。(原注27)

訳注36　たとえば、ドイツ緑の党は一九九八年から二〇〇五年まで社会民主党と連立政権を組み、脱原発、風力発電を推進し、ヨシュカ・フィッシャー外相を送り出したが、一九九九年のユーゴ空爆（劣化ウラン兵器使用）、二〇〇一年のアフガニスタン派兵を容認してしまった。しかし二〇〇三年のイラク戦争には反対した。

訳注37　『環境レイシズム』本田雅和ほか（解放出版社、二〇〇〇年）、『米国先住民族と核廃棄物：環境正義をめぐる闘争』石山徳子（明石書店、二〇〇四年）、『草の根環境主義』マーク・ダウィ、戸田清訳（日本経済評論社、一九九八年）などを参照。

しかし米国とそしてある程度はどこにおいても、緑の政治の主な欠陥は、資本主義とは何であり、何を意味するのかを認識できないことであった。この欠陥は、社会全体についての見方に由来しており、彼らの介入の努力を損なっている。だから緑の党は反資本主義である必要がある（英国では緑の党の相当な部分がそうなったように）。赤い政党［共産党など］が生態中心性を組み込む必要があるのと同様に。これらが結びつくと、「赤と緑の連合」がエコ社会主義の建設へと前進できるのである。

もしそのような政治的主体形成が起こり、これまでに発展したあらゆる傾向――新しい炭素経済［低炭素社会］へのグローバルな運動の構築への忠誠も含めて――を結びつけるならば、それはエコ社会主義への動きを急速に加速しうる弁証法をもたらしうるだろう。そこには何万ものローカルなあるいは地域的な実験と実践――その呼びかけに応え、一緒になって戦略に参加する――があるだろう。これらの傾向はこれを可能にするための地域の活性化と結びつき、その力はそれによって拡大されるだろう。

それがエコロジー危機に資本主義が対応できないという文脈で起こるという中心的な条件と、石油資本に反対し、気候変動を克服するための闘争によって与えられる普遍的な展望を越えて、拡張するシナリオを予測することはできない。この展望のなかでときには、そのプロセスから生じるコミュニティは、活動家への物質的支援を提供できる――活動の根拠地ともなるし、食料、羊毛、麻、ソーラー技術、などを生産する相当数のコミュニティの場合には、人々の生存のための実際の手段が革命闘争にかかわるものとなる――ような、相対的自立性の地点へと成長することも想像できる。

いまでは、出来事の動きが自己継続的で、急速で、劇的でありうることも想像できる。場所と実践のコミュニティがますます融合して、ミニチュアの社会を形成する。そしてこれらが国境の内側と外側の両方で相互関係に入る。資本主義体制はそれを抑圧する努力を強化すると予測できる。多くの犠牲を伴う英雄的な局面が始まる。資本のシステムのグローバルな力が、いままやこれまで対処したことのない一連の要因に出会う。

(1) それ〔資本主義〕に抗する勢力は数が多いだけでなく、分散している。

(2) それらは変化するニーズに対応し、低投入〔資源浪費的でない〕、オルタナティブ・エネルギー〔化石燃料・原子力でない〕、労働集約的技術によって自己を維持できる生産様式を基盤として運営されている。そして彼らはいまや国境を越えて広がる抵抗の国際的コミュニティのなかに安全な根拠地と「安全な家」を持っている。

(3) 主流社会〔先進国の中産階級社会〕の隙間にいる多くの仲間が支援団体や「地下鉄道」[訳注38]をつくることができる。

(4) すべての成功した革命的抗議の形態と同様に、反抗勢力はストライキ、ボイコット、大衆行動を通じて正常な生産活動を停止させることができる。

訳注38 「地下鉄道」は、もともとは一九世紀の米国南部の奴隷制時代にクエーカー教徒などが中心となり逃亡奴隷を支援するためにつくった組織をさす。『自由への地下鉄道』新装版、ヒルデガード・ホイット・スウィフト、三谷貞一郎訳（新日本出版社、一九八〇年）などを参照。

(5) 資本の勢力は信頼を失い、オルタナティブ政党や国家のなかでの様々な分野で社会変革への支持によってさらに弱体化されている。これは軍隊や警察にも広がっている。彼らの一部が武器を置いて革命に加わるとき、転換点がやってくる。

(6) 革命勢力の行動は精神的に優位にある。彼らが提示する例には、危機の凶暴な事実と、ここで問われているのは富の再分配よりもむしろ生活自体の維持なのだということが広く認識されるようになっていることによって、信頼性と説得性が与えられている。

したがって、ますます慌ただしくなる時期においては、何百万の人々が街頭[訳注39]に出て、連帯に加わり——お互いに、抵抗の共同体のあいだで、他の国の仲間とともに——平常の社会の活動を停止させて、国家に請願を出し、「否」の回答を拒否し、資本をさらに小さな囲いに追い込むと言うことができる。［現存秩序の］欠陥が大きくなり、人々が地球の生態系を救うために新しい社会の創出を求めている事実が抗しがたくなるにつれて、国家装置は新しい人々の手に渡され、収奪者が収奪され[訳注40]、五百年にわたる資本主義の体制が倒壊し、新しい世界の建設が始まりうる。[原注28]

地球の用益権者

より高度な経済的社会構成体の立場から見れば、地球に対する個々人の私有は、ちょうど一人の人間のもう一人の人間にたいする私有のように、ばかげたものとして現れるであろう。一つの社会全体でさえも、一つの国でさえも、じつにすべての同時代の社会をいっしょにしたものでさえも、土地の所有者ではないのである。それらはただ土地の占有者であり土地の用益者であるだけであって、それらは、よき家父［boni patres familias］として、土地を改良して次の世代に伝えなければならないのである。(原注29)［岡崎次郎訳『資本論』第三部第六篇第四六章、『マルクス＝エンゲルス全集』第二五巻第二分冊（大月書店、一九六七年）九九五頁］

このようにマルクスは『資本論』の第三部［第三巻］で述べている。用益権(訳注41)の概念は、古代のものであり、そのルーツはハンムラビの法典にまでさかのぼる。用益権という言葉そのものはローマ法にあらわれたものであり、そこでは財産に関して主人と奴隷のあいだの曖昧さに適用されたのであるが。それはイスラム法に再びあらわれ、アステカとナポレオン法典の構成のなかにもあらわれる──実際、財産の概念が固有の矛盾を示すところではどこにでもあらわれるのである。興味深いことに、このラテ

訳注39　たとえば二〇〇三年二月に世界各地で行われたイラク戦争反対行動では、何万、何十万の人々が街頭に出て、世界全体では千万人の規模になった。

訳注40　マルクスの『資本論』第一部（資本の生産過程）第七篇（資本の蓄積過程）第二四章（いわゆる本源的蓄積）第七節（資本主義的蓄積の歴史的傾向）にある表現から。「前には少数の横領者による民衆の収奪が行なわれたのであるが、今度は民衆による少数の横領者の収奪が行なわれるのである。」（岡崎次郎訳「資本論」大内兵衛・細川嘉六監訳『マルクス＝エンゲルス全集』第二三巻第二分冊、大月書店、一九六五年、九九五頁。）

訳注41　ウィキペディア項目の「Eco-Socialism」（英語、仏語、独語、スペイン語、カタロニア語、フィンランド語、エスペラントなどの版はあるが、日本語版はない）でも用益権（usufruct）の概念が重要視されていると指摘されている。用益権とは、所有はしないが使用して利益を得る権利。

ン語は、使用の二つの意味である使用価値と楽しみ（enjoyment）――自由に連合した労働に表現される実り多い（fruitful）喜びのような――を凝縮している。今日通常理解されているように、用益権的な関係では、人は別の人の財産を使用し、享受する――そしてそれを通じて改良する――ことができる。たとえば、コミュニティの集団が、放棄された都市区画を庭園に転換することによって、使用し、享受し、改善するように。

私たちは創造的に自然に関与する限りにおいて人間なので、自我は物質世界への拡張において定義される。私たちは自然を占有し、変形し、組み込むことによって現在の私たちになるのであり、この枠組みにおいて財産の概念が論理的に発生する――財産は収用の結果であり、階級支配的社会の足場を形成する。いずれにせよ、所有物を持たない人間はまったく個人ではない。彼または彼女は自我の投射でもないし、自然に特別に根ざしているわけでもないからである。したがって、エコロジー的に実現された社会においては、あらゆる人が所有権――趣向に応じて、また本や衣服や美的対象などによって飾られた自分の場所に対する――を持ち、そして特に重要なことだが、使用する権利、人間の本性である創造性を表現するために必要な生産手段に対する所有権を持つ。後者には、最も明確に身体が含まれる――そのために、女性の生殖の権利が、自由な性的表現の権利とともに、論理的に確保される。

財産の概念は、矛盾したものとなる。なぜなら、それぞれの人間は社会関係の組織のなかにあらわれ、ジョン・ダンの言葉(訳注42)を借りるならば、決して島ではないからである。それぞれの自己はしたがって、他のすべての自己の一部であり、財産は厳然と「自己と他者の弁証法」に結びついている。これは一連の入れ子になった輪として想像できる。中心には自己がおり、ここでは所有権は比較的に絶対的な条件で存在する。それは固有に各人の財産である身体で始まる。輪が拡張されるにつれて、共有の問題が初期の子ども時代以降に生じ、完全な自己は取ることよりも与えることによってより高められるという原則に応じてそれぞれが潜在的に解決できる。実現された存在は寛大だからである。自己にとって物質的所有の重みが軽くなるにつれて、人はより自由に与えることができるようになり、より豊かになる。

使用価値の領域は、論争の場となるであろう。使用価値を回復することは、ものごとを具体的に感覚的に受け止めることを意味する。所有権の真正の関係にふさわしいように。しかし同じ動作により、私たちは軽快になる。というのは、ものごとはそれ自身の価値ゆえに享受されるのであって、不安定な自我あるいは利潤獲得のチャンスのために強調されるのではないからである。資本のもとでは、マル

訳注42　ジョン・ダン（英国の詩人・作家・国教会司祭、一五七二〜一六三一）は「一六二三年の十一月末または十二月に重病で死にかけた。……回復までの間、ダンは健康、痛み、病気についての一連の瞑想と祈りを書き、それは一六二四年に『不意に発生する事態に関する瞑想（Devotions upon Emergent Occasions）』という題名で出版された。その中の一七番は、「誰がために鐘は鳴る（for whom the bell tolls）」および「なんぴとも一島嶼にてはあらず（no man is an island）」というフレーズで知られている。」（ウィキペディア「ジョン・ダン」）「人は島ではない。一人ひとりが大陸の一部である。ひとかけらの土くれでも洗い流されたならば、その分だけ大陸は狭くなる。誰の死であれ、私自身を小さくする。なぜならば私は人類の一部だから……」（「ABCから始める英語の格言・名言・ジョーク・英会話」サイト　http://becom-net.com/wise/jon.dan.shtml

訳注43『資本論』第一部（資本の生産過程）第一篇（商品と貨幣）第一章（商品）第四節（商品の呪物的性格とその秘密）を参照（岡崎次郎訳「資本論」大内兵衛・細川嘉六監訳『マルクス＝エンゲルス全集』第二三巻第一分冊、大月書店、一九六五年、九六〜一一二頁。）

クスの有名な表現(訳注43)によれば、生産されるものは交換価値におおわれることによって物神化される［呪物的性格を帯びる］――つまり疎遠で神秘的なものにされるのである。物神化された世界においては、何も現実に所有されることはない。というのは、あらゆるものは交換され、取り上げられ、抽象化されることができるからである。これが、資本主義の支配のもとで猛威をふるう所有への渇望を刺激する。ものに対する――そしてそれを得るための貨幣に対する――鎮められない渇望は、資本蓄積の必要な土台であり、エコロジー危機の主観的な力学である。私たちは資本主義社会の循環が所有することによって――そして他者を所有から排除することによって――定義されることを見てきた。社会が寂しい自我の住むゲーテッド・コミュニティ(訳注44)の集合になり、各人がすべての人間から分断され、原子化された自己が自然から分断されるに至るまで(原注30)。

エコ社会主義社会は、存在することによって定義される。それは自己を他者に与え、自然への受容的な関係を回復することによって達成される。人間の参加の入れ子になったすべての輪――家族、地域社会、国民社会、国際共同体、あるいは、人間と自然の境界を越えて地球、それを越えて宇宙――にわたって、生態系的な健全性が回復される。資本にとっては、個別の自我の財産権は極めて神聖なものであり、階級構造へと固められ、そのために彼らは大衆から、創造的に生産する手段に対する固有の所有権を剥奪することに成功する。これは物神化された体制の法的側面にすぎない。エコ社会主義のなかでは、個別の自我の限界は乗り越えられる。使用価値が交換価値を克服し、固有の価値の実現への道を開くからである。

新しい社会では、自己実現の手段を自由に占有する個人の権利は、至上のものである。社会は個人性と集合性のあいだで分化する所有権によってこの卓越性を与えるように構造化される。各人は――そして個人性の再生産への拡張としての各家族は――良き居住、住宅と共同体をつくるための集合的に承諾された土地の所有に対する疎外されない権利を持っている。このようにして、個人がコントロールできる財産の量に対する明確な限界が、家庭での使用と、生産的資源に対するコントロールという二つの見地からあらわれる。誰もそのような資源を横領することは許されない。したがって、互いに生産手段から相手を疎外することも許されない。いまのような財産獲得の構造――そこでは、一〇億人以上の絶対的に土地のない人々がおり、最小限の財産以上のものを持たないがゆえに市場で自己を売らなければならない数十億人の人々とともに、事実上すべての富を生産する世界と、この格差を強制するための暴力の手段を所有する一握りの人々とが対峙している――は、なくなるであろう。入れ子になった輪に沿ってさらに拡張していくと、私たちは社会的生産のために不可欠なものがすべての人によって共有されるべきであり、少数者によって所有されるべきではないことを見いだす。

この拡張はマルクスが認識しているように地球規模に広がり、そこから下へと権利が委譲されてエコ社会主義社会の特別な法則を支配する。これらすべてを考慮すれば、私たちが住んでいる地球は、私たち人間の集合的財産としてではなく、そこから私たちがあらわれ、またそこへと帰っていく驚くべき

訳注44　ゲーテッド・コミュニティとは、米国などで金持ちが住む、塀をめぐらし、ガードマンに警備された区画。
訳注45　アメリカ先住民の「七世代先のことを考えて行動する」「大地は子孫から借りたものだ」などの思想に通じると思われる。

［素晴らしい］母体とみなされるべきである。[訳注45]たぶんもし私たちがこれは所有権を「人民」へあるいは何らかの代理人へ移転するためにしているのでないということを思い出すならば、支配階級を彼らの癌のような所有権から退陣させるのはもっと容易になるであろう。実際、地球の所有権などというものは、痛ましい幻想である。地球や自然が所有できるなどと考えることは、明らかな思い上がり（hubris）であり、あたかも私たちを生み出したものを、その生成力を私たちが表現しているものを所有できるかのように思うのは愚かなことである。地球を所有するためにそれに向かってそれの上に立つという概念は、自然支配の核心にある。私たちは地球について、用益権だけしか主張できない。しかしこれは、私たちの種［人類］が私たちの故郷である地球を使用し、享受し、改善することによって自己の価値を証明することを要求する。その支配的原則から、エコ社会主義と呼ばれる人間と自然のあいだの物質代謝[訳注46]を助けるべき個別の規則が引き出されうる。生産手段のいかなる階級的所有もひとつの極として認められることはない。他方の極には自己の絶対的所有がある――というのは、自己はこの個別性の地点で意識へとあらわれる地球だからである。他方、エコ社会主義社会の諸制度は、私たちの共通の大空を使用し、享受し、改善する方法を始動させるために存在する。

　革命の嵐のなかからあらわれる社会は、最初はこのプロジェクトを成就させる力をわずかしか持たないだろう。その最高の優先課題は、真にエコ社会主義的な方向へと変革を始めることであり、その最初の目標は「生産者の自由な連合」を確保することである。ここでそれぞれの条件が尊重される必要がある。連合が自由であるのは、そのなかで人々が自己決定するからである。だから社会は、万人が生産手段にアクセスできるようにしなければならない。それが自由な連合であるのは、生活が集合的だからである。したがって関連した政治的単位は、相互の生産活動によって一緒に引き出される集合性である。そして自由な連合は生産者のものである。生産者は経済主義的に規定されるのではなく、人間の本性〔人間的自然〕の意味で受け止められるべきである。これは、交換価値に寄与するもの、あるいはコントロールするものというよりも、人間世界のすべてが考慮されるべきであることを意味する。エコ社会主義の核心的な目標は交換価値の領域の縮小であるから、それは生態系的健全性――それが美しい子どもたちの養育であれ、有機農園の成長であれ、素晴らしい弦楽四重奏曲の演奏であれ、街路の清掃であれ、コンポスト・トイレの設置であれ、太陽エネルギーを燃料電池に変換する新しい技術の発明であれ――を育む程度に応じて生産活動の諸形態に価値を与えるものである。

連合〔アソシエーション〕を確保するために、私たちは疎外をもたらす機関の出現を防止する手段を必要とする。生産手段の私的所有は資本のもとでの主たる疎外機関であることが示されたが、ソビエト連邦の経験は国家もまたこの役割を十分に果たしうることを示した。そして革命による国家権力の掌握は社会の方向を変えるのに不可欠であるから、革命もその権力を解体し、国家が社会にのしかかる怪物になるのを防ぐ方法の創出に高い優先順位を与えなければならない。鍵となる原則は、真の民主主義の内的な発展であり、それの不在がすべてのこれまでの社会主義を損なわせたのである。だから革命前の時期におけるオルタナティブな党の建設が不可欠である。それは、いまここで国家権力を掌

訳注46 「人間と自然の物質代謝」もマルクスの『資本論』に見られる表現である。『環境と技術の経済学　人間と自然の物質代謝の理論』吉田文和（青木書店、一九八〇年）などを参照。

握するためではなく——それは問題外である——国家を可能な限り民主化するためであり、革命がなされたときには民主的発展を維持する位置にいられるように民衆に自治の方法を訓練するためである。別の不可欠な原則は、権力が生産者に由来することを可能にするような生産的コミュニティへの参政権付与である。さもなければ、あらゆる人が生産し、多面的な生産的所属を持つ——自由な連合と生態系の健全性の向上をもっともよく表現する集合性への所属を——ことである。

これまでの社会の四重の分断に、エコ社会主義革命は直面する。第一の集団は、政治的主体あるいは抵抗のコミュニティのメンバーとして革命実践に携わってきた人々である。第二は、積極的に参加していないが、その生産活動がエコロジー的生産と直接的に適合する人々——主婦、看護師、学校教師、図書館員、技術者、独立農民などや、高齢者、子ども、病人、福祉で生活している人やその他の面で周辺化されている人々（囚人の多くも含む）——である。第三は、その革命前の実践が資本に引き渡されていた人々——固有のブルジョワジーや、エコ社会主義的見地からは多かれ少なかれ価値のない仕事に携わっていた集団たとえば、ＰＲ［広告］関係者、自動車のセールスマン、広告会社の重役、スーパーモデル、『ジ・アプレンティス［弟子］』［米国で人気のリアリティ番組］その他のショウのキャスト、投資家［金融業者］、警備員、財産の心理学を研究する人など——である。最後に、私たちは第二と第三のカテゴリーのあいだに、その活動が資本主義的商品に剰余価値を付け加える大きな労働者の集団が、工業プロレタリアート、農業労働者、トラック運転手などとして並んでいるのを見いだす。これらの労働者の多くは環境を汚染する、エコロジー的に破壊的な労働現場で働いている。他の人々は、エコロジー的に合理的な社会ではほとんどあるいはまったく必要のない業種——たとえば、兵器工場(訳注47)、ダイエットソーダの工場など[訳注48]――で働いている。社会を再編成するときには、これらの人々すべてに、生活手当を出し[訳注49]、再訓練［職業訓練］しなければならないだろう。

明らかに、そのように広大な集団のあいだで生産活動を再配置することは容易な仕事ではないだろう。次のような幅広い諸原則が有益かもしれない。

1　抵抗の革命的コミュニティからの代表団の暫定的な評議会が、社会的な役割と資産の再配分を扱うための、全ての人に共通のストックから生活手当を確保するための、そして社会を再組織するために必要な権限を行使するための、機関として自己を任命する。評議会の会合は様々な場所で開催され、地域、州、国家、国際的な機関に代表団を送る。それぞれのレベルで、指導者を交代制として、下のレベルの投票でリコールできるような執行委員会が組織されるだろう。

2　生産的コミュニティ（いまやそれらは真正の意味で協同組合と呼んでいいかもしれない）は、どのような場所や業種であれ、社会の政治的および経済的な単位を形成する。革命を行った集団の優先権は、他の集団を組織し、生産的コミュニティのネットワークへの他の労働者の急速な同化の

訳注47　エコロジー的に合理的な社会で死刑制度や軍備が廃止されることは言うまでもない。

訳注48「ダイエットソーダ」というのは、たとえば糖分の代わりに人工甘味料アスパルテームを用いた「コカコーラ・ライト」などを念頭においているのであろう。

訳注49　たとえば、ベーシック・インカム制度のようなものを念頭においているのであろう。『シティズンシップとベーシック・インカムの可能性』武川正吾（法律文化社、二〇〇八年）、『ベーシック・インカム入門』山森亮（光文社新書、二〇〇九年）などを参照。

道筋を作り出すことについて認められるであろう。これには、すべての健常者［健康な身体を持つ人々］、資本の加担者であった人々のうち、エコ社会主義社会の建設への参加が認められる人々――少数の言語道断に犯罪的な人々は例外となる――が含まれる。

3　移行期間のあいだは、いまや革命が保有する予備的資産を用いて、所得が保障されるであろう。これは価値を生産する資本の経済の外部にあるとみなされている他の場所、たとえば育児の位置づけを変えて生産的コミュニティのなかに入れ、それによって再生産労働［ここでは、次世代の人間を育てること］に生産労働と同等の地位を与えることと結びついている。最初は古い貨幣［旧体制の貨幣］が、しかし価値の新しい条件を与えられて――すなわち、特定の生産によって生態系の健全性が発展し前進するような利用と程度に応じて――用いられるであろう。したがって、生態中心的な価値の判定が、抽象的な労働時間よりもむしろ、究極的な基準となる。(原注31) エコ社会主義社会の誰もが、実際の報酬、そしてより重要なことは、価値と尊厳の承認と感覚がなければ、やっていけないし、使用価値の成就に至ることもないのである。これはマルクスが有名な格言「各人はその能力に応じて、各人にはその必要に応じて(訳注50)」で言おうとしたことである。

4　各地方において、ひとつのそのようなコミュニティが、法的権限の領域を直接管理するであろう。たとえば、町の自治政府は、その生産物がエコロジー的に健全なガバナンス［管理］を提供するような集合体――そしてまた、その地域の全住民によって選出された評議会――であるとみなされるであろう。したがって各地域は、数種類の評議会――ひとつは行政のためのもの、別のものはガバナンスのより広い領域のためのもの――を有するかもしれない。

5　それぞれの生産的コミュニティは、エコ社会主義の原理への忠誠を示すとすぐに、十分に参加できる。そしてそれが参加するときには、ローカルな評議会において政治的役割を演じ、次のレベルに代表団を送って投票する。

6　二つの極めて重要な機能が、より中央の評議会に委譲されるであろう。第一のものは、その法的権限のもとにある諸コミュニティが生態系の健全性に寄与している程度についてモニターすることであろう。そしてその貢献に応じて諸コミュニティにある種の評価を与えることである。この監視的機関は、潜在的にかなりの権力——それが生産的コミュニティ自体の要請によって奉仕するという事実によって限定されるのであるが——を有することになる。

7　第二の機能は、活動の一般的な調整、鉄道のような全社会的規模のサービスの提供、資源の配分、社会的生産物の再投資、国際的レベルも含むすべてのレベルの地域のあいだの関係の調整に関連する。しかしこのことは将来に委ねよう。エコ社会主義世界を勝ち取っていく人々は、その問題を解決する力量と英知を持っているであろうと信頼して。いつものように、鍵は、いまや自由に連合した労働として実現したデモクラシーが、自然とそのわがままな子どもである人類のゆえに存在する固有の価値についての共通認識がある社会において、どの程度生きた存在となっているかにある。

訳注50　『ゴータ綱領批判』（一八七五年）で共産主義社会における労働と分配について述べたもの。

原注

第二版のまえがきの注

1. 二〇〇七年一月は歴史上最も暖かい一月として記録された。翌月は、地球温暖化はより暖かくなるだけでなく不規則な天気をも意味すると言われる通りに、北米の東部と中央部の広い地域で華氏二〇度［摂氏一一度］くらい気温が低下して、大量の積雪が到来し、四月十五日まで寒い天気が続いた。この冬は最近数年と同様に、全体として通例よりも寒かった（運悪く、世界の多くのオピニオンリーダーも暖かい天気を共有しなかった）。その代わりに二〇〇七年のイースター［キリスト教の復活祭。春分の日の後の最初の満月の次の日曜日に祝われるため、年によって日付が変わる移動祝日であり、同じ年でも西方教会と東方教会で日付が違ったりする。四月中旬になる。］が二〇〇六年のクリスマスよりもかなり寒いという変則的事態さえ起こったのである。

2. http://www.environmentalhealthnews.org/

本文の原注

第1章　序論

1. Meadows et al, 1972（『成長の限界』）
2. このうちの多くはドネラ・メドウズの「アースデイ・プラス30　地球から見て」（インターネットに公開(訳注)）から引用した。メドウズは惜しいことに最近死去したが、『成長の限界』(Meadows et al, 1972) のフォローアップ研究である Meadows et al, 1992（『限界を超えて』）の共著者のひとりでもある。『限界を超えて』は、すべての主要な環境危機のうちで、オゾン層破壊だけは国際社会の協調的取り組みが成功したと希望的に——しかし間違って——述べた。二〇〇六年にアル・ゴアは、『不都合な真実』（Gore 2006）において、オゾン層破壊についての集合的な国家的努力について同様の主張をした。しかしその年の十月にＮＡＳＡは、南極のオゾンホールが過去最大の大きさになり、一一〇〇万平方マイルに及ぶと報告した。これは規制の慎重さを無効にする世界資本主義による生産の暴走的効果によってもっともよく説明できる。

   訳注　Earth Day Plus Thirty, As Seen by the Earth は http://www.commondreams.org/views/042000-107.htm にある。
3. ダニエル・ファーバーの私信。これはそのような測定が行われてきた十年間のなかで最高値である（ファーバーによると、これらはほぼ確実に低すぎる。情報が企業の自主的報告にもとづいているからだ）。
4. エコロジカル・フットプリント(訳注)は、「私たちが使う資源を供給し、私たちの廃棄物を吸収するのに必要な、生物学的に生産的な陸地と海洋の面積で、人類の生物圏に対する需要を測定する」。この数字が大きければ、文明（あるいは国、さらには個人）は「持続不可能」であり、すなわち地球が資源を再生するよりも早くそれを使い尽くしている。それは一九八〇年代初頭に大きくなり［地球の環境容量を越えた＝オーバーシュート］――一九七〇年代を危機の転換点と見る本書の観点と一致している――それ以来すべての測定値が増大している。現在［最近の計測は二〇〇三年のもの］オーバーシュート（容量超過）の数字は二五％であり、二〇〇一年にはそれが二一％であった。これを別の観点から見るならば、人類の一年分の消費量を地球が再生産するには一五ヶ月かかる（WWF二〇〇六）。言うまでもなく、この種の計算はすべて、方法論上の問題点がある。どのように見えるとしても、あらわれるのは特定の像ではなく、切実なまでに不吉な傾向である。訳注『エコロジカル・フットプリントの活用』マティース・ワケナゲルほか、五頭美知訳（合同出版、二〇〇五年）、エコロジカル・フットプリント・ジャパン http://www.ecofoot.jp/、Global Footprint Network http://www.footprintnetwork.org/ などを参照。

5. Slater 2007. 一九九〇年の商品とサービスの価値、すなわち経済的生産額［世界のGDP］は三九兆ドルであったことを想起せよ。実際にこの数字はソビエト・ブロックの崩壊のおかげで一九九〇年代には停滞した。いまやロシアは石油の富［サウジアラビアに次ぐ産油国］を動かしており（それによって災害の速度を増大させている）、世界の生産物は新しいミレニアムにおいて再び急激に増大し始めた。

6. Meadows et al, 1992. 著者ら――マルクス主義者ではない――はかなり険しい顔で次のように結論する。「このモデルには人口を自己抑制する拘束力が構造的に組み込まれているという点である。したがって、一人当たりの工業生産力が十分に高いレベルに達すると、人口は最終的に安定化する。しかし、資本に関しては、そのような自己抑制的拘束力は組み込まれていない。〝現実の世界〟でも、豊かな人や国がもっと豊かになろうとする熱意を失うことはまずない。したがって、資本保有者たちはその富を無制限に増やし続け、消費者も自ら望んでその消費量を増やし続けると仮定した。」［『限界を超えて』メドウズほか、茅陽一監訳、ダイヤモンド社、一九九二年、一五〇頁］。

第2章　エコロジー危機

1. Brown 1999. 様々な要因の相互関係の包括的研究としては、Wisner et al, 2005 を参照せよ。
2. 現在の生存への憂慮あるいは「持続可能性」についての時間的枠組みにおいて。緑色植物がある限りは、結局のところ、大気中に排出された過剰な炭素は、ある種の可燃性の形に戻るであろうが、その出来事は何千年も先のことであり、いずれにせよエコロジー危機がすっかり進展したずっとあとのことである。
3. かなりの程度の影響であると言わなければならない。地球温暖化の数え切れない影響のなかに感染症の媒介動物の生息範囲の変化がある。だから、たとえばマラリアを媒介する蚊は標高の高い山岳地帯にも見いだされるようになった。「すべてのエコロジー的撹乱は……人類と微生物のバランスを微生物に有利な方向へ変える」。（Platt 1996）Mihill 1996 も見よ。
4. 歴史的出来事のはじめも終わりも、一般に正確に特定することは困難である。イラク――古代のメソポタミア、あるいは二つの河川［チグリスとユーフラテス］に挟まれた地域――は最古の文明に相当する現在地であり、最初の環境破壊を経験したが（紀元前第2ミレニアムにおける灌漑システムの塩分集積。Ponting 1991 を見よ）、米国のおかげで最新の環境破壊も経験しつつある［劣化ウラン兵器による汚染など］。オスマン・トルコ帝国のもとでの長い停滞期のあと、イラクは第一次大戦後の英国植民地支配を耐え、そして追い出さなければならなかった。血に飢えた独裁者サダム・フセインの統治のあいだ、イラクは米国の属国となり、その米国が恐ろしい戦争［イラン・イラク戦争］の間にイラン革命に対する「大量破壊兵器」の使用を奨励した［イラン軍およびハラブジャのクルド人に対する毒ガス使用］。しかしこの無益な戦争が終わると、米国はサダムに対して冷淡になり、サダムがクウェートに侵攻してその富を取り戻そうとすると［英国統治時代クウェートはバスラ州の一部だった。またルメイラ油田の盗掘疑惑がある」、サダムの打倒に乗り出した。こうして米国はイラクに対するジェノサイド［大量殺戮］的及びエコサイド［環境破壊］的な暴力を行使したが、それには三つの局面がある。一九九一年の第一次湾岸戦争、その後二〇〇三年まで続いた経済制裁［子どもと高齢者の死亡率上昇など］、そして二〇〇三年三月以降のイラク戦争である。一九一九年以降のイラクの歴史は、世界第二位の埋蔵量があり採掘の容易な膨大な石油資源を考慮しないと理解できない。

5．本書の紙幅の限界のなかで、私は議論を裏づけるために次のことを提示できるだけである。エネルギー供給にかかわる基本的な決定については、ブッシュ・ジュニア政権の戦略的指導者であるチェイニー副大統領は、ハリバートン社のCEOであった一九九九年に早くもこのテーマを設定した。ロンドンの『インディペンデント』紙（二〇〇七年一月七日）が述べているように、「『世界のますます増大する渇望［需要］を満たすための石油は、どこから調達すべきか？』とチェイニーは問うて、自らそれに答えた。『世界の埋蔵量の三分の二を占め、コストも一番低い中東は、依然として究極的な賞品だ』。この方針は、二〇〇〇年の大統領選挙をごまかして（訳注1）副大統領になってすぐに組織したエネルギー・タスクフォースにも直接続いている。「石油成金（ロシアの「オリガルヒ＝新興成金」の「オリ」と「オイル（石油）」をあわせてオイロガルヒ oilogarchs とした造語）」の大半を含む――多くはエンロン社のような犯罪的な企業から来ている――このタスクフォースは二〇〇一年春に報告書を出したが、チェイニーは米国が何をしようと次の時期には石油供給は品薄になるだろうと結論し（つまりピークオイルの現実を彼は受け入れた）、他方で炭化水素燃料の需要は必然的に高止まりするだろうとしている――資本の基本的な論理からすれば当然である（第3章と第4章を見よ）。だから今後の時期におけるエネルギー供給の確保に米国はもっと攻撃的にならねばならないのだろう。Kovel 2001b を参照。

イラク戦争はその主な結果であり、多くの人が推察したように九月十一日の事件を先制攻撃とファシズムへの転化を正当化するための「新しい真珠湾」として意図的に利用したこともたぶん同様であろう。(訳注2) これまでの政策［クリントン政権までの政策］との連続性と断絶性の両方を理解することが重要である。ギャング行為とむきだしの攻撃への動きは、支配層のなかでも異論がなかったわけではない。巨大石油会社は向こう見ずな侵略には同調しなかったし、資本の経済的装置は軍国主義化した国家よりも慎重である。そしてこれまでの政権、特にG・W・ブッシュの父の政権とは深刻な不一致があった。これらは二〇〇六年末のベーカー＝ハミルトン報告の公表のあとでも残っているが、ジェームズ・ベーカーはブッシュ・シニアの主席補佐官であった。私たちが知っているように、この提案はブッシュ・ジュニアによってにべもなく拒否された。ブッシュ・ジュニア＝チェイニーの徒党の就任後における政策の転換は、いわゆるネオコンと呼ばれる知識人集団——シオニスト的傾向が強くイスラエル国家と親密な関係にある——の起用と大いに関係している。これらは米国の歴史で前例がないほど国家の政策を支配し、イラク戦争の主たる立案者となった。議論のために Kovel 2007 の第6章を見よ。イラクに対する実際の略奪行為とそれに伴うエコロジー危機については Kovel 2005 を参照されたい。

訳注1 『金で買えるアメリカ民主主義』グレッグ・パラスト、貝塚泉・永峯涼訳（角川文庫、二〇〇四年）を参照。

訳注2 『9・11事件は謀略か』デヴィッド・レイ・グリフィン、きくちゆみ・戸田清訳（緑風出版、二〇〇七年）参照。

6. 特に見事で（そして自由な）研究は Lohmann 2006 である。アル・ゴアの影響力ある書物『不都合な真実』（二〇〇六）については第8章の議論を見よ。

7. カオスの定義は次の通りである。システムの最初の状態から最後の状態を予測できないこと。

8. ボブ・ハーバートは『ニューヨーク・タイムズ』（二〇〇七年一月十五日）で次のように述べている。「ここでは警察は不愉快な冗談であり、犯罪はおさえられなかった。ハリケーンから十六ヶ月たっても、子供たちが学校の授業のある時間帯にとがめられずに街をうろついていた。都市の大半にはまだ瓦礫が残っていた。医師と病院及びメンタルヘルスの施設は、痛ましいほどに不足していた。何千人もの住民がまだトレーラーで生活しており、さらに多くの人々が多かれ少なかれ恒久的に町から出ていた」。

9. キューバにおけるハリケーンの被害記録と比較せよ（Levins 2005a 及び 2005b）。

10. 民族浄化はハリケーンの直接的結果以上のものである。洪水によって追い出され、まだ着の身着のままである何千人もの人々に加えて、破局が民間開発業者と政府の諸部門――主に黒人によって構成される市役所も含む――のあいだの複雑な連鎖反応を始動させた。こうしてハリケーンは民間業者による野放図な土地獲得を許す機会となった。二〇〇七年一月末の時点で、四五三四軒の低所得層にも購入できる家屋が直ちに取り壊しとなり、「贅沢なコンドミニアム」に取って代わられた。さらに、都市の追い詰められた教育と保健医療のシステムも民間業者の手に渡った。Quigly 2007 を見よ。

11. いかに苦悩するメガシティ［一〇〇万人規模の巨大都市］が地球全体でエコロジー的解体の主要な場所になりつつあるかについての研究としては、Davis 2006 を見よ。

12. 地球は七千万年前［六千五百万年前］の恐竜時代の終焉以来の、生物種の大量絶滅を来しつつある。その速度は過去数千年の正常な絶滅速度の数万倍であり、今世紀半ばまでにさらに二倍になると予想される。直接の殺害と環境汚染も寄与しているが、主たる原因は生息地の破壊である。

13. ファシストという言葉でここでは、私企業部門と緊密に結びついた権威主義的国家による動員で、古代的な、神話的な、人種主義的なイデオロギーに導かれたものを意味している。本書の第8章を見よ。そこでは、これがかなりありそうなことであり、危機をさらに悪化させるであろうと論じている。

14. もっと分別のある資本家でさえこれを認識している。私は、危機で最も損失をこうむる資本部門のひとつである保険業界からの予測を二〇〇〇年に二回、二〇〇六年にもう一度聞いた。それは二〇六五年までに保険請求額の増大が経済成長を上回り、見せ物を打ちのめすという予測である。

第3章　資本

1. ［ボパール事件の］死亡者数の推計は二〇〇〇人から二万人にわたる。この数字は Kurzman 1987: 130-3 から引用した。その他の証拠の要約については Montague 1996 を参照。また次のウェブサイトも見よ。
www.corporatewatch.org/bhopal/
訳注　このアドレスは二〇〇九年現在使われていない。なお、http://www.corpwatch.org/ で Bhopal を検索すると約五九〇件のヒットがある。
Bhopal Net: International Campaign for Justice in Bhopal の URL は
http://www.bhopal.net/index1.html
地球の友インターナショナルのサイトにも justice for the victims of Bhopal の項目がある。
http://www.foei.org/en/get-involved/take-action/bhopal-justice
日本語文献では、本書に引用されているカーズマンの『死を運ぶ風：ボパール化学大災害』の他に、『ボパール　死の都市　史上最大の化学ジェノサイド』ボパール事件を監視する会編（技術と人間、一九八六年）、『農薬シンドローム　ボパールで何が起ったか』デヴィッド・ウェア、鶴見宗之介訳（三一書房、一九八七年）、『ボパール午前零時五分』全二巻、ドミニク・ラピエール、ハビエル・モロ、長谷泰訳（河出書房新社、二〇〇二年）なども参照。ボパール災害を予想してたびたび警告した地元のジャーナリスト、ラジクマール・ケスワニは、日本の雑誌で宇井純と対談している（「ボパールの教訓」『世界』一九八六年四月号、岩波書店）。ラピエールとモロ（仏語原著二〇〇一年）はボパール事件の被害規模について、死者一万六〇〇〇〜三万人、負傷者五〇万人という数字をあげている。また、ＪＳＴ（独立行政法人科学技術振興機構）の「失敗知識データベース」に「諫早湾干拓」などと並んでボパール化学災害もある。
http://shippai.jst.go.jp/fkd/Detail?fn=0&id=CC0300003
http://shippai.jst.go.jp/fkd/Detail?fn=2&id=CC0300003
ウィキペディアには「ボパール化学工場事故」の項目がある。

2. Hanna et al 2006 は、被害と抵抗について最新の要約をしている。

3. Montague 1996 によると、「すべての弁護士とインド政府の役人が報酬と賄賂を受け取った後に、被害者が受け取ったのは平均約三〇〇ドルであり、これはほとんどの被害者にとっては医療費を払うにさえ十分でない金額であった」。

4. この概念は、アリストテレスの『形而上学』に由来する（邦訳は『形而上学』アリストテレス全集第一二巻、出隆訳、岩波書店、一九六八年）。そこでは、始動因（efficient cause、作用因、動力因、運動因ともいう）は四種類の基本的な原因のひとつである。その他の三種類は、（プラトンが言う意味での）ものの形式的な本質（形相因 formal cause）、ものの究極的な物質的性質（質料因 material cause）、そして最終的原因すなわちものがそこへ向かう目標（目的因 final cause）である。始動因は他のものとは対照的に、ものの運動の源泉であり、それは当該のものにとって外的であることもあれば、内的であることもある。このきわめて難解なテクスト（実際に一連の講義ノートである）は、プラトンおよびその他の哲学者が始動因を考慮していないと批判するために提示されたものである（Aristotle 1947: 238-96）。

5. 本書のこの部分で紹介した証拠の大半は Kurzman 1987（邦訳『死を運ぶ風：ボパール化学大災害』）によっている。カーズマンはユニオン・カーバイドの経営陣についての多くの共感的な文章からわかるように、思惑を持たないジャーナリストとして彼の仕事にアプローチしたと付け加えてもいいだろう。しかしながら、次の項目は一九九九年の終わりのインドで係争中の民事訴訟の法廷での証言から取った。

6. Kurzman 1987: 25（『死を運ぶ風』四三頁）。

7. Montague 1996、Lepkowski 1994 から引用。

8. Shiva 1991. 非常に多くの人々がこの転換のメリットについてのユニオン・カーバイド社の観点を拒絶している。その観点は、多くのインド農民を耐えられない債務ゆえに自殺の手段として農薬を選ぶところまで追い込んだものである。

9. Morehouse 1993: 487. Montague 1996 に引用されている。

10. 使用価値、交換価値という用語はマルクスの『資本論』の第一部［第一巻］の最初の頁にあらわれており、彼がそれらをいかに重視していたかを示している。

11. O'Connor 1998 で結びつけられている。資本主義の「第一の矛盾」は古典的な「実現の危機」であり、そこでは労働者の賃下げが、彼ら自身が作る商品の購入をより難しくしている。

12. Marx 1973: 334（『マルクス資本論草稿集①』資本論草稿集翻訳委員会訳、大月書店、一九八一年、四一三頁／『経済学批判要綱』第二分冊、カール・マルクス、高木幸二郎監訳、大月書店、一九五九年、二五五～二五六頁）。［英語版の］編訳者であるマーティン・ニコラウスは、この一節とヘーゲルの『大論理学』（Hegel 1969）の関連を指摘している。

13. Marx 1973: 335（前掲『マルクス資本論草稿集①』四一三頁／前掲『経済学批判要綱』第二分冊二五六頁）。強調は原文による。

14. 最初のサイクル、すなわち商品の単純な循環では、商品Cは所与の貨幣額Mで販売され、その貨幣は等価の別の商品C'と交換される［英語のC－M－C'は邦訳で普通使われる独語のG－W－G'に相当する］。第二のサイクル、すなわち資本の循環では、貨幣Mは商品Cの支払いのために循環に投げ入れられ、商品Cは異なる貨幣額M'で販売される。もしM'がMより大であれば、それは資本家が一番欲しいものであり、私たちはM'－Mあるいは△Mを「剰余価値」として得る。マルクスは交換価値と同義語として「価値」という用語を用いている。(『資本論』第一部第二篇第四章、『マルクス＝エンゲルス全集』第二三巻第一分冊、大内兵衛・細川嘉六監訳、大月書店、一九六五年、一九七頁を参照)。

15. Capital, Vol.1 (Marx 1967a: 252-3).(『資本論』第一部第二篇第四章、『マルクス＝エンゲルス全集』第二三巻第一分冊、一九八頁)。

16. ミレニアムの終わり［西暦二〇〇〇年］の過去一千年間で誰が最も偉大であったかについてのBBCの意識調査で、国連事務総長［ガーナ人のコフィー・アナン］はアダム・スミスを第一選択としてあげた。ダグ・ハマーショルド［スウェーデン人］やウ・タント［ビルマ人］が同じことをすると想像できるだろうか? ルワンダ大虐殺のあいだの行動で首になってもやむをえなかったはずのアナンは、その代わりに多国籍企業への疑いない忠誠ゆえに報酬を受けた。幸いなことに英国人は偉人としてカール・マルクスに投票した。

17. ミシガン大学の経済学者ホセ・タピアに感謝する。「さらなる不都合な真実、タピア More Inconvenient Truths, Tapia, Pdf」

訳注　You Tube に José Tapia の A Global Climate Change というのがある。
http://www.youtube.com/watch?v=5eUWGTJAARo

18. 私信。ホセ・タピアより。

19. ここに長い一連のごまかしのなかの最新のものがある。アメリカン・エンタープライズ研究所［共和党系のシンクタンク］はエクソン・モービル社から巨額の献金を受けているが、気候学者たちに、温暖化についての警告を発している地球規模の気候機関［IPCC］の絶え間ない発見に反論させるために、現金の賄賂やその他の報酬を提供した（Sample 2007）。

20．この問題は Lohmann 2006 が一番うまく要約している。詳細な研究としては、Bachram 2004 および Isla 2007 を参照せよ。エコロジー的破局はその生活が資本蓄積に捧げられている人々にとって祝福されるべきものでさえある。たとえば、フランスでは、一九九九年の恐るべき嵐はマクロ経済的にほとんど影響がないだけでなく、フランス保険会社連合の会長デニス・ケスラーによると「GDPにとってはむしろ良いこと」であると言われた。これはそのような自然災害によって先進国に引き起こされる損失が比較的小さく――フランスにスラム街はなく、緊急設備は十分にある、など――貨幣価値としては修復に費やされる方が大きい――破壊された資産をより近代的なものによって置き換えることが多い――からである。エルベ・ケンプは次のようにコメントしている。「あたかも世界の経済的意思決定者たちは、もし変化が起こらないならば、温室効果を強化し続ける経済成長の利点を享受できるだろうし、もし変化が起こっても、それから自己防衛できるだろう――そして世界経済に良い影響さえもたらすかもしれない――という前提のもとに、気候変動については何もしない［対策を取らない］と決めたかのように見える」。掘っ建て小屋が斜面に密集していて、土石流に飲み込まれたためにハリケーン・ミッチで二万人が死亡したことについて述べたあと、ケンプは次のように続ける。「ベネズエラの洪水犠牲者は、その国の石油産出が影響を受けない限りは、経済的にほとんどカウントされないのだ」（Kempf 2000: 30）。
訳注　『破局　人類は生き残れるか』粟屋かよ子（海鳴社、二〇〇七年）などを参照。

第4章　資本主義

1．Slatella 2000: D4.

2. 生活世界という用語は、エトムント・フッサールの現象学的哲学に由来する。

3. その選択科目は、私が在学していたコロンビア大学医学部の熱帯医学部門の後援のもとで行われた。同部門はモエンゴという小さな町で巨大なボーキサイト鉱山を経営していたアメリカのアルミ会社と連繋していた。スリナムは赤道近くの北緯五度くらいに位置し、アマゾン川流域の生態系を有する。その河川はカリブ海に注いでいる。奥地のジャングルにはカリブ・インディオの集団が住んでいるがその人口は減少しつつあり、海岸近くの熱帯雨林にはアフリカ人逃亡奴隷の子孫である「ブッシュ・ニグロ」が住んでいる。その後者についての観察が行われた。

4. Kovel 1997a を見よ。マクドナルド社はマーケティングにおいてコカコーラ社と連繋し、オリンピック大会のような他のグローバル資本主義の象徴とも結びついている。

5. Watson 1997; Jenkins 1997; Fiddes 1991.

6. Crossette 2000a; Gardner and Halweil 2000. ワールドウォッチ研究所によると、いま一二億人が体重過剰であり、これは飢餓人口とほぼ同じである。さらに二〇億人が食事の質が悪いなど「潜在的飢え」の状態である。米国では一九九九年に四〇万人の肥満者に対する脂肪吸引術が行われ、栄養不良の子どもの八〇%は食料の余剰が報告されている国に住んでいる。本書の初版の発行［二〇〇二年］以来状況は悪化し続けており、小児肥満は糖尿病予備軍をつくり、他の多くの健康問題もスキャンダルの域に達している。

7. Crossette 2000b。このユニセフの報告書はその現象についての最初の包括的調査報告であり、受胎から死までのライフサイクルのあらゆる局面での、貧困層にとって最悪な暴力を、女子胎児の選別的中絶、女子新生児の殺害、女児に十分な食物を与えないこと、医療ケアの欠如、性的虐待、成人女性への致命的な殴打に至るまで、詳述している。この蔓延する暴力は、疑いなく伝統社会でのレベル(訳注1)から大きく増大しており、暴力を受ける女性にとって身近な人物から来るものであり、共同体構造が資本の浸透や、大量移民のような密接に関連した兆候によって不安定化された世界における親密圏の生活の全般的な解体を反映している。それとは対照的に、伝統社会では、たとえば北米先住民の社会では強姦は最も厳しく罰せられる女性虐待であり、最も稀な犯罪であった。(訳注2)これはアメリカ植民地における多くの入植者［白人］女性がインディアン社会に「亡命した」理由のひとつである。

訳注1　伝統社会でも、かつての中国における纏足や、相当数のアフリカ諸国でいまも見られる女子割礼（女性性器切除）のような広範な虐待もある。

訳注2　文化人類学者原ひろ子によると、カナダのヘヤー・インディアンにおいては、強姦はほぼ皆無だという。『ヘヤー・インディアンとその世界』原ひろ子（平凡社、一九八九年）

8. Public Citizen 1996.

9. Engels 1987.（『イギリスにおける労働者階級の状態』）：Bowden 1996. ボウデンの非凡な説明は、その狂気を記録する写真家とテレビ・ジャーナリストのサブカルチャーに焦点を絞っている。

10. Nathan 1997.

11. Ordonez 2000.

12. 「ナノ」は個別分子のレベルまで機械を縮小することを意味しており、この言葉は「ミクロン」（ミリメートルの一〇〇〇分の一）の一〇〇〇分の一に相当し、分子的プロセスのスケールである。(訳注) Drexler 1986 を見よ。電子計算機が機械的な計算尺を時代遅れにしたように、新しい技術は古い技術に取って代わるかもしれないが、全体的な効果は付加的で結合的である。だから巨大なジェット飛行機は巨大化をやめることなく電子技術を組み込んでいる。あるいはコンピュータは分子スケールの技術の発展を導き、それからそのような技術に組み込まれる。

訳注　一マイクロメートル（ミクロン）は一〇〇万分の一メートル、一ナノメートルは一〇億分の一メートルルになる。

13. DeBord 1992.

14. Thompson 1967; White 1967,（『機械と神：生態学的危機の歴史的根源』）。

15. Marx 1963: 41,（マルクス『哲学の貧困』平田清明訳、八二一〜八二三頁、『マルクス＝エンゲルス全集』第四巻、大内兵衛・細川嘉六監訳、大月書店、一九六〇年、所収］）。

16. Kanter 1997, A22. ハーバード・ビジネス・スクールの経営学の教授である著者は、当時の経済の成功にもかかわらず、「シニシズムの底流（仕事量の増大からくる疲労とともに）」がはびこっている――実際、一九九七年には大企業一〇〇〇社の従業員の四六％がレイオフ［一時解雇］を恐れていたのに対し、一九九二年にはこの比率が三一％であったと述べている。他方、残りの労働者もさらに別の精神疾患「レイオフ生き残り病」――怒り、うつ状態、恐怖、自責の念、リスク回避、不信、脆弱さ、無力感、動機の喪失によって特徴づけられる――に苦しんでおり、ストレス関連の訴えの増大がこれに伴っている。これは「最高に素晴らしい」と広くみなされている経済で起こっていることである。

17. Bass 2000. ペンシルバニア州立大学で行われた調査にもとづくこの記事で報告されている紛争の唯一のレベルは、その行動が男性顧客によるセクハラを刺激し、その男性は女性店員のロボットのような親切を「どうぞ」の意味に誤解したということであった。別な方法での内面化は非常に成功した。黄金律の切断［自分がして欲しいやり方で他者を扱え］に注目せよ。労働者はどんな相手に対しても、自分がそうされたいようなやり方で扱いたい。だから彼女は、自分がそう扱われたように、彼らを資本蓄積という目的のための手段として扱う。しかし道徳律の唯一の首尾一貫した解釈は、［哲学者］カントが理解したように、人を手段としてあるいはモノとしてではなく、目的として扱うことである。

18. ごみ――その大量生産は、拡張して商品の回転速度を高めることを目指す資本主義に独特のものである

――については、Rogers 2005を見よ。

19. Williams 2000.

20. Harvey 1993.（『ポストモダニティの条件』）。

21. その用語はFreund and Martin 1993からとった。

22. Purdom 2000.

23. 米国の状況も悪いかもしれないが、「新興工業国（ＮＩＣｓ）」の都市での交通地獄に比べたら色があせる。ＮＩＣｓでは、さらに規制されていない資本が、ブラジルのサンパウロ(訳注1)におけるようなシナリオを導入する。そこでは、金持ちは「絶望的に渋滞していて」、「金を持っていると思われそうな人にとっては日常的なリスクとなった自動車の乗っ取り、重役の誘拐、路傍の盗みにさらされている」道路を避けて、ヘリコプターで移動するようになった。天国に入るのがどんなにむずかしいとしても、(訳注2)サンパウロでは金持ちがヘリコプターを買うのは貧乏人が自動車を買うよりも容易である。ヘリコプターの離着陸場所を探すのも問題ではない。多くの金持ちが住むゲーテッド・コミュニティ［防護策があり警備員がいる富裕層区画］には、理想的な離着陸場があるからだ。騒音の大きいヘリコプターは予想されるようにステータス・シンボルになった（「ヘリコプターが買えるというのに、なぜ装甲をつけたＢＭＷ［ドイツの自動車メーカー］で我慢しないといけないのだ?」という宣伝文句もある）。四〇〇機ほどのヘリがせわしなく飛び回り、［その騒音で］平均的な市民にとってはさらに悪夢のような環境を作り出している（Romero 2000）。ゲーテッド・コミュニティには私設警察のようなものもあり、オートモビリア［自動車天国］の時代に都市空間に影響を与えているので、エコロジー危機の大きな随伴物のひとつとなっている。私は、米国では人口の三〇％近くがそのような断片化された飛び地に住んでいるという記事を読んだことがある。

訳注1　ブラジルは貧富の格差が大きいことで知られ、一九八〇年代以降の米国の格差拡大も「米国のブラ

ジル化」と呼ばれるほどである。

訳注2　新約聖書ルカ伝一八章一八〜二五節に「ラクダが針の穴を通るより金持ちが天国に入るほうがむずかしい」という文章がある。マタイ伝、マルコ伝にも同じ表現がある。

24. Wald 1997; Turner 2000.

25. この問題が提起されている第1章の議論を参照。

26. Peet 2003 が有益な要約をしている。

27. 一九四四年のブレトン・ウッズ会議でIMF〔国際通貨基金〕とともに設立された世界銀行は、当初は欧州の戦後復興を支援するために立案されたものである。それから事業の重点を第三世界に移し、多額のインフラ融資を行い（それにはボパールの工場への融資も含まれる）、グローバル資本のニーズに周辺諸国の経済をよりよく統合するための「調整」にますます関与するようになった。それとは対照的にIMFは、もともとは、戦後に確立された固定金利の基準を維持するために設立された。一九七一年以降、この金利が変動し始めると、それは混乱した経済に融資を行って、世界銀行のさらなる投資のための整理を行い、悪名高い構造調整プログラム（SAP）に関与するようになった。WTOについて言えば、それは先行機関である関税貿易一般協定（GATT）が一九九五年に予備的な組織化を終えたあと、その蛹のなかから最終的に登場した。この機構にはもちろん他にも多くの顔があり、それには経済大国のG8サミット、多くの特殊銀行、国連への参加、などがあるが、ここで取り上げる必要はない。

訳注　『顔のない国際機関　IMF・世界銀行』北沢洋子・村井吉敬編（学陽書房、一九九五年）、『世界貿易機関（WTO）を斬る』鷲見一夫（明窓出版、一九九六年）などを参照。

28. ブッシュ・ジュニア政権の愚行は、アメリカのヘゲモニー〔覇権〕からの再組織化をあらわしているのかもしれない。これは確かに重要な変化であるが、グローバル資本が元気で活躍しているので、基本的な議論を変えるものではない。しかしながら、それは多くの政治的挑戦と機会をもたらすだろう。
29. George 1992.（『債務ブーメラン』）。
30. Murphy 2000.
31. Pooley 2000 はタンザニアの事例に焦点を絞った記事である。
32. Stiglitz 2000 のなかに次の文章が見いだされる。「IMFの職員は高い頻度で、一流大学の三流の学生によって構成されている（信じてもらいたい。私はオクスフォード大学、MIT［マサチューセッツ工科大学。経済学部もある］、スタンフォード大学、イエール大学、プリンストン大学で教鞭をとってきたが、IMFが最優秀な学生の獲得に成功することはほとんどない）」。だからそれが、私たちが必要としているものなのだ――ベトナム戦争の時代に「ベスト・アンド・ブライテスト」と呼ばれたように(訳注)。
訳注 『ベスト&ブライテスト』全3巻、デイヴィッド・ハルバースタム、浅野輔訳（朝日文庫、一九九九年）を参照。
33. Bond 2004.
34. Kovel 2005.
35. Barlow 2000（訳注）; Peet 2003.
訳注 同じ著者の最新刊に『ウォーター・ビジネス』モード・バーロウ、佐久間智子訳（作品社、二〇〇八年）がある。
36. ド・ブリーの見積もりによると、このうちの三分の一から半分が麻薬であり、残りはコンピュータでの海賊行為［著作権侵害］、偽造、予算の不正、動物の密輸、白人奴隷売買、などに分けられる。言い換えると、説得力のある見積もりにおいて、国境を越える犯罪は世界貿易の二〇%ほどを占めるということになる。その半分だけが利益となり、マネーロンダリング［資金洗浄］操作で三分の一が失われると想定しても、国際犯罪の正味の年間利益は三五〇〇億ドルほどになる（de Brie 2000）。

37. *Multinational Monitor*, June 1997,p.6. サマーズのいまや悪名高い意見は、一九九一年の世界銀行内部メモで表明されたものであり、そのとき彼は機関の下位のエコノミストであった。それに対する憤激が大きかったので、彼は財務長官、その後ハーバード大学の学長になったが、学長職は二〇〇五年の性差別発言ゆえに解任された。（訳注）ウェルフェンソン［一九九五〜二〇〇五年世銀総裁］は、発展途上国の世銀に対する債務を帳消しにするという示唆で答えた。スキリングはエンロン社詐欺事件での役割により、二〇〇六年十月二十三日に二十四年四ヶ月の刑を受けて連邦刑務所に収監された。彼は二〇〇一年二月から八月までエンロン社のＣＥＯ［最高経営責任者］で、世界のエネルギー供給に対する米国のヘゲモニーのためのシナリオ――間違いなくイラク侵攻を含む――を書いたディック・チェイニーのエネルギー・タスクフォースで大きな役割を演じた。

訳注　ローレンス・サマーズ（新古典派経済学者、一九五四年生まれ）は、一九八三年に二十八歳で史上最年少のハーバード大学教授、一九九一年に世銀副総裁・主任エコノミスト、このときアフリカへの公害輸出を奨励する暴言（『環境的公正を求めて』戸田清、新曜社、一九九四年、一二三頁）、一九九九〜二〇〇一年クリントン政権財務長官、二〇〇一〜〇六年ハーバード大学学長（性差別発言で辞任）、〇八年ハーバード大学教授に復職。同年オバマ政権国家経済会議（ＮＥＣ）議長に内定。

38. Dobrzynski 1997.

39. Deogun 1997. 哀れなアイヴェスター、彼の夢は水の泡となり、彼は結局、彼らに供給しなかったとして首になった。

40. 危機がとる様々な具体的形態の考察において有益と思った文献をいくつかあげておく。Athanasiou 1996; Karliner 1997; Beder 1997（『グローバルスピン：企業の環境戦略』）; Tokar 1997; Steingraber 1997（『がんと環境』）；Fagin and Lavelle 1996; Colburn et al, 1996（『奪われし未来』）；Pring and Canan 1996; Rampton and Stauber 1997; Lappé et al, 1998（『世界飢餓の構造』）；Shiva 1991（『緑の革命とその暴力』）；Gelbspan 1998; Gibbs 1995（『21世紀への草の根ダイオキシン戦略』）；Ho 1998（『遺伝子を操作する』）；Thornton 2000. もちろん常に新たな本が書かれているし、特に地球温暖化とエネルギー危機についてはそうである。これらはそれぞれの箇所で言及されている。

第5章　諸エコロジーについて

1. たとえば、Goudie 1991を見よ。明白で即時的な影響と並んで、地球上いたるところの大気と水系への物質の広がりのような、広範囲でとらえにくいものもある。だから、ホッキョクグマは、数千マイルも離れたところで散布された農薬を最も高濃度に――実際、どこよりも高濃度に――蓄積していることがわかった。もちろん私たちは比例の感覚を保持すべきである。宇宙の物質のなかで人間活動によって改変されたものはごく一部にすぎない。そしてまさにこの一片のほこりのようなものが私たちの生存を左右するのである。
2. エコロジー思想史についての最良の説明はWorster 1994（『ネイチャーズ・エコノミー』）である。
3. Bateson 1972（『精神の生態学』）を参照。
4. たとえば、Christian de Duve 1995を見よ。完全に唯物論的な理論構成の枠組みのなかで書きながら、ノーベル賞受賞者ド・デューブ（訳注）は、生命の誕生に必要な関連した連続的段階の数が膨大なので、これは気まぐれなあるいはランダムな［成り行き任せの］出来事ではありえず、むしろ、「宇宙は生命を孕んでいたし、おそらく依然としてそうである。」（九頁）と主張する。Forty 1997（『生命40億年全史』）も見よ。ド・デューブは原子のレベルから生命形態の複雑化の増大へと議論を進めているが、フォーティは進化の全体像についてのパノラマ的な観点を提示している。

訳注　クリスチャン・ド・デューブ（ベルギー）は「細胞の構造的機能的組織に関する発見」で一九七四年にノーベル生理学・医学賞を受賞。

5．ポール・デヴィースによると、この時期は10^{100}年ほど先のことになるので、極めて遠い将来のことになる（Davies 1983）。それよりは相対的に切迫した宇宙論的破局として、人類がまだ存在しているかどうかにかかわりなく、地球そのものが消滅すると思われるのは、われわれの太陽が天文学でいう「赤色巨星」に転化するときであり、太陽が膨張して地球の軌道を飲み込むのであるが、およそ五十億年先とみられる。これは地球がこれまで存在してきた年数に近い。だから私たちは地球の寿命のほぼなかばに位置していることになる。

訳注　ちなみに漢字文化圏では、国家予算などの新聞報道にもよく出てくる兆（一〇の一二乗）までは誰でも知っているが、そのあと京（一〇の一六乗）などが続き、無量大数（むりょうたいすう、一〇の六八乗）が数詞としては最大であるから、一〇の一〇〇乗が極めて大きい桁であることがわかる。また、いわゆるビッグバンが約百五十億年前、地球の誕生は約四十五億年前、地球生命の誕生は約四十億年前というのが通説である。なお最近の研究では、太陽が赤色巨星段階になるのは約百億年先だという説もあるようだ。赤色巨星になるときには太陽の核融合反応（水爆の原理）が暴走し、太陽の半径が二百〜三百倍に膨張して地球を飲み込む。『宇宙と生命の不思議』有本信雄（ＰＨＰ研究所二〇〇七年）を参照。また、赤色巨星よりずっと近い将来の大きな危機の可能性としては、Ｙ染色体が退化しつつあり、約五百〜六百万年後に消滅するかもしれない（男性の滅亡の可能性）。胎盤の胎児側組織の形成にはＰＥＧ10遺伝子が必要であり、これは母親の染色体ではブロックされているので、父親の染色体が必要である（爬虫類と違って処女生殖ができない）。つまり男性の絶滅に伴って人類が絶滅する可能性がある（『だから、男と女はすれ違う』NHKスペシャル取材班（ダイヤモンド社、二〇〇九年）。人類がチンパンジー・ボノボとの共通祖先から分岐したのは約七百万年前と推定されているので、すでに「道半ば」の可能性もある。また、小惑星が地球に衝突する可能性もないわけではない。

6. 熱力学の第二法則「エントロピーの増大」については、数理物理学者ロジャー・ペンローズ(訳注1)が、極めて興味深い宇宙論的関係についての問題を提起した。エントロピーの法則は時間の流れ［時間の矢］を定義している。時間の流れは任意の閉鎖系においてtとt'のいずれが後であるかを決めており、それに応じて一方がその系でのより大きなエントロピーに対応する(訳注2)。ペンローズは如何にしてこれが循環的定義——そのなかでエントロピーは時間とともに増大し、時間の流れはエントロピーが増大する方向として定義される——以上のものでありうるかを問う。彼は思いめぐらす。「何がわれわれの世界のエントロピーを過去にそのように低く抑えたのか。……低エントロピー状態が与えられたとき、後にそのエントロピーが高くなっても驚いてはならないことを教えている。われわれが驚かなければならないのは、過去を深く探れば探るほど、エントロピーはますます馬鹿らしいほど小さくなる、ということである」（『皇帝の新しい心』林一訳、みすず書房、一九九四年、三五九頁）。ペンローズはわれわれが生命に必要な低エントロピーを維持するために、低エントロピー食品を摂取することを観察する。しかし「この低エントロピーはどこから供給されるのか」（邦訳三六一頁）。われわれが知っているように、究極的には光合成、つまり地球上の生命が生存のために闘争する基本的な方法から来る。しかしこれは言わば、われわれが太陽から低エントロピーを引き出している（われわれが太陽エネルギーを生命に固定する植物を食べようと、植物を食べる動物を食べようと）ということである。ペンローズは続ける。「一般の人が抱いている印象とは反対に、地球（とその住人）は太陽からエネルギーを得ていない。地球が行っているのは、低エントロピー形態でエネルギーを取り入れて、それを高エントロピー形態で［放射熱すなわち赤外線光量子がより高周波数の可視光線光量子に置き換わったもので］

そっくり宇宙空間に投げ返すことである」（邦訳三六一頁）。したがって地球から飛び出る赤外線光子よりも少ない数の可視光光子が地球に到達している――エントロピーの増大である。いまや、これは「太陽が天空の熱い場所だという事実である」（邦訳三六二頁）――そのなかでエネルギーが濃縮される――からであり、今度は太陽が、「それ以前にあった（水素を主体とする）気体の一様な分布から生じる重力圧縮によって形成された」（邦訳三六三頁）からである。他の恒星と同様に、熱核反応は太陽がそれ以上収縮するのを食い止めることによって、太陽があまり熱くなりすぎるのを防ぎ、われわれに適した温度で安定化させ、他の仕方でやれた以上に長い期間にわたって輝き続けることを可能にした。したがって重力は太陽エネルギー――そしてそれを通じて地球上の生命（そして確かに、化石燃料も）――の究極的な源泉であるということになる。実際、重力は核エネルギー、つまり中性子星の重力によって圧縮された内部に生じるウランなどのより重い元素の究極的原因でもあり、そしてもちろん、地熱エネルギーと潮汐のエネルギー、すなわち地球上の生命に関連した他の二つのエネルギーの種類の直接の源泉でもある。深海の熱水噴出口は、光合成に依存しない生命の住み処であり、ある観点によれば、地球上の生命のゆりかごであったかもしれない。潮汐はもちろん、多くの重要な生態系、特に珊瑚礁の積極的な構成要素である。要するに、重力による収縮が、「ビッグバン」における全宇宙での物質とエネルギーの初期の拡散と、重力を通じてのその二次的な凝縮を通じて、熱力学第二法則を決定している（均一性がより高いエントロピーと等価な、熱的に駆動される系とは対照的に、重力によって駆動される系は、最も秩序だっており、均一の状態がもっとも蓋然性が低い。だから形態の外観は、そのなかで非重力的なエネルギーの様式が関与し、重力の様式と相互作用する自然の発展の局面に対して、より適切に割り当てられるかもしれない）。この点において、議論は量子重力の不確実性へと入っていき、本書の議論との関連がなくなるのである。強調されるべき点は、宇宙的な力と、生命および地球生態系の偉大な調節原理の究極的な連関性、すなわち自然の根本的統一性である。（Penrose 1990: 410-17、第7章の各所、強調は原書による〔『皇帝の新しい心』〕。

訳注1　ペンローズ（一九三一年生まれ）は英国の数学者、物理学者。脳研究についても発言（量子脳理論）。邦訳多数。

訳注2　このあたりの著者の議論は、日本の環境学からみると物足りないかもしれない。欧米のエコロジー経済学・エントロピー経済学（ジョージェスク＝レーゲン、デイリー、マルチネス＝アリエほか）などは、エントロピー増大の重要性は認識しているが、物質循環についての理解が不足しているようだと言われる。エントロピー学会の関係者、たとえば槌田敦、藤田祐幸、河宮信郎、井野博満、勝木渥、白鳥紀一、山口幸夫などの著書を参照するといいだろう。たとえば、『エントロピー』藤田祐幸・槌田敦（現代書館、一九八五年）、『必然の選択：地球環境と工業社会』河宮信郎（海鳴社、一九九五年）、『エントロピーと地球環境』山口幸夫（七つ森書館、二〇〇一年）、『弱者のための「エントロピー経済学」入門』槌田敦（ほたる出版二〇〇七年）などがある。

7. Forty 1997: 65（『生命40億年全史』）。フォーティは、次の十億年間に進化した多様なストロマトライトは、礁も含めて、本質的には何百マイルにもわたって広がるひとつの生命なのだと指摘する。動物の登場はストロマトライト——それは［光合成によって］大気中の酸素を作り出すことによってより複雑な生命形態への道を準備した——を不安定化させた。いまやストロマトライトは、それを捕食する生物がいない特殊な環境に生き残っているだけである。進化生物学者リン・マーギュリスは、同様な、しかしもっと大胆な考察によって、「細胞内共生」理論を提示した。Margulis 1998（『共生生命体の30億年』）を見よ。

8. 私たちは宇宙的自然の形式的な組織の問題は脇におこう。ここではエネルギーのレベルと物質がとる形態は地球上で起こっているものとはかけ離れているので、エコロジーの概念はほとんど意味をなさない。結局この用語はギリシャ語「オイコス」すなわち家庭に由来するのである。厳密に言うと、私たちは宇宙への「生態系的」拡張については、別の用語で置き換えるべきである。

9．古典的なテクストはSchrödinger 1967（『生命とは何か』）である。これは初版が分子生物学の誕生以前の一九四四年であり、良い理論の前方を見せる力を示す、インスピレーションを受けた跳躍である。

10．Lovelock 1979.（『地球生命圏』）。

11．「反対が結合する。離れていくものから最も美しい調和がもたらされる。すべてのものごとは対立によって起こる」（Fragment 46 in Nahm 1947: 91）。エドワード・ハッセイは、ヘラクレイトスについて書いている。「対立物の永遠の闘争と、それらを均衡させる正義は、区別できないものであり、すべての出来事のなかに両者が同等に存在する」（Hussey 1972: 49）。現代の生物学のなかで、平衡と闘争の問題について加熱した論争が起こっている。カオス理論は「奇妙な誘引物質」、非線形過程及び蝶の羽が台風のきっかけになる可能性についての学説によってこの流れについての何かをとらえる。『オックスフォード辞典』が言うように、「科学的に言うと、カオスとは、決定論的な法則によって支配されるが、初期条件に対して極度に敏感なため、ランダムに見えるほど予測不可能なシステムの振る舞いを意味する」。Glieck 1987はポピュラーな入門的説明を提供する。Botkin 1990はエコロジーに対するそのインパクトを提示する。これらの理論に欠けているものは、次章で展開するような、そして特に人間のエコロジーに首尾一貫して関連しているような弁証法の概念である。私は一般に、リチャード・レヴィンスとリチャード・ルウォンティン（1985）、特に「理論およびイデオロギーとしての進化」というエッセイ（9-64）によって論じられた立場を支持する。進歩の概念と均衡の概念の双方が、これらの卓越した生物学者たちによって論難されている。

12．擬似的な種としての人種の生物学化が、特に黒人に対する白人の人種差別に関して、いかにして生じたかについての議論は、拙著『白い人種主義』（Kovel 1984）を参照されたい。最近でも、人種的本質主義はなお言説としてはびこっており、いまようやく、評価の高い学者たちが、重厚な研究にもとづく大著を書き、そのなかで「黒人問題」は生物学的というよりはむしろ文化的な枠組みのなかに位置づけられている。しかしその名前による本質が、歴史的な時代から凍結して取り出された物象としてとどまっている。たとえば、Herrnstein and Murray 1996; Thernstrom and Thernstrom 1997 を見よ。(訳注)

訳注　心理学者リチャード・ハーンシュタインの議論は、ＩＱ遺伝決定論や黒人の劣等性を示唆するものであると批判されることも多い。

13．この極めて圧縮された議論に少し付け加えておこう。巨大化した脳と、両手の解放に必要な直立姿勢は、ある種の進化的な矛盾をなしている。というのは、後者［直立姿勢］が硬直した骨盤をもたらし、それによって前者［頭の大きな新生児］の出産が困難になるからである。これは、生まれる時点で脳を未成熟なものとし、子宮外で［生後に］かなりの発達をするようにすることによって解決された。これ［脳の発達］は、本能が文化的学習によって置き換えられることに中心的な役割を演じ、また人間にとっての子ども時代の特別な重要性にも関連している。しがみつく本能（それは新生児学者がよく知っているバビンスキー反射において、痕跡的な形でのみ残っている）の喪失によって長年にわたり運ばれなければならない生物における、長期化した育児の必要性は、私たちの文化的伝承に数え切れない影響を及ぼし、実際、文化はこのつながりから生じたということもできる。

14．ヘーゲル、ニーチェ、フロイト、ラカンその他――いずれもいま論じている範囲を超えて問題になる――は西洋思想においてこの関係を発見した人々の系譜に立っている。私たちのスピリチュアルな伝統の全体がそれを解明することのうえに打ち立てられていると言ってもいいかもしれないが。

15．警告：これらのポイントのほとんどすべては、ゾウが死んだ仲間に対して行うケア、あるいはクジラの言語使用、その他を指摘する人々によって異議を申し立てられるであろう。誤解されないように、生物種の排外主義［人類優越主義］が私の意図ではないことを強調させてほしい。人間の自然的特性の集合体を打ち立てることは、これらを特別な種のなかに位置づけることではなく、むしろ、それらを採用できる力を持ったいかなる種も人間の両義的な立場に到達できると言うことである。もし私の愛犬が私を認識するのなら、それは彼をある程度人間並みにする。ちょうど重度の知的障害を持つ人々が人間の通常の属性をある程度失うのと同様に。しかしこれらの事柄の特別な組み合わせが人間を特徴づけるものであり、他のおそらくもっと分別のある動物たちはそれを共有していない。

16. 建築家はミツバチとは対照的に、「[現実のなかで]築く前にすでに頭のなかで築いている。労働過程の終わりには、その始めにすでに労働者の心象のなかに存在していた、つまり観念的にはすでに存在していた結果が出てくるのである」（Marx 1967a: 178）『資本論』第一部第三篇第五章第一節「労働過程」、『マルクス＝エンゲルス全集』第二三巻第一分冊、大内兵衛・細川嘉六監訳（大月書店、一九六五年）二三四頁。

17. 議論については、拙著『歴史と精神』（Kovel 1998b）を見られたい。

18.「自然は、客観的にも主観的にも、そのままで人間的な本質に適合するようなふうにはなっていない。そして、あらゆる自然的なものが生成せざるをえないように、人間もまた自分なりの生成作用を、つまり歴史をもっているのだが……中略……歴史は人間の真の自然史なのである」（Marx 1978b: 116　強調はマルクス自身による。[村岡晋一訳「経済学・哲学草稿」『マルクス・コレクション　I』筑摩書房、二〇〇五年、三八四頁]。

19. 人間社会にとっては、これは多くの悪影響とともに犠牲の用語で表現されてきた。

20. Quammen 1996.

21. Colburn 1996.

22. ビル・モリソンによると、タスマニア人の発明品であるパーマカルチャーは、建築の諸原則を用い、グローバルからローカルな相互作用までのあらゆる範囲を考慮しながら、生きた環境をデザインする。ある種の環境、たとえばインド南部では、微気候の変化が、エコロジー的劣化の逆の生成を引き起こしてきた。他の地域では、かなりの量の食料生産が都市地域で達成された。(訳注) Mollison 1988 を見よ。Whitefield 2004 および www.permaculture.co.uk/main2.html を見よ。パーマカルチャー運動は本書で提起された社会問題についてはほとんど気づいていないことを明示している。

訳注　キューバの都市農業やドイツのクラインガルテンなど。

23. この議論は基本的には Hecht and Cockburn 1990 から引き出したものである。他の重要な要因は、景観を分割し、結局はごちゃ混ぜにする洪水の頻度である。したがってここでは単一の作用因［始動因］はない。ヘクトとコックバーンが指摘するように、人々は洪水に従い、したがって異所的な種分化の新しい領域の生産において自然と相乗的に働く。

24. Hecht and Cockburn 1990：44. 火入れの直後に農業的遷移が始まり、豊かで複雑な生態系が急速に回復されて、他の輪作作物が続くようにするため、火災の前に植えるといったように、タイミングが不可欠である。灰などをリサイクルすることや、病害虫を抑制するが作物は繁茂させる「低温燃焼」のテクニックにも適切な注意が払われる。

25. 民族植物学者ウィリアム・バレーは、ブラジル北東部のインディオ、カポル族が二・五エーカーのサンプル地域における植物種の九四％に名前をつけ、利用できることを示した。これは極端な例である。しかし、ほとんどの森林居住民（先住インディオに限らない）は植物種の約五〇％を知り、利用している。Hecht and Cockburn 1990: 59 に引用されている。

26. これらの方法を探求し、祝福した二人の著者は、スタンリー・ダイヤモンド（Diamond 1974）とピエール・クラストル（Clastres 1977;『国家に抗する社会』）である。

第6章　資本と自然の支配

1.『資本論』において、マルクスは、いかに技術と組織の産業的様式が、資本の生産の必須条件である剰余価値抽出の最大化のために不可欠であるかを明らかにした。この点において、産業化がとがめられるべきである。すなわち莫大なエコロジー的破壊が引き起こされたのは、旧ソ連の体制のあいだ資本主義とは反対にがむしゃらな産業化があったからだというテーゼを支持するためによく引き合いに出される論点も予想する必要がある。私は本書の第9章でこの問題を扱っている。

2. これはヨーロッパ例外主義の教義を主張するものではない。その教義は、ジェームズ・ブラント（一九九三）やアンドレ・グンター・フランク（一九九八）〔『リオリエント』〕のような学者たちによって徹底的に反駁されてきた。彼らは、資本主義世界に命令を下すようなヨーロッパ人の生まれつきの天才などというものはないことを示した。しかしながら、近代の曙において、ヨーロッパと、中国やインドのような他のもっと進歩した諸国のあいだには、文化的な違いがあった。そしてこれらの違い――顕著な特性としてキリスト教を含む――が西洋の卓越した美徳においてではなく、その病理――それとともに資本の病理――の展開において役割を演じたかどうかを問うことは、公平な質問である。

3. デルミョー（一九九〇）は、説得力のある詳細な仕方で、身体的疎外を記録している。ここでの議論の多くと似ているキリスト教の観点については、Ruether 1992 を見よ。

4. ジョセフ・ニーダム（一九五四）は中国の科学についての膨大な研究を要約している。カルヴァン主義と資本主義については、ここで有名な論争をとりあげることはできない。もちろん、Weber 1976〔『プロテスタンティズムの倫理と資本主義の精神』〕、Tawney 1998〔『宗教と資本主義の興隆』〕、さらに Leiss 1972; Glacken 1973 を見よ。

5．私の知るりでこのテーマについての最も説得力のある説明であり、本書の記述が最も負っているのは、Mies 1998［『国際分業と女性』］である。Salleh 1997 および O'Brien 1981 も見よ。

6．この存在様式への最良の案内は、スタンリー・ダイアモンド（一九七四）であった。

7．現在、実際の社会的生産の約三分の二は女性によって行われている。この数字はまた、古代的な狩猟採集社会における女性の実際の生産的努力についての最良の推定でもある（Mies 1998［『国際分業と女性』］）。

8．ミース（一九九八）が強調するように、この説明は古典的マルクス主義の枠内にあり、生産労働の搾取に中心的な役割が与えられている。同時にそれは原因の重要性についてのエンゲルスの理解に挑戦するものでもある。エンゲルスの権威ある観点においては、剰余が集められるまでは、社会的生産は言わばジェンダー中立的な方法で発展する。その剰余が暴力を通じて領有され、階級とジェンダーによる支配に導かれる。しかしながら、原病巣として女性の生産的労働の暴力的統制を思い起こさせることが、より説得力がある。エンゲルス（『家族・私有財産・国家の起源』）にとって、財産の没収は、力のシステムの発展を通じて支配へと歴史的に一般化されるようになった出来事の代わりに、生得的な攻撃の結果にみえる。その含意は重大である。というのは、もしも生得的な攻撃が剰余の没収の背景にある駆動力であるならば、マルクスのプロジェクト全体が打ちのめされ、『文化への不満』（一九三一）についてのフロイトの説明を支持することになるかもしれないからである。(訳注)

訳注　フロイトは暴力や戦争を本能的なものと見たが、人類の歴史七百万年、現生人類の歴史二十万年に対して佐原真（考古学）が強調したように戦争の歴史は八千年に過ぎない。日本の戦争は弥生時代からであり、縄文人に殺人はあったが戦争はなかった〔『佐原真の仕事4　戦争の考古学』金関恕・春成秀爾編（岩波書店、二〇〇五年）〕。

9．ここで与えられた説明は、男性支配の社会における中心的な矛盾から由来する多くの精神分析的知識を要約したものである。すなわち、成人した男性によって支配された女性は、彼がまったく依存的で、彼の十八番となる力を欠いていたライフサイクルの幼児期における彼の母によってかつては表象されていた。この結びつきは続く文章のなかで、人類の歴史を通じて反響し、欲求の弁証法のなかに刻み込まれていると推測できる。Chodorow 1978（『母親業の再生産』）; Kovel 1981; Benjamin 1988 を見よ。また、ブレイクの「心の旅人」の次の四行詩も比較せよ。

そしてもし赤ん坊が男の子に生まれれば
彼は老いたる女に与えられる
すると彼女は彼を一つの岩に釘で打ちつけ
彼の悲鳴を金の盃に受ける

（『ブレイク全著作』梅津済美訳、名古屋大学出版会一九八九年、第二分冊、七七〇頁）

10．明白に、イスラムはこのパターンの外にいる。預言者ムハンマドは、部族的で前国家的な構造のなかから普遍化する宗教と国家形成をほぼ同時に発展させたことで、歴史のなかで独自である。これの大きな重要性は、西洋とイスラムのあいだの現在の世界的紛争に関して参照されるべきものであり続けている。Rodinson 1971 を見よ。

11．議論については、Kovel 1984 を見よ。

12．Braudel 1977: 64.

13．マルクスがこれらのアイデアを発展させたことについてのよくできた議論として、Rosdolsky 1977: 109-66 を見よ。

14．家畜を意味するラテン語 pecus が「pecuniary（金銭の）」の語源になった。

15．すなわち、私は生きる必要があるので空気に価値をつける、さもなければ価値をつけられない。空気がかかわるところでは、脳幹は「私」あるいは自我が要求するものを無視して、呼吸を続ける。しかしながら、私たちが拒絶のなかで生きる無数の場合がある。キエルケゴール、ニーチェ、ドストエフスキーはこの結びつきに大いに心を奪われ、一九世紀がますます文明の危機を露呈するにつれて、それはヘーゲル的合理性の解体をあらわした。

16. Simmel 1978: 60（『貨幣の哲学』）。

17. 白昼夢には有用性がある。それは私的なものであることも、友人のあいだのように共有することもできる。しかしそれらは物質的対象に埋め込まれるまでは、経済に加わることができない。そうしたものとしてさえ、それらは交換価値をもつ必要はない――たとえば、贈与経済におけるように、あるいは他の具体的品目と物々交換されるところ、あるいは個人的満足のために空想される場合のように。

18. Simmel 1978: 259（『貨幣の哲学』）。

19. Murray 1978. 対照的にイスラム社会は（中国、インドその他と同様に）貨幣の使用によく慣れていた、そして十字軍の時代まではこの点でヨーロッパによって追いつかれることはなかった。数世紀後に資本主義を支配することになる世界のこの地域の驚くべき後進性は、注目すべき事実である。貨幣がある種のタブー、あるいは禁じられた願望をあらわしていた、そしてこの禁止の克服が西洋資本主義を特に悪性のものにした強力なエネルギーを解放したと思弁する人もいるかもしれない。

20. Arrighi 1994; Frank 1998（『リオリエント』）。

21. Marx 1964: 67（『資本制生産に先行する諸形態』）。

22. Polanyi 1957（『大転換』）を見よ。このテーマは古典的にはローザ・ルクセンブルクの『資本蓄積論』によって引き出された。その主要なテーゼのひとつは、資本蓄積は常に前資本主義的経済の破壊を必要としたというものであった。

23. コモンズの回復は、一九一一～二〇年の［メキシコ］革命の結果として得られ、NAFTA［北米自由貿易協定］のもとで野蛮な攻撃にさらされている。

24. Marx 1978b（『経済学・哲学草稿』）; Sheasby 1997.

25. Thompson 1967.

26. 魔女狩りの狂気は他のいかなる文明の歴史にも比肩するものがないような、女性ジェンダーに対する攻撃であった。それは「異教」すなわちキリスト教的家父長制のじゃまになった大地と女性中心の宗教に対する抑圧の一部であった。そして萌芽的な男性支配の医学的体制のために特に女性および自然療法の治療師を駆逐しようとするものであった。Ehrenreich and English 1974（『魔女・産婆・看護婦』）を見よ。［フランシス・］ベーコンについては、彼が科学を男根の運動——実際、母なる自然に対するある種の強姦としての——として描写したことは、キャロリン・マーチャントの先駆的な『自然の死』（一九八〇年）で探求されている。科学的進歩を資本主義に統合されたものとして定義したことにおけるベーコンの重要な役割も同じように指摘する必要がある。そしてまた、科学と資本主義の発展は同じコインの両面であり、マーチャントの言葉によれば、国家の後援を受けた研究機関である「王立協会［ロイヤル・ソサエティ］」が一六六〇年に設立されたときの陰の組織者」だった（一六〇頁、『自然の死』団まりな他訳、工作舎一九八五年、三一〇頁）からである。だから、産業資本主義を生み出した科学革命を組織し、自然のジェンダー化された分岐の条件のもとでそれを大いに行ったのは国家であった。Federici（2004）はジェンダー支配と資本主義の勃興がいかに手を携えていたかについて、最も信頼のおける説明を提示している。

27. 奴隷制は初期資本主義発展の悪名高い特徴であり、いまも続いており、一部では勢いを盛り返してさえいる。しかし奴隷制はフレキシブルな労働市場を作り出すことに失敗し、消費の契機を制約するものである。だから、賃金労働と違って資本主義のなかで一般化することはできない。

28. Gare 1996.

29. スピリチュアルないし哲学的な体系と歴史的構造の関係についての議論で、ナチズムとハイデガーの問題を取り上げているものとしては、Kovel 1998 bを見よ。

30. Heidegger 1977［『技術論』］。この部分の引用はすべてこのテクストからである。また Zimmerman 1994 も見よ。

31. Farias 1989.［『ハイデガーとナチズム』］。

32. 二〇〇七年の時点で、アメリカの平均的世帯は毎月収入の一〇八％を支出している（つまり借金している）。

33. Kovel 1998a.

34. 現代のマルクス主義者のなかでは、ラーヤ・ドゥナエフスカヤが理論と実践を統一するための哲学的契機の必要性に対して最も忠実であった。彼女の偉大な業績は、マルクスをヘーゲルの『大論理学』に再びつなぐものであった。Dunayevskaya 1973, 2000 を見よ。

35. エンゲルスの有名な著作から引用した。Engels 1940［『自然の弁証法』］を見よ。

36. たとえば次の文献を見よ。Wilbur (2001)［『量子の公案』］は、二〇世紀の代表的な物理学者の神秘主義的な著述を集めている。Punter（1982）はウィリアム・ブレイクの注目すべき弁証法的な洞察について詳述している。

37. この用語にはもちろん多くの心理学的な含意があり、最も有名なのはフロイトによる心の三つの構成要素［自我（エゴ）、超自我（スーパー・エゴ）、エス（イド）］である。そのなかで自我が知らない部分であるイドは世界の「他者」すなわち自然であり、資本の心理学的な像とみなされる存在の代わりに正常の地位を与えられている。ここで私たちは自我を存在論的に、精神ではなく存在の観点から見ている。こうした議論については、Kovel 1981; 1998b、また Lichtman 1982; Wolfenstein 1993 を見よ。

38. O'Connor 1998: 183.

39. たとえば、資本にとっての良き年であった一九九九年に、米国環境保護庁（ＥＰＡ）が追跡した六四四種類の毒性物質の量は、一九九八年より五％増えて七八億ポンド［約三五〇万トン］になった。

40. この思考の路線はルーマニア系アメリカ人の経済学者ニコラス・ジョージェスク＝レーゲンによって発展させられ、彼は「われわれの経済生活の全体は、低エントロピーを取入れることによって成立っている」という洞察を得た。Georgescu-Roegen 1971: 277［『エントロピー法則と経済過程』三六〇頁］。強調は原文による。したがって、ジョージェスク＝レーゲンはその点を強調しなかったが、統制できずに膨張する経済［資本主義経済］はエントロピー的な破滅へと急いでいるということになる。

第7章　序論

この章には原註なし。

第8章　現存エコ政治の批判

1. Gore 2000［『地球の掟』］、Gore 2006［『不都合な真実』］。

2. ゴアの家族はアーマンド・ハマーの贈り物を通じてオクシデンタル石油に深く関与していること、そしてしばらくゴアは財産のひとつとして亜鉛鉱山を所有していたことが関係していることは明らかである。しかしこの問題は脇におくことができる。というのは、もしゴアが彼のエコロジー的ビジョンの趣旨を本当に理解しているのなら、彼はなおかなり快適な生活を送りながらも、これらの［財界の］影響力を乗り越えることができるだろうからである。

3．Cockburn and St Clair 2000. ウォルフの意見は二〇〇〇年の公開講演で出されたもの。

4．これを書いているとき、「ゴアが、温室効果ガスを大気から取り除く実行可能な技術を奨励する賞金二五〇〇万ドルの科学技術賞であるヴァージン・アース・チャレンジの立ち上げ会合で、ヴァージン・アトランティック［英国の航空会社で一九八四年設立］の設立者［総帥］であるリチャード・ブランソンとともにスピーチしていた」（AFP通信、二〇〇七）ことがわかった。

5．固形廃棄物について一言述べたい。もし私たちが廃棄物について何もしなければ、危機がさらに悪化することは明らかである。ちょうどガソリンに添加される鉛を除去しなければ事態が悪化するのと同様に。しかし危機はすでにこれらの一時しのぎをすでに織り込み済みであり、それは生態系の崩壊のいくつかの局面の速度に影響を与え、［危機の］ダイナミクスそのものは少しも変えないが、私たちが見ているような状態にまで危機の進展を遅くしているのである。廃棄物処理の場合には、それを行う大企業が、資本蓄積、労働の搾取、犯罪性、集中――そしてリサイクル施設というもうひとつの業種――の新たな源泉を提供している。「リサイクル工場の大半［ニューヨーク市から事業の委託を受けている］は巨大な廃棄物会社によって所有されており、小企業が経営しているものはもうじき買収されるだろう」と『ニューヨーク・タイムズ』の最近の報道は述べている（Stewart 2000: B1）。労働者は「低賃金労働者の部隊であり、移民も高い比率で含まれる」が、彼らは「時には退屈で時には危険な」仕事を行う。故郷に送金できるように際限なく働くセネガル人が言ったように。実際、その工場は規則的で悪魔的な工場に見える。消費社会の幻想的な残りくずがコンベアベルトに乗せられて労働者の前を過ぎるときに、彼らは注意を集中して「一日中……つかみ取ったり、ひっくり返したりする。物が穴に投げ込まれ、堆積のなかに落ちて」集められ、非常に気まぐれな市場で再び販売される。「しかし実際どんな役に立つというのか。搾取された労働を用いて儲けることの他には？」「リサイクルの汚い秘密は廃棄物である。工場に捨てられるごみの三分の一は使い物にならず、民間の埋め立て地に運ばれる」――そこで環境は不快な混合物にさらされる。ニューヨークは想像できる限り最悪の事例で、そこでは毎日収集される一万三〇〇〇トンのうち二四〇〇トンだけがリサイクルされ、そのうち八〇〇トンはいずれにせよ埋め立て地に行く。しかしもっとエコロジー的に健全な都市でさえリサイクル率は五〇％に過ぎないのであり、ウォルマートを見たときに、店内の光景を見渡してこれがみんなごみになるのかと思うと少しも気休めにならない。最近の包括的な研究としては、Rogers 2005 を見よ。

6. Manning 1996 は新エネルギー運動についての賛辞を提供している。私はマニングが息もつけないほど熱狂している技術的解決策のすべてを退けようとは思わないが、文明の将来をそれらに賭けようとも思わない。この種の論法によってしつこく懇願されていることのひとつは、エネルギーの収集、貯蔵、分配である。なるほど「宇宙エネルギー」というものはあるのかもしれないが、それをどうやって集めるのか？　明らかに、小さなブラックホールのエネルギーでさえ、私たちが永遠にやっていくのに十分であるが、だからといって『ニューヨーク・タイムズ』一部の価格はやはり一ドルだろう。

7. 最近の恐ろしい発見。アソシエーテッド・プレス（AP通信）が二〇〇〇年七月十日に報道したところによると、米国魚類野生生物局は、年間四千万羽の鳥が七万七〇〇〇基のマイクロウェーブ塔(訳注)――アメリカの景観に点在し、さらに増えようとしている――に激突して死亡していると見積もっている。「環境にやさしい」とされる技術でさえこんな調子である（最近ミツバチの大量失踪の原因の可能性が取り沙汰されている変圧器や携帯電話などの電磁場については言うまでもない）。

訳注　たとえば沖縄の在日米軍瀬名波通信施設にあるのはマイクロウェーブ塔であるが、ここでいう七万七〇〇〇基の軍事、民事の内訳は不明である。

8. 情報経済の環境負荷についての素晴らしい議論については、Huws 1999 を参照。

9．ソーラーエネルギーのもうひとつの形態であり、おそらく最も良質の再生可能エネルギーとされている風力についても、ソーラーパネルを作る際の化学物質の投入を考慮するならば、同じことが言える。しかし、ここでも、発電する電気との関係で風車が景観のなかにどの程度の位置を占めるべきかについては、明白な限界がある。

10．成長の物質的限界についての徹底した議論としては、Sarkar 1999: 93-139を見よ。サルカルはあまりにも悲観的かもしれないが、彼の論法は基本的には健全であろう。

11．Lovins 1977（『ソフト・エネルギー・パス』）。ロビンズはおそらく現代の最初の技術熱狂論者であろう。

12．彼らはしばしば学界のなかに確実で望ましい職を得ているが。しかし本書の著者もそうである。

13．Costanza et al,1997: 5. この本の五人の著者のうちで、ロバート・コスタンザとジョン・カンバーランドはメリーランド大学に勤務している。ハーマン・デイリー（後述）とロバート・グッドランドは世界銀行の勤務経験がある。五人目のリチャード・ノーガードは現在カリフォルニア大学バークレー校におり、「共進化」パラダイムの立場から危機にアプローチする著作である『裏切られた発展』（一九九四）の著者である。かなりの歴史的な深さを持った関連アプローチであり、本書の視点にも近いものは、Martinez-Alier 1987（『エコロジー経済学』）に見いだせるであろう。

14．Breyer 1979. これは「規制の失敗、ミスマッチ、より規制的でない代替案および改革を分析する」という表題で『ハーヴァード・ロウ・レビュー』に発表された。議論としては、Tokar 1997: 35-45を見よ。

15．炭素排出量取引という愚行についての初期の研究のひとつにおいて、ブライアン・トーカーは、京都議定書は「最大の「『プレイヤー』[炭素排出国]たちに『ゲーム』全体の実質的な統制権を与えるものである」(1997: 41）と述べて、核心を突いた。汚染の取引はクレジットのコストを下げて、排出削減よりもむしろ不正行為にインセンティブ［動機付け］を与えるであろう。『汚染する権利』の国際市場が諸国のあいだの不平等を拡大し、金融市場の日々の変動にもとづいて国から国へと資産をもっともうまく移動できる連中の支配を増大させること、……産業政策の説明されない操作の可能性が株、債券、為替のしばしば向こう見ずな国際トレーダーによってすでに引き起こされている混乱を一層悪化させることは、ほとんど疑いない」（42）とトーカーは続ける。多くの没収計画をとりあげている最良で包括的な最近の研究は、Lohmann 2006 である。

16. Korten 1996: 187（『グローバル経済が世界を破壊する』）。別のネオ・スミス主義者としては、『商業のエコロジー』（一九九三、邦訳は『サステナビリティ革命：ビジネスが環境を救う』）の著者であるポール・ホーケンがいる。ホーケンについての私の考察は、Kovel 1999 を見よ。

17. Korten 2000.

18. シューマッハーの労働についての仏教的観点には、それが「人間に自己の能力を活用し発展させるチャンスを与えなければならない」ことや、労働が余暇から分離されないこと——この二つは生活プロセスの両側面だから——も含まれる。力点は、生活の表現および人格の浄化としての労働におかれていて、実際にマルクスの観点、特に初期の哲学的著作および疎外の理論［『経済学・哲学草稿』など］にかなり近い。しかし、シューマッハーは階級闘争についても、政府機関一般についても具体的な理解を示していないし、資本の理論というものも持っていない。だからどのようにして資本を乗り越えるのかについても明らかでない。Schumacher 1973: 50-9（『スモール・イズ・ビューティフル』）。

19. Proudhon 1969（『アナキズム叢書　プルードン』）; Kropotkin 1975（『アナキズム叢書　クロポトキン』）。

20. Morrison 1995: 151. 傍点は原著者による。

21. カール・マルクス「国際労働者協会創立宣言」(Marx 1978d: 1864)［「国際労働者協会創立宣言」村田陽一訳『マ

ルクス＝エンゲルス全集』第一六巻、大内兵衛・細川嘉六監訳、大月書店、一九六六年、九頁〕。この時期のマルクスがエンゲルスに書いた手紙のなかで、スピーチが難しかったので、「非常に厄介だったのは、われわれの見解を労働運動の現在の立場に受け入れられるような形であらわすように取り計らうことだった」と述べている(512)ことは注目する価値があろう〔「マルクスからエンゲルスへ　一八六四年十一月四日」渡辺寛訳『マルクス＝エンゲルス全集』第三一巻、大内兵衛・細川嘉六監訳、大月書店、一九七三年。一三頁〕。彼は、もっと戦闘的な『共産党宣言』が書かれた一八四八年よりも革命の希望が後退していることを認めている。

22．ＨＭＯすなわち健康維持機構（Health Maintenance Organization）（訳注）とは、一方では〔通常の〕民間保険、他方では国家が後援するヘルスケア〔高齢者のメディケアと低所得層のメディケイド〕の代替として、二〇世紀の米国において導入された多様な前払いの保険プランをさす。これらは、表向きは協同組合的にも組織できるが、アメリカの健康危機が進展するにつれて、次第に膨張し、強力になった。

訳注　ＨＭＯは民間保険のひとつで、医療費抑制のため導入された。一九七三年にはＨＭＯ管理法が制定された。

23．Marx 1967b: 440〔「資本論」第三部第二七章、岡崎次郎訳『マルクス＝エンゲルス全集』第二五巻第一分冊、大月書店、一九六六年、五六一頁〕。最近の例外はスペイン北部のモンドラゴン協同組合システムであり、これはおそらく協同組合運動の最大の成功例である。……それがさらされているシステムの制約を考慮すれば、モンドラゴンはたぶんその限界――それなしにはいずれにせよ資本主義体制全体が脅かされる――に到達したと言うほうが公平であろうが（Morrison 1991）。

訳注　モンドラゴンについての文献には、『バスク・モンドラゴン：協同組合の町から』石塚秀雄（彩流社、一九九一年）、『モンドラゴンの神話：協同組合の新しいモデルをめざして』シャリン・カスミア、三輪昌男訳（家の光協会、二〇〇〇年）などがある。
24. Mintz 1995（『甘さと権力』）。
25. 「スミスの解決策は、産業資本主義への移行という変化した状況のもとでは、生き残ることができなかった」（McNally 1993: 46）。
26. Costanza et al. 1997: 177, 180. 著者らはまた、マルクスの貢献を物理的資源の所有と配分の問題に限定し、「自然の貢献を無視した労働価値説」が共産主義社会の環境破壊の元凶だと非難することにより、マルクスについての説明をめちゃくちゃにしている。これ以上の歪曲は想像しにくい。
27. Daly and Cobb 1994 において、アカデミックな基準を尊重するという声明のあと、次のような文章が見られる。「しかし私たちの存在のより深いレベルにおいて、私たちは苦悩の叫び、恐怖の悲鳴――野蛮な現実を表現するのに必要な野蛮な言葉かもしれないが――をおさえるのが難しい。私たち人間はあまりにも文字通りの意味で袋小路へと導かれつつある。私たちは死のイデオロギーによって生きており、したがって私たちは人類を破壊し、地球を殺しつつある。」（二一一）。
28. Daly 1991.
29. Daly 1996: 39（『持続可能な発展の経済学』）。
30. Daly and Cobb 1994: 299, 370. 傍点は引用者による。
31. 基本的な考察は私たちに、人間は未発達な状態で生まれるのであり、生き残るためには世話される必要があることを教えてくれるだろう。このために愛の感情は生物学的に必要である。もし彼らが愛されていないのなら、彼女または彼の子どもたちを誰が世話してくれるだろうか？　子どもたちも愛されているから、愛することを学ぶ。それは「自然」と非常に調和している。
32. Stille 2000. また Cronon 1996 も見よ。Hecht and Cockburn 1990: 269-76 はヨセミテ国立公園からの排除に

ついて議論している。

33. Naess 1989: 157（『ディープ・エコロジーとは何か』）。

34. 例外のひとりはカナダ人のデヴィッド・オートンで、彼はディープ・エコロジーのなかで「左派生命中心主義」と呼ばれる潮流を発展させた。これには本書の議論の多くが含まれており、明確にすべての人間を固有の価値がある存在として扱うように求めており（他方で分別よく人口制限を求めている）、資本主義経済と帝国その他を問い直すようにラディカルに求めている。しかしながら、多くのディープ・グリーンと同様にオートンは社会主義を憎んでおり、それが二〇世紀型にとどまることを運命づけられていると考えている。彼はまたマルクスの労働価値説についての一般的な誤解を共有しており、それが自然より労働を上位におく処方箋であるとみなしていて、マルクスが資本による自然の病的な取扱いの核心を突いていることを理解していない（Orton 2003, Orton 2005）。

35. 包括的な調査としては、Zimmerman 1994 を見よ。これは現実世界によって汚染されていない仕事である。

36. Devall and Sessions 1985: 145.

37. Sale 1996: 477（『グローバル経済が世界を破壊する』）。

38. Mies 1998（『国際分業と女性』；Shiva 1989（『生きる歓び』）；Salleh 1997 に見られる。

39. たとえば、Eisler 1987（『聖杯と剣』）の議論と比較せよ。アイスラーは歴史的な理解をすすめようと努力しているが、ニューエージのスローガンの代わりに、男性支配を女性中心のヒエラルキーで置き換える「女神」の存在を要求することに終わっている。

40. 歴史については、Woodcock 1962（『アナキズム』）を見よ。

41. Yuen et al, 2001.

42. 人間はすべての生物の自己決定を肯定しない限り、自由ではありえない。この本質的に仏教的な洞察は、アニマルライツ運動の土台であり、それはすべての十分に考え抜かれた環境政治と哲学にも統合されねばならない。言うまでもないが、ある生物の「自然［本性］」がしばしば別の生物を食うことであるという事実によって、問題は大いに複雑化されている。

43. Bookchin 1970（『現代アメリカアナキズム革命』）。ブクチンの代表作は『自由のエコロジー』（一九八二年）である。私はこの複雑な人物については、Kovel 1997c でいくぶん詳細に論じた。Light 1998（そのなかに私のエッセイも再録されている）そして Watson 1996 も見よ。ブクチンのアプローチについての問題の兆候は、頑固に反マルクス主義であり、また頑固に反スピリチュアルであり、大いにヨーロッパ中心的であることだが、彼が思い描くことのできる唯一の政治的路線が「リバータリアン地域自治主義」——ソーシャルエコロジー的な小都市の連合であり、それがともかく社会を下から革命化するものと想定されている——のそれであるという事実によって感じ取れるだろう。ブクチンに大いに影響されつつも、ソーシャルエコロジーをもっと開かれた道へと進めることができることを示した人々のなかには、ジョン・クラークとブライアン・トーカーが含まれる。Clark 1984, 1997 を見よ。またクラークについてのシンポジウムもあり、私、ケイト・ソパー、メアリ・メラーがコメントしている。クラークの返答は Kovel et al, 1998; Tokar 1992 にある。

44. マルクスの『資本論』第一部（第一巻）は一八六七年に出版されたが、それは巨大株式会社と米国憲法修正一四条(訳注)が出現する前のことであった。だから、何を心配できたであろうか。

訳注　米国憲法修正一四条は一八六八年に批准されたもので、元奴隷の権利の確保が意図されたもの。適正手続きや平等保護の条項が含まれている。

45. Sheasby 2000a. われわれはクー・クラックス・クラン［白人優越主義のテロ団体］の起源が農村部の不満にあることを忘れるべきでない。

46. カフリンおよびその他の文献の要約については、Kovel 1997a を見よ。

47. Bramwell 1989（『エコロジー』）はナチスと緑派［エコロジスト］の結びつきについて概観している。

48. ヒムラー［ナチス親衛隊全国指導者］は一九四三年にポーランドでアインザッツグルッペン［行動部隊］という移動殺戮チームの隊員を前に演説してこう述べた。「われわれドイツ人は世界で唯一、動物に対する適正な態度を保っている民族であり、これらの人間の顔を持った動物［ナチスの目から見た劣等人種］に対しても適正な態度を採用するであろうが、彼らについて心配したり、彼らに理想をもたらしたりするのは、われわれの血に対する犯罪である。」(Fest 1970: 115 に引用)。

49. Biehl and Staudenmaier 1995. また次の有益なウェブサイトも見よ。
http://www.savanne.ch/right-left.html ［エコファシズムなどについて情報提供］。

50. Rampton and Stauber 1997.

第9章　未来の先取り

1. Zablocki 1971. また多くの情報が Plough publications を通じても得られる。http://www.plough.com/

2. すべての若者は高校卒業後の二年間、大学あるいは監督される場所で良い仕事をしながら、親元を離れて暮らすことを求められている。そのあと各人は、彼または彼女が戻って成人としてコミュニティに再加入するかどうかを決めなければならない。私が教えられたところによれば、約四分の三がコミュニティに戻ることを決めるという。

3. このフレーズ［各人にはその必要に応じて］は彼の『ゴータ綱領批判』からである (Marx 1978e: 531［『ゴータ綱領批判』マルクス、望月清司訳、岩波文庫、一九七五年、三九頁］。

4. ブルーデルホーフは非常に強く同性愛嫌いである。たとえば、彼らは近所のゲイバーを閉鎖させようとして出かけていくし、ゲイのグループが参加する死刑制度反対連合には加盟を拒む。このコミューンのなかで女性には明確な発言権があるが、明らかな性差別もある。たとえば服装規則であり、男性は好きなものを着ることができるのに対して、女性は伝統的なキャリコ［無地の綿生地］を着なければならない。さらに、離婚は禁止されている。そのうえ、コミュニティの道徳的権威はアーノルド家の家父長の発言によって委譲される。若い世代はものごとを違った風に見るという兆候もある。この展開を追うことは興味深い。しかし一般に、ラディカルな宗教が家父長支配をあきらめることは、階級支配をあきらめるよりも難しいままである。

5. これが堕落の隠された意味でありうるだろうか？　純粋な利用という経済活動以前の生活が、膨張的で癌のような含意は欠いているといっても、攻撃性や両義性がないと速断すべきではない。

6. ブレイクの『経験の歌』所収の「病める薔薇」から。Blake 1977: 123［『ブレイク詩集』土居光知訳（平凡社ライブラリー、一九九五年）八九頁］。

7. その諸価値は、草の根民主主義、社会正義、エコロジー的知恵、非暴力、分権化、コミュニティに基盤をおく経済と経済正義、フェミニズム、多様性の尊重、個人的およびグローバルな責任、未来への焦点、持続可能性である。最も近い候補である経済正義は、労働者の権利の保護、「個人所有企業」を含む混合的経済形態といった範囲を出るものではない。要するに、前章で私が批判した観点の枠内にとどまっている。

8. 二〇世紀に入ってからも、アメリカの社会主義者たちは、「協同組合的コモンウェルス［社会］」という用語を使っていた。明らかに、これは社会主義を打ち出す良い方法であった。しかし、私たちが念頭においているものを「エコ協同組合的コモンウェルス」と呼ぶだろうか。その用語に遠回しの表現という戦術的な長所があるとしても、全体としては何も得るところがないことは明らかである。もし「社会主義」という言葉がそんなに不人気なら、その事実に正面から向き合うべきであって、避けて通るべきではない。

9. Marx and Engels 1978: 491.［『共産党宣言』マルクス、エンゲルス、村田陽一訳、『マルクス＝エンゲルス全集』第四巻、大内兵衛・細川嘉六監訳（大月書店、一九六〇年）四九六頁］。

10. マルクスについてはDraper 1977以下を参照。ソ連圏の崩壊に関する高圧的な説明については、Mészáros 1996を見よ。この観点から社会主義の伝統全体を概観したものとしては、Bronner 1990を見よ。

11. Figes 1997.

12. Hinton 1967（『翻身』）; Meisner 1996.

13. 私はそのうちのいくつかについて書こうとした。Kovel 1988を見よ。

14. Rosset and Benjamin 1994, Levins 2005 a.

15. もちろん社会主義の解体のあとで彼らが得たものは、ＩＭＦと米国財務省によって監督される特別なバージョンの資本主義であった。そこでは最も野放図で制御されない形で資本蓄積をファイナンスするために、国家資産の急速な売却が用いられた。ロシアの国内総生産はソ連崩壊後の十年間で約半分に減った。これは世界の経済成長を人為的に低減させ、汚染の影響も限定したが、環境に関するソ連時代の惨憺たる記録を改善する努力はほとんどなされなかった。二〇〇〇年五月にロシアのウラジミール・プーチン大統領は、多国籍企業を喜ばせながら冷酷な支配を復活させる努力として、世界銀行が新しい一〇億ドルの融資を承認するとすぐに、ロシアの国家生態学委員会や森林局を解体した。これ以降プーチンは、経済をロシアの莫大な石油と天然ガス資源を開発する方向に再び向けさせ、驚くべきギャング行為とともに富の多大な蓄積を刺激した。いまやロシアは再び「超大国」の地位に近づきつつあるが、地球の生態圏にとっては悪いニュースであろう。

16. Arran Gare 1996: 266, 211-28.　革命後初期の［運動の］高揚期において「プロレトクリト」には四〇万人の会員がおり、二〇種類の雑誌を発行し、多くの芸術家や知識人を引きつけていた。ボグダーノフについての資料はゲアと同様にMartinez-Alier 1987（『エコロジー経済学』）にも見いだされる。マルチネス＝アリエはまたセルゲイ・ポドリンスキーについても広範囲にわたって書いている。ポドリンスキーは一九世紀の技術者で、熱力学とマルクス主義理論の総合の先駆者であり、エコロジー経済学の開祖とみなせる。ゲアのソ連論は非常に広範である（pp.233-80の各所を見よ）。議論のより簡潔で読みやすいバージョンは、Benton 1996所収の「ソビエトの環境主義：採用されなかった道」に見られる。同様の考察が共産主義中国についても適切である。表面上のイデオロギーは第一期社会主義の諸価値に合致してきわめて生産主義的で、伝統中国の生態中心的な哲学とは対照的であるが、それでもなお「最近までは環境問題との関係では伝統中国よりもはるかに良い成績を残したのである。(訳注)共産主義は少なくとも毛沢東が支配したときには、植林し、資源を保全し、様々な方法で環境を改善するために多くのことをなした」（三二八）。これを裏付けるように、ゲアはLeo A.Orleans and Richard P.Suttmeier（1970）およびGeping and Lee（1984）の論文を引用している。

訳注　初期と最近の中国の環境事情については、『中国と公害：「三廃」処理と資源総合利用』宇井純編（龍渓書舎、一九七六年）、『中国汚染：「公害大陸」の環境報告』相川泰（ソフトバンク新書、二〇〇八年）を参照。

17. とりわけ複雑なのは、レーニンは後期の哲学的著作、特にヘーゲルの『大論理学』の読解（一九六九年）において、この路線から逸れた。しかしながら、ソ連の実践へと継承されたのはレーニンの両義性のうちでより粗野で機械論的な側面であったと言うほうが確実であろう。

18. 古典的にはゴンチャロフの小説『オブローモフ』(訳注)のなかで描かれているが、これはベッドから出ることのできない男の物語である。レーニンは「オブローモフ主義」に屈服する危険について弟子たちの前で頻繁にののしっていた。

訳注　『オブローモフ』改版、全三巻、ゴンチャロフ、米川正夫訳（岩波文庫一九七六年）。

19.「山河を移動させたり人民宮殿をモンブランの頂や大西洋の底に建立することをまなんだ人間は、もちろん、自分の生活に、富や華麗さ、緊張だけでなく高次のダイナミズムをも付与するであろう。日常生活の外皮は、できあがるや否や、新たな技術・文化的な発明や成果の圧力下にはじけてしまうであろう。……解放された人間は、自己の器官の活動により平衡をもたらし、自己の組織の発達と消耗がより均衡がとれているように望むものであり、……死の恐怖を危険にたいする器官の的確な反応の枠内に導くことができよう。……［人間は］自身を新しい段階に高めることを——より高度な社会的・生物学的タイプ、強いていうなら超人をつくりだすことを——目的とするであろう」Trotsky 1960: 253（『文学と革命』上巻、トロツキー、桑野隆訳、岩波文庫一九九三年、三四二～三四四頁）。

訳注　理系のマルクス主義者における類似した近代主義的発想に『宇宙・肉体・悪魔』J・D・バナール、鎮目恭夫訳（みすず書房、一九七二年）がある。

20. Gare 1996: 267-9.

21. McNally 1993: 206-8. 強調は引用者による。

22. 工芸と美的次元を組み込み、それによって使用価値の解放を構想する生産に関する英国の偉大な社会主義者の思想。特にユートピア小説『ユートピアだより』(Morris 1993) を見よ。

23. Bronner 1981: 75. 強調は原文による。［『獄中からの手紙』ローザ・ルクセンブルグ、秋元寿恵夫訳（岩波文庫、一九八二年）「ブレスラウ、一九一七年一二月中旬」九二～九三頁］。

24. この事件における原告のリストは、テッド・ベントンやライナー・グルンドマン（彼はそのプロメテウス的態度ゆえに）のような社会主義およびマルクス主義のメンバーから、ジョン・クラークのようなアナーキスト／ソーシャル・エコロジスト、さらにロビン・エクスリーのような生態中心的哲学者にまでわたっている。マルクス主義の側からの概観については Benton 1996 を見よ。また Clark 1984; Eckersley 1992 も見よ。

マルクスのエンゲルスとの関係、またエンゲルス自身のこれらの事柄との関係については、関連した問題がある。これは重要な問題であるが、ここで取り上げることはできない。バーテル・オリマンの『疎外』（一九七一年）のペーパーバック版の表紙は、一八四二年のマルクスの肖像を示しているが、彼はそのとき二十四歳で、自らをプロメテウスになぞらえていた。マルクスのその後の身体的苦痛、特に彼の腫れ物は、この結びつきを強めた。Wheen 2000を見よ。

25. Burket 1999; Foster 2000（『マルクスのエコロジー』）を見よ。フォスターの著書に関する私の評価については、Kovel 2001aを見よ。

26. Parsons 1977は関連のある文章の良いアンソロジーである。このテーマについての私の初期の貢献については、Kovel 1995を見よ。

27. 若き日［一八四三年］の「アルノルト・ルーゲへの手紙」（Marx 1978a）村岡晋一訳『マルクス・コレクションⅦ』（筑摩書房、二〇〇七年）三七六頁。

28. 使用価値についてのマルクスの最も重要な発言は、ほとんど読まれていない『剰余価値学説史』（Marx 1971: 296-7; いわゆる資本論第四部）に見られる。そこで私たちは価値という言葉が「もとから表しているのは、人間にとっての諸物の使用価値にほかならず、諸物を人間にとって有用なものや快適なものなどにする諸物の属性にほかならない。〝value, valeur, Wert〟［それぞれ「価値」を意味する英、仏、独語］が語原学上前記のもの以外の起源をもちえないということは、事柄の性質上当然のことである。使用価値は諸物と人間とのあいだの自然関係を表しており、事実上、人間にとっての諸物の定在を表わしている。交換価値は、もっとあとで――それをつくりだした社会的発展にともなって――価値＝使用価値という語の上に接ぎ木された意味である。それ［交換価値］は諸物の社会的定在である。［続いて語源についての文章が来る。すなわち、「サンスクリットのWerはおおう、守る、したがって、うやまう、たたえる、そして、愛する、大切にする［などを意味する］。……物の価値は実際にその物自身の virtus［力、性質］であるが、物の交換価値はその物の物的な性質にはまったくかかわりがない」（『剰余価値学説史』岡崎次郎・時永淑訳、『マルクス＝エンゲルス全集』第二六巻第三分冊、大内兵衛。細川嘉六監訳、大月書店、一九七〇年、三八五～三八六頁）。この文章をご教示いただいたウォルト・シースビーに感謝する。これは、マルクスにとって使用価値は自然のエコロジーに埋め込まれていたが、同時に彼は使用価値を自然に対するいかなる固有の価値の概念とも区別する必要を認めなかったことを明確に示している。言い換えると、経済学的言説に属するひとつの用語だけで、自然が意味するものの全体を包含するのに十分である。しかしながら、彼の早すぎる死によって中断されたシースビーの諸研究——そのなかでマルクスによる自然のはるかに深い評価についての主張がなされている——も参照せよ（Sheasby 2004a; Sheasby 2004b）。

29. エンリケ・レフは著書『緑の生産』（一九九五年）においてこの概念についての重要な貢献を行った。しかしながら、ここで展開された主観的要素は彼のアプローチに組み込まれていないし、彼は資本を克服するという目標を設定してもいない。

30. 使用価値と交換価値のリンケージを念頭におく必要がある。というのは、その結果が固有に生態中心的でないような高められた使用価値の多くの事例が存在するからである。だから、贅沢品の生産におけるように、交換の体制のなかで繊細で高められた使用価値が定期的に生じる。他方の部分では、そのなかで両形態の価値が劣化するような生産の崩壊状態を私たちは見いだす。最近の事例は旧ソ連、特に一九九〇年代のそれであり、そこでは労働者の士気の喪失が多く見られ「事故が起こるのを待っている」状態が作り出された（つまり、潜水艦クルスク[訳注]）、他方では同時に人口の多くの部分——彼らの多くは生き残るために物々交換およびその他の回り道の手段に訴えなければならなかった——にとって交換機能が解体した。たとえそうであっても、特に男性の場合、平均寿命が貧しい第三世界諸国並みに短くなったし、これが実質的に改善されることもなかった。
訳注　二〇〇〇年八月にロシアのセベロモルスク軍港の沖合一四〇㎞の地点でロシアの原子力潜水艦クルスク号が爆発し、沈没した事故。乗組員全員死亡。「ＪＳＴ失敗知識データベース」にも入っている有名事例である。http://shippai.jst.go.jp/fkd/Detail?fn=0&id=CA0000296&
31. Leff 1995 を見よ。
32. この正義というテーマを扱っている最近の二つの著作として、Kidner 2000; Fisher 2001 がある。
33. 庭園のナメクジでさえそうである。私には見分けにくいことを告白しなければならないが。
34. Mellor 1997.

第10章　エコ社会主義

1. Marx 1963: 107［『哲学の貧困』マルクス、平田清明訳『マルクス＝エンゲルス全集』第四巻、大内兵衛・細川嘉六監訳（大月書店、一九六〇年）一六五頁］。この一節の存在は、Mészáros 1996 を通じて知った。
2. これはカール・ポランニーの『大転換』（一九五七年）［初版一九四四年］の一般的な結論であった。私たちはエコ社会主義のもとですべての生産方法が保持されるわけではないだろうということを、付け加えるべきである。たとえば、深く確立した価値によって農奴制や奴隷制は排除される――これらは資本主義のなかでは様々なニッチ［隙間］で容易に共存するが――し、スエットショップ［いわゆる搾取工場］やセックス産業も同様である。Mies and Bennholdt-Thomsen 2000 も見よ。
3. 本書第一章序論の原註4を見よ。
4. Hardin 1968 は新自由主義の時代に最も多くアンソロジーなどに収録された論文になった［「コモンズの

悲劇」の邦訳は『地球に生きる倫理：宇宙船ビーグル号の旅から』ハーディン、松井巻之助訳（佑学社、一九七五年）所収］。この論文は彼の間違いから生じた。なぜなら、コモンズの農民をブルジョワ的な自己利益極大化を求める人間と混同することによって、彼は権威主義的囲い込みにとっての障害を取り除いたからである。より詳細な議論については、Ross 1998; Naess 2004を参照。

5. Marx 1967a［『資本論』第一部］、Luxemburg 1968［『資本蓄積論』］、Harvey 2003［『ニュー・インペリアリズム』］。

6. パリ・コミューンは米国およびどこでも、暴力的な反共キャンペーンの事実上の出発点となった（Kovel 1997b）。マルクスの著作は有名である（Marx 1978d）［『フランスにおける内乱』］。

7. マルクス、レーニンその他が指摘するように、これは「プロレタリアートの独裁」というフレーズによって本当に意図されたことである。このフレーズは容易に誤解されるが、それは一九世紀において「独裁」は単純に非常事態宣言を意味し、二〇世紀社会主義の残酷な展開によって与えられるような含蓄は何も持っていなかったからである。

8. このプロセスの堕落に関する議論については、Bond 2006を見よ。

9. Abahlali 2006を見よ。ウィキペディア［英語版］のパリ・コミューンの項目では、一八七一年の現代版としてAbahlali base Mjondoloへのリンクをつけている［日本語にも英語にも仏語にもエスペラントにもこのリンクはない］。

訳注　Abahlali base Mjondolo運動は南アフリカ貧困層の空き家占拠運動。
http://www.abahlali.org/
http://en.wikipedia.org/wiki/Abahlali_baseMjondolo（こちらには確かにパリ・コミューンの現代版だとの記述がある）。

http://southafrica.indymedia.org/news/2006/02/9838.php
http://shannoninsouthafrica.blogspot.com/2006/02/abahlali-base-mjondolo-movement-march.html
を参照

10．Marcos 2001はEZLNについての良い入門書となっている［マルコスの邦訳については本文の訳注を参照］

11．Weisman 1998.

12．Ibid,: 10.

13．二〇〇〇年には二八の独立系メディア［インディメディア］センターがあったが、二〇〇六年には約一七〇になった。そのなかのひとりであるブラッド・ウィルが二〇〇六年秋にオアハカ［メキシコ］の街頭で抗議活動を記録しているときに殺害された。また別のひとりであるジョシュ・ウォルフは情報源をしゃべるのを拒否したために米国の連邦刑務所に六ヶ月収監されたあと、最近釈放された。

訳注　日本のインディメディアについてはたとえば、http://japan.indymedia.org/を参照。

14．オルタナティブ・メディア運動の多くの側面については、Halleck 2002を見よ。また、Stimson and Sholette 2007も見よ。

訳注　日本語文献としては、『オルタナティブ・メディア——変革のための市民メディア入門』ミッチ・ウォルツ、神保哲生訳（大月書店、二〇〇八年）参照。

15．二〇〇七年五月に地球温暖化と労働組合運動についての初めての集会がニューヨークで開催され、大きな前進となった。進歩への主要な障害は、驚くべきことではないが、組織労働の上層部から来る。だから下から組織する課題がある。

16．GreenLeft-Australia 2007：「『プレンサ・ラティナ』［ラテン新聞］によると、三月二十四日にベネズエラは約四五〇〇万個の白熱電球を白い省電力型電球に交換して、四〇〇万世帯以上に利益を与えた。(訳注) この動きはエネルギー革命ミッションという省エネプログラムの一部である。三〇〇〇人以上の活動家が電球交換にかかわっており、合計五四〇〇万個の交換を目指している。このミッションはまたソーラーや風力のような再生可能エネルギーも拡大しており、自動車燃料には石油の天然ガスへの転換を始めている。『プレンサ・ラティナ』は炭化水素［石油ほか］の輸出量では世界第五位であり、汚染の少ないエネルギー源の使用は明るい話題だと指摘している」。

訳注　最近の日本では照明の省エネにLED［発光ダイオード］を用いることが多い。

17. 主要産油国からの出発、軍事への依存などを前提としたとき、チャベス政権について現時点でこれ以上のことを言うのは不可能である。

18. そして窒素、硫黄など。私たちはエコ社会主義を求める闘争に関する限りは、副次的な細部はわきにおいて、主要な論点を取り出したい。メタンも含めてその他の温室効果ガスは、新しい次元を付け加えるが、闘争そのものの論理に影響を与えるわけではない。

19. 新しいレベルの覚醒を促したアル・ゴアの二〇〇六年のビデオのタイトルに戻ろう。カンビス・コスラヴィ［Cambiz Khosravi］とジョエル・コヴェルのビデオ『本当に不都合な真実』(Khosravi 2007) にそれに対する批判がある。

20. そしていくつかのあまり立派でない手段、たとえば炭素系のエネルギーの代わりに原子力を使うとか、炭素系燃料のために多くのバイオ燃料を用いるなどがある。どちらも受け入れられない。前者［原子力］はその毒性ゆえであり、後者は大量飢餓の前兆となり、農業労働者を野蛮に搾取し、広大な原生林を破壊して結局は以前よりも多くの炭素は排出することになるからである。

訳注　日本でも財界、経済産業省などが「温暖化対策のための原発増設」を主張し、環境省もそれを容認している。バイオ燃料については、『バイオ燃料』天笠啓祐（コモンズ、二〇〇七年）を参照。

21．多くの国、たとえば南アフリカだけでなく、ブラジル、インド、そして中国でさえ、両タイプの主要な地帯を含んでいる。カナダと米国には、ロシアやスカンジナビア諸国のような他の大きな先進国と同様に、この重荷を背負っているイヌイートのような先住民の極北の居留地がある。

22．Lohmann 2006: 329-55を見よ。この部分の事実関係の一部はこの資料から得た。ただし、エコ社会主義的な未来の先取りの含意を付け加えた。

23．Turner and Brownhill 2004. この部分の情報の多くについては、これらの学者兼活動家たちにご教示いただいた。ナイジェリアの闘争については、Rowell et al, 2005も参照。この情報源の提供についてはデヴィッド・ミラーに感謝する。

24．ＩＰＣＣ［気候変動に関する政府間パネル］の最終報告書（前述）自体は、京都メカニズムが重要な時期における大気中炭素の実質的な削減にほとんど寄与しないだろうという主張を退けている。その唯一の長所は炭素の価格を設定し、他のプロジェクトの進展を可能にすることである。ともかく世界の人々がこれを称賛すると想定されている。

25．たとえばＩＰＣＣ報告書は正のフィードバック［温暖化がさらなる温暖化を招く］の影響を除外している。もともとの、あるいは政治的に惹起された保守主義ゆえだろうか。

26．そのようなもののひとつは、英国緑の党の緑左派の分派であり、これは意識的にエコ社会主義的である。

27．Faber 1998.

28．あるいは、言い換えると、これは広範なカオス［混沌］と崩壊の文脈において局所的に起こりうるかもしれない。様々な局所的なオルタナティブの機会も到来する。

29. Marx 1967b: 776［岡崎次郎訳『資本論』第三部第六篇第四六章、『マルクス＝エンゲルス全集』第二五巻第二分冊、大内兵衛・細川嘉六監訳（大月書店一九六七年）九九五頁。］

30. Marx 1967a: 71-83［『資本論』第一部］。

31. イステバン・メザロスは次のように述べている。「社会主義的事業は同時に従来の生産物の交換から純粋に計画されかつ自治管理された（官僚主義的に上から計画されるのとは反対に）生産活動の交換への転換が成功裏になされない限りは、基本的な目的の実現に着手することさえできない」（Mészáros 1996: 761、傍点は原文による）。これらは生態系の用語に翻訳できる。

文献リスト

Abahlali (2006) available at:<www.abahlali.org/node/237>

AFP (2007) "Gore Rules out 2008 Presidential Run," Agence France Presse, February 9.

Altvater, E. (1993) *The Future of the Market*, trans. Patrick Camiller, London: Verso.

Aristotle (1947) *Introduction to Aristotle*, ed. R. McKeon, New York: Modern Library.

Arrighi, G. (1994) *The Long Twentieth Century*, London: Verso.

Athanasiou, T. (1996) *Divided Planet*, Boston, MA: Little, Brown.

Bachram, H. (2004) "Climate Fraud and Carbon Colonialism: The New Trade in Greenhouse Gases," *Capitalism, Nature, Socialism*, 15 (4): 5–20.

Barlow, M. (2000) "The World Bank Must Realize Water is a Basic Human Right," *Toronto Globe and Mail*, May 9.

Bass, C. (2000) "A Smile in Conflict with Itself," *Sacramento Bee*, February 28: D1.

Bateson, G. (1972) *Notes Toward an Ecology of Mind*, New York: Ballantine Books.

Beder, S. (1997) *Global Spin*, Foxhole, Devon: Green Books.

Benjamin, J. (1988) *The Bonds of Love*, New York: Pantheon.

Benton, T. (ed.) (1996) *The Greening of Marxism*, New York: Guilford.

Bergman, L. (2000) "US Companies Tangled in Web of Drug Dollars," *New York Times*, October 10: A1.

Biehl, J. and P. Staudenmaier (1995) *Ecofascism: Lessons from the German Experience*, Edinburgh and San Francisco, CA: AK Press.

Blake, W. (1977) *The Complete Poems*, ed. Alicia Ostriker, London: Penguin Books.

Blaut, J. (1993) *The Colonizer's View of the World*, New York: Guilford.

Bond, P. (2004) "The World Bank: Should It be Fixed or Nixed?", *Capitalism, Nature, Socialism*, 15 (2).

— (2006) *Talk Left, Walk Right*, 2nd edn, Pietermaritzburg: University of Kwazulu-Natal Press.

Bookchin, M. (1970) *Post-Scarcity Anarchism*, Palo Alto, CA: Ramparts Press.

— (1982) *The Ecology of Freedom*, Palo Alto, CA: Cheshire Books.

Botkin, D. (1990) *Discordant Harmonies*, New York: Oxford University Press.

Bowden, C. (1996) "While You were Sleeping," *Harpers*, December: 44–52.

Bramwell, A. (1989) *Ecology in the Twentieth Century: A History*, New Haven, CT: Yale University Press.

Braudel, F. (1977) *Afterthoughts on Material Civilization and Capitalism*, Baltimore, MD: Johns Hopkins Press.

Breyer, S. (1979) "Analyzing Regulatory Failure, Mismatches, Less Restrictive Alternatives and Reform," *Harvard Law Review*, 92 (3): 597.

Bronner, S. (1981) *A Revolutionary for Our Times: Rosa Luxemburg*, London: Pluto Press.

— (1990) *Socialism Unbound*, London: Routledge.

Brown, P. (1999) "More Refugees Flee from Environment than Warfare," *Manchester Guardian Weekly*, July 1–7: 5.

Burkett, P. (1999) *Marx and Nature*, New York: St Martin's Press.

Call, W. (2001) "Accelerating the Decomposition of Capitalism," *ACERCA Notes*, 8.

Chodorow, N. (1978) *The Reproduction of Mothering*, Berkeley: University of California Press.

Clark, J. (1984) *The Anarchist Moment*, Montreal: Black Rose.

— (1997) "A Social Ecology," *Capitalism, Nature, Socialism*, 8 (3): 3–34.

Clastres P. (1977) *Society Against the State*, trans. Robert Hurley, New York: Urizen.

Cockburn, A. and J. St Clair (2000) *Al Gore: A User's Manual*, New York: Verso.

Colburn, T. et al. (1996) *Our Stolen Future*, New York: Dutton-Penguin.

Cort, J. (1988) *Christian Socialism*, Maryknoll, NY: Orbis.

Costanza, R., J. Cumberland, H. Daly, R. Goodland and R. Norgaard (1997) *An Introduction to Ecological Economics*, Boca Raton, FL: St Lucie Press.

Cronon, W. (ed.) (1996) *Contested Ground*, New York: W. W. Norton.

Crossette, B. (2000a) "In Numbers, the Heavy Now Match the Starved," *New York Times*, January 17: A1.

— (2000b) "Unicef Issues Report on Worldwide Violence Facing Women," *New York Times*, June 1: A15.

Daly, H. (1991) *Steady-State Economics*, Washington, DC: Island Press.

— (1996) *Beyond Growth*, Boston, MA: Beacon Press.

Daly, H. and J. Cobb (1994) *For the Common Good*, Boston, MA: Beacon Press.

Davies, P. (1983) *God and the New Physics*, London: Penguin Books.

Davis, M. (2006) *Planet of Slums*, London: Verso.

DeBord, G. (1992) *Society of the Spectacle*, New York: Zone Books.

de Brie, C. (2000) "Crime, the World's Biggest Free Enterprise," *Le Monde Diplomatique*, April.

de Duve, C. (1995) *Vital Dust*, New York: Basic Books.
DeLumeau, J. (1990) *Sin and Fear: Emergence of a Western Guilt Culture 13th–18th Centuries*, trans. Eric Nicholson, New York: St Martin's Press.
Deogun, N. (1997) "A Coke and a Perm? Soda Giant is Pushing into Unusual Locales," *Wall Street Journal*, May 5: A1.
Devall, B. and G. Sessions (1985) *Deep Ecology*, Salt Lake City, UH: Peregrine Smith Books.
Diamond, S. (1974) *In Search of the Primitive*, New Brunswick, NJ: Transaction Books.
Dobrzynski, J. (1997) "Big Payoffs for Executives Who Fail Big," *New York Times*, July 21: D1.
Draper, H. (1977, 1978, 1985, 1990) *Karl Marx's Theory of Revolution*, 4 vols, New York: Monthly Review Press.
Drexler, K. (1986) *Engines of Creation*, New York: Doubleday, 1986.
Dunayevskaya, R. (1973) *Philosophy and Revolution*, New York: Dell.
— (2000) *Marxism and Freedom*, Amherst, NY: Humanity Books.
Eckersley, R. (1992) *Environmentalism and Political Theory*, Albany, NY: SUNY Press.
Ecologist, The (1993) *Whose Common Future? Reclaiming the Commons*, Philadelphia, PA: New Society Publishers.
Ehrenreich, B. and D. English (1974) *Witches, Midwives and Nurses*, London: Compendium.
Eisler, R. (1987) *The Chalice and the Blade*, San Francisco, CA: Harper and Row.
Engels, F. (1940) *Dialectics of Nature*, New York: International Publishers.
— (1972 [1884]) *Origins of the Family, Private Property, and the State*, ed. Eleanor Leacock, New York: International Publishers.
— (1987 [1845]) *The Conditions of the Working Class in England*, ed. Victor Kiernan, London: Penguin Books.
Faber, D. (ed.) (1998) *The Struggle for Ecological Democracy*, New York: Guilford.
Fagin, D. and M. Lavelle (1996) *Toxic Deception*, Secaucus, NJ: Birch Lane Press.
Farias, V. (1989) *Heidegger and Nazism*, ed. Joseph Margolis and Tom Rockmore, Philadelphia, PA: Temple University Press.
Federici, S. (2004) *Caliban and the Witch: Women, the Body, and Primitive Accumulation*, New York: Autonomedia.
Fest, J. (1970) *The Face of the Third Reich*, New York: Pantheon.
Fiddes, N. (1991) *Meat – a Natural Symbol*, London: Routledge.
Figes, O. (1997) *A People's Tragedy*, London: Pimlico.
Fisher, A. (2002) *Radical Ecopsychology: Psychology in the Service of Life*, Albany, NY: State University of New York Press.
Fortey, R. (1997) *Life: An Unauthorized Biography*, London: HarperCollins.
Foster, J. (2000) *Marx's Ecology*,

New York: Monthly Review Press.

Frank, A. (1998) *ReORIENT: Global Economy in the Asian Age*, Berkeley: University of California Press.

Freud, S. (1931) *Civilization and Its Discontents*, in J. Strachey (ed.), *The Standard Edition of the Complete Psychological Works of Sigmund Freud*, London: Hogarth Press, 21: 59–148.

Freund, P. and G. Martin (1993) *The Ecology of the Automobile*, Montreal: Black Rose Books.

Gardner, G. and B. Halweil (2000) "Underfed and Overfed," Washington, DC: Worldwatch Institute, March.

Gare, A. (1996a) *Nihilism Inc.*, Sydney: Eco-Logical Press.

— (1996b) "Soviet Environmentalism: The Path Not Taken," in T. Benton (ed.), *The Greening of Marxism*, New York: Guilford: 111–28.

— (2000) "Creating an Ecological Socialist Future," *Capitalism, Nature, Socialism*, 11 (2): 23–40.

Gelbspan, R. (1998) *The Heat is On*, Reading, MA: Perseus Books.

George, S. (1992) *The Debt Boomerang*, London: Pluto Press.

Georgescu-Roegen, N. (1971) *The Entropy Law and the Economic Process*, Cambridge, MA: Harvard University Press.

Geping, Q. and W. Lee (eds) (1984) *Managing the Environment in China*, Dublin: Tycooley.

Gibbs, L. (1995) *Dying from Dioxin*, Boston, MA: South End Press.

Glacken, C. (1973) *Traces on the Rhodian Shore*, Berkeley: University of California Press.

Glieck, J. (1987) *Chaos*, New York: Penguin Books.

Gore, A. (2000) *Earth in the Balance*, Boston, MA: Houghton-Mifflin.

— (2006) *An Inconvenient Truth*, Emmaus, PA: Rodale.

Goudie, A. (1991) *The Human Impact on the Natural Environment*, Cambridge, MA: MIT Press.

GreenLeft Australia (2007) available at: <www.greenleft.org.au/2007/705/36638>

Gunn, C. and H. Gunn (1991) *Reclaiming Capital*, Ithaca, NY: Cornell University Press.

Halleck, D. (2002) *Hand-Held Visions*, New York: Fordham University Press.

Hanna, B., W. Morehouse and S. Sarangi (eds) (2006) *The Bhopal Reader*, New York: Apex Press.

Hardin, G. (1968) "The Tragedy of the Commons," *Science*, 162: 1243–8.

Harvey, D. (1993) *The Condition of Postmodernity*, Oxford: Blackwell.

— (2003) *The New Imperialism*, Oxford: Oxford University Press.

Hawken, P. (1993) *The Ecology of Commerce*, New York: HarperCollins.

Hecht, S. and A. Cockburn (1990) *The Fate of the Forest*, New York: HarperCollins.

Hegel, G. (1969) *Hegel's Science of*

Logic, trans. A. Miller, London: George Allen and Unwin.
Heidegger, M. (1977) "The Question Regarding Technology," in *Basic Writings*, ed. David Farrell Krell, New York: Harper and Row: 283–317.
Herbert, B. (2007) Column, *New York Times*, January 15.
Herrnstein R. and C. Murray (1996) *The Bell Curve*, New York: Free Press.
Hinton, W. (1967) *Fanshen*, New York: Monthly Review Press.
Ho, M. (1998) *Genetic Engineering: Dream or Nightmare?* Bath: Gateway Books.
Hussey, E. (1972) *The Presocratics*, New York: Charles Scribner's Sons.
Huws, U. (1999) "Material World: The Myth of the Weightless Economy," in L. Panitch and C. Leys (eds), *Socialist Register 1999*, Suffolk: Merlin Press: 29–55.
Isla, A. (2007) "The Kyoto Protocol: A War on Subsistence," *Women and Environments International Magazine*, 74/75: 31–3.
Jenkins, Jr, H. (1997) "Who Needs R&D When You Understand Fat?," *Wall Street Journal*, March 25: A19.
Kanter, R. (1997) "Show Humanity When You Show Employees the Door," *Wall Street Journal*, July 21: A22.
Karliner, J. (1997) *The Corporate Planet*, San Francisco, CA: Sierra Club.
Kempf, H. (2000) "Every Catastrophe Has a Silver Lining," *Manchester Guardian Weekly*, January 20–26: 30.
Khosravi, C. (2007) *A Really Inconvenient Truth*, DVD-Video, with Joel Kovel.
Kidner, D. (2000) *Nature and Psyche*, Albany, NY: State University of New York Press.
Korten, D. (1996) "The Mythic Victory of Market Capitalism", in J. Mander and E. Goldsmith (eds), *The Case Against the Global Economy*, San Francisco, CA: Sierra Club Books: 183–91.
— (2000) The FEASTA annual lecture, Dublin, Ireland, July 4.
Kovel, J. (1981) *The Age of Desire*, New York: Random House.
— (1984) *White Racism*, 2nd edn, New York: Columbia University Press.
— (1988) *In Nicaragua*, London: Free Association Books.
— (1995) "Ecological Marxism and Dialectic," *Capitalism, Nature, Socialism*, 6 (4): 31–50.
— (1997a) "Bad News for Fast Food," *Z*, September: 26–31.
— (1997b) *Red Hunting in the Promised Land*, 2nd edn, London: Cassell.
— (1997c) "Negating Bookchin," *Capitalism, Nature, Socialism*, 8 (1): 3–36.
— (1998a) "Dialectic as Praxis", *Science and Society*, 62 (3): 474–82.
— (1998b) *History and Spirit*, 2nd edn, Warner, NH: Essential Books.
— (1999) "The Justifiers," *Capitalism, Nature, Socialism*, 10 (3): 3–36.

— (2001a) "A Materialism Worthy of Nature," *Capitalism, Nature Socialism*, 12 (2): 73–84.

— (2001b) "The Fossils Seize Power," *Against the Current*, XVI, September–October: 14–16.

— (2005) "The Ecological Implications of the Iraq War," *Capitalism, Nature Socialism*, 16 (4): 7–17.

— (2007) *Overcoming Zionism*, London: Pluto Press.

Kovel, J., K. Soper, M. Mellor and J. Clark (1998) "John Clark's 'A Social Ecology': Comments/ Reply", *Capitalism, Nature, Socialism*, 9 (1): 25–46.

Kropotkin, P. (1902) *Mutual Aid*, London: Heinemann.

— (1975) *The Essential Kropotkin*, ed. E. Capouya and K. Tompkins, New York: Liveright.

Kurzman, D. (1987) *A Killing Wind: Inside Union Carbide and the Bhopal Catastrophe*, New York: McGraw-Hill.

Lappé, F., J. Collins and P. Rosset (1998) *World Hunger: Twelve Myths*, 2nd edn, New York: Grove Press.

Leff, E. (1995) *Green Production*, New York: Guilford.

Leiss, W. (1972) *The Domination of Nature*, Boston, MA: Beacon Press.

Lepkowski, W. (1994) "Ten Years Later: Bhopal," *Chemical & Engineering News*, December 19: 8–18.

Levins, R. (2005a) "How Cuba is Going Ecological," *Capitalism, Nature, Socialism*, 16 (3): 7–26.

— (2005b) "Cuba's Example," *Capitalism, Nature, Socialism*, 16 (4): 5–6.

Levins, R. and R. Lewontin (1985) *The Dialectical Biologist*, Cambridge, MA: Harvard University Press.

Lichtman, R. (1982) *The Production of Desire*, New York: Free Press.

Light, A. (ed.) (1998) *Social Ecology After Bookchin*, New York: Guilford.

Lohmann, L. (2006) *Carbon Trading: A Critical Conversation on Climate Change, Privatisation and Power*, Uppsala, Sweden: Dag Hammerskjöld Foundation: <www.dhf.uu.se>.

Lovelock, J. (1979) *Gaia: A New Look at Life on Earth*, Oxford: Oxford University Press.

Lovins, A. (1977) *Soft Energy Paths*, San Francisco, CA: Friends of the Earth International.

Luxemburg, R. (1968 [1913]), *The Accumulation of Capital*, New York: Monthly Review Press.

McNally, D. (1993) *Against the Market*, London: Verso.

Manning, J. (1996) *The Coming of the Energy Revolution*, Garden City Park, NY: Avery Publishing Group.

Marcos, Subcommandante (2001) *Our Word is Our Weapon*, ed. Juana Ponce de León, New York: Seven Stories Press.

Margulis, L. (1998) *Symbiotic Planet*, New York: Basic Books.

Martinez-Alier, J. (1987) *Ecological Economics*, Oxford: Blackwell.

Marx, K. (1963 [1847]) *The Poverty*

of Philosophy, New York: International Publishers.
— (1964 [1858]) *Pre-Capitalist Economic Formations*, trans. Jack Cohen, ed. E. J. Hobsbawm, New York: International Publishers.
— (1967a [1867]) *Capital, Vol. I*, ed. Frederick Engels, New York: International Publishers.
— (1967b [1894]) *Capital, Vol. 3*, ed. Frederick Engels, New York: International Publishers.
— (1971 [1863]) *Theories of Surplus Value, Vol. III*, Moscow: Progress Publishers.
— (1973 [1858]) *Grundrisse*, trans. and ed. Martin Nicolaus, London: Penguin Books.
— (1978a [1843]) "Letter to Arnold Ruge, of September, 1843," in Tucker (ed.): 13.
— (1978b [1844]) *Economic and Philosophic Manuscripts of 1844*, in Tucker (ed.): 66–125.
— (1978c [1864]) "Inaugural Address of the Working Men's International Association", in Tucker (ed.): 517–18.
— (1978d [1871]) *The Civil War in France*, in Tucker (ed.): 618–52.
— (1978e [1875]) "Critique of the Gotha Program," in Tucker (ed.): 525–41.
Marx, K. and F. Engels (1978 [1848]) *The Communist Manifesto*, in Tucker (ed.): 469–500.
Meadows, D., D. Meadows and J. Randers (1992) *Beyond the Limits*, London: Earthscan.
Meadows, D., D. Meadows, J. Randers and W. Behrens (1972) *The Limits to Growth*, London: Earth Island.
Meeker-Lowry, S. (1988) *Economics as if the Earth Really Mattered*, Philadelphia, PA: New Society Publishers.
Meisner, M. (1996) *The Deng Xiaoping Era*, New York: Hill and Wang.
Mellor, M. (1997) *Feminism and Ecological Polity*, Cambridge and New York: New York University Press.
Merchant, C. (1980) *The Death of Nature*, San Francisco, CA: Harper and Row.
Mészáros, I. (1996) *Beyond Capital*, New York: Monthly Review Press.
Mies, M. (1998) *Patriarchy and Accumulation on a World Scale*, 2nd edn, London: Zed.
Mies, M. and V. Bennholdt-Thomsen (2000) *The Subsistence Perspective*, London: Zed.
Mihill, C. (1996) "Health Plight of Poor Worsening," *Manchester Guardian Weekly*, May 5: 5.
Millennium Ecosystem Assessment (2005) *Report*, Washington, DC: Island Press: <www.maweb.org/en/Index.aspx>
Mintz, S. (1995) *Sweetness and Power*, New York: Viking.
Miranda, J. (1974) *Marx and the Bible*, Maryknoll, NY: Orbis.
Mollison, B. (1988) *Permaculture: A Designer's Manual*, Tygalum, Australia: Tagari Publications.
Montague, P. (1996) "Things to Come," *Rachel's Environment and Health Weekly*, 523, December 5.

Moody, K. (1997) *Workers in a Lean World*, London and New York: Verso.

— (2000) "Global Labor Stands up to Global Capital," *Labor Notes*, July: 8.

Morehouse, W. (1993) "The Ethics of Industrial Disasters in a Transnational World: The Elusive Quest for Justice and Accountability in Bhopal," *Alternatives*, 18: 487.

Morris, W. (1993) *News from Nowhere*, London: Penguin Books.

Morrison, R. (1991) *We Build the Road as We Travel*, Philadelphia, PA: New Society.

— (1995) *Ecological Democracy*, Boston, MA: South End Press.

Murphy, D. (2000) "Africa: Lenders Set Program Rules," *Los Angeles Times*, January 27: A1.

Murray, A. (1978) *Reason and Society in the Middle Ages*, Oxford: Clarendon Press.

Naess, A. (1989) *Ecology, Community and Lifestyle*, trans. and ed. David Rothenberg, Cambridge: Cambridge University Press.

Naess, P. (2004) "Live and Let Die: The Tragedy of Hardin's Social Darwinism," *Journal of Environmental Policy and Planning*, 6 (1): 19–34.

Nahm, M. (ed.) (1947) *Selections from Early Greek Philosophy*, New York: Appleton Century Crofts.

— (1997) "Death Comes to the *Maquilas*: A Border Story," *The Nation*, 264 (2), January 13–20: 18–22.

Needham, J. (1954) *Science and Civilization in China, Vol. 1, Introduction and Orientations*, Cambridge: Cambridge University Press.

Norgaard, R. (1994) *Development Betrayed*, London: Routledge.

O'Brien, M. (1981) *The Politics of Reproduction*, London: Routledge and Kegan Paul.

O'Connor, J. (1998) *Natural Causes*, New York: Guilford.

— (2001) "House Organ," *Capitalism, Nature, Socialism*, 13 (1): 1.

Ollman, B. (1971) *Alienation*, Cambridge: Cambridge University Press.

Ordonez, J. (2000) "An Efficiency Drive: Fast Food Lanes are Getting Even Faster," *Wall Street Journal*, May 18: 1.

Orleans, L. and R. Suttmeier (1970) "The Mao Ethic and Environmental Quality," *Science* 170: 1173–6.

Orton, D. (2003) "Deep Ecology Perspectives," *Synthesis/Regeneration*, 32.

— (2005) "Economic Philosophy and Green Electoralism," *Synthesis/Regeneration*, 37.

Parayil, G. (ed.) (2000) *Kerala: The Development Experience*, London: Zed.

Parsons, H. (1977) *Marx and Engels on Ecology*, Westport, CT: Greenwood Press.

Peet, R. (2003) *Unholy Trinity*, London: Zed.

Penrose, R. (1990) *The Emperor's New Mind*, London: Vintage.

Platt, A. (1996) *Infecting Ourselves*,

Worldwatch Paper 129, Washington, DC: Worldwatch Institute.
Polanyi, K. (1957) *The Great Transformation*, Boston, MA: Beacon Press.
Ponting, C. (1991) *A Green History of the World*, London: Penguin Books.
Pooley, E. (2000) "Doctor Death," *Time*, April 24.
Pring, G. and P. Canan (1996) *SLAPPs: Getting Sued for Speaking Out*, Philadelphia, PA: Temple University Press.
Proudhon, P. (1969) *Selected Writings*, ed. S. Edwards, trans. E. Fraser, Garden City, NY: Anchor Books.
Public Citizen (1996) *NAFTA's Broken Promises: The Border Betrayed*, Washington, DC: Public Citizen.
Punter, D. (1982) *Blake, Hegel and Dialectic*, Amsterdam: Rodopi.
Purdom, T. (2000) "A Game of Nerves, with No Real Winners," *New York Times*, May 17: H1.
Quammen, D. (1996) *The Song of the Dodo*, New York: Scribner.
Quigly, B. (2007) *Democracy Now!* January 31.
Rampton, S. and J. Stauber (1997) *Mad Cow U.S.A.*, Monroe, ME: Common Courage Press.
Rodinson, M. (1971) *Mohammed*, trans. Anne Carter, New York: Pantheon.
Rogers, H. (2005) *Gone Tomorrow: The Hidden Life of Garbage*, New York: New Press.
Romero, S. (2000) "Rich Brazilians Rise Above Rush-Hour Jams," *New York Times*, February 15: A1.
Rosdolsky, R. (1977) *The Making of Marx's Capital*, trans. Pete Burgess, London: Verso.
Ross, E. (1998) *The Malthus Factor*, London: Zed.
Rosset, P. and M. Benjamin (1994) *The Greening of the Revolution: Cuba's Experiment with Organic Farming*, Melbourne: Ocean.
Rowell, A. with J. Marriott and L. Stockman (2005) *The Next Gulf*, London: Constable.
Ruether, R. (1992) *Gaia and God*, San Francisco, CA: HarperSanFrancisco.
Sale, K. (1996) "Principles of Bioregionalism," in J. Mander and E. Goldsmith (eds), *The Case Against the Global Economy*, San Francisco, CA: Sierra Club Books: 471–84.
Salleh, A. (1997) *Ecofeminism as Politics*, London: Zed.
Sample, I. (2007) "Scientists Offered Cash to Dispute Climate Study," *Guardian*, February 2.
Sarkar, S. (1999) *Eco-socialism or Eco-capitalism*, London: Zed.
Schrödinger, E. (1967) *What is Life?*, Cambridge: Cambridge University Press.
Schumacher, E. F. (1973) *Small is Beautiful*, New York: Harper and Row.
Sheasby, W. (1997) "Inverted World: Karl Marx on Estrangement of Nature and Society," *Capitalism, Nature, Socialism*, 8 (4): 31–46.
— (2000a) Unpublished ms.

— (2000b) "Ralph Nader and the Legacy of Revolt," *Against the Current*, 88 (4): 17–21; 88 (5): 29–36; 88 (6): 39–42.
— (2004a) "Karl Marx and the Victorians' *Nature*: The Evolution of a Deeper View. Part One: Oceanus," *Capitalism, Nature, Socialism*, 15 (2): 47–64.
— (2004b) "Karl Marx and the Victorians' *Nature*: The Evolution of a Deeper View. Part Two: The Age of Aquaria," *Capitalism, Nature, Socialism*, 15 (3): 59–78.
Shiva, V. (1991) *The Violence of the Green Revolution*, Penang: Third World Network.
— (1989), *Staying Alive*, New Delhi: Kali for Women.
Simmel, G. (1978) *The Philosophy of Money*, trans. Tom Bottomore and David Frisby, London: Routledge and Kegan Paul.
Slatella, M. (2000) "Boxed In: Exploring a Big-Box Store Online," *New York Times*, January 27: D4.
Slater, J. (2007) "World's Assets Hit Record Value of $140 Trillion," *Wall Street Journal*, January 10: C8.
Steingraber, S. (1997) *Living Downstream*, New York: Addison Wesley.
Stewart, B. (2000) "Retrieving the Recyclables," *New York Times*, June 27: B1.
Stiglitz, A. (2000) "What I Learned at the World Economic Crisis," *New Republic*, April 17.
Stille, A. (2000) "In the 'Greened' World, It isn't Easy to be Human," *New York Times*, July 15: A17.
Stimson, B. and G. Sholette (eds) (2007) *Collectivism after Modernism*, Minneapolis: University of Minnesota Press.
Summers, L., J. Wolfensohn and J. Skilling (1997) *Multinational Monitor*, June: 6.
Taub, E. (2000) "Radios Watch Weather So You Don't Have To," *New York Times*, March 30: D10.
Tawney, R. H. (1998 [1926]) *Religion and the Rise of Capitalism*, New Brunswick, NJ: Transaction.
Thernstrom, A. and S. Thernstrom (1997) *America in Black and White*, New York: Simon and Schuster.
Thompson, E. P. (1967) "Time, Work Discipline, and Industrial Capitalism," *Past and Present*, 38: 56–97.
Thornton, J. (2000) *Pandora's Poison*, Cambridge, MA: MIT Press.
Tokar, B. (1992) *The Green Alternative*, San Pedro, CA: R. & E. Miles.
— (1997) *Earth for Sale*, Boston, MA: South End Press.
Trotsky, L. (1960) *Literature and Revolution*, Ann Arbor: University of Michigan Press.
Tucker, R. (ed.) (1978) *The Marx–Engels Reader*, 2nd edn, New York: W. W. Norton.
Turner, A. (2000) "Tempers in Overdrive," *Houston Chronicle*, April 8: 1A.
Turner, T. and L. Brownhill (2004)

"We Want Our Land Back: Gendered Class Analysis, the Second Contradiction of Capitalism, and Social Movement Theory," *Capitalism, Nature, Socialism*, 54 (4): 21–40.
Wald, M. (1997) "Temper Cited as Cause of 28,000 Road Deaths a Year," *New York Times*, July 18: A14.
Watson, D. (1996) *Beyond Bookchin*, Brooklyn, NY: Autonomedia.
Watson, J. (ed.) (1997) *Golden Arches East: McDonald's in East Asia*, Stanford, CA : Stanford University Press.
Weber, M. (1976) *The Protestant Ethic and the Spirit of Capitalism*, trans. Talcott Parsons, London: Allen and Unwin.
Weisman, A. (1998) *Gaviotas*, White River Junction, VT: Chelsea Green.
Wheen, F. (2000) *Karl Marx: A Life*, New York: W. W. Norton.
White, L. (1967) "The Historical Roots of our Ecological Crisis," *Science*, 155, March 10: 1203–7.
— (1978) *Medieval Religion and Technology: Collected Essays*, Berkeley: University of California Press.
Whitefield, P. (2004) *The Earth Care Manual*, East Meon, Hants [GU32 1HR], UK.
Wilber, K. (ed.) (2001) *Quantum Questions: Mystical Writings of the World's Great Physicists*, Boston, MA: Shambhala.
Williams, A. (2000) "Washed Up at 35," *New York Times*, April 17: 28ff.
Wisner, B., P. Blaikie, T. Cannon and I. Davis (2005) *At Risk*, 2nd edn, London and New York: Routledge.
Wolfenstein, E. (1993) *Psychoanalytic Marxism*, London: Free Association Books.
Woodcock, G. (1962) *Anarchism*, New York: New American Library.
Worster, D. (1994) *Nature's Economy*, 2nd edn, Cambridge: Cambridge University Press.
WWF Living Planet Report (2006): <assets.panda.org/downloads/living_planet_report.pdf>
Yuen, E., G. Katsiaficas and D. Rose (eds) (2002) *The Battle of Seattle*, New York: Soft Skull Press.
Zablocki, B. (1971) *The Joyful Community*, Baltimore, MD: Penguin Books.
Zachary, G. Pascal (1997) "The Right Mix: Global Growth Attains a New, Higher Level that Could be Lasting," *Wall Street Journal*, March 13: A1.
Zimmerman, M. (1994) *Contesting Earth's Future*, Berkeley: University of California Press.

邦訳等文献リスト

文献リスト［ビブリオグラフィー］のうち邦訳のあるものはリストの掲載順で次の通り。また文献リストにはないが同じ著者による関連文献の邦訳も○をつけて適宜紹介した。

『ウォーター・ビジネス』モード・バーロウ、佐久間智子訳（作品社、二〇〇八年）
『精神の生態学』改訂第2版、グレゴリー・ベイトソン、佐藤良明訳（新思索社、二〇〇〇年）
『グローバルスピン：企業の環境戦略』シャロン・ビーダー、松崎早苗監訳（創芸出版、一九九九年）
○同じ著者の関連文献『電力自由化という壮大な詐欺』シャロン・ビーダー、高橋健次訳（草思社、二〇〇六年）
『現代アメリカアナキズム革命』マレイ・ブクチン、鰐渕壮吾訳（ROTA社、一九七二年）
○同じ著者の関連文献『エコロジーと社会』マレイ・ブクチン、戸田清ほか訳（白水社、一九九六年）
『エコロジー：起源とその展開』アンナ・ブラムウェル、金子務監訳（河出書房新社、一九九二年）
『物質文明・経済・資本主義15－18世紀』全六巻、フェルナン・ブローデル、村上光彦訳（みすず書房、一九八五－一九九九年）その内訳は『日常性の構造』二巻、一九八五年、『交換のはたらき』二巻、一九八六年、『世界時間』2巻、一九九六～九年
『母親業の再生産：性差別の心理・社会的基盤』ナンシー・チョドロウ、大塚光子・大内菅子訳（新曜社、一九八一年）

『国家に抗する社会：政治人類学研究』ピエール・クラストル、渡辺公三訳（風の薔薇、一九八七年）
『奪われし未来』増補改訂版、シーア・コルボーン、ダイアン・ダマノスキ、ジョン・ピーターソン・マイヤーズ、長尾力・堀千恵子訳（翔泳社、二〇〇一年）
○リストにある文献の著者の関連文献『変貌する大地：インディアンと植民者の環境史』ウィリアム・クロノン、佐野敏行、藤田真理子訳（勁草書房、一九九五年）
『持続可能な発展の経済学』ハーマン・E・デイリー、新田功・藏本忍・大森正之訳（みすず書房、二〇〇五年）
『スペクタクルの社会』ギー・ドゥボール、木下誠訳（筑摩書房、ちくま学芸文庫、二〇〇三年）
○リストにある文献の著者の関連文献『疎外と革命：マルクス主義の再建』ラーヤ・ドゥナエフスカヤ、三浦正夫・対馬忠行訳（現代思潮社、一九六四年）
『魔女・産婆・看護婦：女性医療家の歴史』バーバラ・エーレンライク、ディアドリー・イングリシュ、長瀬久子訳（法政大学出版局、一九九六年）
『聖杯と剣：われらの歴史、われらの未来』リーアン・アイスラー、野島秀勝訳（法政大学出版局、一九九一年）
『自然の弁証法』全二巻、フリードリヒ・エンゲルス、田辺振太郎訳（岩波文庫、一九五六〜五七年）
『家族・私有財産・国家の起源：ルイス・H・モーガンの研究に関連して』フリードリヒ・エンゲルス、戸原四郎訳（岩波文庫、一九六五年）
『イギリスにおける労働者階級の状態：一九世紀のロンドンとマンチェスター』全二巻、フリードリヒ・エンゲルス、一条和生・杉山忠平訳（岩波文庫、一九九〇年）
『ハイデガーとナチズム』ヴィクトル・ファリアス、山本尤訳（名古屋大学出版会、一九九〇年）
『生命40億年全史』リチャード・フォーティ、渡辺政隆訳（草思社、二〇〇三年）
『マルクスのエコロジー』ジョン・ベラミー・フォスター、渡辺景子訳（こぶし書房、二〇〇四年）

『リオリエント：アジア時代のグローバル・エコノミー』アンドレ・グンダー・フランク、山下範久訳（藤原書店、二〇〇〇年）
『幻想の未来／文化への不満』ジークムント・フロイト、中山元訳（光文社、古典新訳文庫、二〇〇七年）／「文化への不満」浜川祥枝訳『フロイト著作集』第三巻（人文書院、一九六九年）
『債務ブーメラン：第三世界債務は地球を脅かす』スーザン・ジョージ、佐々木建・毛利良一訳（朝日新聞社、一九九五年）
○同じ著者の関連文献『債務危機の真実』スーザン・ジョージ、向寿一訳（朝日新聞社、一九八九年）
『エントロピー法則と経済過程』ニコラス・ジョージェスク＝レーゲン、高橋正立ほか訳（みすず書房、一九九三年）
『21世紀への草の根ダイオキシン戦略』ロイス・マリー・ギブス、CHEJ編、綿貫礼子監修、日米環境活動支援センター訳（ゼスト、二〇〇〇年）
『地球の掟：文明と環境のバランスを求めて』新装版、アル・ゴア、小杉隆訳（ダイヤモンド社、二〇〇七年）
『不都合な真実：切迫する地球温暖化、そして私たちにできること』アル・ゴア、枝廣淳子訳（ランダムハウス講談社、二〇〇七年）
「共有地の悲劇」『地球に生きる倫理：宇宙船ビーグル号の旅から』ガレット・ハーディン、松井巻之助訳（佑学社、一九七五年）に所収
『ポストモダニティの条件』デヴィッド・ハーヴェイ、吉原直樹監訳（青木書店、一九九九年）
『ニュー・インペリアリズム』デヴィッド・ハーヴェイ、本橋哲也訳（青木書店、二〇〇五年）
『サステナビリティ革命：ビジネスが環境を救う』ポール・ホーケン、鶴田栄作訳（ジャパンタイムズ、一九九五年）

○同じ著者の関連文献『自然資本の経済：「成長の限界」を突破する新産業革命』ポール・ホーケン、エイモリ・B／ロビンス、L・ハンター・ロビンス、佐和隆光監訳、小幡すぎ子訳（日本経済新聞社、二〇〇一年）
『大論理学』全四巻、G・W・F・ヘーゲル、武市健人訳（岩波書店、二〇〇二年）
『技術論』ハイデッガー選集、第一八巻、マルティン・ハイデッガー、小島威彦・アルムブルスター訳（理想社、一九六五年）
○リストにある文献の著者の関連文献『IQと競争社会』R・J・ヘアンスタイン、岩井勇児訳（黎明書房、一九七五年）
『翻身：ある中国農村の革命の記録』全二巻、ウィリアム・ヒントン、加藤祐三ほか訳（平凡社、一九七二年）
『遺伝子を操作する：ばら色の約束が悪夢に変わるとき』メイワン・ホー、小沢元彦訳（三交社、二〇〇〇年）
「ブレトンウッズの失敗」デヴィッド・コーテン『グローバル経済が世界を破壊する』ジェリー・マンダー、エドワード・ゴールドスミス編、小南祐一郎・塚本しづ香訳（朝日新聞社、二〇〇〇年、抄訳）所収
○リストにある文献の著者の関連文献『グローバル経済という怪物』デヴィッド・コーテン、桜井文訳（シュプリンガー・フェアラーク東京、一九九七年）
○同『ポスト大企業の世界』デヴィッド・コーテン、西川潤監訳（シュプリンガー・フェアラーク東京、二〇〇〇年）
『相互扶助論』ピョートル・クロポトキン、大沢正道訳（アナキズム叢書、クロポトキン1、三一書房、一九七〇年）、大杉栄訳、同時代社編集部現代語訳（同時代社、一九九六年）
『アナキズム叢書　クロポトキン』全二巻、大沢正道ほか訳（三一書房、一九七〇年）
『死を運ぶ風：ボパール化学大災害』ダン・カーズマン、松岡信夫訳（亜紀書房、一九九〇年）
『世界飢餓の構造：いま世界に食糧が不足しているか』フランセス・ムア・ラッペ、ジョセフ・コリンズ、鶴

見宗之介訳（三一書房、一九八八年）
○リストにある文献の著者の関連文献『遺伝子という神話』リチャード・レウォンティン、川口啓明・菊地昌子訳（大月書店、一九九八年）
『地球生命圏：ガイアの科学』ジム・ラヴロック、スワミ・プレム・プラブッダ訳（工作舎、一九八五年）
『ソフト・エネルギー・パス：永続的平和への道ソフト』エイモリー・ロビンズ、室田泰弘・槌屋治紀訳（時事通信社、一九七九年）
『資本蓄積論』全3巻、ローザ・ルクセンブルグ、長谷部文雄訳（青木文庫、一九五二～五五年）
○リストにある文献の著者の関連文献『マルコスここは世界の片隅なのか：グローバリゼーションをめぐる対話』イグナシオ・ラモネ、湯川順夫訳（現代企画室、二〇〇二年）など
『共生生命体の30億年』リン・マーギュリス、中村桂子訳（草思社、二〇〇〇年）
『エコロジー経済学：もうひとつの経済学の歴史』増補改訂新版、ホワン・マルチネス＝アリエ、工藤秀明訳（新評論、一九九九年）
『哲学の貧困』カール・マルクス、山村喬訳（岩波文庫、一九五〇年）
『資本制生産に先行する諸形態』カール・マルクス、岡崎次郎訳（青木文庫、一九五九年）／「資本制生産に先行する諸形態」木前利秋訳『マルクス・コレクション　Ⅲ』今村仁司・三島憲一監修（筑摩書房、二〇〇五年）
『資本論』第一部、カール・マルクス、『マルクス＝エンゲルス全集』第二三巻、全二分冊、大内兵衛・細川嘉六監訳（大月書店、一九六五年）／第一～三分冊、向坂逸郎訳（岩波文庫、一九六九年）／「資本論、第一巻」今村仁司・三島憲一・鈴木直訳『マルクス・コレクション　Ⅳ』『マルクス・コレクション　Ⅴ』今村仁司・三島憲一監修（筑摩書房、二〇〇五年）

『資本論』第二部、『マルクス＝エンゲルス全集』第二四巻、大内兵衛・細川嘉六監訳（大月書店、一九六六年）／第四～五分冊、向坂逸郎訳（岩波文庫、一九六九年）

『資本論』第三部、『マルクス＝エンゲルス全集』第二五巻、全二分冊、大内兵衛・細川嘉六監訳（大月書店、一九六六～六七年）／第六～九分冊、向坂逸郎訳（岩波文庫、一九六九～一九七〇年）

『剰余価値学説史：「資本論」第四部』全九巻、カール・マルクス、大島清・時永淑訳（大月書店、国民文庫、一九七〇～七一年）／『マルクス＝エンゲルス全集』第二六巻、全三分冊、大内兵衛・細川嘉六監訳（大月書店、一九六九～七〇年）

『経済学批判要綱』全五分冊、カール・マルクス、高木幸二郎監訳（大月書店、一九五八～六五年）／『マルクス資本論草稿集』一～三巻、資本論草稿集翻訳委員会（大月書店、一九八一～九三年）

「アルノルト・ルーゲへの手紙」村岡晋一訳、カール・マルクス『マルクス・コレクション Ⅶ』今村仁司・三島憲一監修（筑摩書房、二〇〇七年）

『経済学・哲学草稿』カール・マルクス、城塚登・田中吉六訳（岩波文庫、一九六四年）／村岡晋一訳「経済学・哲学草稿」『マルクス・コレクション Ⅰ』（筑摩書房、二〇〇五年）

「国際労働者協会創立宣言」カール・マルクス・村田陽一訳『マルクス＝エンゲルス全集』第一六巻、大内兵衛・細川嘉六監訳（大月書店一九六六年）

『フランスの内乱』カール・マルクス、木下半治訳（岩波文庫、一九五二年）／『フランスにおける内乱』村田陽一訳（大月書店、国民文庫、一九七〇年）

『ゴータ綱領批判』カール・マルクス、望月清司訳（岩波文庫、一九七五年）

「共産党宣言」村田陽一訳、『マルクス＝エンゲルス全集』第4巻、大内兵衛・細川嘉六監訳（大月書店一九六〇年）／『共産党宣言』カール・マルクス、フリードリヒ・エンゲルス、大内兵衛・向坂逸郎訳（岩波文庫、一九五一年）／「コミュニスト宣言」三島憲一・鈴木直訳訳、『マルクス・コレクション　2』今村仁司・三島憲一監修（筑摩書房、二〇〇八年）

『限界を超えて：生きるための選択』ドネラ・H・メドウズほか、松橋隆治・村井昌子訳（ダイヤモンド社、一九九二年）

『成長の限界：ローマ・クラブ「人類の危機」レポート』ドネラ・H・メドウズほか、大来佐武郎監訳（ダイヤモンド社、一九七二年）

○リストにある文献の著者の関連文献『境界線を破る！：エコ・フェミ社会主義に向かって』メアリ・メラー、寿福真美・後藤浩子訳（新評論、一九九三年）

『自然の死：科学革命と女・エコロジー』キャロリン・マーチャント、団まりなほか訳（工作舎、一九八五年）

『国際分業と女性：進行する主婦化』マリア・ミース、奥田暁子訳（日本経済評論社、一九九七年）

○リストにある文献の著者の関連文献『世界システムと女性』マリア・ミース、クラウディア・フォン・ヴェールホフ、ヴェロニカ・ベンホルト＝トムゼン、古田睦美、善本裕子訳（藤原書店、一九九五年）

『国連ミレニアムエコシステム評価　生態系サービスと人類の将来』横浜国立大学21世紀COE翻訳委員会訳（オーム社、二〇〇七年）

『甘さと権力：砂糖が語る近代史』シドニー・W・ミンツ、川北稔・和田光弘訳（平凡社、一九八八年）

○リストにある文献の著者の関連文献『パーマカルチャー：農的暮らしの永久デザイン』ビル・モリソン、レニー・ミア・スレイ、田口恒夫・小祝慶子訳（農山漁村文化協会、一九九三年）

『ユートピアだより』ウィリアム・モリス、松村達雄訳（岩波文庫、一九六八年）／五島茂・飯塚一郎訳（中央公論新社、二〇〇四年）

『ディープ・エコロジーとは何か：エコロジー・共同体・ライフスタイル』アルネ・ネス、斎藤直輔・開龍美訳（文

化書房博文社、一九九七年）
『中国の科学と文明』新版、全八巻、ジョゼフ・ニーダム、東畑精一・藪内清監修、中岡哲郎・礪波護ほか訳（思索社、一九九一年）
『皇帝の新しい心：コンピュータ・心・物理法則』ロジャー・ペンローズ、林一訳（みすず書房、一九九四年）
『大転換：市場社会の形成と崩壊』カール・ポラニー、吉沢英成ほか訳（東洋経済新報社、一九七五年）
『緑の世界史』全二巻、クライブ・ポンティング、石弘之・京都大学環境史研究会訳（朝日新聞社、一九九四年）
『アナキズム叢書　プルードン』全3巻、ピエール・ジョセフ・プルードン、長谷川進ほか訳（三一書房、一九七一〜七二年）
○リストにある文献の著者の関連文献『誰のためのWTOか？』パブリック・シティズン、ロリー・M・ワラチ、ミッシェル・スフォーザ著、ラルフ・ネーダー監修、海外市民活動情報センター監訳（緑風出版、二〇〇一年）
○リストにある文献の著者の関連文献『ヒューマンスケール』カークパトリック・セール、里深文彦訳（講談社、一九八七年）
『生命とは何か：物理学者のみた生細胞』エルウィン・シュレーディンガー、岡小天・鎮目恭夫共訳（岩波新書、一九五一年）
『スモール・イズ・ビューティフル：人間中心の経済学』エルンスト・F・シューマッハー、小島慶三・酒井懋訳（講談社学術文庫、一九八六年）
『緑の革命とその暴力』ヴァンダナ・シヴァ、浜谷喜美子訳（日本経済評論社、一九九七年）
『生きる歓び：イデオロギーとしての近代科学批判』ヴァンダナ・シヴァ、熊崎実訳（築地書館、一九九四年）
『貨幣の哲学』新訳版　ゲオルク・ジンメル、居安正訳（白水社、一九九九年）
『がんと環境：患者として、科学者として、女性として』サンドラ・スタイングラーバー、松崎早苗訳（藤原書店、

二〇〇〇年）
『宗教と資本主義の興隆：歴史的研究』上下、リチャード・ヘンリー・トーニー、出口勇蔵・越智武臣訳（岩波文庫、一九五六、一九五九年）
○リストにある文献の著者の関連文献『イングランド労働者階級の形成』エドワード・パーマー・トムスン、市橋秀夫、芳賀健一訳（青弓社、二〇〇三年）
『緑のもう一つの道：現代アメリカのエコロジー運動』ブライアン・トーカー、井上有一訳（筑摩書房、一九九二年）
『文学と革命』全二巻、レフ・トロツキイ、桑野隆訳（岩波文庫、一九九三年）
『プロテスタンティズムの倫理と資本主義の精神』改訳、マックス・ヴェーバー、大塚久雄訳（岩波文庫、一九八九年）
『機械と神：生態学的危機の歴史的根源』リン・ホワイト、青木靖三訳（みすずライブラリー、一九九九年）
『中世の技術と社会変動』リン・ホワイト、内田星美訳（思索社、一九八五年）
『量子の公案：現代物理学のリーダーたちの神秘観』ケン・ウィルバー編、田中三彦・吉福伸逸訳（工作舎、一九八七年）
『アナキズム』復刊版、全2巻、ジョージ・ウドコック、白井厚訳（紀伊國屋書店、二〇〇二年）
『ネイチャーズ・エコノミー：エコロジー思想史』ドナルド・オースター、中山茂ほか訳（リブロポート、一九八九年）

訳者あとがき

本書は *The Enemy of Nature: The End of Capitalism or The End of The World?* second edition, Joel Kovel, London and New York: Zed Books, 2007 を翻訳したものである。

私は、*The World Tribunal on Iraq: Making the Case Against War*, edited by Müge Sökmen, Olive Branch Press, 2008（ブッシュのイラク戦争を裁く民衆法廷の記録）を通読したが、その本にコヴェル博士が The Ecological Implication of the War（イラク戦争における環境破壊）を寄稿しており、著者紹介で本書にも言及されているので、彼と本書の存在を知った。そのすぐ後、『季刊ピープルズ・プラン』四一号（〇八年二月、特集・ラディカルな環境主義、ピープルズ・プラン研究所発行）に掲載されているジョエル・コヴェルとマイケル・ローウィ（小倉利丸訳）の「エコ社会主義者宣言」（二〇〇一年）を読んだ。この宣言は、中尾ハジメ教授も訳して紹介している（アドレスは左記）。共著者は一九三八年ブラジル生まれ、フランス在住で、中尾教授はミシェル・レヴィと表記している。邦訳に『世界変革の政治哲学：カール・マルクス…ヴァルター・ベンヤミン…』ミシェル・レヴィ、山本博史訳（柘植書房新社、一九九九年）がある。

http://wt.kyoto-seika.ac.jp/jinbun/kankyo/magazine/magazine_132.html

また嶋崎隆教授も最近の論文でコヴェル論文を引用している（「『エコフィロソフィー』の基本課題をめぐって」『一橋社会科学』第四号、二〇〇八年）。

ジョエル・コヴェルは一九三六年にニューヨークのブルックリンで生まれた。イェール大学理学部を最優秀成績（ファイ・ベタ・カッパ）で卒業（五七年）。コロンビア大学医科大学院を修了して医師免許と医学博士（六一年）の学位を取得。アルバート・アインシュタイン医科大学で精神医学を学び、七九年から八六年まで同大学の精神医学の教授。コヴェル博士は精神分析の立場であるが、いわゆる生物学的精神医学の台頭に違和感をおぼえて精神医学の現場を離れたという面もあるのかもしれない。文系に転じて八八年から〇三年までバード・カレッジの社会研究（Social Studies）の教授。〇三年からは「優秀教授（distinguished professor）」である。「社会研究」は複数形になっているので（環境学 environmental studies やジェンダー学 gender studies のように）、社会学（sociology）、経済学、政治学などにわたる学際的な分野ということであろうか。マルクス経済学をはじめとする社会諸科学（social sciences）は独学のようだ。九〇年から米国緑の党の党員、九八年には上院議員選挙のニューヨーク州候補。〇三年から『資本主義・自然・社会主義』の編集者。この雑誌を通じてジェームズ・オコンナー（米）やメアリ・メラー（英）らと親しいようだ。ウェブサイトは http://www.joelkovel.org/joelkovel.html である。

著書は次の通り。

1．*White Racism: A Psychohistory*, Pantheon, 1970; second edition, Columbia University Press,

1984

2. *A Complete Guide to Therapy*, Pantheon, 1976

3. *The Age of Desire: Case Histories of Radical Psychoanalyst*, Pantheon, 1981

4. *Against the State of Nuclear Terror*, Pan, 1983; revised edition, South End Press, 1984

5. *The Radical Spirit: Essays on Psychoanalysis and Society*, Free Association Books, 1988

6. *In Nicaragua*, Free Association Books, 1988

7. *History and Spirit: An Inquiry into the Philosophy of Liberation*, Beacon Press, 1991; second edition, Essential Books, 1998

8. *Red Hunting in the Promised Land: Anti Communism and the Making of America*, Basic Books, 1994; second edition, Cassell, 1997

9. *The Enemy of Nature: The End of Capitalism or The End of The World?* Zed Books, 2002, second edition, Zed Books, 2007（本書）

10. *Overcoming Zionism*, Pluto Press, 2007

論文リストは省略するが、前記ウェブサイトを見てほしい。

エコ社会主義ないしそれに近い日本語文献をいくつかあげておく。

『赤と緑：社会主義とエコロジズム』いいだもも（緑風出版、一九八六年）

『エコロジスト宣言』アンドレ・ゴルツ、高橋武智訳（緑風出版、一九八三年）

『エコロジーと社会』マレイ・ブクチン、戸田清ほか訳（白水社、一九九六年）
『エコロジーとマルクス』韓立新（時潮社、二〇〇一年）
『エコロジーの社会　生態社会主義』デヴィッド・ペッパー、小倉武一（農山漁村文化協会、一九九六年）
『エコマルクス主義』島崎隆（知泉書館、二〇〇七年）
『環境思想と社会』三浦永光（御茶の水書房、二〇〇六年）
『環境思想と人間学の革新』尾関周二（青木書店、二〇〇七年）
『環境思想を問う』高田純（青木書店、二〇〇三年）
『環境哲学の探究』尾関周二編（大月書店、一九九六年）
『環境の思想　エコロジーとマルクス主義の接点』岩佐茂（創風社、一九九四年）
『環境保護の思想』岩佐茂（旬報社、二〇〇七年）
『環境倫理と風土』亀山純生（大月書店、二〇〇五年）
『境界線を破る！：エコ・フェミ社会主義に向かって』メアリ・メラー、寿福真美・後藤浩子訳（新評論、一九九三年）
『市場社会から共生社会へ』武田一博（青木書店、一九九八年）
『21世紀のマルクス主義』佐々木力（ちくま学芸文庫、二〇〇六年）
『「日本は先進国」のウソ』杉田聡（平凡社新書、二〇〇八年）
『破壊されゆく地球』ジョン・ベラミー・フォスター、渡辺景子訳（こぶし書房、二〇〇一年）
『マルクスのエコロジー』ジョン・ベラミー・フォスター、渡辺景子訳（こぶし書房、二〇〇四年）

『どれだけ消費すれば満足なのか：消費社会と地球の未来』アラン・ダーニング、山藤泰訳（ダイヤモンド社、一九九六年）
『緑のもう一つの道：現代アメリカのエコロジー運動』ブライアン・トーカー、井上有一訳（筑摩書房、一九九二年）
『ラディカルエコロジー：住みよい世界を求めて』キャロリン・マーチャント、川本隆史ほか訳（産業図書、一九九四年）資本主義と現存社会主義の環境問題の比較（四一頁）も参考になる。
『経済成長がなければ私たちは豊かになれないのだろうか』ダグラス・ラミス（平凡社ライブラリー、二〇〇四年）
ウィキペディアのEco-socialismは、英語、仏語、独語、スペイン語、カタルーニャ語、エスペラントなどはあるが、日本語はない。http://en.wikipedia.org/wiki/Eco-socialism

本書は「資本主義と環境破壊」を論じている。それでは「旧ソ連の環境破壊はどうなのか」という議論が必ず出るだろう。旧ソ連は資本主義ではなかったが、社会主義とも言いにくかった。国家社会主義、国家資本主義、国家主義、ソ連型社会主義、権威主義的社会主義などさまざまな概念が提示され、本書でも第9章に考察がある。しかし、「これが決定版」と言える分析はない。それでは中国の「社会主義市場経済」はどうか。これも難しい。中国は、経済的活力はあるとしても、水危機、エネルギー危機、食糧危機などがこれからの経済成長に及ぼす影響についての不確実性は大きい。ソ連型社会主義の悪い面（官僚主義、権威主義、技術革新の遅れ）と資本主義の悪い面（金権主義、格差拡大）を兼ね備えた面もないとは言えないのではないか。キューバが有機農業を国策としたことは注目される（本書第9章）。医療も注目されている。指導者のキャラクターの面もあるだろう。カストロはベジタリアンになり、禁煙した。

都留重人は、「『成長』ではなく『労働の人間化』を！」（『世界』一九九四年四月号、岩波書店）という論文で、経済のアウトプットがグッズ（商品やサービス）、バッズ（汚染物質など）、アンチバッズ（公害防止装置など）、シュードグッズ（不必要な商品やサービス）に大別されると指摘したが、この概念は資本主義と現存社会主義の環境問題を比較するときにも有効である。環境経済学はしばしばグッズとバッズだけで論じようとするが、それでいいだろうか。アンチバッズとシュードグッズも考慮する必要があろう。グッズとバッズだけで論じるときには、公害防止装置も単なるグッズであり、シュードグッズもグッズであって、合法的である限りは必要性が問われることがない。ただし、グッズとシュードグッズの境界の判断は難しい場合があろう。出版物（書籍、雑誌）の半分以上（ポルノ関係など）はシュードグッズなのだと思うが、国家権力が特定の出版物を指定して禁止するのはよくないので、適切な対処法は思いつかない。旧ソ連は技術革新が遅れたので、グッズ生産単位あたりのグッズ消費量やバッズ排出量（たとえば鉄鋼生産一トンあたりのエネルギー消費量や汚染物質排出量）が多かった。資本主義ではビジネスチャンスになればアンチバッズも精力的に生産する。資本主義では必要でなく利潤のための生産なので、シュードグッズがあふれる。グッズも過剰にあればシュードグッズだろう（自動車や紙など）。

キャロリン・マーチャントは「経済成長は資本主義につきものであり、社会主義にとっては本質的なものではない」と指摘するが（『ラディカルエコロジー』四二頁）、現存社会主義ではシュードグッズが巷に大量にあふれる動機はなかった（必要なものさえ不足した）。「個人消費が落ち込む」のは環境面から良いはずなのに、それが経済的弱者にも打撃を与える資本主義は、「過剰開発（overdevelopment）」「過剰消費」「消費爆発」を「必要」としている。究極のシュードグッズは軍需品であろう。原発も代表的なシュードグッズである。煙草ももちろんシュードグッズであるが、ニコチン中毒の人が多いので、段階的な製造停止が必要であろう。煙草の自販機については、タスポ（成人識別ICカード。これ自体もシュードグッズで、カードを受注した企業が儲けるだけである）のようなくだらないことをしないで、自販機そのものを撤去すべきである。過剰消費の削減は生半可な問題ではない。杉田聡は指摘する。「政府の宣伝通りCO_2半減を本気で実現する気なら（国際的にこれを放置することは断じて許されない）、何より自動車の半減（いな本当は九割減）を考えなければならない。」（『「日本は先進国」のウソ』一九三頁）

「現存社会主義」の環境問題についてとりあえず文献をいくつかあげる。まずは『中国汚染』から読んでほしい。

『ウラルの核惨事』ジョレス・メドヴェージェフ、梅林宏道訳（技術と人間、一九八二年）
『環境共同体としての日中韓』寺西俊一監修、東アジア環境情報発伝所編（集英社新書、二〇〇六年）
『三峡ダム：建設の是非をめぐっての論争』戴晴編、鷲見一夫ほか訳（築地書館、一九九六年）
『三峡ダムと住民移転問題：一〇〇万人以上の住民を立ち退かせることができるのか？』鷲見一夫ほか（明窓出版、二〇〇三年）

『シベリアが死ぬ時』ボリス・カマロフ、西野健三訳（アンヴィエル、一九七九年）
『セミパラチンスク：草原の民・核汚染の50年』森住卓写真・文（高文研、一九九九年）
『ソ連における環境汚染：進歩が何を与えたか』マーシャル・ゴールドマン、都留重人監訳（岩波書店、一九七三年）
『チェルノブイリからの証言』ユーリー・シチェルバク、松岡信夫訳（技術と人間、一九八八年）
『チェルノブイリからの証言　続』ユーリー・シチェルバク、松岡信夫訳（技術と人間、一九八九年）
『チェルノブイリの遺産』ジョレス・メドヴェージェフ、吉本晋一郎訳（みすず書房、一九九二年）
『中国汚染　「公害大陸」の環境報告』相川泰（ソフトバンク新書、二〇〇八年）
『中国環境リポート』エリザベス・エコノミー、片岡夏実訳（築地書館、二〇〇五年）
『中国の環境問題』中国研究所編（新評論、一九九五年）
『中国は持続可能な社会か　農業と環境問題から検証する』原剛編（同友館、二〇〇五年）

現存社会主義の積極的側面として注目されているキューバの有機農業と医療についての文献をいくつかあげる。「知られざる防災大国キューバ」については表1を参照

『世界がキューバ医療を手本にするわけ』吉田太郎（築地書館、二〇〇七年）
『小さな国の大きな奇跡　キューバ人が心豊かに暮らす理由』吉田沙由里（アレイダ・ゲバラ寄稿）（WAVE出版、二〇〇八年）
『1000万人が反グローバリズムで自給・自立できるわけ：スローライフ大国キューバ・リポート』

表１　ハリケーン被害に見る米国とキューバ

	死者・行方不明者	備考
ハリケーン・ミシェル （キューバ、2001 年）	死者５人	風速 60 m／秒 家屋損傷 20000 戸 家屋倒壊 3000 戸 緊急避難 70 万人
ハリケーン・カトリーナ （米国、2005 年）	死者は 1000 人を大きく越える（Simms, 2009） 死者 1836 人（うちルイジアナ州 1577 人）、行方不明 705 人（2006 年４月現在、ウィキペディア）	最大風速 78 m／秒 被災者数万人 死者・被災者にはアフリカ系貧困層の比率が大きい。

出典　*Ecological Debt：Global Warming and the Wealth of Nations,* second edition, Andrew Simms, London：Pluto Press, 2009, p.41, 256およびウィキペディア日本語版「ハリケーン・カトリーナ」（2009 年４月５日検索）より作成。ウィキペディア英語版も参照されたい。ハリケーンのニックネームの綴りは、ミシェル・オバマ（大統領夫人）の綴りと同じである。Simms, 2009 およびその初版（2005）には、ＩＰＣＣ議長パチャウリ博士が推薦文を寄せている。もちろん脱原発の立場で書かれた本である。カトリーナの方がやや最大風速が大きいとはいえ、上記の表を見ると、「新自由主義経済政策と戦争中毒によって防災が崩壊した超大国アメリカ」と「小さな防災大国キューバ」の対比が鮮やかではないだろうか。キューバの有機農業、医療、教育だけでなく、防災にも注目すべきであろう。地球温暖化に伴い自然災害の激甚化が予想されるので、これは重要なポイントである。

吉田太郎（築地書館、二〇〇四年）
『200万都市が有機野菜で自給できるわけ：都市農業大国キューバ・リポート』吉田太郎（築地書館、二〇〇二年）
『有機農業が国を変えた：小さなキューバの大きな実験』吉田太郎（コモンズ、二〇〇二年）
『有機農業大国キューバの風』首都圏コープ事業連合編（緑風出版、二〇〇二年）

現代の資本主義全般（環境、労働、戦争、階級など）については日米に代表させることにして、とりあえず文献をいくつかあげる。

『「お金」崩壊』青木秀和（集英社新書、二〇〇八年）
『クルマが鉄道を滅ぼした：ビッグスリーの犯罪』増補版、ブラッドフォード・スネル、戸田清ほか訳（緑風出版、二〇〇六年）
『強奪の資本主義：戦後日本資本主義の軌跡』林直道（新日本出版社、二〇〇七年）
『死活ライン：「美しい国」の現実』平舘英明（金曜日、二〇〇七年）
『戦争中毒：アメリカが軍国主義を脱け出せない本当の理由』ジョエル・アンドレアス、きくちゆみ監訳（合同出版、二〇〇二年）
『大量浪費社会：大量生産・大量販売・大量廃棄の仕組み』増補版、宮嶋信夫（技術と人間、一九九四年）
『反貧困「すべり台社会」からの脱出』湯浅誠（岩波新書、二〇〇八年）
『ルポ　貧困大国アメリカ』堤未果（岩波新書、二〇〇八年）

『労働ビッグバン：これ以上、使い捨てにされていいのか』牧野富夫編（新日本出版社、二〇〇七年）
『浪費するアメリカ人：なぜ要らないものまで欲しがるか』ジュリエット・ショア、森岡孝二監訳（岩波書店、二〇〇〇年）

『グリュントリッセ』の英訳と邦訳については、長崎大学経済学部の高倉泰夫先生にご教示いただいた。サパティスタについて現代企画室の太田昌国氏にご教示いただいた。原著者コヴェル博士にもいくつかの疑問点についてご教示いただいた。出版にあたっては、いつものように緑風出版の高須次郎さんにお世話になった。

戸田清　被爆地長崎にて

二〇〇九年五月

JPCA 日本出版著作権協会
http://www.e-jpca.com/

＊本書は日本出版著作権協会（JPCA）が委託管理する著作物です。
＊本書の無断複写などは著作権法上での例外を除き禁じられています。複写（コピー）・複製、その他著作物の利用については事前に日本出版著作権協会（電話 03-3812-9424, e-mail:info@e-jpca.com）の許諾を得てください。

［著者略歴］

ジョエル・コヴェル（Joel Kovel）

1936年ニューヨーク生まれ。イェール大学理学部卒、コロンビア大学医科大学院修了。医学博士。アルバート・アインシュタイン医科大学の精神医学教授などを経て、バード・カレッジの社会研究（Social Studies）の教授。著書は本書を含め10冊、論文多数。訳者あとがきを参照。

［訳者略歴］

戸田清（とだきよし）

1956年大阪生まれ。大阪府立大学、東京大学、一橋大学で学ぶ。日本消費者連盟職員、都留文科大学ほか非常勤講師などを経て、長崎大学環境科学部教授。専門は環境社会学、平和学。博士（社会学）。獣医師（資格）。著書は『環境的公正を求めて』（新曜社、1994年）、『環境学と平和学』（新泉社、2003年）、『環境正義と平和』（法律文化社、2009年）。共著は『環境思想キーワード』（青木書店、2005年）など。訳書は『9・11事件は謀略か』、『永遠の絶滅収容所』、『クルマが鉄道を滅ぼした』（いずれも緑風出版）など。

http://todakiyosi.web.fc2.com/

エコ社会主義とは何か

2009年8月15日　初版第1刷発行　　定価3400円＋税

著　者　ジョエル・コヴェル

訳　者　戸田清

発行者　高須次郎

発行所　緑風出版 ©

〒113-0033　東京都文京区本郷2-17-5　ツイン壱岐坂

［電話］03-3812-9420　［FAX］03-3812-7262

［E-mail］info@ryokufu.com

［郵便振替］00100-9-30776

［URL］http://www.ryokufu.com/

装　幀　斎藤あかね

制　作　R企画　　印　刷　シナノ・巣鴨美術印刷

製　本　シナノ　　用　紙　大宝紙業　　E1000

〈検印廃止〉乱丁・落丁は送料小社負担でお取り替えします。

本書の無断複写（コピー）は著作権法上の例外を除き禁じられています。なお、複写など著作物の利用などのお問い合わせは日本出版著作権協会（03-3812-9424）までお願いいたします。

Printed in Japan

ISBN978-4-8461-0912-7　C0036

◉緑風出版の本

■全国どの書店でもご購入いただけます。
■店頭にない場合は、なるべく書店を通じてご注文ください。
■表示価格には消費税が加算されます。

9・11事件は謀略か
「21世紀の真珠湾攻撃」とブッシュ政権
デヴィッド・レイ・グリフィン著
きくちゆみ、戸田清訳
四六判上製
四四〇頁
2800円
9・11事件はアルカイダの犯行とされるが、直後からブッシュ政権が絡んだ数々の疑惑が取りざたされ、政府の公式説明は矛盾に満ちている。本書は証拠四〇項目を列挙し、真相解明のための徹底調査を求める。全米騒然の書。

永遠の絶滅収容所
動物虐待とホロコースト
チャールズ・パターソン著
戸田清訳
四六判上製
三九六頁
3000円
動物の家畜化、奴隷制からジェノサイドまで、人類による虐待と殺戮の歴史を辿る。動物を護ることこそが、ある生命は他の生命より価値があるという世界観を克服し、搾取と殺戮の歴史に終止符を打つことができると説く。

未来は緑
ドイツ緑の党新綱領
同盟90／ドイツ緑の党著
今本秀爾監訳
四六判上製
二九六頁
2500円
「同盟／ドイツ緑の党」の「ベルリン新綱領」の全文訳。世界各国に共通する二一世紀のためのモデルプランが、体系的に展開されている。政権参加の経験を踏まえ、二〇年ぶりに改訂、平易に書かれた、緑の未来のための政策集。

環境危機はつくり話か
ダイオキシン・環境ホルモン、温暖化の真実
山崎清　他著
四六判上製
二八六頁
2400円
環境危機は「つくられたもの」だとして環境保護を求める専門家や運動を攻撃する人々がいる。これら懐疑論者は市場原理を優先する。本書は、その主張を分析、批判し、環境危機の実態に迫り、いかに行動すべきかを問う。